大规模时滞电力系统特征值计算

Eigenvalue Computation for Large Time-delayed Power Systems

叶　华　刘玉田　著

科学出版社

北　京

内 容 简 介

大规模时滞电力系统特征值计算，是揭示广域通信时滞对广域阻尼控制的影响机理，进而优化设计广域阻尼控制器的重要手段。本书针对广域阻尼控制中的通信时滞问题，总结基于谱离散化特征值计算的大规模时滞电力系统稳定性分析方面的理论研究结果，反映目前考虑通信时滞影响的电力系统特征值计算的最新进展。全书共 12 章，分为基础篇、方法篇和测试篇。基础篇包括第 1 章~第 3 章，建立时滞电力系统稳定性分析模型，介绍谱离散化中的三种数值方法，是方法篇的理论基础。方法篇包括第 4 章~第 10 章，建立基于谱离散化的大规模时滞电力系统特征值计算框架。基于该框架，本书提出高效地计算大规模时滞电力系统部分关键特征值的七种数值方法。测试篇包括第 11 章和第 12 章，从两个方面分别测试和验证基于谱离散化特征值计算方法的准确性、高效性和对大规模电力系统的适应能力。

本书内容新颖，推导翔实，既可作为高等院校电气工程专业研究生教材，也可作为从事电力系统稳定性分析和控制的科研人员与工程技术人员的参考书。

图书在版编目(CIP)数据

大规模时滞电力系统特征值计算=Eigenvalue Computation for Large Time-delayed Power Systems /叶华，刘玉田著. —北京：科学出版社，2018.9

ISBN 978-7-03-058659-9

Ⅰ.①大… Ⅱ.①叶… ②刘… Ⅲ.①时滞系统-电力系统-特征值-计算 Ⅳ.①TM7

中国版本图书馆 CIP 数据核字(2018) 第 200956 号

责任编辑：范运年 王楠楠 / 责任校对：彭 涛
责任印制：徐晓晨 / 封面设计：铭轩堂

科 学 出 版 社 出版
北京东黄城根北街 16 号
邮政编码：100717
http://www.sciencep.com

北京虎彩文化传播有限公司 印刷
科学出版社发行 各地新华书店经销
*
2018 年 9 月第 一 版 开本：720 × 1000 1/16
2019 年 2 月第二次印刷 印张：17 3/4
字数：352 000

定价：158.00 元

(如有印装质量问题，我社负责调换)

前 言

现代电力系统的运行和控制无时无刻不依赖于一个可靠的信息系统。基于计算机技术、通信技术和传感技术的电力信息系统与电力一次系统紧密而有机地结合在一起。电力系统本质上是一个信息物理融合的动力系统。20 世纪 90 年代以来，基于相量测量单元的广域测量系统得到迅猛发展，已能够实时、同步、高速采集地理上分布在数千公里范围内的系统的动态信息，为大规模互联电力系统的状态感知、广域保护和协调控制提供了新的信息平台。广域阻尼控制通过引入有效反映区间低频振荡模式的广域反馈信号，如发电机相对转速和功角、联络线功率等，能够显著增强对制约大规模互联电网输电能力的区间低频振荡的控制能力。然而，广域测量信号在采集、路由、传输和处理过程中存在数十到几百毫秒的时延，对广域阻尼控制器的性能产生重要影响并为电力系统带来运行风险。考虑通信时滞影响后，电力系统成为时滞信息物理融合的动力系统，需要相应的建模、分析、优化和控制方法体系。

广域阻尼控制提出的初衷在于解决大规模互联电力系统中出现的区间低频振荡问题。大规模电力系统的应用背景对已有的考虑时滞影响的电力系统稳定性分析方法在规模的适应性、计算的准确性和分析的高效性等方面提出更高的要求。目前，考虑时滞影响的电力系统稳定性分析方法主要有函数变换法和基于 Lyapunov 理论的时滞依赖稳定性判据。函数变换法利用有理多项式等直接对时滞系统特征方程中的指数项进行变换或近似，存在一定的不足。例如，基于 Rekasius 变换只能求解得到系统位于虚轴上的部分特征值，而 Padé 有理多项式在对大时滞 (如 500 ms 以上) 进行逼近时存在较大的近似误差。时滞依赖稳定性判据一方面存在一定程度的固有保守性，另一方面待求变量多、计算量大的特点使得其仅适用于较小规模 (100 阶左右) 的系统。

鉴于此，本书将应用数学领域中基于谱离散化的时滞系统特征值计算方法引入电力系统中，用于大规模时滞电力系统的小干扰稳定性分析与控制。谱离散化方法的核心思想是，利用两个半群算子 —— 解算子和无穷小生成元，建立时滞系统的转移方程并将描述系统动态的时滞微分方程转化为常微分方程。进而，将时滞系统的特征值转化为解算子和无穷小生成元的谱，避免了时滞电力系统特征方程中指数项导致的特征值求解困难。本书针对广域阻尼控制中的通信时滞问题，总结作者所在科研团队在大规模时滞电力系统特征值计算方面的部分研究成果。特色在于，其继承了基于特征值的电力系统小干扰稳定性分析完善的理论框架和丰富的理论成果，提出考虑通信时滞影响的大规模电力系统部分关键特征值的高效计算方法，为深入揭示广域通信时滞对广域阻尼控制的影响机理、优化设计广域阻尼控制器等奠定基础。

本书的研究工作得到下列基金的资助：高等学校博士学科点专项科研基金新教师基金资助课题 (编号：20100131120038)，国家自然科学基金青年基金项目 (编号：51107073)、面上项目 (编号：51677107)，山东大学青年学者未来计划资助课题 (编号：2016WLJH06)。

本书撰写的过程中，受到国内外众多老师、同事和朋友的关爱与帮助，山东大学电气工程学院和电网智能化调度与控制教育部重点实验室的领导及老师给予了大力支持。博士研究生牟倩颖和硕士研究生王燕燕、高卫康参与了部分研究工作。牟倩颖帮助整理了第 11 章算例结果并绘制了书中部分插图。多位研究生参与了文字编辑和校对工作。在此谨对他们表示衷心的感谢。

由于作者学识有限，书中难免存在不足之处，恳请读者批评指正。

作　者

2017 年 10 月于山东大学

主要符号表

$\boldsymbol{A}$, $\boldsymbol{B}$, $\boldsymbol{C}$, $\boldsymbol{D}$	电力系统增广状态矩阵
$\tilde{\boldsymbol{A}}$	电力系统状态矩阵
$\boldsymbol{A}_i$, $\boldsymbol{B}_i$, $\boldsymbol{C}_i$, $\boldsymbol{D}_i\ (i=0,\ 1,\ \cdots,\ m)$	时滞电力系统增广状态矩阵
$\tilde{\boldsymbol{A}}_i\ (i=0,\ 1,\ \cdots,\ m)$	时滞电力系统状态矩阵
$\tilde{\boldsymbol{A}}_i'$, $\tilde{\boldsymbol{A}}_i''\ (i=0,\ 1,\ \cdots,\ m)$	预处理后时滞电力系统状态矩阵
$\boldsymbol{A}'$, $\boldsymbol{B}'$	由 $\boldsymbol{A}_0$、$\boldsymbol{B}_0$ 经简单运算形成的矩阵函数
s	位移点/ 隐式龙格-库塔方法的级数/IDR(s) 算法中“阴影”子空间维数
α	切比雪夫多项式的参数/旋转-放大预处理中的放大倍数
θ	滞后时间 $\theta \in [-\tau_{\max},\ 0]$/坐标轴旋转角度
h	解算子转移步长
n, l	状态变量维数，代数变量维数
λ, $\boldsymbol{u}$, $\boldsymbol{v}$	特征值，左特征向量，右特征向量
$\tau_i\ (i=1,2,\ \cdots,\ m)$	时滞常数，满足 $\tau_1 < \tau_2 < \cdots < \tau_m \triangleq \tau_{\max}$
$\mathcal{A}$	无穷小生成元
$\mathcal{A}_N$, $\mathcal{A}_{Ns}$	无穷小生成元离散化矩阵
$\mathcal{T}(h)$	解算子
$\boldsymbol{T}_{M,N}$, $\boldsymbol{T}_N$, $\boldsymbol{T}_{Ns}$	解算子离散化矩阵

首字母缩略词表

AB	Adams-Bashforth (explicit Adams)	亚当斯-巴什福思 (显式亚当斯)
AFDE	advanced functional differential equation	超前型泛函微分方程
AM	Adams-Moulton (implicit Adams)	亚当斯-莫尔顿 (隐式亚当斯)
BC	boundary condition	边界条件
BDF	backward differentiation formulae	反向差分公式
Bi-CGSTAB	bi-conjugate gradient stabilized	稳定双共轭梯度
BVP	boundary value problem	边值问题
CPPS	cyber-physical power system	信息物理融合电力系统
DAE	differential-algebraic equation	微分-代数方程
DDAE	delayed differential-algebraic equation	时滞微分-代数方程
DDE	delayed differential equation	时滞微分方程
DCPPS	delayed cyber-physical power system	时滞信息物理融合电力系统 (时滞电力系统)
EMS	energy management system	能量管理系统
EIGD	explicit infinitesimal generator discretization	显式无穷小生成元离散化
FACTS	flexible alternative current transmission system	柔性交流输电系统
FDE	functional differential equation	泛函微分方程
GMRES	generalized minimal residual	广义最小残差
GPS	global positioning system	全球定位系统
HVDC	high voltage direct current	高压直流
IC	initial condition	初始条件
IDR (s)	induced dimension reduction	诱导降维
IGD	infinitesimal generator discretization	无穷小生成元离散化
IGD-Euler	IGD with Euler	无穷小生成元欧拉离散化
IGD-IRK	IGD with implicit Runge-Kutta	无穷小生成元隐式龙格-库塔离散化
IGD-LMS	IGD with liner multi-step	无穷小生成元线性多步离散化
IGD-PS	IGD with pseudo-spectral differencing	无穷小生成元伪谱差分离散化
IIGD	iterative IGD	迭代无穷小生成元离散化
IRA	implicitly restarted Arnoldi	隐式重启动 Arnoldi
IRK	implicit Runge-Kutta	隐式龙格-库塔
LFC	load frequency control	负荷频率控制
LMI	linear matrix inequality	线性矩阵不等式
LMS	linear multi-step	线性多步
LQR	linear quadratic regulator	线性二次型调节器

续表

MIVP	matrix inversion-vector product	矩阵逆-向量乘积
MVP	matrix-vector product	矩阵-向量乘积
NFDE	neutral FDE	中立型泛函微分方程
ODE	ordinary differential equation	常微分方程
PDC	phasor data concentrator	相量数据集中器
PDE	partial differential equation	偏微分方程
PMU	phasor measurement unit	相量测量单元
PSASP	Power System Analysis Software Package	电力系统分析综合程序
PSS	power system stabilizer	电力系统稳定器
RFDE	retarded FDE	滞后型泛函微分方程
RTU	remote terminal unit	远方终端单元
SCADA	supervisory control and data acquisition	数据采集与监视控制
SOD	solution operator discretization	解算子离散化
SOD-IRK	SOD with implicit Runge-Kutta	解算子隐式龙格-库塔离散化
SOD-LMS	SOD with liner multi-step	解算子线性多步离散化
SOD-LMS-MXO	SOD with maximum order LMS	解算子最高阶线性多步离散化
SOD-PS	SOD with pseudo-spectral collocation	解算子伪谱配置离散化
SVC	static var compensator	静止无功补偿器
TCSC	thyristor controlled series compensator	可控串联补偿器
WAMS	wide-area measurement system	广域测量系统

目　录

测 试 篇

插图目录

表格目录

基　础　篇

第 1 章　时滞电力系统稳定性分析方法

1.1　时滞电力系统

1.1.1　广域测量系统

现代电力系统的运行和控制无时无刻不依赖于一个可靠的信息系统。基于计算机技术、通信技术和传感技术的电力信息系统与电力一次系统紧密而有机地结合在一起。电力系统在本质上是一个信息物理融合电力系统 (cyber-physical power system，CPPS)。具体来讲，现代电力系统的能量管理系统 (energy management system，EMS) 就是利用数据采集与监视控制 (supervisory control and data acquisition，SCADA) 系统提供的信息实现对电力系统的在线安全监视，并根据调度指令完成对电力系统设备的远程操作和调节。20 世纪 90 年代以来，卫星授时系统的诞生、电力通信网络和数字信号处理技术的不断发展，使基于相量测量单元 (phasor measurement unit，PMU) 的广域测量系统 (wide-area measurement system，WAMS) 得到迅猛发展，为大规模互联电力系统的状态感知提供了新的信息平台，为广域保护和协调控制提供了新的实现手段 [1]。

随着电力系统规模的不断增长和智能电网的深入建设，国内外的 WAMS 均取得了长足的发展。截至 2013 年底，我国所有省级电力调度与控制中心均建成了 WAMS，其中有超过 2400 套 PMU 在所有 500kV 及以上电压等级的厂站中运行 [2]。美国能源部的统计表明，至 2013 年底美国共计有 1126 套 PMU 在电网中运行 [3]。WAMS 以 PMU 为底层测量单元，经通信系统将测量值高速地传送到相量数据集中器 (phasor data concentrator，PDC)，经过一定的数据处理后对电力系统进行动态监测并实现其他高级应用 [1]。PMU 利用全球定位系统 (global positioning system，GPS) 的授时功能，以相量形式高速采样 (30 ~ 60Hz，最高可达 120 ~ 240Hz) 系统元件的状态，并为采样数据提供唯一的时间标签。与基于远方终端单元 (remote terminal unit，RTU) 的 SCADA 系统 2 ~ 4s 的采样周期不同，WAMS 能够实时同步采集地理上分布在数千公里范围内系统的动态信息。基于 WAMS 可以实现的高级应用包括：电力系统动态监测与状态估计、参数辨识、稳定性监测与评估、低频振荡辨识和广域阻尼控制、故障定位与广域保护等 [4]。

20 多年以来，国内外学者针对基于广域测量信息的电力系统分析与控制开展了大量研究 [5-8]。作为 WAMS 的一项高级应用，基于广域测量信息的广域阻尼控制，通过引入有效反映区间低频振荡模式的广域反馈信号，如发电机相对转速和功角、联络线功率等，能够显著地增强对制约大规模互联电网输电能力的区间低频振荡问题的控制能力 [9-12]。广域阻尼控制器与抑制局部或本地低频振荡的电力系统稳定器 (power system stabilizer，PSS) 一起，可以形成“本地 + 广域”的两层控制结构 [11, 13, 14]。利用直流输电系统的快速功率调制能力和对区间低频振荡良好的可控性，直流输电系统的附加广域阻尼控制能有效地提升系统的动态稳定水平 [15-17]。中国南方电网有限责任公司 (简称南方电网) 就建成了世界上第一套附加在多回直流输电系统上的广域阻尼控制系统。物理实验和闭环运行结果均表明，该系统能够显著地提高南方电网中关键区间振荡模式的阻尼水平和关键断面上的静稳极限 [4, 18]。

1.1.2　时滞特性

时滞 (time delay)，也称为时延 (latency)，是信息系统的固有特性。广域测量信号在采集、路由、传输和处理过程中存在数十到几百毫秒的时滞。广域阻尼控制回路中的时滞由四部分组成：测量时滞 (包括电流/电压互感器采集时滞、相量计算时滞、数据封装时滞)、通信时滞 (包括上行链路时滞和下行链路时滞)、计算时滞 (控制器生成广域阻尼控制信号的时滞) 和控制时滞 (执行单元执行控制信号的时滞)[19]。通信时滞是广域阻尼控制回路产生时滞的主要原因，由串行时滞 (serial delay)、路由时滞 (routing delay) 和传播时滞 (propagation delay) 组成 [19, 20]。串行时滞取决于数据包的长度和链路的传输速率。链路的传输速度的单位是 bit/s。例如，某以太网链路的传输速率为 100Mbit/s。路由时滞包括节点处理时滞和排队时滞。路由器的优劣对处理时滞起决定性的作用，而排队时滞取决于网络的拥堵程度。传播时滞取决于传播距离及传播速度。传播速度取决于该链路的物理媒介 (光纤、双绞线、卫星等)，一般等于或者小于光速，单位是 m/s。考虑到来自远方的反馈信号在各种测量设备、通信信道和计算机系统中的路由时间、不同区域信号的同步等待时间等，当通信网络的结构比较复杂并且有大量数据需要传输时，实际的通信时滞往往在 100ms 以上 [21]。美国电科院曾开展不同 WAMS 通信结构 (单点/多点传送, unicast/multicast) 和不同采样频率 (30/60Hz) 下 WAMS 的通信时滞测试。结果表明，WAMS 的最大时滞可达 460ms [22]。

传统电力系统采用本地状态量或测量量构成局部控制器并忽略 10ms 左右时滞带来的影响，因而可以采用不同的理论与方法对电力系统和信息系统分别进行研究。然而，广域阻尼控制回路中的通信时滞对控制器的性能产生重要影响并为电力系统带来运行风险 [23]。例如，在南方电网多直流附加广域阻尼控制系统的测试过程中，研究人员发现广域信号的通信时滞会给闭环系统引入 5.5Hz 左右的高频振荡模式 [2, 4]。因此，利用广域测量信息进行电力系统阻尼控制时，必须计及时滞的影响。

考虑通信时滞影响后，信息物理融合电力系统变为时滞信息物理融合电力系统 (delayed CPPS，DCPPS)，需要建立相应的建模、分析、优化和控制方法体系 [24]。针对大规模时滞电力系统，本书研究适用于小干扰稳定性分析和控制的特征值计算方法。为了表述方便，本书将“时滞信息物理融合电力系统”简称为“时滞电力系统”。进一步地，用“DCPPS”表示“时滞电力系统”。

1.2 DCPPS 稳定性分析方法

1.2.1 函数变换法

DCPPS 属于典型的无穷维系统。DCPPS 特征方程中的指数项表明其为超越方程并有无穷多个特征值。为了避免直接求解的困难，函数变换法利用诸如 Rekasius 变换 (也称为双线性变换或特征根聚类法)[25-33]、Lambert-W 函数 [34-37]、Padé 近似 [10, 38-42] 将指数项变换为有理多项式或 Lambert 函数。函数变换后，超越的时滞特征方程被转化为常规的代数方程，进而可以利用传统的特征值计算方法求解系统的部分关键特征值。由于原理简单、应用方便，现有的研究大都采用 Padé 有理多项式来近似时滞，进而用经典和现代控制理论设计广域阻尼控制器 [40]，如广域 PSS[40, 43]、鲁棒控制器 [44-47]、线性最优控制器 [17, 48] 等。

但是，函数变换法也存在如下不足：① Rekasius 变换只能计算得到虚轴上所有特征值，而无法得到复平面上其他特征值的分布；② Lambert-W 函数存在较强的前提和假设条件，即只有当系统存在对称时滞 (commensurate delay) 且系统矩阵能被三角化时 [35]，DCPPS 的谱才可以用 Lambert-W 函数显式表示；③ 由于缺乏 DCPPS 精确特征值计算方法作为比较对象，Padé 近似的精确性未在大规模多重时滞电力系统上验证。此外，近似误差对阻尼控制器设计的影响也未见报道。

1.2.2 时域法

时域法主要是指利用 Krasovskii 和 Razumikhin 定理构建时滞依赖稳定性判据 (Lyapunov-Krasovskii 泛函)，进而判定系统的时滞稳定性。此外，基于时滞依赖稳定性判据，利用线性矩阵不等式 (linear matrix inequality，LMI) 处理技术，还可以方便地设计广域时滞鲁棒阻尼控制器，能够在保证系统稳定性的同时，得到系统能够承受的时滞上限 [49-51]。

根据是否依赖于时滞，可将时滞动力系统的稳定性分为两类：时滞独立 (delay-independent) 稳定性和时滞依赖 (delay-dependent) 稳定性。如果对于所有大于零的时滞常数，时滞动力系统均能稳定，则称系统具有时滞独立稳定性。如果时滞动力系统仅对部分大于零的时滞常数能保持稳定，则称系统具有时滞依赖稳定性，即系统的稳定性依赖于时滞的特性。

由于时滞系统是无穷维系统，要得到判断系统具有时滞稳定性的充要条件是非常困难的。鉴于此，学术界提出了许多判断时滞稳定性的充分条件。当时滞较小时，时滞独立稳定性的充分条件具有较大的保守性，很多情况下甚至不可能得到满足闭环系统时滞独立稳定性的一组控制器参数。因此，许多学者开展了基于 Lyapunov 理论的时滞依赖稳定性判据研究。这类条件须首先假设当时滞 $\tau=0$ 时系统是稳定的，因为系统对时滞 τ 连续依赖，则一定存在一个时滞上界 $\bar{\tau}$，使系统对任意的 $\tau\in[0,\ \bar{\tau}]$ 均是稳定的 [52]。

Lyapunov-Krasovskii 稳定性定理 [52] 给出了构造时滞依赖稳定性判据的有效方法。其主要思想是，首先构造一个有界正定 Lyapunov-Krasovskii 泛函 $V(t,\Delta\boldsymbol{x}_t)$，沿时滞动力系统轨迹，如果 $V(t,\Delta\boldsymbol{x}_t)$ 的导函数负定，则可判定系统渐进稳定。利用模型变换并通过松弛化等手段，可将 Lyapunov-Krasovskii 泛函转换为标准的 LMI 问题 (包括可行性问题、特征值问题和广域特征值问题) 进行求解。

基于 Lyapunov 理论的时滞依赖稳定性判据，仅是系统稳定的充分而非必要条件，因此存在一定的保守性。通过寻求保守性低的 Lyapunov-Krasovskii 泛函 [53, 54]，或者在推导稳定性判据的过程中，寻求更好的放大函数或者避免放大操作 [55-57]，可以降低时滞依赖稳定性判据的保守性，最大可能地获得时滞上界 $\bar{\tau}$。自由权矩阵方法在 Lyapunov-Krasovskii 泛函的导函数中引入自由权矩阵以表征函数各项系数间的关系，能够获得保守性小的时滞依赖稳定性判据 [52, 58, 59]。然而，与采用固定权矩阵的时滞稳定性判据相比，自由权矩阵方法的计算量大、求解效率低。除了求解 DCPPS 的时滞稳定裕度 [50, 60, 61]，时滞依赖稳定性判据还被用于设计附加阻尼控制器 [51, 62] 和优化负荷频率控制 (load frequency control，LFC) 系统 [63, 64]。

总体来说，时域法的不足主要体现在三个方面：① Lyapunov 泛函一阶微分负定的证明往往需要对泛函进行放大，若放大后的泛函上界被证明负定即保证了时滞系统的渐进稳定性。然而，证明过程中对泛函的放大往往导致了最终结论的保守性。② 受限于 MATLAB 软件提供的鲁棒控制工具箱的求解能力，必须对电力系统实施有效降阶。模型降阶的准确性必然会对控制器的性能带来影响。③ 目前大部分时滞依赖稳定性判据仅适用于单个固定或时变时滞 [55, 65] 情况，适用于多重时滞情况的稳定性判据 (如文献 [62] 和文献 [66]) 还很少。

1.2.3　预测补偿法

预测补偿法包括 Smith 预估器和模型预测。它们对受控对象的动态特性进行估计，用一个预估模型进行补偿，从而反馈一个没有时滞的被调节量到控制器，使整个系统的控制犹如没有时滞环节。Smith 预估器将时滞环节移到了闭环之外，使控制品质大大提高 [67-69]。模型预测利用系统模型对系统未来的轨迹进行预测 [70-72]。两种方法最大的不足在于太过依赖精确的数学模型。当估计模型和实际对象有误差时，控制品质会显著恶化，导致整个闭环系统的鲁棒性较差。与时域法类似，基于 Smith 预估器和模型预测设计电力系统广域阻尼控制器时，同样需要对系统模型进行降阶处理或降阶辨识。降阶误差也会影响控制器的性能。除了 Smith 预估器和模型预测，文献 [73] ~ 文献 [77] 还提出了轨迹外推和相位补偿方法来克服通信时滞对广域阻尼控制的不利影响。

1.2.4 特征分析法

特征分析法是电力系统小干扰稳定性分析基本而有效的方法，已经形成了比较成熟和完善的理论。如果能够计算得到 DCPPS 的特征值，则可以沿用经典的特征分析的思路和理论框架来分析 DCPPS 的小干扰稳定性，揭示 DCPPS 动态行为的机理，还可以优化设计广域阻尼控制器的参数。不同于函数变换法和时域法，特征分析法不对时滞环节进行多项式拟合也不对系统模型进行任何降阶，而是直接、准确地计算得到 DCPPS 的部分关键特征值。因此，特征分析法是 DCPPS 稳定性分析的最理想的工具。

文献 [78] ~ 文献 [81] 提出了有效搜索虚轴上或特定边界上 (特征值实部或阻尼比等于给定常数) 的 DCPPS 部分关键特征值的方法。从原理上讲，该方法相当于在以给定步长遍历 $[0, 2\pi]^m$ 时滞空间 (m 为时滞个数) 的过程中反复计算系统矩阵的全部特征值。由于计算量大，该方法难以用于大规模电力系统。因此，为了满足大规模、多重时滞电力系统分析和控制的需要，必须寻找新的时滞动力系统稳定性分析理论。

近年来，数值分析和计算数学领域研究并提出了基于谱离散化的时滞系统部分特征值计算方法。文献 [82] 首次将其中的无穷小生成元离散化 (infinitesimal generator discretization，IGD) 方法用于计算多重时滞情况下电力系统最右侧的部分关键特征值。文献 [83] ~ 文献 [85] 利用该方法分析了考虑通信时滞影响的微电网的小干扰稳定性。文献 [82] 开创性工作的不足之处在于没有利用系统增广状态矩阵的稀疏特性，当其用于大规模 DCPPS 时，计算量较大甚至计算失败。

因此，需要广泛应用数值分析和计算领域基于谱离散化特征值计算方法的理论成果、充分挖掘经典特征值分析理论的潜力，形成适用于 DCPPS 小干扰稳定性分析和控制的理论与方法。

1.3　本书的章节安排

本书总结作者所在科研团队近年来在基于谱离散化特征值计算的大规模 DCPPS 稳定性分析方面的理论研究结果，反映目前考虑时滞影响的电力系统特征值计算的最新进展。本书共 12 章，分为基础篇、方法篇和测试篇。本书的结构示意图如图 1.1 所示。

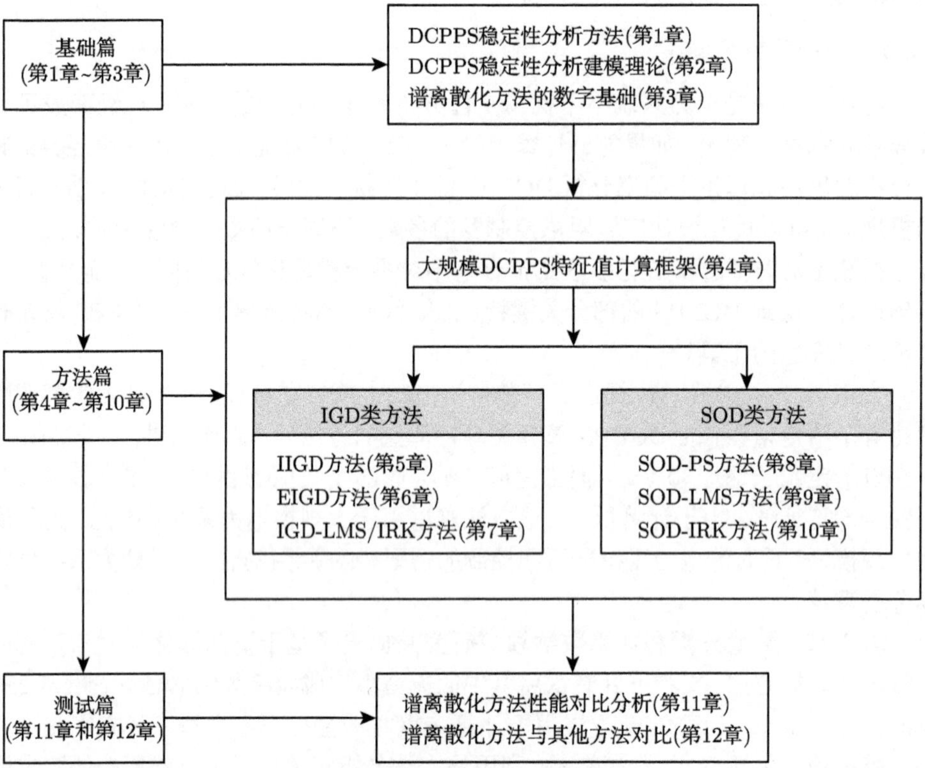

图 1.1　本书的结构示意图

基础篇包括第 1 章 ~ 第 3 章，是方法篇的理论基础。第 1 章首先介绍 DCPPS，然后论述 DCPPS 稳定性分析的主要方法。第 2 章阐述 DCPPS 稳定性分析的建模理论。第 3 章首先围绕时滞特征方程阐述其谱特性、偏导数和摄动，然后给出谱离散化中的三类数值方法。

方法篇包括第 4 章 ~ 第 10 章。首先，第 4 章建立基于谱离散化的大规模 DCPPS 特征值计算框架。基于该框架，第 5 章 ~ 第 7 章依次给出四种基于 IGD 的特征值计算方法的基本原理，包括迭代无穷小生成元离散化 (iterative infinitesimal generator discretization，IIGD) 方法、显式无穷小生成元离散化 (explicit infinitesimal generator discretization，EIGD) 方法、无穷小生成元的线性多步离散化 (infinitesimal generator discretization with linear multi-step，IGD-LMS) 方法和无穷小生成元隐式龙格-库塔离散化 (infinitesimal generator discretization with implicit Runge-Kutta，IGD-IRK) 方法。然后，第 8 章 ~ 第 10 章分别阐述三种基于解算子离散化 (solution operator discretization，SOD) 的特征值计算方法的基本原理，包括解算子伪谱配置离散化 (solution operator discretization with pseudo-spectral collocation，SOD-PS) 方法、解算子线性多步离散化 (solution operator discretization with linear multi-step，SOD-LMS) 方法和解算子隐式龙格-库塔离散化 (solution operator discretization with implicit Runge-Kutta，SOD-IRK) 方法。

测试篇包括第 11 章和第 12 章，从两个方面分别测试和验证基于谱离散化特征值计算方法的准确性、高效性和对大规模 DCPPS 的适应能力。第 11 章针对考虑时滞影响的广域阻尼控制系统，全面测试、分析和比较基于谱离散化的特征值计算方法的性能。第 12 章将基于谱离散化的特征值计算方法与时滞依赖稳定性判据、Padé 近似方法进行深入对比。

第 2 章　DCPPS 稳定性分析建模理论

2.1　电力系统动态模型

2.1.1　系统模型概述

在电力系统稳定性分析和控制中，多机电力系统动态模型框架如图 2.1 所示。整个系统包括描述同步发电机、与同步发电机相关的励磁系统和原动机及其调速系统、负荷、高压直流 (high voltage direct current，HVDC) 输电系统和柔性交流输电系统 (flexible alternative current transmission system，FACTS) 设备 (如静止无功补偿器 (static var compensator，SVC)、可控串联补偿器 (thyristor controlled series compensator，TCSC) 等动态元件的数学模型以及电力网络方程。同步发电机机组和其他动态元件都是相互独立的，是电力网络将它们联系在一起。

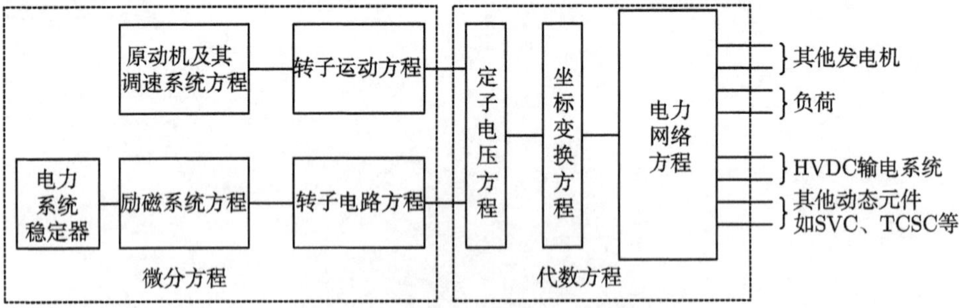

图 2.1　多机电力系统动态模型框架

多机电力系统动态模型可以用一般形式的微分-代数方程组 (differential-algebraic equations，DAE) 来描述：

$$\begin{cases} \dot{\boldsymbol{x}} = \boldsymbol{f}(\boldsymbol{x},\ \boldsymbol{y}) \\ \boldsymbol{0} = \boldsymbol{g}(\boldsymbol{x},\ \boldsymbol{y}) \end{cases} \tag{2.1}$$

式中，$\boldsymbol{f}$ 为描述系统动态特性的微分方程组；$\boldsymbol{g}$ 为描述系统静态特性的代数方程组；$\boldsymbol{x} \in \mathbb{R}^{n\times 1}$ 为系统的状态变量形成的向量；$\boldsymbol{y} \in \mathbb{R}^{l\times 1}$ 为系统的代数变量 (运行参量) 形成的向量。

微分方程组 $\boldsymbol{f}$ 包括如下几方面。

(1) 描述同步发电机转子运动的摇摆方程。

(2) 描述同步发电机转子绕组暂态和次暂态电磁过程的微分方程。

(3) 描述同步发电机组中励磁调节系统动态特性的微分方程。

(4) 描述同步发电机组中原动机及其调速系统动态特性的微分方程。

(5) 描述感应电动机和同步电动机负荷动态特性的微分方程。

(6) 描述 HVDC 输电系统动态特性的微分方程。

(7) 描述 FACTS 设备动态特性的微分方程。

代数方程组 $\boldsymbol{g}$ 包括如下几方面。

(1) 同步发电机定子电压平衡方程。

(2) 同步发电机自身 d-q 坐标系与公共参考 x-y 坐标系之间的变换方程。

(3) 电力网络方程，即描述 x-y 坐标系下节点电压与节点注入电流之间的关系的方程。

(4) HVDC 输电系统的电压方程。

(5) 负荷的电压静态特性方程等。

2.1.2 动态元件模型

本节只给出同步发电机组 (包括同步发电机、励磁系统、PSS、原动机及其调速系统) 的微分方程组和代数方程组，即微分方程组 $\boldsymbol{f}$ 中的 (1) ~ (4) 和代数方程组 $\boldsymbol{g}$ 中的 (1)。其他类型的动态元件的模型可以参考有关文献，如文献 [86] ~ 文献 [89]。

1. 同步发电机

在 d-q 坐标系下，假设 X_{ad} 基值系统下各绕组互感对应的电抗之间满足如下条件 [87]：

$$X_{af}X_D = X_{aD}X_{fD},\quad X_{ag}X_Q = X_{aQ}X_{gQ} \tag{2.2}$$

式中，X_D 和 X_Q 分别为阻尼绕组 D 和 Q 的自感抗；X_{af}、X_{aD}、X_{ag} 和 X_{aQ} 分别为 d 轴绕组和励磁绕组 f、阻尼绕组 (D、g 和 Q) 之间的互感抗；X_{fD} 和 X_{gQ} 分别为励磁绕组 f 和阻尼绕组 D 之间、阻尼绕组 g 和 Q 之间的互感抗。

引入与各转子绕组电流成正比的空载电势 e_{q1}、e_{q2}、e_{d1}、e_{d2} 以及与各转子绕组磁链成正比的暂态电势 e'_q、e'_d 和次暂态电势 e''_q、e''_d，并将它们代入用标幺值表示的同步电机模型，可以推导得到用电机参数表示的同步电机微分方程。

式 (2.3) ~ 式 (2.16) 给出了描述隐极同步电机动态特性的 6 阶精确模型。其考虑了同步电机转子 d 轴上励磁绕组 f 及阻尼绕组 D 的次暂态和暂态电磁过程，并计及了 q 轴上阻尼绕组 Q 及 g 的次暂态和暂态电磁过程：

$$\psi_d = -X_d i_d + e_{q1} + e_{q2} \tag{2.3}$$

$$\psi_q = -X_q i_q - e_{d1} - e_{d2} \tag{2.4}$$

$$e_q' = -(X_d - X_d')\, i_d + e_{q1} + \frac{X_d - X_d'}{X_d - X_d''} e_{q2} \tag{2.5}$$

$$e_q'' = -(X_d - X_d'')\, i_d + e_{q1} + e_{q2} \tag{2.6}$$

$$e_d' = \left(X_q - X_q'\right) i_q + e_{d1} + \frac{X_q - X_q'}{X_q - X_q''} e_{d2} \tag{2.7}$$

$$e_d'' = \left(X_q - X_q''\right) i_q + e_{d1} + e_{d2} \tag{2.8}$$

$$u_d = \frac{\mathrm{d}\psi_d}{\mathrm{d}t} - \omega\psi_q - R_a i_d \tag{2.9}$$

$$u_q = \frac{\mathrm{d}\psi_q}{\mathrm{d}t} + \omega\psi_d - R_a i_q \tag{2.10}$$

$$T_{d0}' \frac{\mathrm{d}e_q'}{\mathrm{d}t} = E_{fq} - e_{q1} \tag{2.11}$$

$$T_{d0}'' \frac{\mathrm{d}e_q''}{\mathrm{d}t} = -\frac{X_d' - X_d''}{X_d - X_d''} e_{q2} \tag{2.12}$$

$$T_{q0}' \frac{\mathrm{d}e_d'}{\mathrm{d}t} = -e_{d1} \tag{2.13}$$

$$T_{q0}'' \frac{\mathrm{d}e_d''}{\mathrm{d}t} = -\frac{X_q' - X_q''}{X_q - X_q''} e_{d2} \tag{2.14}$$

同步发电机转子运动方程为

$$\frac{\mathrm{d}\delta}{\mathrm{d}t} = \omega - 1 \tag{2.15}$$

$$\frac{\mathrm{d}\omega}{\mathrm{d}t} = \frac{1}{T_J}(-D\omega + T_{\mathrm{m}} - T_{\mathrm{e}}) = \frac{1}{T_J}\left(-D\omega + \frac{P_{\mathrm{m}}}{\omega} - \frac{P_{\mathrm{e}}}{\omega}\right) \tag{2.16}$$

式 (2.3) ~ 式 (2.14) 中，各物理量 (包括时间和时间常数) 均为标幺值。X_d (X_q)、X_d' (X_q') 和 X_d'' (X_q'') 分别为 d 轴 (q 轴) 同步电抗、暂态电抗和次暂态电抗；T_{d0}' (T_{q0}') 和 T_{d0}'' (T_{q0}'') 分别为 d 轴 (q 轴) 开路暂态时间常数和次暂态时间常数；ψ_d (ψ_q)、i_d (i_q) 和 u_d (u_q) 分别为 d 轴 (q 轴) 的定子磁链、电流和电压；R_a 为定子绕组电阻；E_{fq} 为同步电机稳态空载时的定子电压。令 U_f 为同步电机的励磁电压，则 $E_{fq} = \dfrac{X_{af}}{R_f} U_f$。当采用单位励磁电压/单位定子电压基准值系统时，$X_{af}$ 和 R_f 的标幺值相等，从而有 $E_{fq} = U_f$。

式 (2.15) 和式 (2.16) 中，δ 为同步电机转子 q 轴与以同步速度旋转的系统参考轴 x 间的电角度；ω 为同步电机的电角速度；T_J 为同步电机的惯性时间常数；T_{m} (P_{m}) 和 T_{e} (P_{e}) 分别为原动机输入的机械转矩 (功率) 和发电机输出的电磁转矩 (功率) 的标幺值；D 为风阻系数。

在实际应用中，通常根据不同的精度要求对上述同步电机模型进行简化。

(1) 对于凸极同步电机，往往不考虑 q 轴阻尼绕组 g。在式 (2.3) ~ 式 (2.14) 中，令 $e_{d1}=0$，$X_q'=X_q$，去掉式 (2.7) 和式 (2.13)，得到描述凸极电机的 5 阶模型。

(2) 不考虑阻尼绕组的影响，只计及 d 轴上励磁绕组 f 的电磁暂态过程。在式 (2.3) ~ 式 (2.14) 中，令 $e_{q2}=e_{d1}=e_{d2}=0$，去掉式 (2.6) ~ 式 (2.8) 和式 (2.12) ~ 式 (2.14)，得到考虑暂态电势 e_q' 变化及转子运动方程的 3 阶模型。

(3) 不考虑阻尼绕组的影响，假定暂态电势 e_q' 恒定，近似模拟励磁调节器的作用。在式 (2.3) ~ 式 (2.14) 中，令 $e_{q2}=e_{d1}=e_{d2}=0$，去掉式 (2.6) ~ 式 (2.8) 和式 (2.12) ~ 式 (2.14)，令式 (2.11) 右边恒等于 0，得到只考虑转子运动方程的 2 阶模型。

(4) 假定 X_d' 后的虚构电势 e' 恒定。在式 (2.3) ~ 式 (2.14) 中，令 $X_q=X_d'$，去掉式 (2.5) ~ 式 (2.8) 和式 (2.11) ~ 式 (2.14)，得到经典 2 阶模型。

(5) 忽略定子回路的电磁暂态过程，即令 $\dfrac{\mathrm{d}\psi_d}{\mathrm{d}t}=\dfrac{\mathrm{d}\psi_q}{\mathrm{d}t}=0$，式 (2.9)、式 (2.10) 变为

$$u_d=-\omega\psi_q-R_ai_d \tag{2.17}$$

$$u_q=\omega\psi_d-R_ai_q \tag{2.18}$$

(6) 忽略定子回路的电磁暂态过程，不计转速变化，即令 $\omega=1$，则定子电压平衡方程式 (2.9)、式 (2.10) 变为

$$u_d=-\psi_q-R_ai_d \tag{2.19}$$

$$u_q=\psi_d-R_ai_q \tag{2.20}$$

(7) 假设在电力系统各种稳定控制措施的作用下，ω 变化不大，近似取为 1，从而认为转矩的标幺值与功率的标幺值相等，即 $P_{\mathrm{m}}=T_{\mathrm{m}}$，$P_{\mathrm{e}}=T_{\mathrm{e}}$。

基于以上分析，这里列出同步发电机的 6 阶数学模型，并以此为例建立电力系统的动态模型。对于各电气量，用大写字母 U、I 和 E 分别代替小写字母 u、i 和 e，以表示它们的稳态值。

同步发电机的 6 阶数学模型包括转子运动方程和转子电磁暂态方程等微分方程，以及定子电压平衡方程等代数方程。

转子运动方程：

$$\begin{cases}\dfrac{\mathrm{d}\delta}{\mathrm{d}t}=\omega-1\\ \dfrac{\mathrm{d}\omega}{\mathrm{d}t}=\dfrac{1}{T_J}\left\{P_{\mathrm{m}}-\left[E_q''I_q+E_d''I_d-(X_d''-X_q'')I_dI_q\right]-D\omega\right\}\end{cases} \tag{2.21}$$

转子电磁暂态方程：

$$
\begin{cases}
\dfrac{\mathrm{d}E_q'}{\mathrm{d}t} = \dfrac{1}{T_{d0}'}\left[E_{fq} - k_d E_q' + (k_d - 1)E_q''\right] \\
\dfrac{\mathrm{d}E_q''}{\mathrm{d}t} = \dfrac{1}{T_{d0}''}\left[E_q' - E_q'' - (X_d' - X_d'')I_d\right] \\
\dfrac{\mathrm{d}E_d'}{\mathrm{d}t} = \dfrac{1}{T_{q0}'}\left[-k_q E_d' + (k_q - 1)E_d''\right] \\
\dfrac{\mathrm{d}E_d''}{\mathrm{d}t} = \dfrac{1}{T_{q0}''}\left[E_d' - E_d'' + (X_q' - X_q'')I_q\right]
\end{cases}
\tag{2.22}
$$

式中，$k_d = \dfrac{X_d - X_d''}{X_d' - X_d''}$；$k_q = \dfrac{X_q - X_q''}{X_q' - X_q''}$。

定子电压平衡方程：

$$
\begin{cases}
U_d = E_d'' - R_a I_d + X_q'' I_q \\
U_q = E_q'' - X_d'' I_d - R_a I_q
\end{cases}
\tag{2.23}
$$

2. *励磁系统*

同步发电机励磁系统有很多种类型，下面以图 2.2 中所示采用可控硅调节器的直流励磁机励磁系统为例，首先忽略综合放大和励磁机输出的限幅环节，然后根据系统的传递函数框图列出相应的微分方程：

$$
\begin{cases}
\dfrac{\mathrm{d}E_{fq}}{\mathrm{d}t} = \dfrac{1}{T_{\mathrm{E}}}\left[U_{\mathrm{R}} - (K_{\mathrm{E}} + S_{\mathrm{E}})E_{fq}\right] \\
\dfrac{\mathrm{d}U_{\mathrm{R}}}{\mathrm{d}t} = \dfrac{1}{T_{\mathrm{A}}}\left[K_{\mathrm{A}}(U_{\mathrm{ref}} - U_{\mathrm{F}} + U_{\mathrm{S}} - U_{\mathrm{M}}) - U_{\mathrm{R}}\right] \\
\dfrac{\mathrm{d}U_{\mathrm{F}}}{\mathrm{d}t} = \dfrac{1}{T_{\mathrm{F}}}\left(K_{\mathrm{F}}\dfrac{\mathrm{d}E_{fq}}{\mathrm{d}t} - U_{\mathrm{F}}\right) \\
\dfrac{\mathrm{d}U_{\mathrm{M}}}{\mathrm{d}t} = \dfrac{1}{T_{\mathrm{R}}}(U_{\mathrm{C}} - U_{\mathrm{M}})
\end{cases}
\tag{2.24}
$$

式中，T_{R} 为测量环节的时间常数；U_{C} 为负载补偿环节的输出；U_{M} 为发电机端电压的测量值；U_{S} 为励磁系统的附加控制信号；U_{ref} 为设定的电压参考值；K_{A} 和 T_{A} 分别为综合放大环节的增益和时间常数；U_{R} 为综合放大环节的输出 (直流励磁机的励磁电压)；U_{Rmax} 和 U_{Rmin} 分别为 U_{R} 的上限值和下限值；U_{F} 为励磁电压软负反馈环节的输出；K_{F} 和 T_{F} 分别为软负反馈环节的增益和时间常数；K_{E} 和 T_{E} 分别为励磁机的增益和时间常数。S_{E} 为励磁机的饱和系数；c_{E} 和 n_{E} 为饱和参数；$E_{fq\mathrm{max}}$ 和 $E_{fq\mathrm{min}}$ 分别为励磁电压 E_{fq} 的上限值和下限值。令 X_{C} 表示负载补偿环节的电抗，则有：

$$
S_{\mathrm{E}} = c_{\mathrm{E}} E_{fq}^{n_{\mathrm{E}}-1}
\tag{2.25}
$$

$$U_{\mathrm{C}}=\sqrt{(U_d-X_{\mathrm{C}}I_q)^2+(U_q+X_{\mathrm{C}}I_d)^2} \tag{2.26}$$

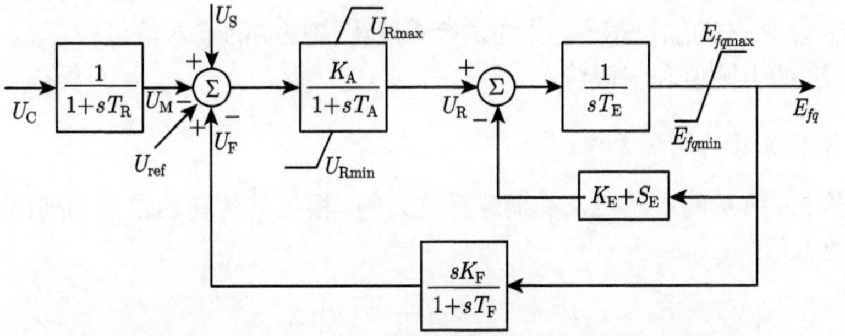

图 2.2 采用可控硅调节器的直流励磁机励磁系统传递函数框图

3. PSS

PSS 是广泛用于励磁控制的辅助调节器，其功能是抑制电力系统低频振荡或增加系统阻尼。其基本原理是通过对励磁调节器提供一个辅助的控制信号而使发电机产生一个与转子电角速度偏差同相位的电磁转矩分量。PSS 有多种形式，一种常用形式的传递函数框图如图 2.3 所示。

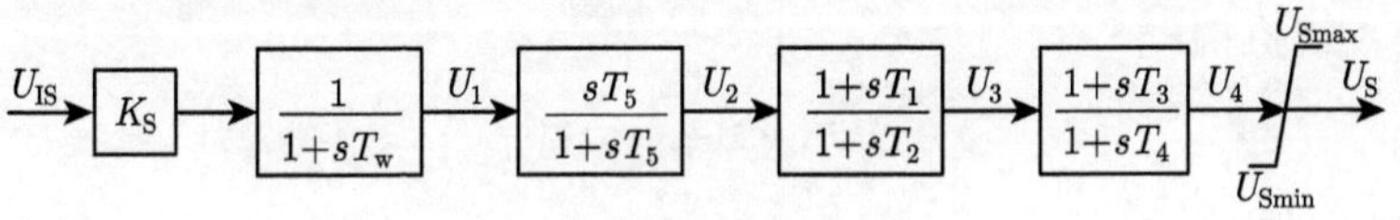

图 2.3 PSS 的传递函数框图

根据图 2.3 可列出 PSS 的微分方程：

$$\begin{cases}\dfrac{\mathrm{d}U_1}{\mathrm{d}t}=\dfrac{1}{T_{\mathrm{w}}}(K_{\mathrm{S}}U_{\mathrm{IS}}-U_1)\\ \dfrac{\mathrm{d}(U_1-U_2)}{\mathrm{d}t}=\dfrac{1}{T_5}U_2\\ \dfrac{\mathrm{d}(T_1U_2-T_2U_3)}{\mathrm{d}t}=U_3-U_2\\ \dfrac{\mathrm{d}(T_3U_3-T_4U_4)}{\mathrm{d}t}=U_4-U_3\end{cases} \tag{2.27}$$

PSS 输出的限制为

$$U_{\mathrm{S}}=\begin{cases}U_{\mathrm{Smax}}, & U_4\geqslant U_{\mathrm{Smax}}\\ U_4, & U_{\mathrm{Smin}}<U_4<V_{\mathrm{Smax}}\\ U_{\mathrm{Smin}}, & U_4\leqslant U_{\mathrm{Smin}}\end{cases} \tag{2.28}$$

式中，U_{IS} 为 PSS 的输入信号，通常选为发电机的电角速度、端电压、电磁功率和系统频率中的一个或它们的组合；K_{S} 为 PSS 的增益；T_{w} 为测量环节的时间常数；T_5 为隔直环节的时间常数；T_1、T_2、T_3 和 T_4 分别为两个超前-滞后环节的时间常数；U_{S} 为 PSS 的输出信号，作为励磁系统附加控制的输入信号；U_{Smax} 和 U_{Smin} 分别为 U_{S} 的上限值和下限值。

4. 原动机及其调速系统

以图 2.4 所示的水轮机及其调速系统为例，根据其传递函数框图列出相应的微分和代数方程。

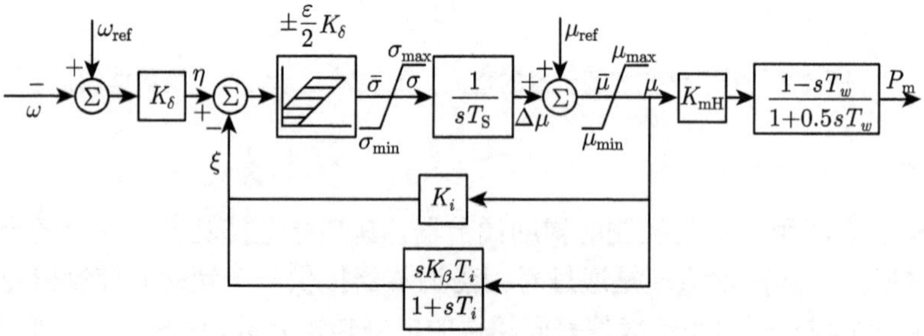

图 2.4　水轮机及其调速系统的传递函数框图

离心飞摆机构：

$$\eta = K_\delta(\omega_{\mathrm{ref}} - \omega) \tag{2.29}$$

配压阀失灵区：

$$\bar{\sigma} = \begin{cases} 0, & -\dfrac{\varepsilon K_\delta}{2} < \eta - \xi < \dfrac{\varepsilon K_\delta}{2} \\ \eta - \xi - \dfrac{\varepsilon K_\delta}{2}, & \eta - \xi \geqslant \dfrac{\varepsilon K_\delta}{2} \\ \eta - \xi + \dfrac{\varepsilon K_\delta}{2}, & \eta - \xi \leqslant -\dfrac{\varepsilon K_\delta}{2} \end{cases} \tag{2.30}$$

配压阀行程的限制：

$$\sigma = \begin{cases} \bar{\sigma}, & \sigma_{\min} < \bar{\sigma} < \sigma_{\max} \\ \sigma_{\max}, & \bar{\sigma} \geqslant \sigma_{\max} \\ \sigma_{\min}, & \bar{\sigma} \leqslant \sigma_{\min} \end{cases} \tag{2.31}$$

伺服机构：

$$\frac{\mathrm{d}\bar{\mu}}{\mathrm{d}t} = \frac{\sigma}{T_{\mathrm{S}}} \tag{2.32}$$

阀门开度的限制：

$$\mu = \begin{cases} \bar{\mu}, & \mu_{\min} < \bar{\mu} < \mu_{\max} \\ \mu_{\max}, & \bar{\mu} \geqslant \mu_{\max} \\ \mu_{\min}, & \bar{\mu} \leqslant \mu_{\min} \end{cases} \tag{2.33}$$

反馈环节：

$$\frac{\mathrm{d}\left[\xi - (K_\beta + K_i)\mu\right]}{\mathrm{d}t} = \frac{1}{T_i}(K_i\mu - \xi) \tag{2.34}$$

水轮机：

$$\frac{\mathrm{d}(P_\mathrm{m} + 2K_\mathrm{mH}\mu)}{\mathrm{d}t} = \frac{2}{T_\omega}(K_\mathrm{mH}\mu - P_\mathrm{m}) \tag{2.35}$$

式中，ω_ref 为参考转速；η 为飞摆套筒的相对位移；K_δ 为比例系数；σ 为配压阀活塞的位移；$\sigma_{\max}$ 和 $\sigma_{\min}$ 分别为 σ 的上限值和下限值；T_S 为接力器时间常数；μ 为接力器活塞的位移；$\bar{\mu}$ 为接力器活塞位移的参考值；$\mu_{\max}$ 和 $\mu_{\min}$ 分别为 μ 的上限值和下限值；K_β 和 T_i 分别为软反馈的增益和时间常数；K_i 为硬反馈的增益；ξ 为对 μ 负反馈的位移量；K_mH 为发电机额定功率与系统基准容量之比；T_ω 为等值水锤效应时间常数；P_m 为原动机输出的机械功率。

2.2 小干扰稳定性分析模型

2.2.1 小干扰稳定性分析原理

电力系统小干扰稳定性分析的思想是根据 Lyapunov 第一定理，用线性化系统的稳定性来分析实际非线性电力系统在某个平衡点附近的局部稳定性。首先将描述系统动态行为的非线性 DAE 在稳态平衡点附近线性化，得到系统的线性化 DAE；然后列出线性化 DAE 的状态矩阵，并依据矩阵特征值的特点来分析系统的稳定性。

首先，在稳态平衡点 $(\boldsymbol{x}_0, \boldsymbol{y}_0)$ 处对式 (2.1) 进行线性化并写成矩阵形式，得

$$\begin{bmatrix} \Delta\dot{\boldsymbol{x}} \\ \boldsymbol{0} \end{bmatrix} = \begin{bmatrix} \boldsymbol{A} & \boldsymbol{B} \\ \boldsymbol{C} & \boldsymbol{D} \end{bmatrix} \begin{bmatrix} \Delta\boldsymbol{x} \\ \Delta\boldsymbol{y} \end{bmatrix} \tag{2.36}$$

式中，$\boldsymbol{A} \in \mathbb{R}^{n\times n}$、$\boldsymbol{B} \in \mathbb{R}^{n\times l}$、$\boldsymbol{C} \in \mathbb{R}^{l\times n}$、$\boldsymbol{D} \in \mathbb{R}^{l\times l}$ 为雅可比矩阵，即

$$
\left\{
\begin{aligned}
\boldsymbol{A} &= \left.\frac{\partial \boldsymbol{f}}{\partial \boldsymbol{x}}\right|_{\substack{\boldsymbol{x}=\boldsymbol{x}_0\\ \boldsymbol{y}=\boldsymbol{y}_0}} = \left.\begin{bmatrix} \dfrac{\partial f_1}{\partial x_1} & \cdots & \dfrac{\partial f_1}{\partial x_n} \\ \vdots & & \vdots \\ \dfrac{\partial f_n}{\partial x_1} & \cdots & \dfrac{\partial f_n}{\partial x_n} \end{bmatrix}\right|_{\substack{\boldsymbol{x}=\boldsymbol{x}_0\\ \boldsymbol{y}=\boldsymbol{y}_0}} \\
\boldsymbol{B} &= \left.\frac{\partial \boldsymbol{f}}{\partial \boldsymbol{y}}\right|_{\substack{\boldsymbol{x}=\boldsymbol{x}_0\\ \boldsymbol{y}=\boldsymbol{y}_0}} = \left.\begin{bmatrix} \dfrac{\partial f_1}{\partial y_1} & \cdots & \dfrac{\partial f_1}{\partial y_l} \\ \vdots & & \vdots \\ \dfrac{\partial f_n}{\partial y_1} & \cdots & \dfrac{\partial f_n}{\partial y_l} \end{bmatrix}\right|_{\substack{\boldsymbol{x}=\boldsymbol{x}_0\\ \boldsymbol{y}=\boldsymbol{y}_0}} \\
\boldsymbol{C} &= \left.\frac{\partial \boldsymbol{g}}{\partial \boldsymbol{x}}\right|_{\substack{\boldsymbol{x}=\boldsymbol{x}_0\\ \boldsymbol{y}=\boldsymbol{y}_0}} = \left.\begin{bmatrix} \dfrac{\partial g_1}{\partial x_1} & \cdots & \dfrac{\partial g_1}{\partial x_n} \\ \vdots & & \vdots \\ \dfrac{\partial g_l}{\partial x_1} & \cdots & \dfrac{\partial g_l}{\partial x_n} \end{bmatrix}\right|_{\substack{\boldsymbol{x}=\boldsymbol{x}_0\\ \boldsymbol{y}=\boldsymbol{y}_0}} \\
\boldsymbol{D} &= \left.\frac{\partial \boldsymbol{g}}{\partial \boldsymbol{y}}\right|_{\substack{\boldsymbol{x}=\boldsymbol{x}_0\\ \boldsymbol{y}=\boldsymbol{y}_0}} = \left.\begin{bmatrix} \dfrac{\partial g_1}{\partial y_1} & \cdots & \dfrac{\partial g_1}{\partial y_l} \\ \vdots & & \vdots \\ \dfrac{\partial g_l}{\partial y_1} & \cdots & \dfrac{\partial g_l}{\partial y_l} \end{bmatrix}\right|_{\substack{\boldsymbol{x}=\boldsymbol{x}_0\\ \boldsymbol{y}=\boldsymbol{y}_0}}
\end{aligned}
\right.
$$

式 (2.36) 右侧的系数矩阵称为系统的增广状态矩阵。本书有时也直接将雅可比矩阵 $\boldsymbol{A}$、$\boldsymbol{B}$、$\boldsymbol{C}$ 和 $\boldsymbol{D}$ 称为系统的增广状态矩阵，请读者根据上下文进行辨别，不再一一赘述。

由于 $\boldsymbol{D}$ 非奇异，消去式 (2.36) 中的代数变量 $\Delta\boldsymbol{y}$，则可得到系统的状态矩阵 $\tilde{\boldsymbol{A}} \in \mathbb{R}^{n\times n}$：

$$
\tilde{\boldsymbol{A}} = \boldsymbol{A} - \boldsymbol{B}\boldsymbol{D}^{-1}\boldsymbol{C} \tag{2.37}
$$

根据 $\tilde{\boldsymbol{A}}$ 的特征值可以判断式 (2.1) 所描述的非线性系统在稳态平衡点 $(\boldsymbol{x}_0, \boldsymbol{y}_0)$ 处的小干扰稳定性。如果 $\tilde{\boldsymbol{A}}$ 的所有特征值的实部均为负，那么系统在平衡点处是渐近稳定的或小干扰稳定的；如果 $\tilde{\boldsymbol{A}}$ 的所有特征值中至少有一个实部为正，那么系统在平衡点处是小干扰不稳定的；如果 $\tilde{\boldsymbol{A}}$ 的所有特征值中无实部为正的特征值，但至少有一个实部为零的特征值，那么不能根据状态矩阵判断系统的小干扰稳定性。

为了建立系统的状态矩阵并进行小干扰稳定性分析，本节首先给出电力系统同步发电机组 (包括同步发电机、励磁系统、PSS、原动机及其调速系统) 的线性化微分方程，然后推导电力系统的线性化代数方程，最后建立多机系统的线性化DAE。

2.2.2 线性化微分方程

1. 同步发电机

在稳态平衡点处，对同步发电机的微分方程式 (2.21) 和式 (2.22) 进行线性化，得

$$
\left\{
\begin{aligned}
\frac{\mathrm{d}\Delta\delta}{\mathrm{d}t} &= \Delta\omega \\
\frac{\mathrm{d}\Delta\omega}{\mathrm{d}t} &= \frac{1}{T_J}\left\{\Delta P_{\mathrm{m}} - D\Delta\omega - I_{q(0)}\Delta E_q'' - I_{d(0)}\Delta E_d''\right. \\
&\quad - \left[E_{d(0)}'' - \left(X_d'' - X_q''\right) I_{q(0)}\right]\Delta I_d \\
&\quad \left. - \left[E_{q(0)}'' - \left(X_d'' - X_q''\right) I_{d(0)}\right]\Delta I_q\right\} \\
\frac{\mathrm{d}\Delta E_q'}{\mathrm{d}t} &= \frac{1}{T_{d0}'}\left[\Delta E_{fq} - k_d\Delta E_q' + (k_d - 1)\Delta E_q''\right] \\
\frac{\mathrm{d}\Delta E_q''}{\mathrm{d}t} &= \frac{1}{T_{d0}''}\left[\Delta E_q' - \Delta E_q'' - \left(X_d' - X_d''\right)\Delta I_d\right] \\
\frac{\mathrm{d}\Delta E_d'}{\mathrm{d}t} &= \frac{1}{T_{q0}'}\left[-k_q\Delta E_d' + (k_q - 1)\Delta E_d''\right] \\
\frac{\mathrm{d}\Delta E_d''}{\mathrm{d}t} &= \frac{1}{T_{q0}''}\left[\Delta E_d' - \Delta E_d'' + \left(X_q' - X_q''\right)\Delta I_q\right]
\end{aligned}
\right.
\tag{2.38}
$$

式中，变量下标中的“(0)”表示其稳态值。

2. 励磁系统

根据式 (2.24)，可以列出如图 2.2 所示励磁系统的线性化微分方程：

$$
\left\{
\begin{aligned}
\frac{\mathrm{d}\Delta E_{fq}}{\mathrm{d}t} &= -\frac{1}{T_{\mathrm{E}}}\left(K_{\mathrm{E}} + n_{\mathrm{E}}c_{\mathrm{E}}E_{fq(0)}^{n_{\mathrm{E}}-1}\right)\Delta E_{fq} + \frac{1}{T_{\mathrm{E}}}\Delta U_{\mathrm{R}} \\
\frac{\mathrm{d}\Delta U_{\mathrm{R}}}{\mathrm{d}t} &= -\frac{1}{T_{\mathrm{A}}}\Delta U_{\mathrm{R}} - \frac{K_{\mathrm{A}}}{T_{\mathrm{A}}}\Delta U_{\mathrm{F}} - \frac{K_{\mathrm{A}}}{T_{\mathrm{A}}}\Delta U_{\mathrm{M}} + \frac{K_{\mathrm{A}}}{T_{\mathrm{A}}}\Delta U_{\mathrm{S}} \\
\frac{\mathrm{d}\Delta U_{\mathrm{F}}}{\mathrm{d}t} &= -\frac{K_{\mathrm{F}}}{T_{\mathrm{E}}T_{\mathrm{F}}}\left(K_{\mathrm{E}} + n_{\mathrm{E}}c_{\mathrm{E}}E_{fq(0)}^{n_{\mathrm{E}}-1}\right)\Delta E_{fq} + \frac{K_{\mathrm{F}}}{T_{\mathrm{E}}T_{\mathrm{F}}}\Delta U_{\mathrm{R}} - \frac{1}{T_{\mathrm{F}}}\Delta U_{\mathrm{F}} \\
\frac{\mathrm{d}\Delta U_{\mathrm{M}}}{\mathrm{d}t} &= -\frac{1}{T_{\mathrm{R}}}\Delta U_{\mathrm{M}} + \frac{K_{\mathrm{C}q}X_{\mathrm{C}}}{T_{\mathrm{R}}}\Delta I_d - \frac{K_{\mathrm{C}d}X_{\mathrm{C}}}{T_{\mathrm{R}}}\Delta I_q + \frac{K_{\mathrm{C}d}}{T_{\mathrm{R}}}\Delta U_d + \frac{K_{\mathrm{C}q}}{T_{\mathrm{R}}}\Delta U_q
\end{aligned}
\right.
\tag{2.39}
$$

式中，

$$\begin{cases} K_{\mathrm{C}d} = (U_{d(0)} - X_{\mathrm{C}} I_{q(0)})/U_{\mathrm{C}(0)} \\ K_{\mathrm{C}q} = (U_{q(0)} + X_{\mathrm{C}} I_{d(0)})/U_{\mathrm{C}(0)} \\ U_{\mathrm{C}(0)} = \sqrt{(U_{d(0)} - X_{\mathrm{C}} I_{q(0)})^2 + (U_{q(0)} + X_{\mathrm{C}} I_{d(0)})^2} \end{cases} \tag{2.40}$$

3. PSS

将 PSS 的输入信号选为转速偏差，即 $U_{\mathrm{IS}} = \omega - \omega_{\mathrm{s}}$。忽略图 2.3 中的输出限幅环节。于是，根据式 (2.27) 可列出 PSS 的线性化微分方程：

$$\begin{cases} \dfrac{\mathrm{d}\Delta U_1}{\mathrm{d}t} = \dfrac{K_{\mathrm{S}}}{T_{\mathrm{w}}}\Delta\omega - \dfrac{1}{T_{\mathrm{w}}}\Delta U_1 \\ \dfrac{\mathrm{d}\Delta U_2}{\mathrm{d}t} = \dfrac{K_{\mathrm{S}}}{T_{\mathrm{w}}}\Delta\omega - \dfrac{1}{T_{\mathrm{w}}}\Delta U_1 - \dfrac{1}{T_5}\Delta U_2 \\ \dfrac{\mathrm{d}\Delta U_3}{\mathrm{d}t} = \dfrac{K_{\mathrm{S}}T_1}{T_2T_{\mathrm{w}}}\Delta\omega - \dfrac{T_1}{T_2T_{\mathrm{w}}}\Delta U_1 - \dfrac{T_1 - T_5}{T_2T_5}\Delta U_2 - \dfrac{1}{T_2}\Delta U_3 \\ \dfrac{\mathrm{d}\Delta U_{\mathrm{S}}}{\mathrm{d}t} = \dfrac{K_{\mathrm{S}}T_1T_3}{T_2T_4T_{\mathrm{w}}}\Delta\omega - \dfrac{T_1T_3}{T_2T_4T_{\mathrm{w}}}\Delta U_1 - \dfrac{T_3(T_1 - T_5)}{T_2T_4T_5}\Delta U_2 - \dfrac{T_3 - T_2}{T_2T_4}\Delta U_3 - \dfrac{1}{T_4}\Delta U_{\mathrm{S}} \end{cases} \tag{2.41}$$

4. 原动机及其调速系统

根据式 (2.29) ~ 式 (2.35)，并忽略其中的测量失灵区、配压阀行程限制环节和阀门开度限制环节，可得图 2.4 所示水轮机及其调速系统的线性化微分方程：

$$\begin{cases} \dfrac{\mathrm{d}\Delta\mu}{\mathrm{d}t} = -\dfrac{K_\delta}{T_{\mathrm{S}}}\Delta\omega - \dfrac{1}{T_{\mathrm{S}}}\Delta\xi \\ \dfrac{\mathrm{d}\Delta\xi}{\mathrm{d}t} = -\dfrac{K_\delta(K_i + K_\beta)}{T_{\mathrm{S}}}\Delta\omega + \dfrac{K_i}{T_i}\Delta\mu - \left(\dfrac{1}{T_i} + \dfrac{K_i + K_\beta}{T_{\mathrm{S}}}\right)\Delta\xi \\ \dfrac{\mathrm{d}\Delta P_{\mathrm{m}}}{\mathrm{d}t} = \dfrac{2K_{\mathrm{mH}}K_\delta}{T_{\mathrm{S}}}\Delta\omega + \dfrac{2K_{\mathrm{mH}}}{T_\omega}\Delta\mu + \dfrac{2K_{\mathrm{mH}}}{T_{\mathrm{S}}}\Delta\xi - \dfrac{2}{T_\omega}\Delta P_{\mathrm{m}} \end{cases} \tag{2.42}$$

5. 线性化微分方程

将式 (2.38) ~ 式 (2.42) 所示的同步发电机组的线性化微分方程写成矩阵形式，得

$$\frac{\mathrm{d}\Delta \boldsymbol{x}_{\mathrm{g}}}{\mathrm{d}t} = \bar{\boldsymbol{A}}_{\mathrm{g}}\Delta\boldsymbol{x}_{\mathrm{g}} + \bar{\boldsymbol{B}}_{I\mathrm{g}}\Delta\boldsymbol{I}_{dq\mathrm{g}} + \bar{\boldsymbol{B}}_{U\mathrm{g}}\Delta\boldsymbol{U}_{dq\mathrm{g}} \tag{2.43}$$

式中，

$$
\begin{cases}
\Delta \boldsymbol{x}_{\mathrm{g}} = [\Delta\delta,\ \Delta\omega,\ \Delta E_q',\ \Delta E_q'',\ \Delta E_d',\ \Delta E_d'',\ \Delta E_{fq},\ \Delta U_{\mathrm{R}}, \\
\qquad \Delta U_{\mathrm{F}},\ \Delta U_{\mathrm{M}},\ \Delta U_1,\ \Delta U_2,\ \Delta U_3,\ \Delta U_{\mathrm{S}},\ \Delta\mu,\ \Delta\xi,\ \Delta P_{\mathrm{m}}]^{\mathrm{T}} \in \mathbb{R}^{17\times 1} \\
\Delta \boldsymbol{U}_{dq\mathrm{g}} = [\Delta U_d,\ \Delta U_q]^{\mathrm{T}} \\
\Delta \boldsymbol{I}_{dq\mathrm{g}} = [\Delta I_d,\ \Delta I_q]^{\mathrm{T}}
\end{cases}
\tag{2.44}
$$

根据式 (2.43) 和式 (2.44)，可得多机电力系统中全部发电机组的线性化微分方程：

$$
\frac{\mathrm{d}\Delta \boldsymbol{x}_{\mathrm{G}}}{\mathrm{d}t} = \bar{\boldsymbol{A}}_{\mathrm{G}}\Delta \boldsymbol{x}_{\mathrm{G}} + \bar{\boldsymbol{B}}_{I\mathrm{G}}\Delta \boldsymbol{I}_{dq\mathrm{G}} + \bar{\boldsymbol{B}}_{U\mathrm{G}}\Delta \boldsymbol{U}_{dq\mathrm{G}} \tag{2.45}
$$

式中，

$$
\begin{cases}
\bar{\boldsymbol{A}}_{\mathrm{G}} = \mathrm{diag}\left\{\bar{\boldsymbol{A}}_{\mathrm{g}1},\ \bar{\boldsymbol{A}}_{\mathrm{g}2},\ \cdots\right\} \\
\bar{\boldsymbol{B}}_{I\mathrm{G}} = \mathrm{diag}\left\{\bar{\boldsymbol{B}}_{I\mathrm{g}1},\ \bar{\boldsymbol{B}}_{I\mathrm{g}2},\ \cdots\right\} \\
\bar{\boldsymbol{B}}_{U\mathrm{G}} = \mathrm{diag}\left\{\bar{\boldsymbol{B}}_{U\mathrm{g}1},\ \bar{\boldsymbol{B}}_{U\mathrm{g}2},\ \cdots\right\} \\
\Delta \boldsymbol{x}_{\mathrm{G}} = \left[\boldsymbol{x}_{\mathrm{g}1}^{\mathrm{T}},\ \boldsymbol{x}_{\mathrm{g}2}^{\mathrm{T}},\ \cdots\right]^{\mathrm{T}} \\
\Delta \boldsymbol{I}_{dq\mathrm{G}} = \left[\Delta \boldsymbol{I}_{dq\mathrm{g}1}^{\mathrm{T}},\ \Delta \boldsymbol{I}_{dq\mathrm{g}2}^{\mathrm{T}},\ \cdots\right]^{\mathrm{T}} \\
\Delta \boldsymbol{U}_{dq\mathrm{G}} = \left[\Delta \boldsymbol{U}_{dq\mathrm{g}1}^{\mathrm{T}},\ \Delta \boldsymbol{U}_{dq\mathrm{g}2}^{\mathrm{T}},\ \cdots\right]^{\mathrm{T}}
\end{cases}
\tag{2.46}
$$

2.2.3 线性化代数方程

1. 定子电压平衡方程

同步发电机的线性化定子电压平衡方程为

$$
\begin{cases}
\Delta U_d = \Delta E_d'' - R_a \Delta I_d + X_q'' \Delta I_q \\
\Delta U_q = \Delta E_q'' - X_d'' \Delta I_d - R_a \Delta I_q
\end{cases}
\tag{2.47}
$$

令

$$
\bar{\boldsymbol{P}}_{\mathrm{g}} = \left[\begin{array}{c:c:c:c:c:c:c:c:c:c:c:c:c:c:c:c:c} & & & & & 1 & & & & & & & & & & & \\ \hdashline & & & 1 & & & & & & & & & & & & & \end{array}\right] \in \mathbb{R}^{2\times 17},\quad \bar{\boldsymbol{Z}}_{\mathrm{g}} = \begin{bmatrix} -R_a & X_q'' \\ -X_d'' & -R_a \end{bmatrix} \tag{2.48}
$$

则式 (2.47) 可简写为

$$
\Delta \boldsymbol{U}_{dq\mathrm{g}} = \bar{\boldsymbol{P}}_{\mathrm{g}}\Delta \boldsymbol{x}_{\mathrm{g}} + \bar{\boldsymbol{Z}}_{\mathrm{g}}\Delta \boldsymbol{I}_{dq\mathrm{g}} \tag{2.49}
$$

多机电力系统中全部发电机组的线性化定子电压平衡方程为

$$\Delta \boldsymbol{U}_{dq\mathrm{G}} = \bar{\boldsymbol{P}}_{\mathrm{G}} \Delta \boldsymbol{x}_{\mathrm{G}} + \bar{\boldsymbol{Z}}_{\mathrm{G}} \Delta \boldsymbol{I}_{dq\mathrm{G}} \tag{2.50}$$

式中，

$$\begin{cases} \bar{\boldsymbol{P}}_{\mathrm{G}} = \mathrm{diag}\left\{\bar{\boldsymbol{P}}_{\mathrm{g1}},\ \bar{\boldsymbol{P}}_{\mathrm{g2}},\ \cdots\right\} \\ \bar{\boldsymbol{Z}}_{\mathrm{G}} = \mathrm{diag}\left\{\bar{\boldsymbol{Z}}_{\mathrm{g1}},\ \bar{\boldsymbol{Z}}_{\mathrm{g2}},\ \cdots\right\} \end{cases} \tag{2.51}$$

2. dq-xy **坐标变换方程**

式 (2.43) 和式 (2.49) 中的 $\Delta \boldsymbol{U}_{dq\mathrm{g}}$ 和 $\Delta \boldsymbol{I}_{dq\mathrm{g}}$ 为各发电机自身 d-q 坐标系下的电压和电流偏差向量，因此必须把它们转换成公共参考 x-y 坐标系下的相应分量，以便将它们和电力网络联系起来：

$$\begin{bmatrix} I_d \\ I_q \end{bmatrix} = \begin{bmatrix} \sin\delta & -\cos\delta \\ \cos\delta & \sin\delta \end{bmatrix} \begin{bmatrix} I_x \\ I_y \end{bmatrix} \tag{2.52}$$

$$\begin{bmatrix} U_d \\ U_q \end{bmatrix} = \begin{bmatrix} \sin\delta & -\cos\delta \\ \cos\delta & \sin\delta \end{bmatrix} \begin{bmatrix} U_x \\ U_y \end{bmatrix} \tag{2.53}$$

将式 (2.52) 和式 (2.53) 在稳态值附近线性化，得

$$\begin{bmatrix} \Delta I_d \\ \Delta I_q \end{bmatrix} = \begin{bmatrix} \sin\delta_{(0)} & -\cos\delta_{(0)} \\ \cos\delta_{(0)} & \sin\delta_{(0)} \end{bmatrix} \begin{bmatrix} \Delta I_x \\ \Delta I_y \end{bmatrix} + \begin{bmatrix} I_{q(0)} \\ -I_{d(0)} \end{bmatrix} \Delta\delta \tag{2.54}$$

$$\begin{bmatrix} \Delta U_d \\ \Delta U_q \end{bmatrix} = \begin{bmatrix} \sin\delta_{(0)} & -\cos\delta_{(0)} \\ \cos\delta_{(0)} & \sin\delta_{(0)} \end{bmatrix} \begin{bmatrix} \Delta U_x \\ \Delta U_y \end{bmatrix} + \begin{bmatrix} U_{q(0)} \\ -U_{d(0)} \end{bmatrix} \Delta\delta \tag{2.55}$$

令

$$\boldsymbol{I}_{\mathrm{g}} = \begin{bmatrix} \Delta I_x \\ \Delta I_y \end{bmatrix},\quad \boldsymbol{T}_{\mathrm{g}(0)} = \begin{bmatrix} \sin\delta_{(0)} & -\cos\delta_{(0)} \\ \cos\delta_{(0)} & \sin\delta_{(0)} \end{bmatrix},\quad \boldsymbol{R}_{I\mathrm{g}} = \begin{bmatrix} I_{q(0)} & 0 & \cdots & 0 \\ -I_{d(0)} & 0 & \cdots & 0 \end{bmatrix}_{2\times 17} \tag{2.56}$$

和

$$\boldsymbol{U}_{\mathrm{g}} = \begin{bmatrix} \Delta U_x \\ \Delta U_y \end{bmatrix},\quad \boldsymbol{R}_{U\mathrm{g}} = \begin{bmatrix} U_{q(0)} & 0 & \cdots & 0 \\ -U_{d(0)} & 0 & \cdots & 0 \end{bmatrix}_{2\times 17} \tag{2.57}$$

则式 (2.54) 和式 (2.55) 可简写为

$$\Delta \boldsymbol{I}_{dq\mathrm{g}} = \boldsymbol{T}_{\mathrm{g}(0)} \Delta \boldsymbol{I}_{\mathrm{g}} + \boldsymbol{R}_{I\mathrm{g}} \Delta \boldsymbol{x}_{\mathrm{g}} \tag{2.58}$$

$$\Delta \boldsymbol{U}_{dq\mathrm{g}} = \boldsymbol{T}_{\mathrm{g}(0)} \Delta \boldsymbol{U}_{\mathrm{g}} + \boldsymbol{R}_{U\mathrm{g}} \Delta \boldsymbol{x}_{\mathrm{g}} \tag{2.59}$$

多机电力系统中全部发电机组的坐标变换方程为

$$\Delta \boldsymbol{I}_{dq\mathrm{G}} = \boldsymbol{T}_{\mathrm{G}(0)} \Delta \boldsymbol{I}_{\mathrm{G}} + \boldsymbol{R}_{I\mathrm{G}} \Delta \boldsymbol{x}_{\mathrm{G}} \tag{2.60}$$

$$\Delta \boldsymbol{U}_{dq\mathrm{G}} = \boldsymbol{T}_{\mathrm{G}(0)} \Delta \boldsymbol{U}_{\mathrm{G}} + \boldsymbol{R}_{U\mathrm{G}} \Delta \boldsymbol{x}_{\mathrm{G}} \tag{2.61}$$

式中，

$$\begin{cases} \boldsymbol{I}_{\mathrm{G}} = \left[\boldsymbol{I}_{\mathrm{g1}}^{\mathrm{T}},\ \boldsymbol{I}_{\mathrm{g2}}^{\mathrm{T}},\ \cdots\right]^{\mathrm{T}} \\ \boldsymbol{U}_{\mathrm{G}} = \left[\boldsymbol{U}_{\mathrm{g1}}^{\mathrm{T}},\ \boldsymbol{U}_{\mathrm{g2}}^{\mathrm{T}},\ \cdots\right]^{\mathrm{T}} \\ \boldsymbol{T}_{\mathrm{G}(0)} = \mathrm{diag}\left\{\boldsymbol{T}_{\mathrm{g}(0)},\ \boldsymbol{T}_{\mathrm{g}(0)},\ \cdots\right\} \\ \boldsymbol{R}_{I\mathrm{G}} = \mathrm{diag}\left\{\boldsymbol{R}_{I\mathrm{g1}},\ \boldsymbol{R}_{I\mathrm{g2}},\ \cdots\right\} \\ \boldsymbol{R}_{U\mathrm{G}} = \mathrm{diag}\left\{\boldsymbol{R}_{U\mathrm{g1}},\ \boldsymbol{R}_{U\mathrm{g2}},\ \cdots\right\} \end{cases} \tag{2.62}$$

3. 网络和静态负荷方程

电力网络将电力系统中所有动态元件联系起来。设电力网络中有 k 个节点，不考虑网络的电磁暂态过程，直接用增广导纳矩阵来表示节点电压偏差和节点注入电流偏差之间的关系：

$$\begin{bmatrix} \Delta \boldsymbol{I}_1 \\ \vdots \\ \Delta \boldsymbol{I}_i \\ \vdots \\ \Delta \boldsymbol{I}_k \end{bmatrix} = \begin{bmatrix} \boldsymbol{Y}_{1,1} & \cdots & \boldsymbol{Y}_{1,i} & \cdots & \boldsymbol{Y}_{1,k} \\ \vdots & & \vdots & & \vdots \\ \boldsymbol{Y}_{i,1} & \cdots & \boldsymbol{Y}_{i,i} & \cdots & \boldsymbol{Y}_{i,k} \\ \vdots & & \vdots & & \vdots \\ \boldsymbol{Y}_{k,1} & \cdots & \boldsymbol{Y}_{k,i} & \cdots & \boldsymbol{Y}_{k,k} \end{bmatrix} \begin{bmatrix} \Delta \boldsymbol{U}_1 \\ \vdots \\ \Delta \boldsymbol{U}_i \\ \vdots \\ \Delta \boldsymbol{U}_k \end{bmatrix} \tag{2.63}$$

式中，

$$\Delta \boldsymbol{I}_i = \begin{bmatrix} \Delta I_{xi} \\ \Delta I_{yi} \end{bmatrix},\ \Delta \boldsymbol{U}_i = \begin{bmatrix} \Delta U_{xi} \\ \Delta U_{yi} \end{bmatrix},\ \Delta \boldsymbol{Y}_{i,j} = \begin{bmatrix} G_{i,j} & -B_{i,j} \\ B_{i,j} & G_{i,j} \end{bmatrix},\ i,\ j = 1,\ 2,\ \cdots,\ k \tag{2.64}$$

采用电压静态特性模型时，负荷节点注入的电流与节点电压的偏差关系可以写成如下形式：

$$\Delta \boldsymbol{I}_{\ell} = \boldsymbol{Y}_{\ell} \Delta \boldsymbol{U}_{\ell} \tag{2.65}$$

式中，

$$\Delta \boldsymbol{I}_\ell=\begin{bmatrix}\Delta I_x\\ \Delta I_y\end{bmatrix},\quad \boldsymbol{Y}_\ell=\begin{bmatrix}G_{xx} & B_{xy}\\ -B_{yx} & G_{yy}\end{bmatrix},\quad \Delta \boldsymbol{U}_\ell=\begin{bmatrix}\Delta U_x\\ \Delta U_y\end{bmatrix} \tag{2.66}$$

式中，G_{xx}、B_{xy}、B_{yx} 和 G_{yy} 可由负荷节点注入电流和节点电压的关系式求得。

将式 (2.65) 代入式 (2.63)，即可消去负荷节点的电流偏差。设负荷接在节点 i 上，则消去该节点负荷后的网络方程仅是对原网络方程式 (2.63) 的简单修正，节点 i 的电流偏差置为零，导纳矩阵中的第 i 个对角块变为 $\boldsymbol{Y}_{i,i}-\boldsymbol{Y}_{\ell,i}$，而其他元素不变：

$$\begin{bmatrix}\Delta \boldsymbol{I}_1\\ \vdots\\ \boldsymbol{0}\\ \vdots\\ \Delta \boldsymbol{I}_k\end{bmatrix}=\begin{bmatrix}\boldsymbol{Y}_{1,1} & \cdots & \boldsymbol{Y}_{1,i} & \cdots & \boldsymbol{Y}_{1,k}\\ \vdots & & \vdots & & \vdots\\ \boldsymbol{Y}_{i,1} & \cdots & \boldsymbol{Y}_{i,i}-\boldsymbol{Y}_{\ell,i} & \cdots & \boldsymbol{Y}_{i,k}\\ \vdots & & \vdots & & \vdots\\ \boldsymbol{Y}_{k,1} & \cdots & \boldsymbol{Y}_{k,i} & \cdots & \boldsymbol{Y}_{k,k}\end{bmatrix}\begin{bmatrix}\Delta \boldsymbol{U}_1\\ \vdots\\ \Delta \boldsymbol{U}_i\\ \vdots\\ \Delta \boldsymbol{U}_k\end{bmatrix} \tag{2.67}$$

进一步将联络节点的注入电流置为零，式 (2.67) 可写成如下的分块矩阵形式：

$$\begin{bmatrix}\Delta \boldsymbol{I}_{\mathrm{G}}\\ \boldsymbol{0}\end{bmatrix}=\begin{bmatrix}\boldsymbol{Y}_{\mathrm{GG}} & \boldsymbol{Y}_{\mathrm{GL}}\\ \boldsymbol{Y}_{\mathrm{LG}} & \boldsymbol{Y}_{\mathrm{LL}}\end{bmatrix}\begin{bmatrix}\Delta \boldsymbol{U}_{\mathrm{G}}\\ \Delta \boldsymbol{U}_{\mathrm{L}}\end{bmatrix} \tag{2.68}$$

式中，$\Delta \boldsymbol{U}_{\mathrm{L}}$ 为除发电机外其他负荷节点和联络节点电压偏差形成的向量。

2.2.4 线性化 DAE

假设电力系统中除同步发电机外无其他动态元件，则式 (2.45) 即全系统的线性化微分方程，其中所涉及的变量和系数的定义详见式 (2.43)、式 (2.44) 和式 (2.46)。

联立式 (2.50)、式 (2.60)、式 (2.61) 和式 (2.68)，则可形成电力系统的线性化代数方程，其中所涉及的变量和系数的定义详见式 (2.56)、式 (2.57)、式 (2.62) 和式 (2.66)。

将全系统的线性化微分方程和代数方程进行联立，即可得到多机系统的线性化模型式 (2.36)。下面介绍形成式 (2.36) 的两种方法。为了便于分析系统增广状态矩阵的维数，假定系统中有 k 个节点，除 q 个发电机节点外，无其他动态元件。

1. 保留动态元件的代数方程

该方法直接联立式 (2.45)、式 (2.50)、式 (2.60)、式 (2.61) 和式 (2.68) 以形成式 (2.36)，其中：

$$\begin{cases} \Delta\boldsymbol{x} \triangleq \Delta\boldsymbol{x}_{\mathrm{G}} \in \mathbb{R}^{17q\times 1} \\ \Delta\boldsymbol{y} \triangleq \left[\Delta\boldsymbol{U}_{dq\mathrm{G}}^{\mathrm{T}},\ \Delta\boldsymbol{I}_{dq\mathrm{G}}^{\mathrm{T}},\ \Delta\boldsymbol{I}_{\mathrm{G}}^{\mathrm{T}},\ \Delta\boldsymbol{U}_{\mathrm{G}}^{\mathrm{T}},\ \Delta\boldsymbol{U}_{\mathrm{L}}^{\mathrm{T}}\right]^{\mathrm{T}} \in \mathbb{R}^{(6q+2k)\times 1} \\ \boldsymbol{A} \triangleq \bar{\boldsymbol{A}}_{\mathrm{G}} \in \mathbb{R}^{17q\times 17q} \\ \boldsymbol{B} \triangleq \left[\bar{\boldsymbol{B}}_{U\mathrm{G}},\ \bar{\boldsymbol{B}}_{I\mathrm{G}},\ \boldsymbol{0},\ \boldsymbol{0},\ \boldsymbol{0}\right] \in \mathbb{R}^{17q\times(6q+2k)} \\ \boldsymbol{C} \triangleq \left[\bar{\boldsymbol{P}}_{\mathrm{G}}^{\mathrm{T}},\ \boldsymbol{R}_{I\mathrm{G}}^{\mathrm{T}},\ \boldsymbol{R}_{U\mathrm{G}}^{\mathrm{T}},\ \boldsymbol{0},\ \boldsymbol{0}\right]^{\mathrm{T}} \in \mathbb{R}^{(6q+2k)\times 17q} \\ \boldsymbol{D} \triangleq \begin{bmatrix} -\boldsymbol{I} & \bar{\boldsymbol{Z}}_{\mathrm{G}} & \boldsymbol{0} & \boldsymbol{0} & \boldsymbol{0} \\ \boldsymbol{0} & -\boldsymbol{I} & \boldsymbol{T}_{\mathrm{G}(0)} & \boldsymbol{0} & \boldsymbol{0} \\ -\boldsymbol{I} & \boldsymbol{0} & \boldsymbol{0} & \boldsymbol{T}_{\mathrm{G}(0)} & \boldsymbol{0} \\ \boldsymbol{0} & \boldsymbol{0} & -\boldsymbol{I} & \boldsymbol{Y}_{\mathrm{GG}} & \boldsymbol{Y}_{\mathrm{GL}} \\ \boldsymbol{0} & \boldsymbol{0} & \boldsymbol{0} & \boldsymbol{Y}_{\mathrm{LG}} & \boldsymbol{Y}_{\mathrm{LL}} \end{bmatrix} \in \mathbb{R}^{(6q+2k)\times(6q+2k)} \end{cases} \tag{2.69}$$

由该方法形成的全系统线性化模型中，全系统线性化微分方程个数 $n = 17q$，即由各发电机的微分方程组构成；线性化代数方程个数为 $l = 6q + 2k$，其中包括每台发电机的 6 个代数方程和每个节点的 2 个电压方程 (网络方程)。

2. 消去动态元件的代数方程

消去动态元件的代数方程，使全系统的代数方程仅为网络方程 [89]。具体做法如下。首先，将同步发电机坐标变换方程式 (2.60) 和式 (2.61) 代入定子电压平衡方程式 (2.50) 消去 $\Delta\boldsymbol{I}_{dq\mathrm{G}}$ 和 $\Delta\boldsymbol{U}_{dq\mathrm{G}}$，并考虑到 $\boldsymbol{T}_{\mathrm{g}(0)}^{-1} = \boldsymbol{T}_{\mathrm{g}(0)}^{\mathrm{T}}$，得

$$\Delta\boldsymbol{I}_{\mathrm{G}} = \boldsymbol{C}_{\mathrm{G}}\Delta\boldsymbol{x}_{\mathrm{G}} + \boldsymbol{D}_{\mathrm{G}}\Delta\boldsymbol{U}_{\mathrm{G}} \tag{2.70}$$

式中，

$$\begin{cases} \boldsymbol{C}_{\mathrm{G}} = \mathrm{diag}\left\{\boldsymbol{C}_{\mathrm{g1}},\ \boldsymbol{C}_{\mathrm{g2}},\ \cdots\right\},\ \ \boldsymbol{D}_{\mathrm{G}} = \mathrm{diag}\left\{\boldsymbol{D}_{\mathrm{g1}},\ \boldsymbol{D}_{\mathrm{g2}},\ \cdots\right\} \\ \boldsymbol{C}_{\mathrm{g}} = \boldsymbol{T}_{\mathrm{g}(0)}^{\mathrm{T}}\left[\bar{\boldsymbol{Z}}_{\mathrm{g}}^{-1}\left(\boldsymbol{R}_{U\mathrm{g}} - \bar{\boldsymbol{P}}_{\mathrm{g}}\right) - \boldsymbol{R}_{I\mathrm{g}}\right],\ \ \boldsymbol{D}_{\mathrm{g}} = \boldsymbol{T}_{\mathrm{g}(0)}^{\mathrm{T}}\bar{\boldsymbol{Z}}_{\mathrm{g}}^{-1}\boldsymbol{T}_{\mathrm{g}(0)} \end{cases} \tag{2.71}$$

其次，将式 (2.60) 和式 (2.61) 代入式 (2.45) 消去 $\Delta\boldsymbol{I}_{dq\mathrm{G}}$ 和 $\Delta\boldsymbol{U}_{dq\mathrm{G}}$，进而利用式 (2.70) 消去 $\Delta\boldsymbol{I}_{\mathrm{G}}$，得

$$\frac{\mathrm{d}\Delta\boldsymbol{x}_{\mathrm{G}}}{\mathrm{d}t} = \boldsymbol{A}_{\mathrm{G}}\Delta\boldsymbol{x}_{\mathrm{G}} + \boldsymbol{B}_{\mathrm{G}}\Delta\boldsymbol{U}_{\mathrm{G}} \tag{2.72}$$

式中，

$$\begin{cases} \boldsymbol{A}_{\mathrm{G}} = \mathrm{diag}\left\{\boldsymbol{A}_{\mathrm{g1}},\ \boldsymbol{A}_{\mathrm{g2}},\ \cdots\right\},\ \ \boldsymbol{B}_{\mathrm{G}} = \mathrm{diag}\left\{\boldsymbol{B}_{\mathrm{g1}},\ \boldsymbol{B}_{\mathrm{g2}},\ \cdots\right\} \\ \boldsymbol{A}_{\mathrm{g}} = \bar{\boldsymbol{A}}_{\mathrm{g}} + \bar{\boldsymbol{B}}_{I\mathrm{g}}\bar{\boldsymbol{Z}}_{\mathrm{g}}^{-1}\left(\boldsymbol{R}_{U\mathrm{g}} - \bar{\boldsymbol{P}}_{\mathrm{g}}\right) + \bar{\boldsymbol{B}}_{U\mathrm{g}}\boldsymbol{R}_{U\mathrm{g}} \\ \boldsymbol{B}_{\mathrm{g}} = \left(\bar{\boldsymbol{B}}_{I\mathrm{g}}\bar{\boldsymbol{Z}}_{\mathrm{g}}^{-1} + \bar{\boldsymbol{B}}_{U\mathrm{g}}\right)\boldsymbol{T}_{\mathrm{g}(0)} \end{cases} \tag{2.73}$$

再次，将式 (2.70) 代入电力网络方程式 (2.68) 消去 $\Delta \boldsymbol{I}_{\mathrm{g}}$，得

$$\boldsymbol{0}=\begin{bmatrix}-\boldsymbol{C}_{\mathrm{G}}\\ \boldsymbol{0}\end{bmatrix}\Delta \boldsymbol{x}_{\mathrm{G}}+\begin{bmatrix}\boldsymbol{Y}_{\mathrm{GG}}-\boldsymbol{D}_{\mathrm{G}} & \boldsymbol{Y}_{\mathrm{GL}}\\ \boldsymbol{Y}_{\mathrm{LG}} & \boldsymbol{Y}_{\mathrm{LL}}\end{bmatrix}\begin{bmatrix}\Delta \boldsymbol{U}_{\mathrm{G}}\\ \Delta \boldsymbol{U}_{\mathrm{L}}\end{bmatrix} \tag{2.74}$$

最后，联立式 (2.72) 和式 (2.74)，即可形成式 (2.36)。其中，

$$\begin{cases}\Delta \boldsymbol{x}\triangleq\Delta \boldsymbol{x}_{\mathrm{G}}\in\mathbb{R}^{17q\times 1}\\ \Delta \boldsymbol{y}\triangleq\left[\Delta \boldsymbol{U}_{\mathrm{G}}^{\mathrm{T}},\ \Delta \boldsymbol{U}_{\mathrm{L}}^{\mathrm{T}}\right]^{\mathrm{T}}\in\mathbb{R}^{2k\times 1}\\ \boldsymbol{A}\triangleq\boldsymbol{A}_{\mathrm{G}}\in\mathbb{R}^{17q\times 17q}\\ \boldsymbol{B}\triangleq[\boldsymbol{B}_{\mathrm{G}},\ \boldsymbol{0}]\in\mathbb{R}^{17q\times 2k}\\ \boldsymbol{C}\triangleq\begin{bmatrix}-\boldsymbol{C}_{\mathrm{G}}\\ \boldsymbol{0}\end{bmatrix}\in\mathbb{R}^{2k\times 17q}\\ \boldsymbol{D}\triangleq\begin{bmatrix}\boldsymbol{Y}_{\mathrm{GG}}-\boldsymbol{D}_{\mathrm{G}} & \boldsymbol{Y}_{\mathrm{GL}}\\ \boldsymbol{Y}_{\mathrm{LG}} & \boldsymbol{Y}_{\mathrm{LL}}\end{bmatrix}\in\mathbb{R}^{2k\times 2k}\end{cases} \tag{2.75}$$

由该方法形成的全系统线性化模型中，全系统线性化微分方程即各同步发电机的微分方程，方程的个数为 $n=17q$。全系统线性化代数方程即为电力网络方程，方程的个数为 $l=2k$。

3. 两种方法的比较

两种方法形成的系统线性化模型中，$\boldsymbol{A}$ 矩阵是完全一样的。但是，第一种方法中全系统代数方程的阶数比第二种方法多 $6q$。这样处理的优点是：① 代数方程的系数矩阵 $\boldsymbol{C}$ 和 $\boldsymbol{D}$ 更加稀疏, 利用稀疏特征值技术求解系统部分关键特征值时不会增加过多的计算量，而且编程简单；② 当动态元件的输入信号改变时，可以通过设置冗余的代数变量，避免过多的公式推导。例如，如果将图 2.3 中 PSS 的输入信号改为所在同步发电机的输出功率偏差 ΔP_{e}，那么可以在原有系统线性化模型的基础上，在 $\Delta \boldsymbol{y}$ 中增加一个代数变量 ΔP_{e} 并增加一个计算 ΔP_{e} 的代数方程，然后用矩阵 $\bar{\boldsymbol{A}}_{\mathrm{g}}$ 中 PSS 状态变量所在行和 $\Delta\omega$ 所在列的元素简单替换矩阵 $\boldsymbol{B}$ 中 PSS 状态变量所在行和 ΔP_{e} 所在列的元素，即可得到新的全系统线性化模型。鉴于此，中国电力科学研究院开发的电力系统分析综合程序 (Power System Analysis Software Package，PSASP) 就采用了与第一种方法相同的思想形成系统小干扰稳定性分析的线性化模型。

4. 系统增广状态矩阵的稀疏性

系统增广状态矩阵 $\boldsymbol{A}$ 为分块对角矩阵，其每一个对角子块对应一个动态元件；矩阵 $\boldsymbol{B}$、$\boldsymbol{C}$ 和 $\boldsymbol{D}$ 为分块稀疏矩阵。尤其当采用第二种形成系统线性化模型的方法

时，矩阵 $\boldsymbol{D}$ 和系统导纳矩阵具有相同的稀疏结构，其每个非对角 2×2 子块均由导纳矩阵非零元素的实部和虚部增广得到 [90, 89]。需要指出的是，随着系统规模 (状态变量维数 n，节点数 k) 的增大，系统增广状态矩阵 $\boldsymbol{A}$、$\boldsymbol{B}$、$\boldsymbol{C}$ 和 $\boldsymbol{D}$ 的稀疏性更加突出，如图 2.5 所示。

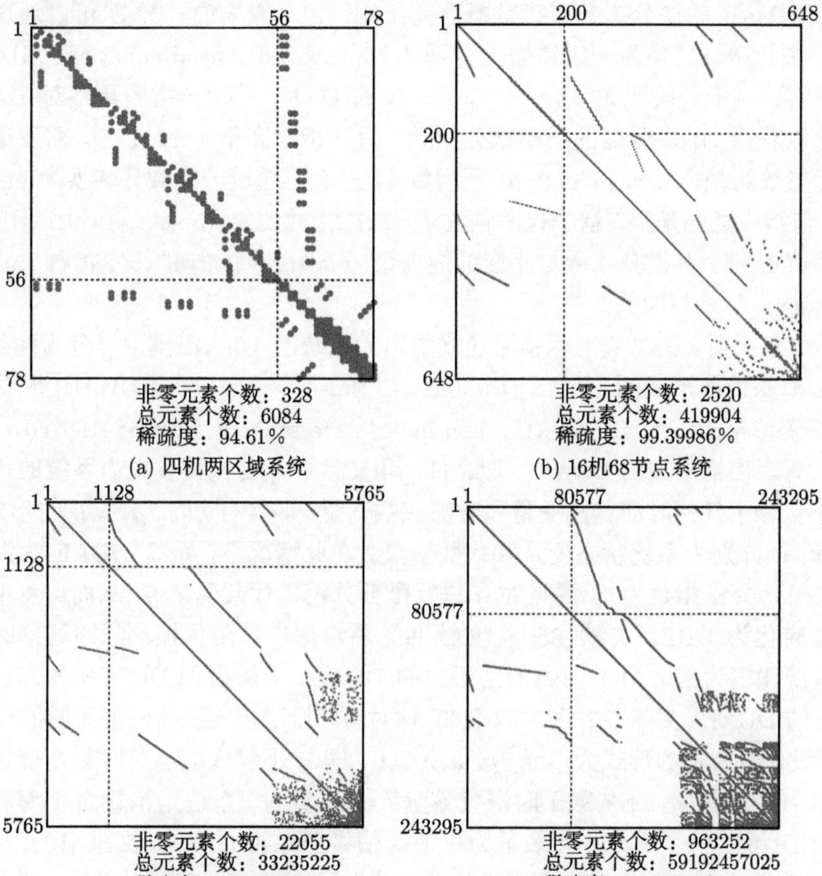

(a) 四机两区域系统 (b) 16机68节点系统

(c) 某水平年山东电网 (d) 某水平年华北-华中特高压电网

图 2.5 系统增广状态矩阵的稀疏结构

2.3 DDAE 转化为 DDE

如 2.1 节和 2.2 节所述，实际物理电力系统的动态模型通常用 DAE 描述，其中微分方程用来描述系统的动态特性，而代数方程用来描述系统的静态特性。当考虑信息系统的通信时滞后，DCPPS 的 DAE 模型就变为一组时滞微分-代数方程

(delayed differential-algebraic equation，DDAE)。在对 DCPPS 进行小干扰稳定性分析时，需要将描述系统动态的 DDAE 转化为时滞微分方程 (delayed differential equation, DDE)，进而求解系统的部分关键特征值。

下面简要说明 DDAE 的微分指数 (differentiation index) 或指数 (index) 的概念，其与 DAE 的微分指数或指数概念完全相同。一般来说，DAE 可以通过对自变量 t 进行微分转换为一组常微分方程 (ordinary differential equation，ODE) 来进行求解。对于一般形如 $\boldsymbol{F}(t, \boldsymbol{x}, \boldsymbol{x}') = \boldsymbol{0}$ 的 DAE，其微分指数是指对 DAE 进行微分以获得 ODE 所需的最小微分次数。对于指数高于 1 的 DAE，需要通过微分进行指数约减 (index reduction) 至指数 1，进而再通过一次微分转换为 ODE 的形式。值得注意的是，文献中有多种关于 DAE 指数的定义，如文献 [91] 指出，对于常系数 DAE，其微分指数与相应的矩阵束 (matrix pencil) 的幂零指数 (index of nilpotency)[92] 是相同的。

从文献上看，在电气工程领域建立的电力系统的 DDAE 模型可分为两类：指数为 1 海森伯格形式的 DDAE (the index-1 Hessenberg form of DDAE) 和指数不为 1 海森伯格形式的 DDAE (the non-index-1 Hessenberg form of DDAE)。① 指数为 1 海森伯格形式的 DDAE。文献 [93] 和文献 [94] 首先假设电力系统的代数方程 $\boldsymbol{g}$ 不依赖于任何时滞状态变量和时滞代数变量，即具有 $\boldsymbol{g}(\boldsymbol{x}, \boldsymbol{y}) = \boldsymbol{0}$ 的形式，其中 $\boldsymbol{x}$ 和 $\boldsymbol{y}$ 分别为系统状态变量和代数变量。在此情况下，系统 DDAE 为滞后型 (retarded type)，指数为 1。通过对 $\boldsymbol{g}$ 进行微分并消去代数变量 $\boldsymbol{y}$，从而可将系统的 DDAE 转化为 DDE。文献 [95] ～ 文献 [99] 将考虑广域阻尼控制回路通信时滞的电力系统建模为指数为 1 海森伯格形式的 DDAZ，求解得到 DCPPS 的部分关键特征值的 DDAE。文献 [82] 和文献 [100] 针对考虑励磁控制回路时滞影响的电力系统，假设代数方程的形式为 $\boldsymbol{g}(\boldsymbol{x}, \boldsymbol{y}, \boldsymbol{x}_{\mathrm{d}}) = \boldsymbol{0}$，即 $\boldsymbol{g}$ 不仅依赖当前时刻系统状态变量 $\boldsymbol{x}$ 和代数变量 $\boldsymbol{y}$，还依赖于时滞代数变量 $\boldsymbol{x}_{\mathrm{d}}$。此时，系统是指数为 1 海森伯格形式的 DDAE[101, 102]。② 指数不为 1 海森伯格形式的 DDAE。文献 [103] 和文献 [104] 将采用分布参数的长输电线路的动态特性用 DDAE 来描述。其中，代数方程形如 $\boldsymbol{g}(\boldsymbol{x}, \boldsymbol{y}, \boldsymbol{x}_{\mathrm{d}}, \boldsymbol{y}_{\mathrm{d}}) = \boldsymbol{0}$，即 $\boldsymbol{g}$ 同时依赖于时滞状态变量和时滞代数变量。此时，电力系统的数学模型从形式上看类似于指数为 1 的滞后型 DDAE，实际上对 $\boldsymbol{g}$ 进行两次微分后可以发现其是关于代数变量 $\boldsymbol{y}$ 的中立型 DDE[101]。此时，电力系统 DDAE 的指数不为 1。通过指数约减得到的 DDE 具有无穷多个时滞项。需要指出的是，文献 [104] 在没有给出详细推导和严格证明的情况下，直接将单时滞系统特征方程推广到多时滞情况，从而得到了错误的特征方程。

本节针对指数不为 1 海森伯格形式的 DDAE，首先给出由 DDAE 到 DDE 的推导和证明过程，更正文献 [104] 中的错误；然后，给出消去时滞系统 DDE 中二阶及以上时滞项的充分条件，得到与文献 [93] 相同的 DDE。

2.3.1 指数不为 1 海森伯格形式的 DDAE

指数不为 1 海森伯格形式的 DDAE 可以表示如下 [104]：

$$\begin{cases} \dot{\boldsymbol{x}} = \boldsymbol{f}(\boldsymbol{x},\ \boldsymbol{y},\ \boldsymbol{x}_{\mathrm{d}1},\ \boldsymbol{y}_{\mathrm{d}1},\ \cdots,\ \boldsymbol{x}_{\mathrm{d}m},\ \boldsymbol{y}_{\mathrm{d}m}) \\ \boldsymbol{0} = \boldsymbol{g}(\boldsymbol{x},\ \boldsymbol{y},\ \boldsymbol{x}_{\mathrm{d}1},\ \boldsymbol{y}_{\mathrm{d}1},\ \cdots,\ \boldsymbol{x}_{\mathrm{d}m},\ \boldsymbol{y}_{\mathrm{d}m}) \end{cases} \tag{2.76}$$

式中，$\boldsymbol{f} \in \mathbb{R}^{n\times 1}$ 和 $\boldsymbol{g} \in \mathbb{R}^{l\times 1}$ 分别为微分方程和代数方程；$\boldsymbol{x} = \boldsymbol{x}(t) \in \mathbb{R}^{n\times 1}$ 和 $\boldsymbol{y} = \boldsymbol{y}(t) \in \mathbb{R}^{l\times 1}$ 分别为系统的状态变量和代数变量；$\tau_i > 0\ (i = 1,\ 2,\ \cdots,\ m)$ 为系统的时滞常数。$\boldsymbol{x}_{\mathrm{d}i}$ 和 $\boldsymbol{y}_{\mathrm{d}i}$ 分别为时滞状态变量和时滞代数变量：

$$\boldsymbol{x}_{\mathrm{d}i} = \boldsymbol{x}(t-\tau_i),\ \boldsymbol{y}_{\mathrm{d}i} = \boldsymbol{y}(t-\tau_i),\ \ i = 1,\ 2,\ \cdots,\ m \tag{2.77}$$

值得注意的是，式 (2.76) 中的代数方程 $\boldsymbol{g}$ 依赖于 $\boldsymbol{y}_{\mathrm{d}i}$，$i = 1,\ 2,\ \cdots,\ m$。这使得不能通过有限次的微分和变量替换消去微分方程 $\boldsymbol{f}$ 中的代数变量。因此，式 (2.76) 是一个指数不为 1 海森伯格形式的 DDAE。此外，如前所述，式 (2.76) 虽然在形式上看起来像滞后型的 DDAE，但实际上是中立型 DDAE[101]。

将式 (2.76) 在平衡点 $(\bar{\boldsymbol{x}},\ \bar{\boldsymbol{y}}) = \left(\boldsymbol{x}^{(0)},\ \boldsymbol{y}^{(0)},\ \boldsymbol{x}_{\mathrm{d}1}^{(0)},\ \boldsymbol{y}_{\mathrm{d}1}^{(0)},\ \cdots,\ \boldsymbol{x}_{\mathrm{d}m}^{(0)},\ \boldsymbol{y}_{\mathrm{d}m}^{(0)}\right)$ 处进行线性化，可得

$$\Delta\dot{\boldsymbol{x}} = \boldsymbol{A}_0\Delta\boldsymbol{x} + \boldsymbol{B}_0\Delta\boldsymbol{y} + \boldsymbol{A}_1\Delta\boldsymbol{x}_{\mathrm{d}1} + \boldsymbol{B}_1\Delta\boldsymbol{y}_{\mathrm{d}1} + \cdots + \boldsymbol{A}_m\Delta\boldsymbol{x}_{\mathrm{d}m} + \boldsymbol{B}_m\Delta\boldsymbol{y}_{\mathrm{d}m} \tag{2.78}$$

$$\boldsymbol{0} = \boldsymbol{C}_0\Delta\boldsymbol{x} + \boldsymbol{D}_0\Delta\boldsymbol{y} + \boldsymbol{C}_1\Delta\boldsymbol{x}_{\mathrm{d}1} + \boldsymbol{D}_1\Delta\boldsymbol{y}_{\mathrm{d}1} + \cdots + \boldsymbol{C}_m\Delta\boldsymbol{x}_{\mathrm{d}m} + \boldsymbol{D}_m\Delta\boldsymbol{y}_{\mathrm{d}m} \tag{2.79}$$

式中，$\Delta\boldsymbol{x} = \Delta\boldsymbol{x}(t)$；$\Delta\boldsymbol{y} = \Delta\boldsymbol{y}(t)$；$\Delta\boldsymbol{x}_{\mathrm{d}i} = \Delta\boldsymbol{x}(t-\tau_i)$；$\Delta\boldsymbol{y}_{\mathrm{d}i} = \Delta\boldsymbol{y}(t-\tau_i)$。$\boldsymbol{A}_0 = \left.\dfrac{\partial\boldsymbol{f}}{\partial\boldsymbol{x}}\right|_{(\bar{\boldsymbol{x}},\bar{\boldsymbol{y}})}$，$\boldsymbol{B}_0 = \left.\dfrac{\partial\boldsymbol{f}}{\partial\boldsymbol{y}}\right|_{(\bar{\boldsymbol{x}},\bar{\boldsymbol{y}})}$，$\boldsymbol{C}_0 = \left.\dfrac{\partial\boldsymbol{g}}{\partial\boldsymbol{x}}\right|_{(\bar{\boldsymbol{x}},\bar{\boldsymbol{y}})}$，$\boldsymbol{D}_0 = \left.\dfrac{\partial\boldsymbol{g}}{\partial\boldsymbol{y}}\right|_{(\bar{\boldsymbol{x}},\bar{\boldsymbol{y}})}$，$\boldsymbol{A}_i = \left.\dfrac{\partial\boldsymbol{f}}{\partial\boldsymbol{x}_{\mathrm{d}i}}\right|_{(\bar{\boldsymbol{x}},\bar{\boldsymbol{y}})}$，$\boldsymbol{B}_i = \left.\dfrac{\partial\boldsymbol{f}}{\partial\boldsymbol{y}_{\mathrm{d}i}}\right|_{(\bar{\boldsymbol{x}},\bar{\boldsymbol{y}})}$，$\boldsymbol{C}_i = \left.\dfrac{\partial\boldsymbol{g}}{\partial\boldsymbol{x}_{\mathrm{d}i}}\right|_{(\bar{\boldsymbol{x}},\bar{\boldsymbol{y}})}$，$\boldsymbol{D}_i = \left.\dfrac{\partial\boldsymbol{g}}{\partial\boldsymbol{y}_{\mathrm{d}i}}\right|_{(\bar{\boldsymbol{x}},\bar{\boldsymbol{y}})}$ $(i = 1,\ 2,\ \cdots,\ m)$，为雅可比矩阵。它们也被称为系统的增广状态矩阵。

2.3.2 将 DDAE 转化为包含二阶及以上时滞项的 DDE

定理 1 式 (2.78) 和式 (2.79) 表示的 DDAE 可以转化为如下所示的 DDE:

$$\Delta\dot{\boldsymbol{x}} = \tilde{\boldsymbol{A}}_0\Delta\boldsymbol{x} + \sum_{i=1}^{m}\tilde{\boldsymbol{A}}_i\Delta\boldsymbol{x}_{\mathrm{d}i} + \sum_{k=2}^{\infty}\sum_{d_1,d_2,\cdots,d_k=1}^{m}\tilde{\boldsymbol{A}}_{\mathrm{d}\Sigma k}\Delta\boldsymbol{x}_{\mathrm{d}\Sigma k} \tag{2.80}$$

式中，$\Delta\boldsymbol{x}_{\mathrm{d}\Sigma k}$ 为第 $k\ (k \geqslant 2)$ 阶系统时滞状态变量；$\tilde{\boldsymbol{A}}_0$ 为系统状态矩阵 (无时滞)；$\tilde{\boldsymbol{A}}_i$ 为系统一阶时滞状态矩阵；$\tilde{\boldsymbol{A}}_{\mathrm{d}\Sigma k}$ 为系统第 k 阶时滞状态矩阵；d_i 为指示

时滞的变量，$d_i=1,\ 2,\ \cdots,\ m$。$\Delta\boldsymbol{x}_{\mathrm{d}\Sigma k}$、$\tilde{\boldsymbol{A}}_i\ (i=0,\ 1,\ \cdots,\ m)$ 和 $\tilde{\boldsymbol{A}}_{\mathrm{d}\Sigma k}$ 可分别表示为

$$\Delta\boldsymbol{x}_{\mathrm{d}\Sigma k}=\Delta\boldsymbol{x}(t-\tau_{d_1}-\tau_{d_2}-\cdots-\tau_{d_k})=\Delta\boldsymbol{x}\left(t-\sum_{i=1}^{k}\tau_{d_i}\right) \tag{2.81}$$

$$\tilde{\boldsymbol{A}}_0=\boldsymbol{A}_0+\boldsymbol{B}_0\boldsymbol{K}_0 \tag{2.82}$$

$$\tilde{\boldsymbol{A}}_i=\boldsymbol{A}_i+\boldsymbol{B}_i\boldsymbol{K}_{0,\mathrm{d}i}+\boldsymbol{B}_0\boldsymbol{M}_{i,\mathrm{d}i} \tag{2.83}$$

$$\tilde{\boldsymbol{A}}_{\mathrm{d}\Sigma k}=\boldsymbol{N}_{d_1}\prod_{j=2}^{k-1}\boldsymbol{L}_{d_j,\mathrm{d}\Sigma(j-1)}\boldsymbol{M}_{d_k,\mathrm{d}\Sigma k} \tag{2.84}$$

式中，

$$\begin{cases}\boldsymbol{K}_0=-\boldsymbol{D}_0^{-1}\boldsymbol{C}_0\\ \boldsymbol{K}_i=-\boldsymbol{D}_0^{-1}\boldsymbol{C}_i\\ \boldsymbol{L}_i=-\boldsymbol{D}_0^{-1}\boldsymbol{D}_i\\ \boldsymbol{N}_i=\boldsymbol{B}_i+\boldsymbol{B}_0\boldsymbol{L}_i\\ \boldsymbol{K}_{0,\mathrm{d}j}=-\boldsymbol{D}_{0,\mathrm{d}j}^{-1}\boldsymbol{C}_{0,\mathrm{d}j}\\ \boldsymbol{K}_{0,\mathrm{d}\Sigma k}=-\boldsymbol{D}_{0,\mathrm{d}\Sigma k}^{-1}\boldsymbol{C}_{0,\mathrm{d}\Sigma k}\\ \boldsymbol{K}_{i,\mathrm{d}j}=-\boldsymbol{D}_{0,\mathrm{d}j}^{-1}\boldsymbol{C}_{i,\mathrm{d}j}\\ \boldsymbol{K}_{i,\mathrm{d}\Sigma k}=-\boldsymbol{D}_{0,\mathrm{d}\Sigma k}^{-1}\boldsymbol{C}_{i,\mathrm{d}\Sigma k}\\ \boldsymbol{L}_{i,\mathrm{d}j}=-\boldsymbol{D}_{0,\mathrm{d}j}^{-1}\boldsymbol{D}_{i,\mathrm{d}j}\\ \boldsymbol{L}_{i,\mathrm{d}\Sigma k}=-\boldsymbol{D}_{0,\mathrm{d}\Sigma k}^{-1}\boldsymbol{D}_{i,\mathrm{d}\Sigma k}\\ \boldsymbol{M}_{i,\mathrm{d}i}=\boldsymbol{K}_i+\boldsymbol{L}_i\boldsymbol{K}_{0,\mathrm{d}i}\\ \boldsymbol{M}_{i,\mathrm{d}\Sigma k}=\boldsymbol{K}_{i,\mathrm{d}\Sigma(k-1)}+\boldsymbol{L}_{i,\mathrm{d}\Sigma(k-1)}\boldsymbol{K}_{0,\mathrm{d}\Sigma k}\end{cases} \tag{2.85}$$

式中，$\boldsymbol{C}_{0,\mathrm{d}j}$、$\boldsymbol{D}_{0,\mathrm{d}j}$、$\boldsymbol{C}_{i,\mathrm{d}j}$ 和 $\boldsymbol{D}_{i,\mathrm{d}j}$ $(i=1,\ 2,\ \cdots,\ m)$ 分别为在时滞平衡点 $(\bar{\boldsymbol{x}}(t-\tau_j),\ \bar{\boldsymbol{y}}(t-\tau_j))$ 处式 (2.76) 中代数方程 $\boldsymbol{g}$ 相对于状态变量 $\boldsymbol{x}$、代数变量 $\boldsymbol{y}$、时滞状态变量 $\boldsymbol{x}_{\mathrm{d}i}$ 和时滞代数变量 $\boldsymbol{y}_{\mathrm{d}i}$ 的雅可比矩阵；$\boldsymbol{C}_{0,\mathrm{d}\Sigma k}$、$\boldsymbol{D}_{0,\mathrm{d}\Sigma k}$、$\boldsymbol{C}_{i,\mathrm{d}\Sigma k}$ 和 $\boldsymbol{D}_{i,\mathrm{d}\Sigma k}$ $(i=1,\ 2,\ \cdots,\ m;\ k=2,\ 3,\ \cdots)$ 分别为在时滞平衡点 $\left(\bar{\boldsymbol{x}}\left(t-\sum\limits_{j=1}^{k}\tau_{d_j}\right),\ \bar{\boldsymbol{y}}\left(t-\sum\limits_{j=1}^{k}\tau_{d_j}\right)\right)$ 处 $\boldsymbol{g}$ 相对于状态变量 $\boldsymbol{x}$、代数变量 $\boldsymbol{y}$、时滞状态变量 $\boldsymbol{x}_{\mathrm{d}i}$ 和时滞代数变量 $\boldsymbol{y}_{\mathrm{d}i}$ 的雅

可比矩阵。这些矩阵可具体表示为

$$\begin{cases} \boldsymbol{C}_{0,\mathrm{d}j} = \left.\dfrac{\partial \boldsymbol{g}}{\partial \boldsymbol{x}}\right|_{(\bar{\boldsymbol{x}}(t-\tau_j),\bar{\boldsymbol{y}}(t-\tau_j))}, \quad \boldsymbol{D}_{0,\mathrm{d}j} = \left.\dfrac{\partial \boldsymbol{g}}{\partial \boldsymbol{y}}\right|_{(\bar{\boldsymbol{x}}(t-\tau_j),\bar{\boldsymbol{y}}(t-\tau_j))} \\ \boldsymbol{C}_{i,\mathrm{d}j} = \left.\dfrac{\partial \boldsymbol{g}}{\partial \boldsymbol{x}_{\mathrm{d}i}}\right|_{(\bar{\boldsymbol{x}}(t-\tau_j),\bar{\boldsymbol{y}}(t-\tau_j))}, \quad \boldsymbol{D}_{i,\mathrm{d}j} = \left.\dfrac{\partial \boldsymbol{g}}{\partial \boldsymbol{y}_{\mathrm{d}i}}\right|_{(\bar{\boldsymbol{x}}(t-\tau_j),\bar{\boldsymbol{y}}(t-\tau_j))} \\ \boldsymbol{C}_{0,\mathrm{d}\Sigma k} = \left.\dfrac{\partial \boldsymbol{g}}{\partial \boldsymbol{x}}\right|_{\left(\bar{\boldsymbol{x}}\left(t-\sum\limits_{j=1}^{k}\tau_{d_j}\right),\bar{\boldsymbol{y}}\left(t-\sum\limits_{j=1}^{k}\tau_{d_j}\right)\right)} \\ \boldsymbol{D}_{0,\mathrm{d}\Sigma k} = \left.\dfrac{\partial \boldsymbol{g}}{\partial \boldsymbol{y}}\right|_{\left(\bar{\boldsymbol{x}}\left(t-\sum\limits_{j=1}^{k}\tau_{d_j}\right),\bar{\boldsymbol{y}}\left(t-\sum\limits_{j=1}^{k}\tau_{d_j}\right)\right)} \\ \boldsymbol{C}_{i,\mathrm{d}\Sigma k} = \left.\dfrac{\partial \boldsymbol{g}}{\partial \boldsymbol{x}_{\mathrm{d}i}}\right|_{\left(\bar{\boldsymbol{x}}\left(t-\sum\limits_{j=1}^{k}\tau_{d_j}\right),\bar{\boldsymbol{y}}\left(t-\sum\limits_{j=1}^{k}\tau_{d_j}\right)\right)} \\ \boldsymbol{D}_{i,\mathrm{d}\Sigma k} = \left.\dfrac{\partial \boldsymbol{g}}{\partial \boldsymbol{y}_{\mathrm{d}i}}\right|_{\left(\bar{\boldsymbol{x}}\left(t-\sum\limits_{j=1}^{k}\tau_{d_j}\right),\bar{\boldsymbol{y}}\left(t-\sum\limits_{j=1}^{k}\tau_{d_j}\right)\right)} \end{cases}$$

2.3.3 式 (2.82) 和式 (2.83) 的证明

由于 $\boldsymbol{D}_0$ 非奇异，由式 (2.79) 可解得 $\Delta\boldsymbol{y}$。利用式 (2.85) 中的定义，得

$$\Delta\boldsymbol{y} = \boldsymbol{K}_0\Delta\boldsymbol{x} + \sum_{i=1}^{m}\boldsymbol{K}_i\Delta\boldsymbol{x}_{\mathrm{d}i} + \sum_{i=1}^{m}\boldsymbol{L}_i\Delta\boldsymbol{y}_{\mathrm{d}i} \tag{2.86}$$

值得注意的是，式 (2.86) 实际上表示的是关于 $\Delta\boldsymbol{y}_{\mathrm{d}i}$ 的递归。类似地，在 $t-\tau_i$ 和 $t-\tau_i-\tau_j$ $(i,\ j=1,\ 2,\ \cdots,\ m)$ 时刻，可解得 $\Delta\boldsymbol{y}_{\mathrm{d}i}$ 和 $\Delta\boldsymbol{y}_{\mathrm{d}\Sigma 2}$：

$$\Delta\boldsymbol{y}_{\mathrm{d}i} = \boldsymbol{K}_{0,\mathrm{d}i}\Delta\boldsymbol{x}_{\mathrm{d}i} + \sum_{j=1}^{m}\boldsymbol{K}_{j,\mathrm{d}i}\Delta\boldsymbol{x}_{\mathrm{d}\Sigma 2} + \sum_{j=1}^{m}\boldsymbol{L}_{j,\mathrm{d}i}\Delta\boldsymbol{y}_{\mathrm{d}\Sigma 2},\quad i=1,\ 2,\ \cdots,\ m \tag{2.87}$$

$$\Delta\boldsymbol{y}_{\mathrm{d}\Sigma 2} = \boldsymbol{K}_{0,\mathrm{d}\Sigma 2}\Delta\boldsymbol{x}_{\mathrm{d}\Sigma 2} + \sum_{k=1}^{m}\boldsymbol{K}_{k,\mathrm{d}\Sigma 2}\Delta\boldsymbol{x}_{\mathrm{d}\Sigma 3} + \sum_{k=1}^{m}\boldsymbol{L}_{k,\mathrm{d}\Sigma 2}\Delta\boldsymbol{y}_{\mathrm{d}\Sigma 3},\quad i,j=1,\ 2,\ \cdots,\ m \tag{2.88}$$

式中，$\Delta\boldsymbol{x}_{\mathrm{d}\Sigma 2} = \Delta\boldsymbol{x}(t-\tau_i-\tau_j) = \Delta\boldsymbol{x}(t-\tau_{d_1}-\tau_{d_2})$，$\Delta\boldsymbol{y}_{\mathrm{d}\Sigma 2} = \Delta\boldsymbol{y}(t-\tau_i-\tau_j) = \Delta\boldsymbol{y}(t-\tau_{d_1}-\tau_{d_2})$，$\Delta\boldsymbol{x}_{\mathrm{d}\Sigma 3} = \Delta\boldsymbol{x}(t-\tau_i-\tau_j-\tau_k) = \Delta\boldsymbol{x}(t-\tau_{d_1}-\tau_{d_2}-\tau_{d_3})$，$\Delta\boldsymbol{y}_{\mathrm{d}\Sigma 3} = \Delta\boldsymbol{y}(t-\tau_i-\tau_j-\tau_k) = \Delta\boldsymbol{y}(t-\tau_{d_1}-\tau_{d_2}-\tau_{d_3})$，$i,\ j,\ k=1,\ 2,\ \cdots,\ m$。

将式 (2.86) 和式 (2.87) 代入式 (2.78) 中，得

$$\Delta\dot{\boldsymbol{x}} = (\boldsymbol{A}_0+\boldsymbol{B}_0\boldsymbol{K}_0)\Delta\boldsymbol{x} + \sum_{i=1}^{m}((\boldsymbol{A}_i+\boldsymbol{B}_0\boldsymbol{K}_i)+(\boldsymbol{B}_i+\boldsymbol{B}_0\boldsymbol{L}_i)\boldsymbol{K}_{0,\mathrm{d}i})\Delta\boldsymbol{x}_{\mathrm{d}i}$$

$$
\begin{aligned}
&+\sum_{i=1}^{m}\sum_{j=1}^{m}(\boldsymbol{B}_i+\boldsymbol{B}_0\boldsymbol{L}_i)\boldsymbol{K}_{j,\mathrm{d}i}\Delta\boldsymbol{x}_{\mathrm{d}\Sigma2}+\sum_{i=1}^{m}\sum_{j=1}^{m}(\boldsymbol{B}_i+\boldsymbol{B}_0\boldsymbol{L}_i)\boldsymbol{L}_{j,\mathrm{d}i}\Delta\boldsymbol{y}_{\mathrm{d}\Sigma2}\\
=&(\boldsymbol{A}_0+\boldsymbol{B}_0\boldsymbol{K}_0)\Delta\boldsymbol{x}+\sum_{i=1}^{m}(\boldsymbol{A}_i+\boldsymbol{B}_i\boldsymbol{K}_{0,\mathrm{d}i}+\boldsymbol{B}_0\boldsymbol{M}_{i,\mathrm{d}i})\Delta\boldsymbol{x}_{\mathrm{d}i}\\
&+\sum_{i=1}^{m}\sum_{j=1}^{m}(\boldsymbol{B}_i+\boldsymbol{B}_0\boldsymbol{L}_i)\boldsymbol{K}_{j,\mathrm{d}i}\Delta\boldsymbol{x}_{\mathrm{d}\Sigma2}+\sum_{i=1}^{m}\sum_{j=1}^{m}(\boldsymbol{B}_i+\boldsymbol{B}_0\boldsymbol{L}_i)\boldsymbol{L}_{j,\mathrm{d}i}\Delta\boldsymbol{y}_{\mathrm{d}\Sigma2}
\end{aligned}
\tag{2.89}
$$

按照类似的方法，将式 (2.88) 代入式 (2.89) 中消去代数变量 $\Delta\boldsymbol{y}_{\mathrm{d}\Sigma2}$，得

$$
\begin{aligned}
\Delta\dot{\boldsymbol{x}}=&(\boldsymbol{A}_0+\boldsymbol{B}_0\boldsymbol{K}_0)\Delta\boldsymbol{x}+\sum_{i=1}^{m}(\boldsymbol{A}_i+\boldsymbol{B}_i\boldsymbol{K}_{0,\mathrm{d}i}+\boldsymbol{B}_0\boldsymbol{M}_{i,\mathrm{d}i})\Delta\boldsymbol{x}_{\mathrm{d}i}\\
&+\sum_{i=1}^{m}\sum_{j=1}^{m}(\boldsymbol{B}_i+\boldsymbol{B}_0\boldsymbol{L}_i)\boldsymbol{K}_{j,\mathrm{d}i}\Delta\boldsymbol{x}_{\mathrm{d}\Sigma2}+\sum_{i=1}^{m}\sum_{j=1}^{m}(\boldsymbol{B}_i+\boldsymbol{B}_0\boldsymbol{L}_i)\boldsymbol{L}_{j,\mathrm{d}i}\Delta\boldsymbol{y}_{\mathrm{d}\Sigma2}\\
=&(\boldsymbol{A}_0+\boldsymbol{B}_0\boldsymbol{K}_0)\Delta\boldsymbol{x}+\sum_{i=1}^{m}(\boldsymbol{A}_i+\boldsymbol{B}_i\boldsymbol{K}_{0,\mathrm{d}i}+\boldsymbol{B}_0\boldsymbol{M}_{i,\mathrm{d}i})\Delta\boldsymbol{x}_{\mathrm{d}i}\\
&+\sum_{d_1,d_2=1}^{m}\boldsymbol{N}_{d_1}\boldsymbol{M}_{d_2,\mathrm{d}\Sigma2}\Delta\boldsymbol{x}_{\mathrm{d}\Sigma2}+\sum_{d_1,d_2,d_3=1}^{m}\boldsymbol{N}_{d_1}\boldsymbol{L}_{d_2,\mathrm{d}d_1}\boldsymbol{K}_{d_3,\mathrm{d}\Sigma2}\Delta\boldsymbol{x}_{\mathrm{d}\Sigma3}\\
&+\sum_{d_1,d_2,d_3=1}^{m}\boldsymbol{N}_{d_1}\boldsymbol{L}_{d_2,\mathrm{d}d_1}\boldsymbol{L}_{d_3,\mathrm{d}\Sigma2}\Delta\boldsymbol{y}_{\mathrm{d}\Sigma3}
\end{aligned}
\tag{2.90}
$$

由式 (2.89) 和式 (2.90) 可知，系统代数变量 (无时滞) 和一阶时滞代数变量已经被消去。从而，从等式右侧第一项和第二项可得到系统状态矩阵 $\tilde{\boldsymbol{A}}_0$ 和一阶时滞状态矩阵 $\tilde{\boldsymbol{A}}_i$：

$$
\tilde{\boldsymbol{A}}_0=\boldsymbol{A}_0+\boldsymbol{B}_0\boldsymbol{K}_0
$$

$$
\tilde{\boldsymbol{A}}_i=\boldsymbol{A}_i+\boldsymbol{B}_i\boldsymbol{K}_{0,\mathrm{d}i}+\boldsymbol{B}_0\boldsymbol{M}_{i,\mathrm{d}i}
$$

从而，式 (2.82) 和式 (2.83) 得证。

2.3.4　式 (2.84) 的证明

引理 1　$\Delta\dot{\boldsymbol{x}}$ 的第 k 阶和第 $k+1$ 阶 ($k\geqslant 2$) 时滞项之和具有如下形式：

$$
\begin{aligned}
&\sum_{d_1,d_2,\cdots,d_k=1}^{m}\boldsymbol{N}_{d_1}\prod_{j=2}^{k-1}\boldsymbol{L}_{d_j,\mathrm{d}\Sigma(j-1)}\boldsymbol{M}_{d_k,\mathrm{d}\Sigma k}\Delta\boldsymbol{x}_{\mathrm{d}\Sigma k}\\
&+\sum_{d_1,d_2,\cdots,d_{k+1}=1}^{m}\boldsymbol{N}_{d_1}\prod_{j=2}^{k}\boldsymbol{L}_{d_j,\mathrm{d}\Sigma(j-1)}\boldsymbol{K}_{d_{k+1},\mathrm{d}\Sigma k}\Delta\boldsymbol{x}_{\mathrm{d}\Sigma(k+1)}\\
&+\sum_{d_1,d_2,\cdots,d_{k+1}=1}^{m}\boldsymbol{N}_{d_1}\prod_{j=2}^{k+1}\boldsymbol{L}_{d_j,\mathrm{d}\Sigma(j-1)}\Delta\boldsymbol{y}_{\mathrm{d}\Sigma(k+1)}
\end{aligned}
\tag{2.91}
$$

下面应用数学归纳法对上述引理进行证明。

(1) 令 $k=2$，则式 (2.91) 为

$$\sum_{d_1,d_2=1}^{m}\boldsymbol{N}_{d_1}\boldsymbol{M}_{d_2,\mathrm{d}\Sigma 2}\Delta\boldsymbol{x}_{\mathrm{d}\Sigma 2}+\sum_{d_1,d_2,d_3=1}^{m}\boldsymbol{N}_{d_1}\boldsymbol{L}_{d_2,\mathrm{d}d_1}\boldsymbol{K}_{d_3,\mathrm{d}\Sigma 2}\Delta\boldsymbol{x}_{\mathrm{d}\Sigma 3}$$
$$+\sum_{d_1,d_2,d_3=1}^{m}\boldsymbol{N}_{d_1}\boldsymbol{L}_{d_2,\mathrm{d}d_1}\boldsymbol{L}_{d_3,\mathrm{d}\Sigma 2}\Delta\boldsymbol{y}_{\mathrm{d}\Sigma 3}\tag{2.92}$$

对比可知，式 (2.92) 与式 (2.90) 的最后三项完全一致。

(2) 式 (2.91) 的第二项和第三项分别为 $\Delta\boldsymbol{x}$ 和 $\Delta\boldsymbol{y}$ 的第 $k+1$ 阶时滞项。下面通过消去式 (2.91) 第三项中的代数变量 $\Delta\boldsymbol{y}_{\mathrm{d}\Sigma(k+1)}$，进一步推导 $\Delta\boldsymbol{x}$ 的第 $k+1$ 阶和第 $k+2$ 阶时滞项之和的表达式，从而证明式 (2.91) 的正确性。

首先，对式 (2.86) 中的 $\Delta\boldsymbol{y}$ 分别延迟 $\sum\limits_{i=1}^{k+1}\tau_{d_i}$ ($d_i=1, 2, \cdots, m$, 共计 m^{k+1} 个延时操作)，得

$$\begin{aligned}\Delta\boldsymbol{y}_{\mathrm{d}\Sigma(k+1)}=&\boldsymbol{K}_{0,\mathrm{d}\Sigma(k+1)}\Delta\boldsymbol{x}_{\mathrm{d}\Sigma(k+1)}+\sum_{d_{k+2}=1}^{m}\boldsymbol{K}_{d_{k+2,\mathrm{d}\Sigma(k+1)}}\Delta\boldsymbol{x}_{\mathrm{d}\Sigma(k+2)}\\&+\sum_{d_{k+2}=1}^{m}\boldsymbol{L}_{d_{k+2,\mathrm{d}\Sigma(k+1)}}\Delta\boldsymbol{y}_{\mathrm{d}\Sigma(k+2)}\end{aligned}\tag{2.93}$$

然后，将式 (2.93) 代入式 (2.91) 中，则其第二项和第三项之和可写为

$$\begin{aligned}&\sum_{d_1,d_2,\cdots,d_{k+1}=1}^{m}\boldsymbol{N}_{d_1}\prod_{j=2}^{k}\boldsymbol{L}_{d_j,\mathrm{d}\Sigma(j-1)}\boldsymbol{K}_{d_{k+1},\mathrm{d}\Sigma k}\Delta\boldsymbol{x}_{\mathrm{d}\Sigma(k+1)}\\&+\sum_{d_1,d_2,\cdots,d_{k+1}=1}^{m}\boldsymbol{N}_{d_1}\prod_{j=2}^{k+1}\boldsymbol{L}_{d_j,\mathrm{d}\Sigma(j-1)}\Delta\boldsymbol{y}_{\mathrm{d}\Sigma(k+1)}\\=&\sum_{d_1,d_2,\cdots,d_{k+1}=1}^{m}\boldsymbol{N}_{d_1}\prod_{j=2}^{k}\boldsymbol{L}_{d_j,\mathrm{d}\Sigma(j-1)}\boldsymbol{K}_{d_{k+1},\mathrm{d}\Sigma k}\Delta\boldsymbol{x}_{\mathrm{d}\Sigma(k+1)}\\&+\sum_{d_1,d_2,\cdots,d_{k+1}=1}^{m}\boldsymbol{N}_{d_1}\prod_{j=2}^{k+1}\boldsymbol{L}_{d_j,\mathrm{d}\Sigma(j-1)}\Bigg(\boldsymbol{K}_{0,\mathrm{d}\Sigma(k+1)}\Delta\boldsymbol{x}_{\mathrm{d}\Sigma(k+1)}\\&+\sum_{d_{k+2}=1}^{m}\boldsymbol{K}_{d_{k+2},\mathrm{d}\Sigma(k+1)}\Delta\boldsymbol{x}_{\mathrm{d}\Sigma(k+2)}+\sum_{d_{k+2}=1}^{m}\boldsymbol{L}_{d_{k+2},\mathrm{d}\Sigma(k+1)}\Delta\boldsymbol{y}_{\mathrm{d}\Sigma(k+2)}\Bigg)\\=&\sum_{d_1,d_2,\cdots,d_{k+1}=1}^{m}\boldsymbol{N}_{d_1}\prod_{j=2}^{k}\boldsymbol{L}_{d_j,\mathrm{d}\Sigma(j-1)}(\boldsymbol{K}_{d_{k+1},\mathrm{d}\Sigma k}+\boldsymbol{L}_{d_{k+1},\mathrm{d}\Sigma k}\boldsymbol{K}_{0,\mathrm{d}\Sigma(k+1)})\Delta\boldsymbol{x}_{\mathrm{d}\Sigma(k+1)}\end{aligned}$$

$$
\begin{aligned}
&+\sum_{d_1,d_2,\cdots,d_{k+1}=1}^{m}\boldsymbol{N}_{d_1}\prod_{j=2}^{k+1}\boldsymbol{L}_{d_j,\mathrm{d}\Sigma(j-1)}\sum_{d_{k+2}=1}^{m}\boldsymbol{K}_{d_{k+2},\mathrm{d}\Sigma(k+1)}\Delta\boldsymbol{x}_{\mathrm{d}\Sigma(k+2)}\\
&+\sum_{d_1,d_2,\cdots,d_{k+1}=1}^{m}\boldsymbol{N}_{d_1}\prod_{j=2}^{k+1}\boldsymbol{L}_{d_j,\mathrm{d}\Sigma(j-1)}\sum_{d_{k+2}=1}^{m}\boldsymbol{L}_{d_{k+2},\mathrm{d}\Sigma(k+1)}\Delta\boldsymbol{y}_{\mathrm{d}\Sigma(k+2)}\\
=&\sum_{d_1,d_2,\cdots,d_{k+1}=1}^{m}\boldsymbol{N}_{d_1}\prod_{j=2}^{k}\boldsymbol{L}_{d_j,\mathrm{d}\Sigma(j-1)}\boldsymbol{M}_{d_{k+1},\mathrm{d}\Sigma(k+1)}\Delta\boldsymbol{x}_{\mathrm{d}\Sigma(k+1)}\\
&+\sum_{d_1,d_2,\cdots,d_{k+2}=1}^{m}\boldsymbol{N}_{d_1}\prod_{j=2}^{k+1}\boldsymbol{L}_{d_j,\mathrm{d}\Sigma(j-1)}\boldsymbol{K}_{d_{k+2},\mathrm{d}\Sigma(k+1)}\Delta\boldsymbol{x}_{\mathrm{d}\Sigma(k+2)}\\
&+\sum_{d_1,d_2,\cdots,d_{k+2}=1}^{m}\boldsymbol{N}_{d_1}\prod_{j=2}^{k+2}\boldsymbol{L}_{d_j,\mathrm{d}\Sigma(j-1)}\Delta\boldsymbol{y}_{\mathrm{d}\Sigma(k+2)}
\end{aligned}
\tag{2.94}
$$

对比式 (2.94) 和式 (2.91) 可知，两者具有完全相同的形式，差别之处在于 k 变为 $k+1$。这表明式 (2.91) 就是 $\Delta\dot{\boldsymbol{x}}$ 的第 k 阶和第 $k+1$ 阶 ($k\geqslant 2$) 时滞项之和，引理 1 得证。

根据引理 1，可直接推导得到式 (2.84)。于是，$\Delta\dot{\boldsymbol{x}}$ 的第 $k(k\geqslant 2)$ 阶时滞项的表达式为

$$
\sum_{d_1,d_2,\cdots,d_k=1}^{m}\tilde{\boldsymbol{A}}_{\mathrm{d}\Sigma k}\Delta\boldsymbol{x}_{\mathrm{d}\Sigma k}\triangleq\sum_{d_1,d_2,\cdots,d_k=1}^{m}\boldsymbol{N}_{d_1}\prod_{j=2}^{k-1}\boldsymbol{L}_{d_j,\mathrm{d}\Sigma(j-1)}\boldsymbol{M}_{d_k,\mathrm{d}\Sigma k}\Delta\boldsymbol{x}_{\mathrm{d}\Sigma k}\tag{2.95}
$$

综合式 (2.83) 和式 (2.95)，可得

$$
\Delta\dot{\boldsymbol{x}}=\tilde{\boldsymbol{A}}_0\Delta\boldsymbol{x}+\sum_{i=1}^{m}\tilde{\boldsymbol{A}}_i\Delta\boldsymbol{x}_{\mathrm{d}i}+\sum_{k=2}^{\infty}\sum_{d_1,d_2,\cdots,d_k=1}^{m}\tilde{\boldsymbol{A}}_{\mathrm{d}\Sigma k}\Delta\boldsymbol{x}_{\mathrm{d}\Sigma k}
$$

这表明时滞系统的 DDAE (式 (2.78) 和式 (2.79)) 已经被转化为含有无穷多项的 DDE (式 (2.80))。

式 (2.80) 对应的特征方程为

$$
|\Delta(\lambda)|=0\tag{2.96}
$$

式中，

$$
\Delta(\lambda)=\lambda\boldsymbol{I}_n-\tilde{\boldsymbol{A}}_0-\sum_{i=1}^{m}\tilde{\boldsymbol{A}}_i\mathrm{e}^{-\lambda\tau_i}-\sum_{k=2}^{\infty}\sum_{d_1,d_2,\cdots,d_k=1}^{m}\tilde{\boldsymbol{A}}_{\mathrm{d}\Sigma k}\mathrm{e}^{-\lambda\sum\limits_{i=1}^{k}\tau_{d_i}}\tag{2.97}
$$

需要指出的是，文献 [104] 在没有给出详细推导和严格证明的情况下，直接将单时滞系统特征方程推广到多重时滞情况，将 $\sum\limits_{i=1}^{k}\tau_{d_i}$ 误写为 $k\tau_i$，进而得出了特征方程中无穷多个时滞是系统原有时滞的 k 倍 ($k=2,\ 3,\ \cdots,\ \infty$) 这一错误结论。

2.3.5 由无时滞项和一阶时滞项表示的 DDE

定理 2 当系统受到小扰动时，有 $(\boldsymbol{x}^{(0)},\ \boldsymbol{y}^{(0)})=\left(\boldsymbol{x}_{\mathrm{d1}}^{(0)},\ \boldsymbol{y}_{\mathrm{d1}}^{(0)}\right)=\cdots=\left(\boldsymbol{x}_{\mathrm{d}m}^{(0)},\ \boldsymbol{y}_{\mathrm{d}m}^{(0)}\right)=\cdots=\left(\boldsymbol{x}^{(0)}\left(t-\sum\limits_{i=1}^{k}\tau_{d_i}\right),\ \boldsymbol{y}^{(0)}\left(t-\sum\limits_{i=1}^{k}\tau_{d_i}\right)\right)=\left(\boldsymbol{x}_{\mathrm{d1}}^{(0)}\left(t-\sum\limits_{i=1}^{k}\tau_{d_i}\right),\ \boldsymbol{y}_{\mathrm{d1}}^{(0)}\left(t-\sum\limits_{i=1}^{k}\tau_{d_i}\right)\right)=\cdots=\left(\boldsymbol{x}_{\mathrm{d}m}^{(0)}\left(t-\sum\limits_{i=1}^{k}\tau_{d_i}\right),\ \boldsymbol{y}_{\mathrm{d}m}^{(0)}\left(t-\sum\limits_{i=1}^{k}\tau_{d_i}\right)\right)$，可得 $(\bar{\boldsymbol{x}},\ \bar{\boldsymbol{y}})=\cdots=\left(\bar{\boldsymbol{x}}\left(t-\sum\limits_{i=1}^{k}\tau_{d_i}\right),\ \bar{\boldsymbol{y}}\left(t-\sum\limits_{i=1}^{k}\tau_{d_i}\right)\right)$。因此，$\boldsymbol{C}_0=\boldsymbol{C}_1=\cdots=\boldsymbol{C}_m=\cdots=\boldsymbol{C}_{0,\mathrm{d}\Sigma k}=\boldsymbol{C}_{1,\mathrm{d}\Sigma k}=\cdots=\boldsymbol{C}_{m,\mathrm{d}\Sigma k}$，$\boldsymbol{D}_0=\boldsymbol{D}_1=\cdots=\boldsymbol{D}_m=\cdots=\boldsymbol{D}_{0,\mathrm{d}\Sigma k}=\boldsymbol{D}_{1,\mathrm{d}\Sigma k}=\cdots=\boldsymbol{D}_{m,\mathrm{d}\Sigma k}$，则式 (2.80) 不存在二阶及以上时滞项，即

$$\Delta\dot{\boldsymbol{x}}=\tilde{\boldsymbol{A}}_0\Delta\boldsymbol{x}+\sum_{i=1}^{m}\tilde{\boldsymbol{A}}_i\Delta\boldsymbol{x}_{\mathrm{d}i} \tag{2.98}$$

式中，

$$\tilde{\boldsymbol{A}}_0=\boldsymbol{A}_0+\boldsymbol{B}_0\boldsymbol{K}_0 \tag{2.99}$$

$$\tilde{\boldsymbol{A}}_i=\boldsymbol{A}_i+\boldsymbol{B}_i\boldsymbol{K}_0 \tag{2.100}$$

$$\boldsymbol{K}_0=-\boldsymbol{D}_0^{-1}\boldsymbol{C}_0 \tag{2.101}$$

证明 当满足 $(\boldsymbol{x}^{(0)},\ \boldsymbol{y}^{(0)})=\left(\boldsymbol{x}_{\mathrm{d1}}^{(0)},\ \boldsymbol{y}_{\mathrm{d1}}^{(0)}\right)=\cdots=\left(\boldsymbol{x}_{\mathrm{d}m}^{(0)},\ \boldsymbol{y}_{\mathrm{d}m}^{(0)}\right)=\cdots=\left(\boldsymbol{x}^{(0)}\left(t-\sum\limits_{i=1}^{k}\tau_{d_i}\right),\ \boldsymbol{y}^{(0)}\left(t-\sum\limits_{i=1}^{k}\tau_{d_i}\right)\right)=\left(\boldsymbol{x}_{\mathrm{d1}}^{(0)}\left(t-\sum\limits_{i=1}^{k}\tau_{d_i}\right),\boldsymbol{y}_{\mathrm{d1}}^{(0)}\left(t-\sum\limits_{i=1}^{k}\tau_{d_i}\right)\right)=\cdots=\left(\boldsymbol{x}_{\mathrm{d}m}^{(0)}\left(t-\sum\limits_{i=1}^{k}\tau_{d_i}\right),\ \boldsymbol{y}_{\mathrm{d}m}^{(0)}\left(t-\sum\limits_{i=1}^{k}\tau_{d_i}\right)\right)$，$(\bar{\boldsymbol{x}},\ \bar{\boldsymbol{y}})=\cdots=\left(\bar{\boldsymbol{x}}\left(t-\sum\limits_{i=1}^{k}\tau_{d_i}\right),\ \bar{\boldsymbol{y}}\left(t-\sum\limits_{i=1}^{k}\tau_{d_i}\right)\right)$ 以及 $\boldsymbol{C}_0=\boldsymbol{C}_1=\cdots=\boldsymbol{C}_m=\cdots=\boldsymbol{C}_{0,\mathrm{d}\Sigma k}=\boldsymbol{C}_{1,\mathrm{d}\Sigma k}=\cdots=\boldsymbol{C}_{m,\mathrm{d}\Sigma k}$，$\boldsymbol{D}_0=\boldsymbol{D}_1=\cdots=\boldsymbol{D}_m=\cdots=\boldsymbol{D}_{0,\mathrm{d}\Sigma k}=\boldsymbol{D}_{1,\mathrm{d}\Sigma k}=\cdots=\boldsymbol{D}_{m,\mathrm{d}\Sigma k}$ 时，式 (2.85) 变为

$$\begin{cases}\boldsymbol{K}_0=-\boldsymbol{D}_0^{-1}\boldsymbol{C}_0\\ \boldsymbol{K}_i=-\boldsymbol{D}_0^{-1}\boldsymbol{C}_0=\boldsymbol{K}_0\\ \boldsymbol{L}_i=-\boldsymbol{D}_0^{-1}\boldsymbol{D}_0=-\boldsymbol{I}\\ \boldsymbol{N}_i=\boldsymbol{B}_0\boldsymbol{L}_i+\boldsymbol{B}_i=-\boldsymbol{B}_0+\boldsymbol{B}_i\\ \boldsymbol{K}_{0,\mathrm{d}j}=\boldsymbol{K}_{0,\mathrm{d}\Sigma k}=\boldsymbol{K}_{i,\mathrm{d}j}=\boldsymbol{K}_{i,\mathrm{d}\Sigma k}=-\boldsymbol{D}_0^{-1}\boldsymbol{C}_0=\boldsymbol{K}_0\\ \boldsymbol{L}_{i,\mathrm{d}j}=\boldsymbol{L}_{i,\mathrm{d}\Sigma k}=-\boldsymbol{D}_0^{-1}\boldsymbol{D}_0=-\boldsymbol{I}\\ \boldsymbol{M}_{i,\mathrm{d}i}=\boldsymbol{M}_{i,\mathrm{d}\Sigma k}=\boldsymbol{K}_0+\boldsymbol{L}_i\boldsymbol{K}_0=\boldsymbol{0}\end{cases} \tag{2.102}$$

将式 (2.102) 代入式 (2.82) ~ 式 (2.84) 中，得

$$\tilde{\boldsymbol{A}}_0 = \boldsymbol{A}_0 + \boldsymbol{B}_0\boldsymbol{K}_0 \tag{2.103}$$

$$\tilde{\boldsymbol{A}}_i = \boldsymbol{A}_i + \boldsymbol{B}_i\boldsymbol{K}_{0,\mathrm{d}i} + \boldsymbol{B}_0\boldsymbol{M}_{i,\mathrm{d}i} = \boldsymbol{A}_i + \boldsymbol{B}_i\boldsymbol{K}_0 \tag{2.104}$$

$$\tilde{\boldsymbol{A}}_{\mathrm{d}\Sigma k} = \boldsymbol{N}_{d_1}\prod_{j=2}^{k-1}\boldsymbol{L}_{d_j,\mathrm{d}\Sigma(j-1)}\boldsymbol{M}_{d_k,\mathrm{d}\Sigma k} = \boldsymbol{0} \tag{2.105}$$

由式 (2.105) 可知，所有二阶及以上时滞项均被消去。因此，$\Delta\dot{\boldsymbol{x}}$ 可以完全由无时滞项与一阶时滞项来表示，即

$$\Delta\dot{\boldsymbol{x}} = \tilde{\boldsymbol{A}}_0\Delta\boldsymbol{x} + \sum_{i=1}^{m}\tilde{\boldsymbol{A}}_i\Delta\boldsymbol{x}_{\mathrm{d}i}$$

式中，$\tilde{\boldsymbol{A}}_i\ (i = 0,\ 1,\ \cdots,\ m)$ 由式 (2.103) ~ 式 (2.105) 确定。

式 (2.98) 对应的特征方程为

$$|\Delta(\lambda)| = 0 \tag{2.106}$$

式中，

$$\Delta(\lambda) = \lambda\boldsymbol{I}_n - \tilde{\boldsymbol{A}}_0 - \sum_{i=1}^{m}\tilde{\boldsymbol{A}}_i\mathrm{e}^{-\lambda\tau_i} \tag{2.107}$$

2.3.6 DCPPS 的 DDAE 转化为 DDE

在电力系统稳定性分析中，消去辅助或中间的代数变量和代数方程，最终得到的数目最少的一组代数方程就是系统的网络方程，相应的代数变量为节点电压。如前所述，对于长输电线路，在采用分布参数的情况下，电力网络的动态可以用一组 DDAE 来描述 [103, 104]。考虑到大多数电力线路一般不是很长，在实际的电力系统稳定性分析中，通常不考虑线路的分布参数特性，从而采用集中参数模型并用代数方程 $\boldsymbol{g}(\boldsymbol{x},\boldsymbol{y}) = \boldsymbol{0}$ 予以描述。此时，代数方程只由某一个时刻系统的状态变量和代数变量决定。于是，式 (2.76) 变为

$$\begin{cases}\dot{\boldsymbol{x}} = \boldsymbol{f}(\boldsymbol{x},\ \boldsymbol{y},\ \boldsymbol{x}_{\mathrm{d}1},\ \boldsymbol{y}_{\mathrm{d}1},\ \cdots,\ \boldsymbol{x}_{\mathrm{d}m},\ \boldsymbol{y}_{\mathrm{d}m})\\ \boldsymbol{0} = \boldsymbol{g}(\boldsymbol{x},\ \boldsymbol{y})\\ \boldsymbol{0} = \boldsymbol{g}(\boldsymbol{x}_{\mathrm{d}1},\ \boldsymbol{y}_{\mathrm{d}1})\\ \quad\cdots\\ \boldsymbol{0} = \boldsymbol{g}(\boldsymbol{x}_{\mathrm{d}m},\ \boldsymbol{y}_{\mathrm{d}m})\end{cases} \tag{2.108}$$

相应地，式 (2.79) 可以解耦为 1 个无时滞代数方程和 m 个含单一时滞的代数方程。进而，与式 (2.78) 联立，可得到解耦形式的 DDAE[93, 95, 97]：

$$\begin{cases}\Delta\dot{\boldsymbol{x}}=\boldsymbol{A}_0\Delta\boldsymbol{x}+\boldsymbol{B}_0\Delta\boldsymbol{y}+\boldsymbol{A}_1\Delta\boldsymbol{x}_{\mathrm{d}1}+\boldsymbol{B}_1\Delta\boldsymbol{y}_{\mathrm{d}1}+\cdots+\boldsymbol{A}_m\Delta\boldsymbol{x}_{\mathrm{d}m}+\boldsymbol{B}_m\Delta\boldsymbol{y}_{\mathrm{d}m}\\ \boldsymbol{0}=\boldsymbol{C}_0\Delta\boldsymbol{x}+\boldsymbol{D}_0\Delta\boldsymbol{y}\\ \boldsymbol{0}=\boldsymbol{C}_i\Delta\boldsymbol{x}_{\mathrm{d}i}+\boldsymbol{D}_i\Delta\boldsymbol{y}_{\mathrm{d}i},\quad i=1,\ 2,\ \cdots,\ m\end{cases}\tag{2.109}$$

由于 $\boldsymbol{D}_i\ (i=0,\ 1,\ \cdots,\ m)$ 非奇异，消去式 (2.109) 中的代数变量 $\Delta\boldsymbol{y}$ 和 $\Delta\boldsymbol{y}_{\mathrm{d}i}\ (i=1,\ 2,\ \cdots,\ m)$，可得如下 DDE (也即式 (2.98))：

$$\Delta\dot{\boldsymbol{x}}=\tilde{\boldsymbol{A}}_0\Delta\boldsymbol{x}+\sum_{i=1}^{m}\tilde{\boldsymbol{A}}_i\Delta\boldsymbol{x}_{\mathrm{d}i}$$

式中，

$$\begin{aligned}\tilde{\boldsymbol{A}}_0&=\boldsymbol{A}_0-\boldsymbol{B}_0\boldsymbol{D}_0^{-1}\boldsymbol{C}_0\\ \tilde{\boldsymbol{A}}_i&=\boldsymbol{A}_i-\boldsymbol{B}_i\boldsymbol{D}_i^{-1}\boldsymbol{C}_i\end{aligned}\tag{2.110}$$

当系统受到小扰动时，有 $(\boldsymbol{x}^{(0)},\ \boldsymbol{y}^{(0)})=\left(\boldsymbol{x}_{\mathrm{d}1}^{(0)},\ \boldsymbol{y}_{\mathrm{d}1}^{(0)}\right)=\cdots=\left(\boldsymbol{x}_{\mathrm{d}m}^{(0)},\ \boldsymbol{y}_{\mathrm{d}m}^{(0)}\right)$，且 $\boldsymbol{C}_0=\boldsymbol{C}_1=\cdots=\boldsymbol{C}_i$，$\boldsymbol{D}_0=\boldsymbol{D}_1=\cdots=\boldsymbol{D}_i$。于是，式 (2.110) 变为

$$\begin{aligned}\tilde{\boldsymbol{A}}_0&=\boldsymbol{A}_0-\boldsymbol{B}_0\boldsymbol{D}_0^{-1}\boldsymbol{C}_0\\ \tilde{\boldsymbol{A}}_i&=\boldsymbol{A}_i-\boldsymbol{B}_i\boldsymbol{D}_0^{-1}\boldsymbol{C}_0\end{aligned}\tag{2.111}$$

2.3.7 小结

2.3.1 ~ 2.3.5 节和 2.3.6 节分别给出了将电力系统指数不为 1 海森伯格形式的 DDAE 转化为 DDE 的两种思路，并实现了二者的统一，如图 2.6 所示。

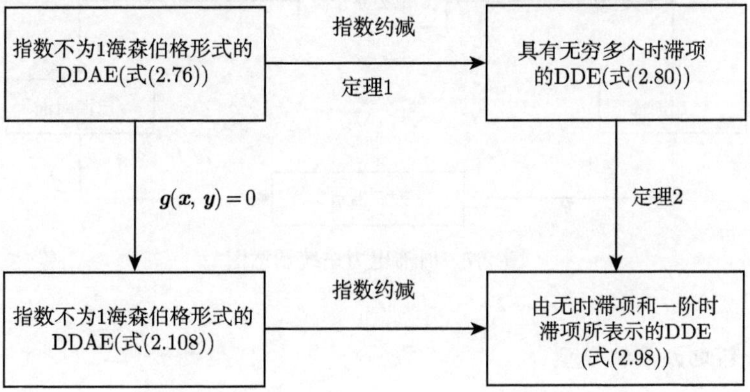

图 2.6 将 DDAE 转化为 DDE 的两种思路

对于第一种思路，首先针对指数不为 1 海森伯格形式的 DDAE (式 (2.76))，通过指数约减，转化为具有无穷多个时滞项 DDE (式 (2.80))，然后根据定理 2，消去 DDE 中二阶及以上时滞项。对于第二种思路，对输电线路采用集中参数模型，将电力网络建模为仅依赖于当前时刻系统状态的代数方程，从而将指数不为 1 海森伯格形式的 DDAE 转化为指数为 1 海森伯格形式的 DDAE (式 (2.108))，然后通过一次指数约减转化为 DDE。

2.4 DCPPS 稳定性分析模型

本节在 2.2 节建立的开环电力系统模型的基础上，加入描述开环电力系统与控制器之间输入、输出关系的相关变量和接口，进而建立闭环电力系统的数学模型，同时给出确定式 (2.99) ~ 式 (2.101) 中 $\boldsymbol{A}_i$、$\boldsymbol{B}_i$、$\boldsymbol{C}_0$、$\boldsymbol{D}_0$ 以及 $\tilde{\boldsymbol{A}}_i$ $(i=0,\ 1,\ \cdots,\ m)$ 的方法。

2.4.1 一般模型

不失一般性地，假设图 2.7 所示电力系统已经存在 $m-1$ 个时滞环节，并将此电力系统称为开环电力系统。进而，将包含第 m 个控制器的电力系统称为闭环电力系统。

如图 2.7 所示，开环电力系统的输出为 $\boldsymbol{y}_{\mathrm{f}m}$，$\boldsymbol{y}_{\mathrm{df}m}$ 为考虑时滞 $\tau_{\mathrm{f}m}$ 之后的反馈信号并作为控制器的输入。$\boldsymbol{y}_{\mathrm{c}m}$ 为控制器的输出，$\boldsymbol{y}_{\mathrm{dc}m}$ 为考虑时滞 $\tau_{\mathrm{c}m}$ 之后的控制信号并作为开环电力系统的输入。

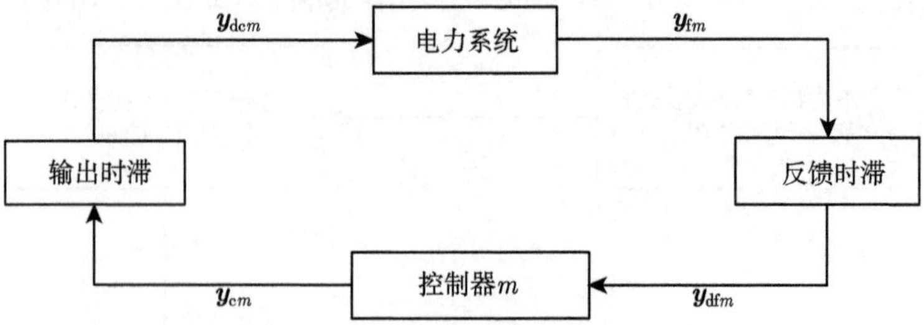

图 2.7　时滞电力系统示意图

1. 开环电力系统模型

考虑第 m 个控制器后，在式 (2.76) 中加入时滞控制输入变量 $\boldsymbol{y}_{\mathrm{dc}m}$，然后添加描述开环电力系统输出或控制器反馈输入的代数方程，从而得到如下 DDAE:

$$\begin{cases}\dot{\boldsymbol{x}}=\boldsymbol{f}(\boldsymbol{x},\ \boldsymbol{y},\ \boldsymbol{x}_{\mathrm{d1}},\ \boldsymbol{y}_{\mathrm{d1}},\ \cdots,\ \boldsymbol{x}_{\mathrm{d}(m-1)},\ \boldsymbol{y}_{\mathrm{d}(m-1)},\ \boldsymbol{y}_{\mathrm{dc}m})\\ \boldsymbol{0}=\boldsymbol{g}(\boldsymbol{x},\ \boldsymbol{y})\\ \boldsymbol{0}=\boldsymbol{g}(\boldsymbol{x}_{\mathrm{d}i},\ \boldsymbol{y}_{\mathrm{d}i}),\ \ i=1,\ 2,\ \cdots,\ m-1\\ \boldsymbol{0}=\boldsymbol{g}(\boldsymbol{x}(t-\tau_{\mathrm{c}m}),\ \boldsymbol{y}(t-\tau_{\mathrm{c}m}))\\ \boldsymbol{y}_{\mathrm{f}m}=\boldsymbol{g}_{\mathrm{f}m}(\boldsymbol{x},\ \boldsymbol{y})\\ \boldsymbol{y}_{\mathrm{df}m}=\boldsymbol{g}_{\mathrm{f}m}(\boldsymbol{x}(t-\tau_{\mathrm{c}m}),\ \boldsymbol{y}(t-\tau_{\mathrm{c}m}))\end{cases}\tag{2.112}$$

式中，$\boldsymbol{g}_{\mathrm{f}m}$ 为描述电力系统输出或第 m 个控制器输入的代数方程。

在稳态运行点 $(\bar{\boldsymbol{x}},\ \bar{\boldsymbol{y}})$ 处，对式 (2.112) 进行线性化，得

$$\begin{cases}\Delta\dot{\boldsymbol{x}}=\boldsymbol{A}_0\Delta\boldsymbol{x}+\boldsymbol{B}_0\Delta\boldsymbol{y}+\displaystyle\sum_{i=1}^{m-1}(\boldsymbol{A}_i\Delta\boldsymbol{x}_{\mathrm{d}i}+\boldsymbol{B}_i\Delta\boldsymbol{y}_{\mathrm{d}i})+\boldsymbol{E}_m\Delta\boldsymbol{y}_{\mathrm{dc}m}\\ \boldsymbol{0}=\boldsymbol{C}_0\Delta\boldsymbol{x}+\boldsymbol{D}_0\Delta\boldsymbol{y}\\ \boldsymbol{0}=\boldsymbol{C}_i\Delta\boldsymbol{x}_{\mathrm{d}i}+\boldsymbol{D}_i\Delta\boldsymbol{y}_{\mathrm{d}i},\ \ i=1,\ 2,\ \cdots,\ m-1\\ \boldsymbol{0}=\boldsymbol{C}_{\mathrm{dc}m}\Delta\boldsymbol{x}(t-\tau_{\mathrm{c}m})+\boldsymbol{D}_{\mathrm{dc}m}\Delta\boldsymbol{y}(t-\tau_{\mathrm{c}m})\\ \Delta\boldsymbol{y}_{\mathrm{f}m}=\boldsymbol{K}_{1m}\Delta\boldsymbol{x}+\boldsymbol{K}_{2m}\Delta\boldsymbol{y}\\ \Delta\boldsymbol{y}_{\mathrm{df}m}=\boldsymbol{K}_{1m}\Delta\boldsymbol{x}(t-\tau_{\mathrm{f}m})+\boldsymbol{K}_{2m}\Delta\boldsymbol{y}(t-\tau_{\mathrm{f}m})\end{cases}\tag{2.113}$$

式中，雅可比矩阵 $\boldsymbol{A}_i$、$\boldsymbol{B}_i$、$\boldsymbol{C}_i$、$\boldsymbol{D}_i$ $(i=0,1,\cdots,m-1)$ 的定义详见式 (2.36)，其具体表达详见式 (2.69) 或式 (2.75)。$\boldsymbol{C}_{\mathrm{dc}m}=\left.\dfrac{\partial\boldsymbol{g}}{\partial\boldsymbol{x}(t-\tau_{\mathrm{c}m})}\right|_{(\bar{\boldsymbol{x}},\bar{\boldsymbol{y}})}$；$\boldsymbol{D}_{\mathrm{dc}m}=\left.\dfrac{\partial\boldsymbol{g}}{\partial\boldsymbol{y}(t-\tau_{\mathrm{c}m})}\right|_{(\bar{\boldsymbol{x}},\bar{\boldsymbol{y}})}$；$\boldsymbol{K}_{1m}=\left.\dfrac{\partial\boldsymbol{g}_{\mathrm{f}m}}{\partial\boldsymbol{x}}\right|_{(\bar{\boldsymbol{x}},\bar{\boldsymbol{y}})}$；$\boldsymbol{K}_{2m}=\left.\dfrac{\partial\boldsymbol{g}_{\mathrm{f}m}}{\partial\boldsymbol{y}}\right|_{(\bar{\boldsymbol{x}},\bar{\boldsymbol{y}})}$；$\boldsymbol{E}_m=\left.\dfrac{\partial\boldsymbol{f}}{\partial\boldsymbol{y}_{\mathrm{dc}m}}\right|_{(\bar{\boldsymbol{x}},\bar{\boldsymbol{y}})}$。

$\boldsymbol{E}_m$ 中的非零元素表征了控制器与被附加控制的系统动态元件 (发电机励磁调节器、HVDC 输电系统、FACTS 设备等) 之间的连接关系。$\boldsymbol{E}_m$ 中非零元素所在的行对应着控制设备中放大环节的输出变量在开环电力系统状态变量 $\boldsymbol{x}$ 中的位置，非零元素值为放大环节的放大倍数与时间常数的比值。

2. 控制器的状态空间模型

第 m 个控制器的动态及输出可由如下 DAE 表示：

$$\begin{cases}\dot{\boldsymbol{x}}_{\mathrm{c}m}=\boldsymbol{f}_{\mathrm{c}m}(\boldsymbol{x}_{\mathrm{c}m},\ \boldsymbol{y}_{\mathrm{df}m})\\ \boldsymbol{y}_{\mathrm{c}m}=\boldsymbol{g}_{\mathrm{c}m}(\boldsymbol{x}_{\mathrm{c}m},\ \boldsymbol{y}_{\mathrm{df}m})\\ \boldsymbol{y}_{\mathrm{dc}m}=\boldsymbol{g}_{\mathrm{c}m}(\boldsymbol{x}_{\mathrm{c}m}(t-\tau_{\mathrm{c}m}),\ \boldsymbol{y}_{\mathrm{df}m}(t-\tau_{\mathrm{c}m}))\end{cases}\tag{2.114}$$

式中，$\boldsymbol{f}_{\mathrm{c}m}$ 为描述控制器 m 动态特性的微分方程；$\boldsymbol{g}_{\mathrm{c}m}$ 为描述控制器 m 输出或电力系统控制输入的代数方程；$\boldsymbol{x}_{\mathrm{c}m}\in\mathbb{R}^{n_{\mathrm{c}}\times 1}$ 为控制器 m 的状态变量。

方程 (2.114) 对应的线性化方程为

$$\begin{cases} \Delta\dot{\boldsymbol{x}}_{cm} = \boldsymbol{A}_{cm}\Delta\boldsymbol{x}_{cm} + \boldsymbol{B}_{cm}\Delta\boldsymbol{y}_{dfm} \\ \Delta\boldsymbol{y}_{cm} = \boldsymbol{C}_{cm}\Delta\boldsymbol{x}_{cm} + \boldsymbol{D}_{cm}\Delta\boldsymbol{y}_{dfm} \\ \Delta\boldsymbol{y}_{dcm} = \boldsymbol{C}_{cm}\Delta\boldsymbol{x}_{cm}(t-\tau_{cm}) + \boldsymbol{D}_{cm}\Delta\boldsymbol{y}_{dfm}(t-\tau_{cm}) \end{cases} \tag{2.115}$$

式中，$\boldsymbol{A}_{cm} = \left.\dfrac{\partial \boldsymbol{f}_{cm}}{\partial \boldsymbol{x}_{cm}}\right|_{(\bar{\boldsymbol{x}}_{cm},\bar{\boldsymbol{y}}_{dfm})}$；$\boldsymbol{B}_{cm} = \left.\dfrac{\partial \boldsymbol{f}_{cm}}{\partial \boldsymbol{y}_{dfm}}\right|_{(\bar{\boldsymbol{x}}_{cm},\bar{\boldsymbol{y}}_{dfm})}$；$\boldsymbol{C}_{cm} = \left.\dfrac{\partial \boldsymbol{g}_{cm}}{\partial \boldsymbol{x}_{cm}}\right|_{(\bar{\boldsymbol{x}}_{cm},\bar{\boldsymbol{y}}_{dfm})}$；$\boldsymbol{D}_{cm} = \left.\dfrac{\partial \boldsymbol{g}_{cm}}{\partial \boldsymbol{y}_{dfm}}\right|_{(\bar{\boldsymbol{x}}_{cm},\bar{\boldsymbol{y}}_{dfm})}$。

3. 闭环电力系统模型

令 $\boldsymbol{f}' = \left[\boldsymbol{f}^{T},\ \boldsymbol{f}_{cm}^{T}\right]^{T}$，$\boldsymbol{x}' = \left[\boldsymbol{x}^{T},\ \boldsymbol{x}_{cm}^{T}\right]^{T}$，则考虑控制器 m 的反馈时滞 τ_{fm} 和输出时滞 τ_{cm} 以后，闭环电力系统可由如下 DDAE 描述：

$$\begin{cases} \dot{\boldsymbol{x}}' = \boldsymbol{f}'\Big(\boldsymbol{x}',\ \boldsymbol{y},\ \boldsymbol{x}'_{d1},\ \boldsymbol{y}_{d1},\ \cdots,\ \boldsymbol{x}'_{d(m-1)},\ \boldsymbol{y}_{d(m-1)},\ \boldsymbol{x}'(t-\tau_{fm}),\ \boldsymbol{y}(t-\tau_{fm}), \\ \qquad \boldsymbol{x}'(t-\tau_{cm}),\ \boldsymbol{y}(t-\tau_{cm}),\ \boldsymbol{x}'(t-\tau_{fm}-\tau_{cm}),\ \boldsymbol{y}(t-\tau_{fm}-\tau_{cm})\Big) \\ \boldsymbol{0} = \boldsymbol{g}(\boldsymbol{x}',\ \boldsymbol{y}) \\ \boldsymbol{0} = \boldsymbol{g}(\boldsymbol{x}'_{di},\ \boldsymbol{y}_{di}),\quad i=1,\ 2,\ \cdots,\ m-1 \\ \boldsymbol{0} = \boldsymbol{g}(\boldsymbol{x}'(t-\tau_{fm}),\ \boldsymbol{y}(t-\tau_{fm})) \\ \boldsymbol{0} = \boldsymbol{g}(\boldsymbol{x}'(t-\tau_{cm}),\ \boldsymbol{y}(t-\tau_{cm})) \\ \boldsymbol{0} = \boldsymbol{g}(\boldsymbol{x}'(t-\tau_{fm}-\tau_{cm}),\ \boldsymbol{y}(t-\tau_{fm}-\tau_{cm})) \end{cases} \tag{2.116}$$

与式 (2.116) 对应的线性化模型可以通过如下三个步骤得到。

首先，将式 (2.115) 的第三式代入式 (2.113) 的第一式消去 $\Delta\boldsymbol{y}_{dcm}$，并将 $\Delta\boldsymbol{y}_{dfm}$ 作为一个独立的代数变量，得

$$\begin{aligned} \Delta\dot{\boldsymbol{x}} =& \boldsymbol{A}_0\Delta\boldsymbol{x} + \boldsymbol{B}_0\Delta\boldsymbol{y} + \sum_{i=1}^{m-1}(\boldsymbol{A}_i\Delta\boldsymbol{x}_{di} + \boldsymbol{B}_i\Delta\boldsymbol{y}_{di}) \\ &+ \boldsymbol{E}_m\boldsymbol{C}_{cm}\Delta\boldsymbol{x}_{cm}(t-\tau_{cm}) + \boldsymbol{E}_m\boldsymbol{D}_{cm}\Delta\boldsymbol{y}_{dfm}(t-\tau_{cm}) \end{aligned} \tag{2.117}$$

然后，将式 (2.113) 的第六式代入式 (2.117) 消去 $\Delta\boldsymbol{y}_{dfm}$，得

$$\begin{aligned} \Delta\dot{\boldsymbol{x}} =& \boldsymbol{A}_0\Delta\boldsymbol{x} + \boldsymbol{B}_0\Delta\boldsymbol{y} + \sum_{i=1}^{m-1}(\boldsymbol{A}_i\Delta\boldsymbol{x}_{di} + \boldsymbol{B}_i\Delta\boldsymbol{y}_{di}) + \boldsymbol{E}_m\boldsymbol{C}_{cm}\Delta\boldsymbol{x}_{cm}(t-\tau_{cm}) \\ &+ \boldsymbol{E}_m\boldsymbol{D}_{cm}\boldsymbol{K}_{1m}\Delta\boldsymbol{x}(t-\tau_{fm}-\tau_{cm}) + \boldsymbol{E}_m\boldsymbol{D}_{cm}\boldsymbol{K}_{2m}\Delta\boldsymbol{y}(t-\tau_{fm}-\tau_{cm}) \end{aligned} \tag{2.118}$$

最后，将式 (2.113) 的第六式代入式 (2.115) 的第一式消去 $\Delta \boldsymbol{y}_{\mathrm{df}m}$，得

$$\Delta \dot{\boldsymbol{x}}_{\mathrm{c}m} = \boldsymbol{A}_{\mathrm{c}m}\Delta \boldsymbol{x}_{\mathrm{c}m} + \boldsymbol{B}_{\mathrm{c}m}\boldsymbol{K}_{1m}\Delta \boldsymbol{x}(t-\tau_{\mathrm{f}m}) + \boldsymbol{B}_{\mathrm{c}m}\boldsymbol{K}_{2m}\Delta \boldsymbol{y}(t-\tau_{\mathrm{f}m}) \tag{2.119}$$

联立式 (2.118) 和式 (2.119)，可得闭环电力系统的线性化微分方程：

$$\begin{aligned}
\Delta \dot{\boldsymbol{x}}' =& \begin{bmatrix} \boldsymbol{A}_0 & \boldsymbol{0} \\ \boldsymbol{0} & \boldsymbol{A}_{\mathrm{c}m} \end{bmatrix} \Delta \boldsymbol{x}' + \begin{bmatrix} \boldsymbol{B}_0 \\ \boldsymbol{0} \end{bmatrix} \Delta \boldsymbol{y} + \sum_{i=1}^{m-1} \begin{bmatrix} \boldsymbol{A}_i & \boldsymbol{0} \\ \boldsymbol{0} & \boldsymbol{0} \end{bmatrix} \Delta \boldsymbol{x}'_{\mathrm{d}i} + \sum_{i=1}^{m-1} \begin{bmatrix} \boldsymbol{B}_i \\ \boldsymbol{0} \end{bmatrix} \Delta \boldsymbol{y}_{\mathrm{d}i} \\
&+ \begin{bmatrix} \boldsymbol{0} & \boldsymbol{0} \\ \boldsymbol{B}_{\mathrm{c}m}\boldsymbol{K}_{1m} & \boldsymbol{0} \end{bmatrix} \Delta \boldsymbol{x}'(t-\tau_{\mathrm{f}m}) + \begin{bmatrix} \boldsymbol{0} \\ \boldsymbol{B}_{\mathrm{c}m}\boldsymbol{K}_{2m} \end{bmatrix} \Delta \boldsymbol{y}(t-\tau_{\mathrm{f}m}) \\
&+ \begin{bmatrix} \boldsymbol{0} & \boldsymbol{E}_m\boldsymbol{C}_{\mathrm{c}m} \\ \boldsymbol{0} & \boldsymbol{0} \end{bmatrix} \Delta \boldsymbol{x}'(t-\tau_{\mathrm{c}m}) + \begin{bmatrix} \boldsymbol{E}_m\boldsymbol{D}_{\mathrm{c}m}\boldsymbol{K}_{1m} & \boldsymbol{0} \\ \boldsymbol{0} & \boldsymbol{0} \end{bmatrix} \Delta \boldsymbol{x}'(t-\tau_{\mathrm{f}m}-\tau_{\mathrm{c}m}) \\
&+ \begin{bmatrix} \boldsymbol{E}_m\boldsymbol{D}_{\mathrm{c}m}\boldsymbol{K}_{2m} \\ \boldsymbol{0} \end{bmatrix} \Delta \boldsymbol{y}(t-\tau_{\mathrm{f}m}-\tau_{\mathrm{c}m})
\end{aligned} \tag{2.120}$$

对比式 (2.120) 和式 (2.78)，得

$$\left\{\begin{aligned}
&\boldsymbol{A}'_0 = \frac{\partial \boldsymbol{f}'}{\partial \boldsymbol{x}'} = \begin{bmatrix} \boldsymbol{A}_0 & \boldsymbol{0} \\ \boldsymbol{0} & \boldsymbol{A}_{\mathrm{c}m} \end{bmatrix},\ \boldsymbol{B}'_0 = \frac{\partial \boldsymbol{f}'}{\partial \boldsymbol{y}} = \begin{bmatrix} \boldsymbol{B}_0 \\ \boldsymbol{0} \end{bmatrix} \\
&\boldsymbol{A}'_i = \frac{\partial \boldsymbol{f}'}{\partial \boldsymbol{x}'_{\mathrm{d}i}} = \begin{bmatrix} \boldsymbol{A}_i & \boldsymbol{0} \\ \boldsymbol{0} & \boldsymbol{0} \end{bmatrix},\ \boldsymbol{B}'_i = \frac{\partial \boldsymbol{f}'}{\partial \boldsymbol{y}_{\mathrm{d}i}} = \begin{bmatrix} \boldsymbol{B}_i \\ \boldsymbol{0} \end{bmatrix},\ i=1,\ 2,\ \cdots,\ m-1 \\
&\boldsymbol{A}'_{\mathrm{df}m} = \frac{\partial \boldsymbol{f}'}{\partial \boldsymbol{x}'(t-\tau_{\mathrm{f}m})} = \begin{bmatrix} \boldsymbol{0} & \boldsymbol{0} \\ \boldsymbol{B}_{\mathrm{c}m}\boldsymbol{K}_{1m} & \boldsymbol{0} \end{bmatrix},\ \boldsymbol{B}'_{\mathrm{df}m} = \frac{\partial \boldsymbol{f}'}{\partial \boldsymbol{y}(t-\tau_{\mathrm{f}m})} = \begin{bmatrix} \boldsymbol{0} \\ \boldsymbol{B}_{\mathrm{c}m}\boldsymbol{K}_{2m} \end{bmatrix} \\
&\boldsymbol{A}'_{\mathrm{dc}m} = \frac{\partial \boldsymbol{f}'}{\partial \boldsymbol{x}'(t-\tau_{\mathrm{c}m})} = \begin{bmatrix} \boldsymbol{0} & \boldsymbol{E}_m\boldsymbol{C}_{\mathrm{c}m} \\ \boldsymbol{0} & \boldsymbol{0} \end{bmatrix} \\
&\boldsymbol{A}'_{\mathrm{dfc}m} = \frac{\partial \boldsymbol{f}'}{\partial \boldsymbol{x}'(t-\tau_{\mathrm{f}m}-\tau_{\mathrm{c}m})} = \begin{bmatrix} \boldsymbol{E}_m\boldsymbol{D}_{\mathrm{c}m}\boldsymbol{K}_{1m} & \boldsymbol{0} \\ \boldsymbol{0} & \boldsymbol{0} \end{bmatrix} \\
&\boldsymbol{B}'_{\mathrm{dfc}m} = \frac{\partial \boldsymbol{f}'}{\partial \boldsymbol{y}(t-\tau_{\mathrm{f}m}-\tau_{\mathrm{c}m})} = \begin{bmatrix} \boldsymbol{E}_m\boldsymbol{D}_{\mathrm{c}m}\boldsymbol{K}_{2m} \\ \boldsymbol{0} \end{bmatrix}
\end{aligned}\right. \tag{2.121}$$

闭环电力系统的代数方程与开环电力系统完全一样。但是，闭环电力系统的状态变量在开环电力系统状态变量的基础上进行了增广，于是闭环电力系统的代数方程可写为

$$\left\{\begin{aligned}
&\boldsymbol{C}'_0\Delta \boldsymbol{x}' + \boldsymbol{D}'_0\Delta \boldsymbol{y} = \boldsymbol{0} \\
&\boldsymbol{C}'_i\Delta \boldsymbol{x}'_{\mathrm{d}i} + \boldsymbol{D}'_i\Delta \boldsymbol{y}_{\mathrm{d}i} = \boldsymbol{0},\ \ i=1,\ 2,\ \cdots,\ m-1 \\
&\boldsymbol{C}'_{\mathrm{df}m}\Delta \boldsymbol{x}'(t-\tau_{\mathrm{f}m}) + \boldsymbol{D}'_{\mathrm{df}m}\Delta \boldsymbol{y}(t-\tau_{\mathrm{f}m}) = \boldsymbol{0} \\
&\boldsymbol{C}'_{\mathrm{dc}m}\Delta \boldsymbol{x}'(t-\tau_{\mathrm{c}m}) + \boldsymbol{D}'_{\mathrm{dc}m}\Delta \boldsymbol{y}(t-\tau_{\mathrm{c}m}) = \boldsymbol{0} \\
&\boldsymbol{C}'_{\mathrm{dfc}m}\Delta \boldsymbol{x}'(t-\tau_{\mathrm{f}m}-\tau_{\mathrm{c}m}) + \boldsymbol{D}'_{\mathrm{dfc}m}\Delta \boldsymbol{y}(t-\tau_{\mathrm{f}m}-\tau_{\mathrm{c}m}) = \boldsymbol{0}
\end{aligned}\right. \tag{2.122}$$

式中，$\boldsymbol{C}_0'=\dfrac{\partial \boldsymbol{g}}{\partial \boldsymbol{x}'}, \boldsymbol{D}_0'=\dfrac{\partial \boldsymbol{g}}{\partial \boldsymbol{y}}, \boldsymbol{C}_i'=\dfrac{\partial \boldsymbol{g}}{\partial \boldsymbol{x}_{\mathrm{d}i}'}, \boldsymbol{D}_i'=\dfrac{\partial \boldsymbol{g}}{\partial \boldsymbol{y}_{\mathrm{d}i}}, i=1,2,\cdots,m-1$; $\boldsymbol{C}_{\mathrm{df}m}'=\dfrac{\partial \boldsymbol{g}}{\partial \boldsymbol{x}'(t-\tau_{\mathrm{f}m})}, \boldsymbol{D}_{\mathrm{df}m}'=\dfrac{\partial \boldsymbol{g}}{\partial \boldsymbol{y}(t-\tau_{\mathrm{f}m})}$; $\boldsymbol{C}_{\mathrm{dc}m}'=\dfrac{\partial \boldsymbol{g}}{\partial \boldsymbol{x}'(t-\tau_{\mathrm{c}m})}, \boldsymbol{D}_{\mathrm{dc}m}'=\dfrac{\partial \boldsymbol{g}}{\partial \boldsymbol{y}(t-\tau_{\mathrm{c}m})}$; $\boldsymbol{C}_{\mathrm{dfc}m}'=\dfrac{\partial \boldsymbol{g}}{\partial \boldsymbol{x}'(t-\tau_{\mathrm{f}m}-\tau_{\mathrm{c}m})}, \boldsymbol{D}_{\mathrm{dfc}m}'=\dfrac{\partial \boldsymbol{g}}{\partial \boldsymbol{y}(t-\tau_{\mathrm{f}m}-\tau_{\mathrm{c}m})}$。且有

$$\begin{cases}\boldsymbol{C}_i'=\boldsymbol{C}_{\mathrm{df}m}'=\boldsymbol{C}_{\mathrm{dc}m}'=\boldsymbol{C}_{\mathrm{dfc}m}'=[\boldsymbol{C}_0\ \ \boldsymbol{0}]\\ \boldsymbol{D}_i'=\boldsymbol{D}_{\mathrm{df}m}'=\boldsymbol{D}_{\mathrm{dc}m}'=\boldsymbol{D}_{\mathrm{dfc}m}'=\boldsymbol{D}_0,\ \ i=0,\ 1,\ \cdots,\ m-1\end{cases}\tag{2.123}$$

综上，式 (2.120) ~ 式 (2.123) 就形成了闭环电力系统的小干扰稳定性分析模型，即 DDAE 描述模型。消去其中的代数变量，闭环 DCPPS 可由如下 DDE 描述：

$$\begin{aligned}\Delta\dot{\boldsymbol{x}}'=&\begin{bmatrix}\boldsymbol{A}_0-\boldsymbol{B}_0\boldsymbol{D}_0^{-1}\boldsymbol{C}_0 & \boldsymbol{0}\\ \boldsymbol{0} & \boldsymbol{A}_{\mathrm{c}m}\end{bmatrix}\Delta\boldsymbol{x}'+\sum_{i=1}^{m-1}\begin{bmatrix}\boldsymbol{A}_i-\boldsymbol{B}_i\boldsymbol{D}_0^{-1}\boldsymbol{C}_0 & \boldsymbol{0}\\ \boldsymbol{0} & \boldsymbol{0}\end{bmatrix}\Delta\boldsymbol{x}_{\mathrm{d}i}'\\ &+\begin{bmatrix}\boldsymbol{0} & \boldsymbol{0}\\ \boldsymbol{B}_{\mathrm{c}m}(\boldsymbol{K}_{1m}-\boldsymbol{K}_{2m}\boldsymbol{D}_0^{-1}\boldsymbol{C}_0) & \boldsymbol{0}\end{bmatrix}\Delta\boldsymbol{x}'(t-\tau_{\mathrm{f}m})+\begin{bmatrix}\boldsymbol{0} & \boldsymbol{E}_m\boldsymbol{C}_{\mathrm{c}m}\\ \boldsymbol{0} & \boldsymbol{0}\end{bmatrix}\Delta\boldsymbol{x}'(t-\tau_{\mathrm{c}m})\\ &+\begin{bmatrix}\boldsymbol{E}_m\boldsymbol{D}_{\mathrm{c}m}(\boldsymbol{K}_{1m}-\boldsymbol{K}_{2m}\boldsymbol{D}_0^{-1}\boldsymbol{C}_0) & \boldsymbol{0}\\ \boldsymbol{0} & \boldsymbol{0}\end{bmatrix}\Delta\boldsymbol{x}'(t-\tau_{\mathrm{f}m}-\tau_{\mathrm{c}m})\end{aligned}\tag{2.124}$$

可将其写作

$$\begin{aligned}\Delta\dot{\boldsymbol{x}}'=&\tilde{\boldsymbol{A}}_0\Delta\boldsymbol{x}'+\sum_{i=1}^{m}\tilde{\boldsymbol{A}}_i\Delta\boldsymbol{x}_{\mathrm{d}i}'+\tilde{\boldsymbol{A}}_{\mathrm{df}m}\Delta\boldsymbol{x}'(t-\tau_{\mathrm{f}m})\\ &+\tilde{\boldsymbol{A}}_{\mathrm{dc}m}\Delta\boldsymbol{x}'(t-\tau_{\mathrm{c}m})+\tilde{\boldsymbol{A}}_{\mathrm{dfc}m}\Delta\boldsymbol{x}'(t-\tau_{\mathrm{f}m}-\tau_{\mathrm{c}m})\end{aligned}\tag{2.125}$$

式中，

$$\begin{cases}\boldsymbol{K}_0=-\left(\boldsymbol{D}_0'\right)^{-1}\boldsymbol{C}_0'=\left[-\boldsymbol{D}_0^{-1}\boldsymbol{C}_0\ \ \boldsymbol{0}\right]\\ \tilde{\boldsymbol{A}}_0=\boldsymbol{A}_0'+\boldsymbol{B}_0'\boldsymbol{K}_0=\begin{bmatrix}\boldsymbol{A}_0-\boldsymbol{B}_0\boldsymbol{D}_0^{-1}\boldsymbol{C}_0 & \boldsymbol{0}\\ \boldsymbol{0} & \boldsymbol{A}_{\mathrm{c}m}\end{bmatrix}\\ \tilde{\boldsymbol{A}}_i=\boldsymbol{A}_i'+\boldsymbol{B}_i'\boldsymbol{K}_0=\begin{bmatrix}\boldsymbol{A}_i-\boldsymbol{B}_i\boldsymbol{D}_0^{-1}\boldsymbol{C}_0 & \boldsymbol{0}\\ \boldsymbol{0} & \boldsymbol{0}\end{bmatrix},\ i=1,\ 2,\ \cdots,\ m-1\\ \tilde{\boldsymbol{A}}_{\mathrm{df}m}=\boldsymbol{A}_{\mathrm{df}m}'+\boldsymbol{B}_{\mathrm{df}m}'\boldsymbol{K}_0=\begin{bmatrix}\boldsymbol{0} & \boldsymbol{0}\\ \boldsymbol{B}_{\mathrm{c}m}\left(\boldsymbol{K}_{1m}-\boldsymbol{K}_{2m}\boldsymbol{D}_0^{-1}\boldsymbol{C}_0\right) & \boldsymbol{0}\end{bmatrix}\\ \tilde{\boldsymbol{A}}_{\mathrm{dc}m}=\boldsymbol{A}_{\mathrm{dc}m}'+\boldsymbol{B}_{\mathrm{dc}m}'\boldsymbol{K}_0=\begin{bmatrix}\boldsymbol{0} & \boldsymbol{E}_m\boldsymbol{C}_{\mathrm{c}m}\\ \boldsymbol{0} & \boldsymbol{0}\end{bmatrix}\\ \tilde{\boldsymbol{A}}_{\mathrm{dfc}m}=\boldsymbol{A}_{\mathrm{dfc}m}'+\boldsymbol{B}_{\mathrm{dfc}m}'\boldsymbol{K}_0=\begin{bmatrix}\boldsymbol{E}_m\boldsymbol{D}_{\mathrm{c}m}\left(\boldsymbol{K}_{1m}-\boldsymbol{K}_{2m}\boldsymbol{D}_0^{-1}\boldsymbol{C}_0\right) & \boldsymbol{0}\\ \boldsymbol{0} & \boldsymbol{0}\end{bmatrix}\end{cases}\tag{2.126}$$

4. 控制回路时滞合并性质

式 (2.120) ~ 式 (2.123) 给出的闭环电力系统稳定性分析模型具有定理 2 所述的控制回路时滞合并性质，从而可以进一步简化系统模型。

定理 3 当反馈控制器 m 为线性控制器时，可将控制回路 m 中的反馈时滞 $\tau_{\mathrm{f}m}$ 和控制时滞 $\tau_{\mathrm{c}m}$ 合并为一个综合时滞，即 $\tau_m = \tau_{\mathrm{f}m} + \tau_{\mathrm{c}m}$。

证明 首先，推导当控制回路 m 同时存在反馈时滞 $\tau_{\mathrm{f}m}$ 和控制时滞 $\tau_{\mathrm{c}m}$ 时闭环电力系统的特征方程；然后，从特征方程入手，分析第 m 个控制回路时滞对系统特征方程的影响。

最后，将式 (2.126) 代入闭环电力系统的特征方程式 (2.107) 中，得

$$
\begin{aligned}
&|\Delta(\lambda)| \\
=&\left|\lambda \boldsymbol{I}_{n+n_{\mathrm{c}}} - \tilde{\boldsymbol{A}}_0 - \sum_{i=1}^{m-1} \tilde{\boldsymbol{A}}_i \mathrm{e}^{-\lambda\tau_i} - \tilde{\boldsymbol{A}}_{\mathrm{df}m}\mathrm{e}^{-\lambda\tau_{\mathrm{f}m}} - \tilde{\boldsymbol{A}}_{\mathrm{dc}m}\mathrm{e}^{-\lambda\tau_{\mathrm{c}m}} - \tilde{\boldsymbol{A}}_{\mathrm{dfc}m}\mathrm{e}^{-\lambda(\tau_{\mathrm{f}m}+\tau_{\mathrm{c}m})}\right| \\
=&\left[\begin{array}{c:c}
\begin{matrix}\lambda \boldsymbol{I}_n - \left(\boldsymbol{A}_0 - \boldsymbol{B}_0\boldsymbol{D}_0^{-1}\boldsymbol{C}_0\right) - \displaystyle\sum_{i=1}^{m-1}\left(\boldsymbol{A}_i - \boldsymbol{B}_i\boldsymbol{D}_0^{-1}\boldsymbol{C}_0\right)\mathrm{e}^{-\lambda\tau_i} \\ -\boldsymbol{E}_m\boldsymbol{D}_{\mathrm{c}m}\left(\boldsymbol{K}_{1m} - \boldsymbol{K}_{2m}\boldsymbol{D}_0^{-1}\boldsymbol{C}_0\right)\mathrm{e}^{-\lambda(\tau_{\mathrm{f}m}+\tau_{\mathrm{c}m})}\end{matrix} & -\boldsymbol{E}_m\boldsymbol{C}_{\mathrm{c}m}\mathrm{e}^{-\lambda\tau_{\mathrm{c}m}} \\ \hdashline
-\boldsymbol{B}_{\mathrm{c}m}\left(\boldsymbol{K}_{1m} - \boldsymbol{K}_{2m}\boldsymbol{D}_0^{-1}\boldsymbol{C}_0\right)\mathrm{e}^{-\lambda\tau_{\mathrm{f}m}} & \lambda\boldsymbol{I}_{n_{\mathrm{c}}} - \boldsymbol{A}_{\mathrm{c}m}
\end{array}\right]
\end{aligned}
\tag{2.127}
$$

为了对式 (2.127) 进一步化简，引出分块矩阵行列式的 Schur 公式。

引理 2 (Schur 公式) 如果方阵 $\boldsymbol{J}$ 被分割成 $\boldsymbol{J} = \begin{bmatrix}\boldsymbol{J}_1 & \boldsymbol{J}_2 \\ \boldsymbol{J}_3 & \boldsymbol{J}_4\end{bmatrix}$，其中 $\boldsymbol{J}_1$ 和 $\boldsymbol{J}_4$ 都是方阵，且 $\det(\boldsymbol{J}_4) \neq 0$，则有 $\det(\boldsymbol{J}) = \det(\boldsymbol{J}_4)\det\left(\boldsymbol{J}_1 - \boldsymbol{J}_2\boldsymbol{J}_4^{-1}\boldsymbol{J}_3\right)$。

据此可得

$$
\begin{aligned}
&|\Delta(\lambda)| \\
=&\left|\lambda\boldsymbol{I}_{n_{\mathrm{c}}} - \boldsymbol{A}_{\mathrm{c}m}\right| \\
&\times\left|\begin{matrix}\lambda \boldsymbol{I}_n - \left(\boldsymbol{A}_0 - \boldsymbol{B}_0\boldsymbol{D}_0^{-1}\boldsymbol{C}_0\right) - \displaystyle\sum_{i=1}^{m-1}\left(\boldsymbol{A}_i - \boldsymbol{B}_i\boldsymbol{D}_0^{-1}\boldsymbol{C}_0\right)\mathrm{e}^{-\lambda\tau_i} \\ -\boldsymbol{E}_m\left(\boldsymbol{C}_{\mathrm{c}m}\left(\lambda\boldsymbol{I}_{n_{\mathrm{c}}} - \boldsymbol{A}_{\mathrm{c}m}\right)^{-1}\boldsymbol{B}_{\mathrm{c}m} + \boldsymbol{D}_{\mathrm{c}m}\right)\left(\boldsymbol{K}_{1m} - \boldsymbol{K}_{2m}\boldsymbol{D}_0^{-1}\boldsymbol{C}_0\right)\mathrm{e}^{-\lambda(\tau_{\mathrm{f}m}+\tau_{\mathrm{c}m})}\end{matrix}\right|
\end{aligned}
\tag{2.128}
$$

式 (2.128) 中右侧第二个行列式中 $-\boldsymbol{E}_m\left(\boldsymbol{C}_{\mathrm{c}m}\left(\lambda\boldsymbol{I}_{n_{\mathrm{c}}} - \boldsymbol{A}_{\mathrm{c}m}\right)^{-1}\boldsymbol{B}_{\mathrm{c}m} + \boldsymbol{D}_{\mathrm{c}m}\right) \times \left(\boldsymbol{K}_{1m} - \boldsymbol{K}_{2m}\boldsymbol{D}_0^{-1}\boldsymbol{C}_0\right)\mathrm{e}^{-\lambda(\tau_{\mathrm{f}m}+\tau_{\mathrm{c}m})}$ 刻画了第 m 个控制回路时滞对系统特征方程的影响。由此可知，当 $\tau_m = \tau_{\mathrm{f}m} + \tau_{\mathrm{c}m}$ 恒定时，闭环电力系统的特征方程保持不变。从而，定理 3 得证。

按照与定理 3 的证明过程相同的思路，可以推导得到当控制回路 m 仅存在反馈时滞 $\tau_{\mathrm{f}m}$ 或仅存在控制时滞 $\tau_{\mathrm{c}m}$ 时，闭环电力系统的特征方程。

当控制回路 m 仅存在反馈时滞 $\tau_{\mathrm{f}m}$ 时，闭环电力系统可由如下 DDE 描述：

$$\Delta\dot{\boldsymbol{x}}'=\begin{bmatrix}\boldsymbol{A}_0-\boldsymbol{B}_0\boldsymbol{D}_0^{-1}\boldsymbol{C}_0 & \boldsymbol{E}_m\boldsymbol{C}_{\mathrm{c}m}\\ \boldsymbol{0} & \boldsymbol{A}_{\mathrm{c}m}\end{bmatrix}\Delta\boldsymbol{x}'+\sum_{i=1}^{m-1}\begin{bmatrix}\boldsymbol{A}_i-\boldsymbol{B}_i\boldsymbol{D}_0^{-1}\boldsymbol{C}_0 & \boldsymbol{0}\\ \boldsymbol{0} & \boldsymbol{0}\end{bmatrix}\Delta\boldsymbol{x}'_{\mathrm{d}i}$$
$$+\begin{bmatrix}\boldsymbol{E}_m\boldsymbol{D}_{\mathrm{c}m}(\boldsymbol{K}_{1m}-\boldsymbol{K}_{2m}\boldsymbol{D}_0^{-1}\boldsymbol{C}_0) & \boldsymbol{0}\\ \boldsymbol{B}_{\mathrm{c}m}(\boldsymbol{K}_{1m}-\boldsymbol{K}_{2m}\boldsymbol{D}_0^{-1}\boldsymbol{C}_0) & \boldsymbol{0}\end{bmatrix}\Delta\boldsymbol{x}'(t-\tau_{\mathrm{f}m}) \tag{2.129}$$

令

$$\begin{cases}\boldsymbol{K}_0=-\left(\boldsymbol{D}'_0\right)^{-1}\boldsymbol{C}'_0=\begin{bmatrix}-\boldsymbol{D}_0^{-1}\boldsymbol{C}_0 & \boldsymbol{0}\end{bmatrix}\\ \tilde{\boldsymbol{A}}_0=\left(\boldsymbol{A}'_0+\boldsymbol{A}'_{\mathrm{dc}m}\right)+\left(\boldsymbol{B}'_0+\boldsymbol{B}'_{\mathrm{dc}m}\right)\boldsymbol{K}_0=\begin{bmatrix}\boldsymbol{A}_0-\boldsymbol{B}_0\boldsymbol{D}_0^{-1}\boldsymbol{C}_0 & \boldsymbol{E}_m\boldsymbol{C}_{\mathrm{c}m}\\ \boldsymbol{0} & \boldsymbol{A}_{\mathrm{c}m}\end{bmatrix}\\ \tilde{\boldsymbol{A}}_i=\boldsymbol{A}'_i+\boldsymbol{B}'_i\boldsymbol{K}_0=\begin{bmatrix}\boldsymbol{A}_i-\boldsymbol{B}_i\boldsymbol{D}_0^{-1}\boldsymbol{C}_0 & \boldsymbol{0}\\ \boldsymbol{0} & \boldsymbol{0}\end{bmatrix},\quad i=1,\ 2,\ \cdots,\ m-1\\ \tilde{\boldsymbol{A}}_{\mathrm{df}m}=\boldsymbol{A}'_{\mathrm{df}m}+\boldsymbol{B}'_{\mathrm{df}m}\boldsymbol{K}_0=\begin{bmatrix}\boldsymbol{E}_m\boldsymbol{D}_{\mathrm{c}m}(\boldsymbol{K}_{1m}-\boldsymbol{K}_{2m}\boldsymbol{D}_0^{-1}\boldsymbol{C}_0) & \boldsymbol{0}\\ \boldsymbol{B}_{\mathrm{c}m}\left(\boldsymbol{K}_{1m}-\boldsymbol{K}_{2m}\boldsymbol{D}_0^{-1}\boldsymbol{C}_0\right) & \boldsymbol{0}\end{bmatrix}\end{cases} \tag{2.130}$$

此时，闭环电力系统的特征方程为

$$\begin{aligned}&|\Delta(\lambda)|\\ =&\left|\lambda\boldsymbol{I}_{n+n_{\mathrm{c}}}-\tilde{\boldsymbol{A}}_0-\sum_{i=1}^{m-1}\tilde{\boldsymbol{A}}_i\mathrm{e}^{-\lambda\tau_i}-\tilde{\boldsymbol{A}}_{\mathrm{df}m}\mathrm{e}^{-\lambda\tau_{\mathrm{f}m}}\right|\\ =&\left[\begin{array}{c:c}\begin{array}{l}\lambda\boldsymbol{I}_n-\left(\boldsymbol{A}_0-\boldsymbol{B}_0\boldsymbol{D}_0^{-1}\boldsymbol{C}_0\right)-\sum\limits_{i=1}^{m-1}\left(\boldsymbol{A}_i-\boldsymbol{B}_i\boldsymbol{D}_0^{-1}\boldsymbol{C}_0\right)\mathrm{e}^{-\lambda\tau_i}\\ -\boldsymbol{E}_m\boldsymbol{D}_{\mathrm{c}m}\left(\boldsymbol{K}_{1m}-\boldsymbol{K}_{2m}\boldsymbol{D}_0^{-1}\boldsymbol{C}_0\right)\mathrm{e}^{-\lambda\tau_{\mathrm{f}m}}\end{array} & -\boldsymbol{E}_m\boldsymbol{C}_{\mathrm{c}m}\\ \hdashline -\boldsymbol{B}_{\mathrm{c}m}\left(\boldsymbol{K}_{1m}-\boldsymbol{K}_{2m}\boldsymbol{D}_0^{-1}\boldsymbol{C}_0\right)\mathrm{e}^{-\lambda\tau_{\mathrm{f}m}} & \lambda\boldsymbol{I}_{n_{\mathrm{c}}}-\boldsymbol{A}_{\mathrm{c}m}\end{array}\right]\\ =&\left|\lambda\boldsymbol{I}_{n_{\mathrm{c}}}-\boldsymbol{A}_{\mathrm{c}m}\right|\left|\begin{array}{c}\lambda\boldsymbol{I}_n-\left(\boldsymbol{A}_0-\boldsymbol{B}_0\boldsymbol{D}_0^{-1}\boldsymbol{C}_0\right)-\sum\limits_{i=1}^{m-1}\left(\boldsymbol{A}_i-\boldsymbol{B}_i\boldsymbol{D}_0^{-1}\boldsymbol{C}_0\right)\mathrm{e}^{-\lambda\tau_i}\\ -\boldsymbol{E}_m\left(\boldsymbol{C}_{\mathrm{c}m}\left(\lambda\boldsymbol{I}_{n_{\mathrm{c}}}-\boldsymbol{A}_{\mathrm{c}m}\right)^{-1}\boldsymbol{B}_{\mathrm{c}m}+\boldsymbol{D}_{\mathrm{c}m}\right)\\ \times\left(\boldsymbol{K}_{1m}-\boldsymbol{K}_{2m}\boldsymbol{D}_0^{-1}\boldsymbol{C}_0\right)\mathrm{e}^{-\lambda\tau_{\mathrm{f}m}}\end{array}\right|\end{aligned} \tag{2.131}$$

当控制回路 m 仅存在控制时滞 $\tau_{\mathrm{c}m}$ 时，闭环电力系统可由如下 DDE 描述：

$$\Delta\dot{\boldsymbol{x}}'=\begin{bmatrix}\boldsymbol{A}_0-\boldsymbol{B}_0\boldsymbol{D}_0^{-1}\boldsymbol{C}_0 & \boldsymbol{0}\\ \boldsymbol{B}_{\mathrm{c}m}(\boldsymbol{K}_{1m}-\boldsymbol{K}_{2m}\boldsymbol{D}_0^{-1}\boldsymbol{C}_0) & \boldsymbol{A}_{\mathrm{c}m}\end{bmatrix}\Delta\boldsymbol{x}'+\sum_{i=1}^{m-1}\begin{bmatrix}\boldsymbol{A}_i-\boldsymbol{B}_i\boldsymbol{D}_0^{-1}\boldsymbol{C}_0 & \boldsymbol{0}\\ \boldsymbol{0} & \boldsymbol{0}\end{bmatrix}\Delta\boldsymbol{x}'_{\mathrm{d}i}$$

$$+\begin{bmatrix} \boldsymbol{E}_m\boldsymbol{D}_{\mathrm{cm}}(\boldsymbol{K}_{1m}-\boldsymbol{K}_{2m}\boldsymbol{D}_0^{-1}\boldsymbol{C}_0) & \boldsymbol{E}_m\boldsymbol{C}_{\mathrm{cm}} \\ \boldsymbol{0} & \boldsymbol{0} \end{bmatrix}\Delta\boldsymbol{x}'(t-\tau_{\mathrm{cm}}) \tag{2.132}$$

令

$$\begin{cases} \boldsymbol{K}_0=-\left(\boldsymbol{D}_0'\right)^{-1}\boldsymbol{C}_0'=\left[-\boldsymbol{D}_0^{-1}\boldsymbol{C}_0\ \ \boldsymbol{0}\right] \\ \tilde{\boldsymbol{A}}_0=\left(\boldsymbol{A}_0'+\boldsymbol{A}_{\mathrm{df}m}'\right)+\left(\boldsymbol{B}_0'+\boldsymbol{B}_{\mathrm{df}m}'\right)\boldsymbol{K}_0=\begin{bmatrix} \boldsymbol{A}_0-\boldsymbol{B}_0\boldsymbol{D}_0^{-1}\boldsymbol{C}_0 & \boldsymbol{0} \\ \boldsymbol{B}_{\mathrm{cm}}\left(\boldsymbol{K}_{1m}-\boldsymbol{K}_{2m}\boldsymbol{D}_0^{-1}\boldsymbol{C}_0\right) & \boldsymbol{A}_{\mathrm{cm}} \end{bmatrix} \\ \tilde{\boldsymbol{A}}_i=\boldsymbol{A}_i'+\boldsymbol{B}_i'\boldsymbol{K}_0=\begin{bmatrix} \boldsymbol{A}_i-\boldsymbol{B}_i\boldsymbol{D}_0^{-1}\boldsymbol{C}_0 & \boldsymbol{0} \\ \boldsymbol{0} & \boldsymbol{0} \end{bmatrix},\ i=1,\ 2,\ \cdots,\ m-1 \\ \tilde{\boldsymbol{A}}_{\mathrm{dc}m}=\boldsymbol{A}_{\mathrm{dc}m}'+\boldsymbol{B}_{\mathrm{dc}m}'\boldsymbol{K}_0=\begin{bmatrix} \boldsymbol{E}_m\boldsymbol{D}_{\mathrm{cm}}(\boldsymbol{K}_{1m}-\boldsymbol{K}_{2m}\boldsymbol{D}_0^{-1}\boldsymbol{C}_0) & \boldsymbol{E}_m\boldsymbol{C}_{\mathrm{cm}} \\ \boldsymbol{0} & \boldsymbol{0} \end{bmatrix} \end{cases} \tag{2.133}$$

于是，闭环电力系统的特征方程可写为

$$\begin{aligned} &|\Delta(\lambda)| \\ =&\left|\lambda\boldsymbol{I}_{n+n_{\mathrm{c}}}-\tilde{\boldsymbol{A}}_0-\sum_{i=1}^{m-1}\tilde{\boldsymbol{A}}_i\mathrm{e}^{-\lambda\tau_i}-\tilde{\boldsymbol{A}}_{\mathrm{dc}m}\mathrm{e}^{-\lambda\tau_{\mathrm{cm}}}\right| \\ =&\left[\begin{array}{c:c} \begin{matrix}\lambda\boldsymbol{I}_n-\left(\boldsymbol{A}_0-\boldsymbol{B}_0\boldsymbol{D}_0^{-1}\boldsymbol{C}_0\right)-\displaystyle\sum_{i=1}^{m-1}\left(\boldsymbol{A}_i-\boldsymbol{B}_i\boldsymbol{D}_0^{-1}\boldsymbol{C}_0\right)\mathrm{e}^{-\lambda\tau_i} \\ -\boldsymbol{E}_m\boldsymbol{D}_{\mathrm{cm}}\left(\boldsymbol{K}_{1m}-\boldsymbol{K}_{2m}\boldsymbol{D}_0^{-1}\boldsymbol{C}_0\right)\mathrm{e}^{-\lambda\tau_{\mathrm{cm}}}\end{matrix} & -\boldsymbol{E}_m\boldsymbol{C}_{\mathrm{cm}}\mathrm{e}^{-\lambda\tau_{\mathrm{cm}}} \\ \hdashline -\boldsymbol{B}_{\mathrm{cm}}\left(\boldsymbol{K}_{1m}-\boldsymbol{K}_{2m}\boldsymbol{D}_0^{-1}\boldsymbol{C}_0\right) & \lambda\boldsymbol{I}_{n_{\mathrm{c}}}-\boldsymbol{A}_{\mathrm{cm}} \end{array}\right] \\ =&|\lambda\boldsymbol{I}_{n_{\mathrm{c}}}-\boldsymbol{A}_{\mathrm{cm}}| \\ &\times\left|\begin{matrix}\lambda\boldsymbol{I}_n-\left(\boldsymbol{A}_0-\boldsymbol{B}_0\boldsymbol{D}_0^{-1}\boldsymbol{C}_0\right)-\displaystyle\sum_{i=1}^{m-1}\left(\boldsymbol{A}_i-\boldsymbol{B}_i\boldsymbol{D}_0^{-1}\boldsymbol{C}_0\right)\mathrm{e}^{-\lambda\tau_i} \\ -\boldsymbol{E}_m\left(\boldsymbol{C}_{\mathrm{cm}}\left(\lambda\boldsymbol{I}_{n_{\mathrm{c}}}-\boldsymbol{A}_{\mathrm{cm}}\right)^{-1}\boldsymbol{B}_{\mathrm{cm}}+\boldsymbol{D}_{\mathrm{cm}}\right)\left(\boldsymbol{K}_{1m}-\boldsymbol{K}_{2m}\boldsymbol{D}_0^{-1}\boldsymbol{C}_0\right)\mathrm{e}^{-\lambda\tau_{\mathrm{cm}}}\end{matrix}\right| \end{aligned} \tag{2.134}$$

对比式 (2.128)、式 (2.131) 和式 (2.134) 可知，同时存在 $\tau_{\mathrm{f}m}$ 和 τ_{cm}、仅存在 $\tau_{\mathrm{f}m}$ 以及仅存在 τ_{cm} 三种情况下，闭环电力系统特征方程的形式完全相同，差别仅在于第二个行列式最后一项中的时滞常数不同，其分别为 $\tau_{\mathrm{f}m}+\tau_{\mathrm{cm}}$、$\tau_{\mathrm{f}m}$、$\tau_{\mathrm{cm}}$。

5. 闭环电力系统模型 ($\boldsymbol{D}_{\mathrm{cm}}=0$)

当 $\boldsymbol{D}_{\mathrm{cm}}=\boldsymbol{0}$ 时，$\Delta\boldsymbol{y}_{\mathrm{cm}}=\boldsymbol{C}_{\mathrm{cm}}\Delta\boldsymbol{x}_{\mathrm{cm}}$，系统没有直通环节，闭环电力系统可由

如下 DAE 描述：

$$\begin{aligned}\Delta\dot{\boldsymbol{x}}' = &\begin{bmatrix}\boldsymbol{A}_0-\boldsymbol{B}_0\boldsymbol{D}_0^{-1}\boldsymbol{C}_0 & \boldsymbol{0}\\ \boldsymbol{0} & \boldsymbol{A}_{\rm cm}\end{bmatrix}\Delta\boldsymbol{x}' + \sum_{i=1}^{m-1}\begin{bmatrix}\boldsymbol{A}_i-\boldsymbol{B}_i\boldsymbol{D}_0^{-1}\boldsymbol{C}_0 & \boldsymbol{0}\\ \boldsymbol{0} & \boldsymbol{0}\end{bmatrix}\Delta\boldsymbol{x}'_{{\rm d}i}\\ &+\begin{bmatrix}\boldsymbol{0} & \boldsymbol{0}\\ \boldsymbol{B}_{\rm cm}(\boldsymbol{K}_{1m}-\boldsymbol{K}_{2m}\boldsymbol{D}_0^{-1}\boldsymbol{C}_0) & \boldsymbol{0}\end{bmatrix}\Delta\boldsymbol{x}'(t-\tau_{{\rm f}m})\\ &+\begin{bmatrix}\boldsymbol{0} & \boldsymbol{E}_m\boldsymbol{C}_{\rm cm}\\ \boldsymbol{0} & \boldsymbol{0}\end{bmatrix}\Delta\boldsymbol{x}'(t-\tau_{{\rm c}m})\end{aligned}\tag{2.135}$$

对比式 (2.135) 和式 (2.78)，得

$$\begin{cases}\boldsymbol{K}_0=-\left(\boldsymbol{D}_0'\right)^{-1}\boldsymbol{C}_0'=\left[-\boldsymbol{D}_0^{-1}\boldsymbol{C}_0\ \ \boldsymbol{0}\right]\\ \tilde{\boldsymbol{A}}_0=\boldsymbol{A}_0'+\boldsymbol{B}_0'\boldsymbol{K}_0=\begin{bmatrix}\boldsymbol{A}_0-\boldsymbol{B}_0\boldsymbol{D}_0^{-1}\boldsymbol{C}_0 & \boldsymbol{0}\\ \boldsymbol{0} & \boldsymbol{A}_{\rm cm}\end{bmatrix}\\ \tilde{\boldsymbol{A}}_i=\boldsymbol{A}_i'+\boldsymbol{B}_i'\boldsymbol{K}_0=\begin{bmatrix}\boldsymbol{A}_i-\boldsymbol{B}_i\boldsymbol{D}_0^{-1}\boldsymbol{C}_0 & \boldsymbol{0}\\ \boldsymbol{0} & \boldsymbol{0}\end{bmatrix},\quad i=1,\ 2,\ \cdots,\ m-1\\ \tilde{\boldsymbol{A}}_{{\rm df}m}=\boldsymbol{A}'_{{\rm df}m}+\boldsymbol{B}'_{{\rm df}m}\boldsymbol{K}_0=\begin{bmatrix}\boldsymbol{0} & \boldsymbol{0}\\ \boldsymbol{B}_{\rm cm}\left(\boldsymbol{K}_{1m}-\boldsymbol{K}_{2m}\boldsymbol{D}_0^{-1}\boldsymbol{C}_0\right) & \boldsymbol{0}\end{bmatrix}\\ \tilde{\boldsymbol{A}}_{{\rm dc}m}=\boldsymbol{A}'_{{\rm dc}m}+\boldsymbol{B}'_{{\rm dc}m}\boldsymbol{K}_0=\begin{bmatrix}\boldsymbol{0} & \boldsymbol{E}_m\boldsymbol{C}_{\rm cm}\\ \boldsymbol{0} & \boldsymbol{0}\end{bmatrix}\end{cases}\tag{2.136}$$

6. 闭环电力系统模型 ($\boldsymbol{C}_{\rm cm}=0$)

当 $\boldsymbol{C}_{\rm cm}=\boldsymbol{0}$ 时，$\Delta\boldsymbol{y}_{\rm cm}=\boldsymbol{D}_{\rm cm}\Delta\boldsymbol{y}_{{\rm df}m}$，控制器没有动态环节，式 (2.115) 的第一式不存在。因此，联立式 (2.113) 的第一、二、三、六式和式 (2.115) 的第三式以及式 (2.122) 的第四式，得

$$\begin{aligned}\Delta\dot{\boldsymbol{x}}=&(\boldsymbol{A}_0-\boldsymbol{B}_0\boldsymbol{D}_0^{-1}\boldsymbol{C}_0)\Delta\boldsymbol{x}+\sum_{i=1}^{m-1}(\boldsymbol{A}_i-\boldsymbol{B}_i\boldsymbol{D}_0^{-1}\boldsymbol{C}_0)\Delta\boldsymbol{x}_{{\rm d}i}\\ &+\boldsymbol{E}_m\boldsymbol{D}_{\rm cm}(\boldsymbol{K}_{1m}-\boldsymbol{K}_{2m}\boldsymbol{D}_0^{-1}\boldsymbol{C}_0)\Delta\boldsymbol{x}_{\rm cm}(t-\tau_{{\rm f}m}-\tau_{{\rm c}m})\end{aligned}\tag{2.137}$$

对比式 (2.137) 和式 (2.78)，可知：

$$\begin{cases}\boldsymbol{K}_0=-\boldsymbol{D}_0^{-1}\boldsymbol{C}_0\\ \tilde{\boldsymbol{A}}_i=\boldsymbol{A}_i-\boldsymbol{B}_i\boldsymbol{D}_0^{-1}\boldsymbol{C}_0,\quad i=0,\ 1,\ \cdots,\ m-1\\ \tilde{\boldsymbol{A}}_{{\rm dfc}m}=\boldsymbol{A}'_{{\rm dfc}m}+\boldsymbol{B}'_{{\rm dfc}m}\boldsymbol{K}_0=\boldsymbol{E}_m\boldsymbol{D}_{\rm cm}\left(\boldsymbol{K}_{1m}-\boldsymbol{K}_{2m}\boldsymbol{D}_0^{-1}\boldsymbol{C}_0\right)\end{cases}\tag{2.138}$$

式 (2.42) 表明，在控制器没有动态环节情况下对闭环电力系统进行建模时，需要将控制回路的反馈时滞 $\tau_{\mathrm{f}m}$ 和控制时滞 $\tau_{\mathrm{c}m}$ 合并为一个时滞 $\tau_m=\tau_{\mathrm{f}m}+\tau_{\mathrm{c}m}$ 进行处理。

7. 闭环电力系统模型 ($\boldsymbol{C}_{\mathrm{c}m}\neq 0$, $\boldsymbol{D}_{\mathrm{c}m}\neq 0$)

对于 $\boldsymbol{C}_{\mathrm{c}m}\neq\boldsymbol{0}$ 和 $\boldsymbol{D}_{\mathrm{c}m}\neq\boldsymbol{0}$ 的情况，由定理 3 可知，当合并时滞 $\tau_m=\tau_{\mathrm{f}m}+\tau_{\mathrm{c}m}$ 保持不变时，系统的特征值保持不变。因此，可令 $\tau_{\mathrm{f}m}=\tau_m$，$\tau_{\mathrm{c}m}=0$ 或 $\tau_{\mathrm{f}m}=0$，$\tau_{\mathrm{c}m}=\tau_m$。合并时滞后，式 (2.125) 变为

$$\Delta\dot{\boldsymbol{x}}'=(\tilde{\boldsymbol{A}}_0+\tilde{\boldsymbol{A}}_{0m})\Delta\boldsymbol{x}'+\sum_{i=1}^{m-1}\tilde{\boldsymbol{A}}_i\Delta\boldsymbol{x}'_{\mathrm{d}i}+\tilde{\boldsymbol{A}}_{\mathrm{d}m}\Delta\boldsymbol{x}'_{\mathrm{d}m} \tag{2.139}$$

当 $\tau_{\mathrm{f}m}=\tau_m$，$\tau_{\mathrm{c}m}=0$ 时，式 (2.139) 中参数为

$$\begin{cases}\boldsymbol{K}_0=-\left(\boldsymbol{D}'_0\right)^{-1}\boldsymbol{C}'_0=\left[-\boldsymbol{D}_0^{-1}\boldsymbol{C}_0\ \ \boldsymbol{0}\right]\\ \tilde{\boldsymbol{A}}_0=\boldsymbol{A}'_0+\boldsymbol{B}'_0\boldsymbol{K}_0=\begin{bmatrix}\boldsymbol{A}_0-\boldsymbol{B}_0\boldsymbol{D}_0^{-1}\boldsymbol{C}_0 & \boldsymbol{0}\\ \boldsymbol{0} & \boldsymbol{A}_{\mathrm{c}m}\end{bmatrix}\\ \tilde{\boldsymbol{A}}_i=\boldsymbol{A}'_i+\boldsymbol{B}'_i\boldsymbol{K}_0=\begin{bmatrix}\boldsymbol{A}_i-\boldsymbol{B}_i\boldsymbol{D}_0^{-1}\boldsymbol{C}_0 & \boldsymbol{0}\\ \boldsymbol{0} & \boldsymbol{0}\end{bmatrix},\quad i=1,\ 2,\ \cdots,\ m-1\\ \tilde{\boldsymbol{A}}_{0m}=\tilde{\boldsymbol{A}}_{\mathrm{dc}m}=\begin{bmatrix}\boldsymbol{0} & \boldsymbol{E}_m\boldsymbol{C}_{\mathrm{c}m}\\ \boldsymbol{0} & \boldsymbol{0}\end{bmatrix}\\ \tilde{\boldsymbol{A}}_{\mathrm{d}m}=\tilde{\boldsymbol{A}}_{\mathrm{df}m}+\tilde{\boldsymbol{A}}_{\mathrm{dfc}m}=\begin{bmatrix}\boldsymbol{E}_m\boldsymbol{D}_{\mathrm{c}m}\left(\boldsymbol{K}_{1m}-\boldsymbol{K}_{2m}\boldsymbol{D}_0^{-1}\boldsymbol{C}_0\right) & \boldsymbol{0}\\ \boldsymbol{B}_{\mathrm{c}m}\left(\boldsymbol{K}_{1m}-\boldsymbol{K}_{2m}\boldsymbol{D}_0^{-1}\boldsymbol{C}_0\right) & \boldsymbol{0}\end{bmatrix}\end{cases} \tag{2.140}$$

当 $\tau_{\mathrm{f}m}=0$，$\tau_{\mathrm{c}m}=\tau_m$ 时，式 (2.139) 中参数为

$$\begin{cases}\boldsymbol{K}_0=-\left(\boldsymbol{D}'_0\right)^{-1}\boldsymbol{C}'_0=\left[-\boldsymbol{D}_0^{-1}\boldsymbol{C}_0\ \ \boldsymbol{0}\right]\\ \tilde{\boldsymbol{A}}_0=\boldsymbol{A}'_0+\boldsymbol{B}'_0\boldsymbol{K}_0=\begin{bmatrix}\boldsymbol{A}_0-\boldsymbol{B}_0\boldsymbol{D}_0^{-1}\boldsymbol{C}_0 & \boldsymbol{0}\\ \boldsymbol{0} & \boldsymbol{A}_{\mathrm{c}m}\end{bmatrix}\\ \tilde{\boldsymbol{A}}_i=\boldsymbol{A}'_i+\boldsymbol{B}'_i\boldsymbol{K}_0=\begin{bmatrix}\boldsymbol{A}_i-\boldsymbol{B}_i\boldsymbol{D}_0^{-1}\boldsymbol{C}_0 & \boldsymbol{0}\\ \boldsymbol{0} & \boldsymbol{0}\end{bmatrix},\quad i=1,\ 2,\ \cdots,\ m-1\\ \tilde{\boldsymbol{A}}_{0m}=\tilde{\boldsymbol{A}}_{\mathrm{df}m}=\begin{bmatrix}\boldsymbol{0} & \boldsymbol{0}\\ \boldsymbol{B}_{\mathrm{c}m}\left(\boldsymbol{K}_{1m}-\boldsymbol{K}_{2m}\boldsymbol{D}_0^{-1}\boldsymbol{C}_0\right) & \boldsymbol{0}\end{bmatrix}\\ \tilde{\boldsymbol{A}}_{\mathrm{d}m}=\tilde{\boldsymbol{A}}_{\mathrm{dc}m}+\tilde{\boldsymbol{A}}_{\mathrm{dfc}m}=\begin{bmatrix}\boldsymbol{E}_m\boldsymbol{D}_{\mathrm{c}m}\left(\boldsymbol{K}_{1m}-\boldsymbol{K}_{2m}\boldsymbol{D}_0^{-1}\boldsymbol{C}_0\right) & \boldsymbol{E}_m\boldsymbol{C}_{\mathrm{c}m}\\ \boldsymbol{0} & \boldsymbol{0}\end{bmatrix}\end{cases} \tag{2.141}$$

2.4.2 具体模型

本节以在研究中被广泛采用的两种广域阻尼控制器为例，给出考虑通信时滞影响的闭环电力系统稳定性分析模型的建立方法。

1. 广域 PSS

假设发电机 m 的励磁系统附加与传统 PSS 具有相同超前-滞后环节的广域 PSS。典型的三种广域反馈信号分别为：发电机 n 相对于发电机 m 的功角偏差 $\Delta\delta_{n,m}=\Delta\delta_n-\Delta\delta_m$；发电机 n 相对于发电机 m 的转速偏差 $\Delta\omega_{n,m}=\Delta\omega_n-\Delta\omega_m$；联络线 i-j 上的有功功率偏差 $\Delta P_{i,j}$。考虑到单输入-单输出的性质，广域 PSS 的输入信号为上述三种信号中的任意一种。

根据图 2.3 和式 (2.41)，可以直接得到广域 PSS 的线性化模型：

$$\left\{\begin{aligned}&\boldsymbol{A}_{\mathrm{c}m}=\begin{bmatrix}-\dfrac{1}{T_{\mathrm{w}}} & & & \\ -\dfrac{1}{T_{\mathrm{w}}} & -\dfrac{1}{T_5} & & \\ -\dfrac{T_1}{T_2T_{\mathrm{w}}} & -\dfrac{T_1-T_5}{T_2T_5} & -\dfrac{1}{T_2} & \\ -\dfrac{T_1T_3}{T_2T_4T_{\mathrm{w}}} & -\dfrac{T_3(T_1-T_5)}{T_2T_4T_5} & -\dfrac{T_3-T_2}{T_2T_4} & -\dfrac{1}{T_4}\end{bmatrix},\quad \boldsymbol{B}_{\mathrm{c}m}=\begin{bmatrix}\dfrac{K_{\mathrm{S}}}{T_{\mathrm{w}}}\\ \dfrac{K_{\mathrm{S}}}{T_{\mathrm{w}}}\\ \dfrac{K_{\mathrm{S}}T_1}{T_2T_{\mathrm{w}}}\\ \dfrac{K_{\mathrm{S}}T_1T_3}{T_2T_4T_{\mathrm{w}}}\end{bmatrix}\\&\boldsymbol{C}_{\mathrm{c}m}=[0,\ \ 0,\ \ 0,\ \ 1],\quad D_{\mathrm{c}m}=0\end{aligned}\right. \tag{2.142}$$

考虑到 $D_{\mathrm{c}m}=0$，于是将式 (2.142) 代入式 (2.136) 中，可得矩阵分块 $\boldsymbol{E}_m\boldsymbol{C}_{\mathrm{c}m}$、$\boldsymbol{K}_{1m}$ 和 $\boldsymbol{K}_{2m}$ 的表达式：

$$\boldsymbol{E}_m\boldsymbol{C}_{\mathrm{c}m}=\begin{array}{c}\quad\ U_{\mathrm{Sg}m}\\ \quad\ \downarrow\\ \begin{bmatrix}\vdots & \vdots & \vdots\\ \vdots & \dfrac{K_{\mathrm{A}}}{T_{\mathrm{A}}} & \vdots\\ \vdots & \vdots & \vdots\end{bmatrix}\end{array}\leftarrow U_{\mathrm{R}m} \tag{2.143}$$

$$\boldsymbol{K}_{1m}=\begin{array}{c}\begin{matrix}\ \ \delta_m & \delta_n\\ \ \ \downarrow & \downarrow\end{matrix}\\ [\ \cdots\ \ -1,\ \cdots\ 1,\ \ \cdots\ ]\end{array}\ \text{或}\ \begin{array}{c}\begin{matrix}\ \ \omega_m & \omega_n\\ \ \ \downarrow & \downarrow\end{matrix}\\ [\ \cdots\ \ -1,\ \cdots\ 1,\ \ \cdots\ ]\end{array},\quad \boldsymbol{K}_{2m}=\boldsymbol{0} \tag{2.144}$$

或

$$
\boldsymbol{K}_{1m}=\boldsymbol{0},\quad \boldsymbol{K}_{2m}=\begin{bmatrix} \vdots \\ G_{i,j}(2U_{xi}-U_{xj})+B_{i,j}U_{yj} \\ G_{i,j}(2U_{yi}-U_{yj})-B_{i,j}U_{xj} \\ \vdots \\ -G_{i,j}U_{xi}-B_{i,j}U_{yi} \\ -G_{i,j}U_{yi}+B_{i,j}U_{xi} \\ \vdots \end{bmatrix}^{\mathrm{T}} \begin{matrix} \\ \leftarrow U_{xi} \\ \leftarrow U_{yi} \\ \\ \leftarrow U_{xj} \\ \leftarrow U_{yj} \\ \\ \end{matrix} \tag{2.145}
$$

式中，箭头 (→) 为矩阵元素所在行 (列) 对应的变量，省略号 (···) 为零元素。为了与发电机 m 的 PSS 输出变量 $U_{\mathrm{S}m}$ 相区别，发电机 m 上广域阻尼控制器的输出变量用 $U_{\mathrm{Sg}m}$ 表示 (g 表示全局 (global) 信号)。$U_{\mathrm{R}m}$ 为发电机 m 励磁系统综合放大环节的输出变量，K_{A} 和 T_{A} 为放大环节的增益和时间常数 (图 2.2)。$G_{i,j}$ 和 $B_{i,j}$ 分别为线路 i-j 的电导和电纳，U_{xi}、U_{yi}、U_{xj}、U_{yj} 分别为节点 i 和 j 电压的实部与虚部。

2. 广域线性二次型调节器

假设发电机 m 的励磁系统附加广域线性二次型调节器 (linear quadratic regulator, LQR)[17]。设广域反馈信号同时包含三种典型的信号，即 $\boldsymbol{y}_{\mathrm{f}m}=[\Delta\delta_{n,m},\ \Delta\omega_{n,m},\ \Delta P_{i,j}]^{\mathrm{T}}$。令 $\boldsymbol{D}_{\mathrm{c}m}=[k_1,\ k_2,\ k_3]$，其中 k_1，k_2，k_3 分别为三种广域信号的最优增益。

根据式 (2.144) 和式 (2.145)，并经过进一步推导，可以得到式 (2.138) 中矩阵 $\boldsymbol{A}'_{\mathrm{dfc}m}$ 和 $\boldsymbol{B}'_{\mathrm{dfc}m}$ 的表达式：

$$
\begin{aligned}
\boldsymbol{A}'_{\mathrm{dfc}m} &= \boldsymbol{E}_m\boldsymbol{D}_{\mathrm{c}m}\boldsymbol{K}_{1m} \\
&\qquad\qquad \begin{matrix} \ \ & \delta_m & \ \ & \delta_n & \ \ & \omega_m & \ \ & \omega_n & \ \ \\ & \downarrow & & \downarrow & & \downarrow & & \downarrow & \end{matrix} \\
&= \frac{K_{\mathrm{A}}}{T_{\mathrm{A}}}\begin{bmatrix} \cdots & \cdots & \cdots & \cdots & \cdots & \cdots & \cdots & \cdots & \cdots \\ \cdots & -k_1 & \cdots & k_1 & \cdots & -k_2 & \cdots & k_2 & \cdots \\ \cdots & \cdots & \cdots & \cdots & \cdots & \cdots & \cdots & \cdots & \cdots \end{bmatrix} \leftarrow U_{\mathrm{R}m}
\end{aligned} \tag{2.146}
$$

$$
\boldsymbol{B}'_{\mathrm{dfc}m}=\boldsymbol{E}_m\boldsymbol{D}_{\mathrm{c}m}\boldsymbol{K}_{2m}=\frac{k_3K_{\mathrm{A}}}{T_{\mathrm{A}}}
\begin{array}{c}
U_{\mathrm{R}m}\\
\downarrow\\
\left[\begin{array}{ccc}
\vdots & \vdots & \vdots\\
\vdots & G_{i,j}(2U_{xi}-U_{xj})+B_{i,j}U_{yj} & \vdots\\
\vdots & G_{i,j}(2U_{yi}-U_{yj})-B_{i,j}U_{xj} & \vdots\\
\vdots & \vdots & \vdots\\
\vdots & -G_{i,j}U_{xi}-B_{i,j}U_{yi} & \vdots\\
\vdots & -G_{i,j}U_{yi}+B_{i,j}U_{xi} & \vdots\\
\vdots & \vdots & \vdots
\end{array}\right]^{\mathrm{T}}
\end{array}
\begin{array}{l}
\\ \\ \\
\leftarrow U_{xi}\\
\leftarrow U_{yi}\\
\\
\leftarrow U_{xj}\\
\leftarrow U_{yj}\\
\\
\end{array}
\tag{2.147}
$$

第3章　谱离散化方法的数学基础

3.1　时滞特征方程及其偏导数、摄动

本节首先给出时滞特征方程及其等价增广形式，这是本书所要解决问题的数学描述，然后围绕时滞特征方程，阐述其偏导数形式和摄动问题。

3.1.1　时滞特征方程

通过第 2 章的理论推导和分析可知，DCPPS 小干扰稳定性分析的数学模型归结为式 (3.1) 所示含离散时滞的滞后型时滞微分方程组 (retarted DDEs with discrete delays)：

$$\begin{cases} \Delta\dot{\boldsymbol{x}}(t) = \tilde{\boldsymbol{A}}_0\Delta\boldsymbol{x}(t) + \sum_{i=1}^{m}\tilde{\boldsymbol{A}}_i\Delta\boldsymbol{x}(t-\tau_i), & t \geqslant 0 \\ \Delta\boldsymbol{x}(t) = \boldsymbol{\varphi}(t), & t \in [-\tau_{\max},\ 0] \end{cases} \tag{3.1}$$

式中，$\Delta\boldsymbol{x} \in \mathbb{R}^{n\times 1}$ 为系统的状态向量；$\tau_i > 0\ (i = 1,\ 2,\ \cdots,\ m)$ 为时滞常数；$\tilde{\boldsymbol{A}}_0 \in \mathbb{R}^{n\times n}$ 为稠密的系统状态矩阵；$\tilde{\boldsymbol{A}}_i \in \mathbb{R}^{n\times n}\ (i = 1,\ 2,\ \cdots,\ m)$ 为高度稀疏的系统时滞状态矩阵。对 τ_i 和 $\tilde{\boldsymbol{A}}_i\ (i = 1,\ 2,\ \cdots,\ m)$ 进行排序，使得 $0 < \tau_1 < \cdots < \tau_i < \cdots < \tau_m \triangleq \tau_{\max}$，其中 $\tau_{\max}$ 表示最大的时滞。

$\tilde{\boldsymbol{A}}_i\ (i = 0,\ 1,\ \cdots,\ m)$ 可由系统增广状态矩阵 $\boldsymbol{A}_i \in \mathbb{R}^{n\times n}$、$\boldsymbol{B}_i \in \mathbb{R}^{n\times l}$、$\boldsymbol{C}_0 \in \mathbb{R}^{l\times n}$、$\boldsymbol{D}_0 \in \mathbb{R}^{l\times l}\ (i = 0,\ 1,\ \cdots,\ m)$ 形成：

$$\tilde{\boldsymbol{A}}_0 = \boldsymbol{A}_0 - \boldsymbol{B}_0\boldsymbol{D}_0^{-1}\boldsymbol{C}_0 \tag{3.2}$$

$$\tilde{\boldsymbol{A}}_i = \boldsymbol{A}_i - \boldsymbol{B}_i\boldsymbol{D}_0^{-1}\boldsymbol{C}_0 \tag{3.3}$$

式 (3.1) 对应的特征方程为

$$\left(\tilde{\boldsymbol{A}}_0 + \sum_{i=1}^{m}\tilde{\boldsymbol{A}}_i \mathrm{e}^{-\lambda\tau_i}\right)\boldsymbol{v} = \lambda\boldsymbol{v} \tag{3.4}$$

式中，$\lambda \in \mathbb{C}$ 和 $\boldsymbol{v} \in \mathbb{C}^{n\times 1}$ 分别为系统的特征值和相应的右特征向量。

式 (3.4) 的等价增广形式为

$$\begin{bmatrix} \boldsymbol{A}'(\lambda) & \boldsymbol{B}'(\lambda) \\ \boldsymbol{C}_0 & \boldsymbol{D}_0 \end{bmatrix}\begin{bmatrix} \boldsymbol{v} \\ \boldsymbol{w} \end{bmatrix} = \boldsymbol{0} \tag{3.5}$$

式中，$\boldsymbol{w} \in \mathbb{C}^{l\times 1}$ 为中间和辅助向量。令 $\boldsymbol{I}_n$ 表示 n 维单位矩阵，则 $\boldsymbol{A}'(\lambda) \in \mathbb{C}^{n\times n}$ 和 $\boldsymbol{B}'(\lambda) \in \mathbb{C}^{n\times l}$ 可具体表示为

$$\boldsymbol{A}'(\lambda) = \boldsymbol{A}_0 - \lambda \boldsymbol{I}_n + \sum_{i=1}^{m} \boldsymbol{A}_i \mathrm{e}^{-\lambda\tau_i} \tag{3.6}$$

$$\boldsymbol{B}'(\lambda) = \boldsymbol{B}_0 + \sum_{i=1}^{m} \boldsymbol{B}_i \mathrm{e}^{-\lambda\tau_i} \tag{3.7}$$

3.1.2　时滞系统的谱特性

由于指数项的存在，滞后型时滞系统的特征方程存在无穷多个零解 (系统特征值)。它们的谱特性 [105, 106] 可总结如下，并可用图 3.1 示意。

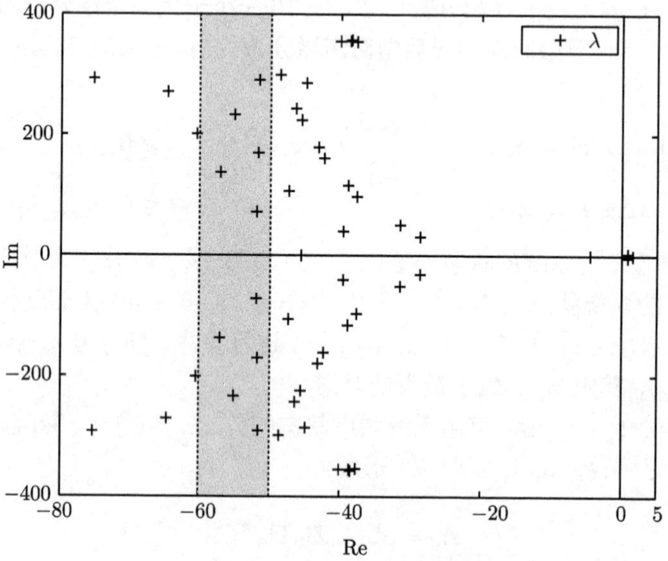

图 3.1　滞后型时滞系统的谱特性

(1) 如果特征方程式 (3.4) 存在一组零解 $\{\lambda_k\}_{k\geqslant 1}$ 使

$$\lim_{k\to\infty} |\lambda_k| \to +\infty \tag{3.8}$$

则有

$$\lim_{k\to\infty} \mathrm{Re}(\lambda_k) \to -\infty \tag{3.9}$$

(2) 复平面上任意一条垂直带 $[\alpha,\ \beta]$ 内只有有限个特征值，即

$$\{\lambda \in \mathbb{C}:\ \alpha < \mathrm{Re}(\lambda) < \beta\} \tag{3.10}$$

式中，$\alpha,\ \beta\in\mathbb{R}$ 且 $\alpha<\beta$。

(3) 复平面上存在某个实数 $\gamma\in\mathbb{R}$，使得系统所有的特征值均位于 γ 左侧，即

$$\{\lambda\in\mathbb{C}:\ \mathrm{Re}(\lambda)<\gamma\} \tag{3.11}$$

下面分析特征值与时滞系统渐近稳定性之间的关系。

时滞系统的稳定性，通常是指时滞区间 $[-\tau_{\max},\ 0]$上系统的渐近稳定性 [106, 107]。与常规无时滞系统相同，系统渐近稳定性的充要条件是所有的特征值均位于左半复平面。具体地，若式 (3.1) 表示的线性化系统的全部特征值都具有负实部，则式 (2.116) 表示的 DCPPS 在稳态运行点处是小干扰稳定的；反之，若至少存在一个具有正实部的特征值，则系统在该运行点处是小干扰不稳定的。

由上述滞后型时滞系统的谱特性可知，时滞系统只可能存在位于右半复平面的有限个特征值。考虑到滞后型时滞系统对时滞的连续依赖性，当 $\tau_{\max}=0$ 时，式 (3.1) 所示的时滞系统退化为常规无时滞系统 $\Delta\dot{\boldsymbol{x}}(t)=\left(\tilde{\boldsymbol{A}}_0+\sum\limits_{i=1}^{m}\tilde{\boldsymbol{A}}_i\right)\Delta\boldsymbol{x}(t)$。换句话说，当 $\tau_{\max}$ 从 $0\to0^+$ 时，系统位于右半复平面的特征值的数量保持不变。

3.1.3 特征值对时滞的灵敏度

式 (3.4) 两边对 τ_j 求偏导，有

$$\frac{\partial\left[\left(\tilde{\boldsymbol{A}}_0+\sum\limits_{i=1}^{m}\tilde{\boldsymbol{A}}_i\mathrm{e}^{-\lambda\tau_i}\right)\boldsymbol{v}\right]}{\partial\tau_j}=\frac{\partial(\lambda\boldsymbol{v})}{\partial\tau_j} \tag{3.12}$$

由于 λ 和 $\boldsymbol{v}$ 都是 τ_j 的变量，式 (3.12) 左边和右边可分别进一步展开为

$$\begin{aligned}&\frac{\partial\left(\tilde{\boldsymbol{A}}_0+\sum\limits_{i=1}^{m}\tilde{\boldsymbol{A}}_i\mathrm{e}^{-\lambda\tau_i}\right)}{\partial\tau_j}\boldsymbol{v}+\left(\tilde{\boldsymbol{A}}_0+\sum_{i=1}^{m}\tilde{\boldsymbol{A}}_i\mathrm{e}^{-\lambda\tau_i}\right)\frac{\partial\boldsymbol{v}}{\partial\tau_j}\\&=\left(\sum_{i=1}^{m}\tilde{\boldsymbol{A}}_i\frac{\partial\mathrm{e}^{-\lambda\tau_i}}{\partial\tau_j}\right)\boldsymbol{v}+\left(\tilde{\boldsymbol{A}}_0+\sum_{i=1}^{m}\tilde{\boldsymbol{A}}_i\mathrm{e}^{-\lambda\tau_i}\right)\frac{\partial\boldsymbol{v}}{\partial\tau_j}\\&=\left(-\tilde{\boldsymbol{A}}_j\lambda\mathrm{e}^{-\lambda\tau_j}-\sum_{i=1}^{m}\tilde{\boldsymbol{A}}_i\tau_i\mathrm{e}^{-\lambda\tau_i}\frac{\partial\lambda}{\partial\tau_j}\right)\boldsymbol{v}+\left(\tilde{\boldsymbol{A}}_0+\sum_{i=1}^{m}\tilde{\boldsymbol{A}}_i\mathrm{e}^{-\lambda\tau_i}\right)\frac{\partial\boldsymbol{v}}{\partial\tau_j}\end{aligned} \tag{3.13}$$

和

$$\frac{\partial(\lambda\boldsymbol{v})}{\partial\tau_j}=\frac{\partial\lambda}{\partial\tau_j}\boldsymbol{v}+\lambda\frac{\partial\boldsymbol{v}}{\partial\tau_j} \tag{3.14}$$

结合式 (3.13) 和式 (3.14)，得

$$\begin{aligned}&\left(-\tilde{\boldsymbol{A}}_j\lambda\mathrm{e}^{-\lambda\tau_j}-\sum_{i=1}^{m}\tilde{\boldsymbol{A}}_i\tau_i\mathrm{e}^{-\lambda\tau_i}\frac{\partial\lambda}{\partial\tau_j}\right)\boldsymbol{v}+\left(\tilde{\boldsymbol{A}}_0+\sum_{i=1}^{m}\tilde{\boldsymbol{A}}_i\mathrm{e}^{-\lambda\tau_i}\right)\frac{\partial\boldsymbol{v}}{\partial\tau_j}\\&=\frac{\partial\lambda}{\partial\tau_j}\boldsymbol{v}+\lambda\frac{\partial\boldsymbol{v}}{\partial\tau_j}\end{aligned}\tag{3.15}$$

设 $\boldsymbol{u}\in\mathbb{C}^{n\times1}$ 为 λ 对应的左特征向量，即 $\boldsymbol{u}$ 满足：

$$\boldsymbol{u}^{\mathrm{T}}\left(\tilde{\boldsymbol{A}}_0+\sum_{i=1}^{m}\tilde{\boldsymbol{A}}_i\mathrm{e}^{-\lambda\tau_i}\right)=\lambda\boldsymbol{u}^{\mathrm{T}}\tag{3.16}$$

式 (3.15) 两边分别左乘 $\boldsymbol{u}^{\mathrm{T}}$，得

$$\begin{aligned}&\boldsymbol{u}^{\mathrm{T}}\left(-\tilde{\boldsymbol{A}}_j\lambda\mathrm{e}^{-\lambda\tau_j}-\sum_{i=1}^{m}\tilde{\boldsymbol{A}}_i\tau_i\mathrm{e}^{-\lambda\tau_i}\frac{\partial\lambda}{\partial\tau_j}\right)\boldsymbol{v}+\boldsymbol{u}^{\mathrm{T}}\left(\tilde{\boldsymbol{A}}_0+\sum_{i=1}^{m}\tilde{\boldsymbol{A}}_i\mathrm{e}^{-\lambda\tau_i}\right)\frac{\partial\boldsymbol{v}}{\partial\tau_j}\\&=\frac{\partial\lambda}{\partial\tau_j}\boldsymbol{u}^{\mathrm{T}}\boldsymbol{v}+\lambda\boldsymbol{u}^{\mathrm{T}}\frac{\partial\boldsymbol{v}}{\partial\tau_j}\end{aligned}\tag{3.17}$$

将式 (3.16) 代入式 (3.17)，得

$$\boldsymbol{u}^{\mathrm{T}}\left(-\tilde{\boldsymbol{A}}_j\lambda\mathrm{e}^{-\lambda\tau_j}-\sum_{i=1}^{m}\tilde{\boldsymbol{A}}_i\tau_i\mathrm{e}^{-\lambda\tau_i}\frac{\partial\lambda}{\partial\tau_j}\right)\boldsymbol{v}=\frac{\partial\lambda}{\partial\tau_j}\boldsymbol{u}^{\mathrm{T}}\boldsymbol{v}\tag{3.18}$$

整理后，可得 λ 对 τ_j $(j=1,\ 2,\ \cdots,\ m)$ 的灵敏度：

$$\frac{\partial\lambda}{\partial\tau_j}=-\frac{\lambda\mathrm{e}^{-\lambda\tau_j}\boldsymbol{u}^{\mathrm{T}}\tilde{\boldsymbol{A}}_j\boldsymbol{v}}{\boldsymbol{u}^{\mathrm{T}}\left(\boldsymbol{I}_n+\sum_{i=1}^{m}\tilde{\boldsymbol{A}}_i\tau_i\mathrm{e}^{-\lambda\tau_i}\right)\boldsymbol{v}}\tag{3.19}$$

3.1.4　特征值对运行参数的灵敏度

式 (3.4) 两边同时对某个运行参数 p 进行求导，可得

$$\begin{aligned}&\left(\frac{\partial\tilde{\boldsymbol{A}}_0}{\partial p}+\sum_{i=1}^{m}\frac{\partial\tilde{\boldsymbol{A}}_i}{\partial p}\mathrm{e}^{-\lambda\tau_i}-\sum_{i=1}^{m}\tilde{\boldsymbol{A}}_i\tau_i\mathrm{e}^{-\lambda\tau_i}\frac{\partial\lambda}{\partial p}\right)\boldsymbol{v}+\left(\tilde{\boldsymbol{A}}_0+\sum_{i=1}^{m}\tilde{\boldsymbol{A}}_i\mathrm{e}^{-\lambda\tau_i}\right)\frac{\partial\boldsymbol{v}}{\partial p}\\&=\frac{\partial\lambda}{\partial p}\boldsymbol{v}+\lambda\frac{\partial\boldsymbol{v}}{\partial p}\end{aligned}\tag{3.20}$$

对式 (3.20) 两端左乘 $\boldsymbol{u}^{\mathrm{T}}$，得

$$\begin{aligned}&\boldsymbol{u}^{\mathrm{T}}\left(\frac{\partial\tilde{\boldsymbol{A}}_0}{\partial p}+\sum_{i=1}^{m}\frac{\tilde{\boldsymbol{A}}_i}{\partial p}\mathrm{e}^{-\lambda\tau_i}-\sum_{i=1}^{m}\tilde{\boldsymbol{A}}_i\tau_i\mathrm{e}^{-\lambda\tau_i}\frac{\partial\lambda}{\partial p}\right)\boldsymbol{v}+\boldsymbol{u}^{\mathrm{T}}\left(\tilde{\boldsymbol{A}}_0+\sum_{i=1}^{m}\tilde{\boldsymbol{A}}_i\mathrm{e}^{-\lambda\tau_i}\right)\frac{\partial\boldsymbol{v}}{\partial p}\\&=\frac{\partial\lambda}{\partial p}\boldsymbol{u}^{\mathrm{T}}\boldsymbol{v}+\lambda\boldsymbol{u}^{\mathrm{T}}\frac{\partial\boldsymbol{v}}{\partial p}\end{aligned}\tag{3.21}$$

将式 (3.16) 代入式 (3.21)，得

$$\boldsymbol{u}^{\mathrm{T}}\left(\frac{\partial \tilde{\boldsymbol{A}}_0}{\partial p}+\sum_{i=1}^{m}\frac{\partial \tilde{\boldsymbol{A}}_i}{\partial p}\mathrm{e}^{-\lambda\tau_i}-\sum_{i=1}^{m}\tilde{\boldsymbol{A}}_i\tau_i\mathrm{e}^{-\lambda\tau_i}\frac{\partial \lambda}{\partial p}\right)\boldsymbol{v}=\frac{\partial \lambda}{\partial p}\boldsymbol{u}^{\mathrm{T}}\boldsymbol{v} \tag{3.22}$$

整理后可得 λ 对参数 p 的灵敏度：

$$\frac{\partial \lambda}{\partial p}=\frac{\boldsymbol{u}^{\mathrm{T}}\left(\dfrac{\partial \tilde{\boldsymbol{A}}_0}{\partial p}+\displaystyle\sum_{i=1}^{m}\frac{\partial \tilde{\boldsymbol{A}}_i}{\partial p}\mathrm{e}^{-\lambda\tau_i}\right)\boldsymbol{v}}{\boldsymbol{u}^{\mathrm{T}}\left(\boldsymbol{I}_n+\displaystyle\sum_{i=1}^{m}\tilde{\boldsymbol{A}}_i\tau_i\mathrm{e}^{-\lambda\tau_i}\right)\boldsymbol{v}} \tag{3.23}$$

3.1.5 时滞特征方程的摄动

1. 以时滞为摄动量

设 ε 为时滞摄动的数量级，则摄动后时滞 τ_i 变为 τ_i'：

$$\tau_i'=\tau_i+\varepsilon\Delta\tau_i,\ \ i=1,\ 2,\ \cdots,\ m \tag{3.24}$$

时滞摄动后，系统的特征方程变为

$$\left(\tilde{\boldsymbol{A}}_0+\sum_{i=1}^{m}\tilde{\boldsymbol{A}}_i\mathrm{e}^{-\lambda'\tau_i'}\right)\boldsymbol{v}'=\lambda'\boldsymbol{v}' \tag{3.25}$$

根据摄动理论 [108, 109]，摄动后的特征值 λ' 及其相应的右特征向量 $\boldsymbol{v}'$ 可表示为

$$\begin{cases}\lambda'=\lambda+\varepsilon\lambda_1+\varepsilon^2\lambda_2+\cdots\\ \boldsymbol{v}'=\boldsymbol{v}+\varepsilon\boldsymbol{v}_1+\varepsilon^2\boldsymbol{v}_2+\cdots\end{cases} \tag{3.26}$$

式中，$\varepsilon\lambda_1\in\mathbb{C}$ 和 $\varepsilon^2\lambda_2\in\mathbb{C}$ 分别为特征值 λ 的一阶和二阶摄动量；$\varepsilon\boldsymbol{v}_1\in\mathbb{C}^{n\times 1}$ 和 $\varepsilon^2\boldsymbol{v}_2\in\mathbb{C}^{n\times 1}$ 分别为右特征向量 $\boldsymbol{v}$ 的一阶和二阶摄动量。

将式 (3.24) 和式 (3.26) 代入式 (3.25)，然后对 $\mathrm{e}^{-\varepsilon(\lambda_1\tau_i+\lambda\Delta\tau_i)}$ 进行泰勒级数展开，得

$$\begin{aligned}&\left(\tilde{\boldsymbol{A}}_0+\sum_{i=1}^{m}\tilde{\boldsymbol{A}}_i\mathrm{e}^{-(\lambda+\varepsilon\lambda_1+\cdots)(\tau_i+\varepsilon\Delta\tau_i)}\right)(\boldsymbol{v}+\varepsilon\boldsymbol{v}_1+\cdots)\\ =&\left(\tilde{\boldsymbol{A}}_0+\sum_{i=1}^{m}\tilde{\boldsymbol{A}}_i\mathrm{e}^{-\lambda\tau_i}\mathrm{e}^{-\varepsilon(\lambda_1\tau_i+\lambda\Delta\tau_i)-\cdots}\right)(\boldsymbol{v}+\varepsilon\boldsymbol{v}_1+\cdots)\\ =&\left(\tilde{\boldsymbol{A}}_0+\sum_{i=1}^{m}\tilde{\boldsymbol{A}}_i\mathrm{e}^{-\lambda\tau_i}-\varepsilon\sum_{i=1}^{m}\tilde{\boldsymbol{A}}_i\mathrm{e}^{-\lambda\tau_i}(\lambda_1\tau_i+\lambda\Delta\tau_i)+\cdots\right)(\boldsymbol{v}+\varepsilon\boldsymbol{v}_1+\cdots)\end{aligned}$$

$$
\begin{aligned}
&=\left(\tilde{\boldsymbol{A}}_0+\sum_{i=1}^{m}\tilde{\boldsymbol{A}}_i\mathrm{e}^{-\lambda\tau_i}\right)\boldsymbol{v}+\varepsilon\left(\tilde{\boldsymbol{A}}_0+\sum_{i=1}^{m}\tilde{\boldsymbol{A}}_i\mathrm{e}^{-\lambda\tau_i}\right)\boldsymbol{v}_1\\
&\quad-\varepsilon\sum_{i=1}^{m}\tilde{\boldsymbol{A}}_i\mathrm{e}^{-\lambda\tau_i}(\lambda_1\tau_i+\lambda\Delta\tau_i)\boldsymbol{v}+\cdots\\
&=\lambda\boldsymbol{v}+\varepsilon(\lambda_1\boldsymbol{v}+\lambda\boldsymbol{v}_1)+\cdots
\end{aligned}\tag{3.27}
$$

令式 (3.27) 两端 ε 的同次幂项的系数相等，得

$$
\varepsilon^0:\left(\tilde{\boldsymbol{A}}_0+\sum_{i=1}^{m}\tilde{\boldsymbol{A}}_i\mathrm{e}^{-\lambda\tau_i}\right)\boldsymbol{v}=\lambda\boldsymbol{v}\tag{3.28}
$$

$$
\varepsilon^1:\left(\tilde{\boldsymbol{A}}_0+\sum_{i=1}^{m}\tilde{\boldsymbol{A}}_i\mathrm{e}^{-\lambda\tau_i}\right)\boldsymbol{v}_1-\sum_{i=1}^{m}\tilde{\boldsymbol{A}}_i\mathrm{e}^{-\lambda\tau_i}(\lambda_1\tau_i+\lambda\Delta\tau_i)\boldsymbol{v}=\lambda_1\boldsymbol{v}+\lambda\boldsymbol{v}_1\tag{3.29}
$$

式 (3.29) 两边分别左乘 $\boldsymbol{u}^{\mathrm{T}}$，得

$$
\boldsymbol{u}^{\mathrm{T}}\left(\tilde{\boldsymbol{A}}_0+\sum_{i=1}^{m}\tilde{\boldsymbol{A}}_i\mathrm{e}^{-\lambda\tau_i}\right)\boldsymbol{v}_1-\boldsymbol{u}^{\mathrm{T}}\sum_{i=1}^{m}\tilde{\boldsymbol{A}}_i\mathrm{e}^{-\lambda\tau_i}(\lambda_1\tau_i+\lambda\Delta\tau_i)\boldsymbol{v}=\lambda_1\boldsymbol{u}^{\mathrm{T}}\boldsymbol{v}+\lambda\boldsymbol{u}^{\mathrm{T}}\boldsymbol{v}_1\tag{3.30}
$$

将式 (3.16) 代入式 (3.30)，然后消去左边第一项和右边第二项，得

$$
-\boldsymbol{u}^{\mathrm{T}}\sum_{i=1}^{m}\tilde{\boldsymbol{A}}_i\mathrm{e}^{-\lambda\tau_i}(\lambda_1\tau_i+\lambda\Delta\tau_i)\boldsymbol{v}=\lambda_1\boldsymbol{u}^{\mathrm{T}}\boldsymbol{v}\tag{3.31}
$$

进而，可得 λ 的一阶摄动量：

$$
\varepsilon\lambda_1=-\frac{\boldsymbol{u}^{\mathrm{T}}\left(\sum_{i=1}^{m}\tilde{\boldsymbol{A}}_i\mathrm{e}^{-\lambda\tau_i}\lambda\varepsilon\Delta\tau_i\right)\boldsymbol{v}}{\boldsymbol{u}^{\mathrm{T}}\left(\boldsymbol{I}_n+\sum_{i=1}^{m}\tilde{\boldsymbol{A}}_i\mathrm{e}^{-\lambda\tau_i}\tau_i\right)\boldsymbol{v}}\tag{3.32}
$$

2. *以系统参数为摄动量*

假设系统参数发生摄动，摄动后的系统状态矩阵分别为 $\tilde{\boldsymbol{A}}_0'$ 和 $\tilde{\boldsymbol{A}}_i'$ $(i=1, 2, \cdots, m)$，其摄动量 $\varepsilon\Delta\tilde{\boldsymbol{A}}_0$ 和 $\varepsilon\Delta\tilde{\boldsymbol{A}}_i$ 分别可表示为

$$
\begin{cases}
\varepsilon\Delta\tilde{\boldsymbol{A}}_0=\tilde{\boldsymbol{A}}_0'-\tilde{\boldsymbol{A}}_0\\
\varepsilon\Delta\tilde{\boldsymbol{A}}_i=\tilde{\boldsymbol{A}}_i'-\tilde{\boldsymbol{A}}_i
\end{cases}\tag{3.33}
$$

式中，ε 为系统状态矩阵摄动的数量级。

参数摄动后，系统的特征方程可表示为

$$\left(\tilde{\boldsymbol{A}}_0' + \sum_{i=1}^{m} \tilde{\boldsymbol{A}}_i' \mathrm{e}^{-\lambda' \tau_i}\right) \boldsymbol{v}' = \lambda' \boldsymbol{v}' \tag{3.34}$$

式中，λ' 和 $\boldsymbol{v}'$ 的表达式与式 (3.26) 完全相同。

将式 (3.33) 和式 (3.26) 代入式 (3.34)，并对 $\mathrm{e}^{-\varepsilon\lambda_1\tau_i}$ 进行泰勒级数展开，得

$$\begin{aligned}
&\left[\left(\tilde{\boldsymbol{A}}_0 + \varepsilon\Delta\tilde{\boldsymbol{A}}_0\right) + \sum_{i=1}^{m}\left(\tilde{\boldsymbol{A}}_i + \varepsilon\Delta\tilde{\boldsymbol{A}}_i\right)\mathrm{e}^{-(\lambda+\varepsilon\lambda_1+\cdots)\tau_i}\right](\boldsymbol{v} + \varepsilon\boldsymbol{v}_1 + \cdots) \\
=&\left[\left(\tilde{\boldsymbol{A}}_0 + \varepsilon\Delta\tilde{\boldsymbol{A}}_0\right) + \sum_{i=1}^{m}\left(\tilde{\boldsymbol{A}}_i + \varepsilon\Delta\tilde{\boldsymbol{A}}_i\right)\mathrm{e}^{-\lambda\tau_i}(1 - \varepsilon\lambda_1\tau_i + \cdots)\right](\boldsymbol{v} + \varepsilon\boldsymbol{v}_1 + \cdots) \\
=&\left(\tilde{\boldsymbol{A}}_0 + \sum_{i=1}^{m}\tilde{\boldsymbol{A}}_i\mathrm{e}^{-\lambda\tau_i}\right)\boldsymbol{v} + \varepsilon\left[\left(\tilde{\boldsymbol{A}}_0 + \sum_{i=1}^{m}\tilde{\boldsymbol{A}}_i\mathrm{e}^{-\lambda\tau_i}\right)\boldsymbol{v}_1\right. \\
&\left. - \sum_{i=1}^{m}\tilde{\boldsymbol{A}}_i\mathrm{e}^{-\lambda\tau_i}\lambda_1\tau_i\boldsymbol{v} + \left(\Delta\tilde{\boldsymbol{A}}_0 + \sum_{i=1}^{m}\Delta\tilde{\boldsymbol{A}}_i\mathrm{e}^{-\lambda\tau_i}\right)\boldsymbol{v}\right] + \cdots \\
=&\lambda\boldsymbol{v} + \varepsilon(\lambda_1\boldsymbol{v} + \lambda\boldsymbol{v}_1) + \cdots
\end{aligned} \tag{3.35}$$

令式 (3.35) 两端 ε 的同次幂项的系数相等，得

$$\varepsilon^0:\ \left(\tilde{\boldsymbol{A}}_0 + \sum_{i=1}^{m}\tilde{\boldsymbol{A}}_i\mathrm{e}^{-\lambda\tau_i}\right)\boldsymbol{v} = \lambda\boldsymbol{v} \tag{3.36}$$

$$\begin{aligned}
\varepsilon^1:\ &\left(\tilde{\boldsymbol{A}}_0 + \sum_{i=1}^{m}\tilde{\boldsymbol{A}}_i\mathrm{e}^{-\lambda\tau_i}\right)\boldsymbol{v}_1 - \sum_{i=1}^{m}\tilde{\boldsymbol{A}}_i\mathrm{e}^{-\lambda\tau_i}\lambda_1\tau_i\boldsymbol{v} + \left(\Delta\tilde{\boldsymbol{A}}_0 + \sum_{i=1}^{m}\Delta\tilde{\boldsymbol{A}}_i\mathrm{e}^{-\lambda\tau_i}\right)\boldsymbol{v} \\
=&\lambda_1\boldsymbol{v} + \lambda\boldsymbol{v}_1
\end{aligned} \tag{3.37}$$

式 (3.37) 两边分别左乘 $\boldsymbol{u}^{\mathrm{T}}$，得

$$\begin{aligned}
&\boldsymbol{u}^{\mathrm{T}}\left(\tilde{\boldsymbol{A}}_0 + \sum_{i=1}^{m}\tilde{\boldsymbol{A}}_i\mathrm{e}^{-\lambda\tau_i}\right)\boldsymbol{v}_1 - \boldsymbol{u}^{\mathrm{T}}\sum_{i=1}^{m}\tilde{\boldsymbol{A}}_i\mathrm{e}^{-\lambda\tau_i}\lambda_1\tau_i\boldsymbol{v} \\
&+ \boldsymbol{u}^{\mathrm{T}}\left(\Delta\tilde{\boldsymbol{A}}_0 + \sum_{i=1}^{m}\Delta\tilde{\boldsymbol{A}}_i\mathrm{e}^{-\lambda\tau_i}\right)\boldsymbol{v} \\
=&\lambda_1\boldsymbol{u}^{\mathrm{T}}\boldsymbol{v} + \lambda\boldsymbol{u}^{\mathrm{T}}\boldsymbol{v}_1
\end{aligned} \tag{3.38}$$

将式 (3.16) 代入式 (3.38)，然后消去等式左边第一项和右边第二项，得

$$-\lambda_1\boldsymbol{u}^{\mathrm{T}}\sum_{i=1}^{m}\tilde{\boldsymbol{A}}_i\mathrm{e}^{-\lambda\tau_i}\tau_i\boldsymbol{v} + \boldsymbol{u}^{\mathrm{T}}\left(\Delta\tilde{\boldsymbol{A}}_0 + \sum_{i=1}^{m}\Delta\tilde{\boldsymbol{A}}_i\mathrm{e}^{-\lambda\tau_i}\right)\boldsymbol{v} = \lambda_1\boldsymbol{u}^{\mathrm{T}}\boldsymbol{v} \tag{3.39}$$

进而可解得 λ 的一阶摄动量：

$$\varepsilon\lambda_1 = \frac{\boldsymbol{u}^{\mathrm{T}}\varepsilon\Delta\tilde{\boldsymbol{A}}_0 + \sum_{i=1}^{m}\varepsilon\Delta\tilde{\boldsymbol{A}}_i\mathrm{e}^{\lambda\tau_i}\boldsymbol{v}}{\boldsymbol{u}^{\mathrm{T}}\left(\boldsymbol{I}_n + \sum_{i=1}^{m}\tilde{\boldsymbol{A}}_i\mathrm{e}^{-\lambda\tau_i}\tau_i\right)\boldsymbol{v}} \tag{3.40}$$

3.2 谱离散化中的数值方法

本节介绍谱离散化特征值计算方法中使用的三类数值方法，包括：切比雪夫离散化、线性多步 (Linear multi-step，LMS) 法和隐式龙格-库塔 (implicit Runge-Kutta，IRK) 法。

3.2.1 切比雪夫离散化

切比雪夫离散化，又称为伪谱离散化 (pseudo-spectral discretization)，就是利用切比雪夫点对某一连续函数进行多项式插值，得到拉格朗日形式的逼近函数，再通过求导得到函数的离散化微分矩阵 $\boldsymbol{D}_N$。离散化微分矩阵 $\boldsymbol{D}_N$ 可以用于求解 ODE 和偏微分方程 (partial differential equation，PDE) 的边值问题 (boundary value problem，BVP)，还可以用于简化特征值和伪谱的计算 [110]。

1. 切比雪夫点

利用高阶多项式对某一函数进行逼近时，可能会出现区间端点处的插值结果振荡、插值误差增大的现象，即龙格现象。利用切比雪夫点作为插值节点，可以有效地避免龙格现象，提高插值精度，并达到最佳的一致逼近效果。

在区间 $[-1, 1]$ 上，N 阶切比雪夫多项式 T_N 的零点 (又称为第一类切比雪夫点) 为

$$x_j = \cos\left(\frac{2j-1}{2N}\pi\right),\ \ j = 1,\ 2,\ \cdots,\ N \tag{3.41}$$

从几何角度看，第一类切比雪夫点表示上半单位圆上距离为 π/N 的等距离散点在区间 $[-1, 1]$ 上的投影。例如，当 N 取 4 时，这些切比雪夫点对应于图 3.2 中所示“○”(按照从右到左的顺序)。

类似地，如果 x_j 取为切比雪夫多项式 T_N 的极点 (又称为第二类切比雪夫点)：

$$x_j = \cos\frac{j\pi}{N},\ \ j = 0,\ 1,\ \cdots,\ N \tag{3.42}$$

则 $\{x_j\}$ 包含了区间 $[-1, 1]$ 在端点处的取值，如图 3.2 中的“□”所示。此时，与之相对应的上半单位圆上的离散点之间的距离仍然为 π/N。

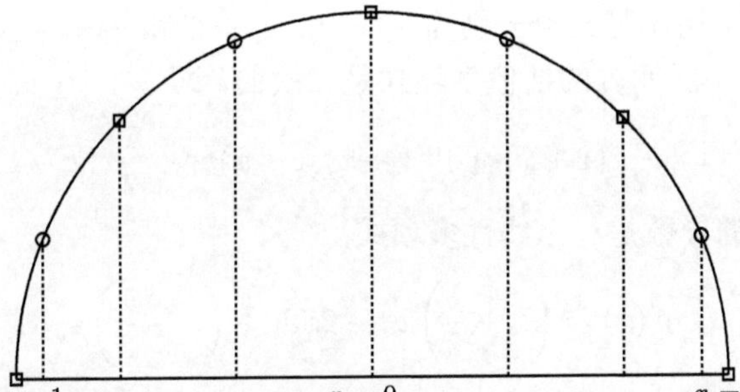

图 3.2 切比雪夫点的图释 $(N=4)$

2. 切比雪夫离散化

假设连续函数为 v，其在第二类切比雪夫点 x_j 处的函数值为 v_j。函数 v 的切比雪夫离散化过程如下：① 令 p 是 v 唯一的插值函数，且 $p(x_j)=v_j$，$0\leqslant j\leqslant N$；② v 的离散导数为 $w_j=p'(x_j)$。

上述切比雪夫离散化过程中所涉及的运算都是线性的，因此可以用一个 $(N+1)\times(N+1)$ 维的矩阵 $\boldsymbol{D}_N$ 来表示，即

$$\boldsymbol{w}_N=\boldsymbol{D}_N\boldsymbol{v}_N \tag{3.43}$$

式中，N 为任意正整数；$\boldsymbol{D}_N$ 为切比雪夫离散化矩阵；$\boldsymbol{w}_N$ 和 $\boldsymbol{v}_N$ 分别为 $\boldsymbol{w}$ 和 $\boldsymbol{v}$ 的离散化向量。

3. $\boldsymbol{D}_N$ 的表达式

当 $N=1$ 时，由式 (3.42) 可得切比雪夫点分别为 $x_0=1$ 和 $x_1=-1$，相应的插值函数值为 v_0 和 v_1。将区间内的插值多项式改写成拉格朗日形式：

$$p(x)=\frac{1}{2}(1+x)v_0+\frac{1}{2}(1-x)v_1 \tag{3.44}$$

对式 (3.44) 求导，得

$$p'(x)=\frac{1}{2}v_0-\frac{1}{2}v_1 \tag{3.45}$$

导数函数对应的离散化矩阵 $\boldsymbol{D}_1$ 为

$$\boldsymbol{D}_1=\begin{bmatrix}1/2 & -1/2\\ 1/2 & -1/2\end{bmatrix} \tag{3.46}$$

式 (3.46) 表明：$\boldsymbol{D}_1$ 是 2×2 维的矩阵，它的第一列元素由常数 $1/2$ 构成，第二列元素由常数 $-1/2$ 构成。

当 $N=2$ 时，切比雪夫点分别为 $x_0=1$、$x_1=0$ 和 $x_2=-1$，相应的插值函数值为 v_0，v_1 和 v_2。区间内的插值多项式是二次的，即

$$p(x)=\frac{1}{2}x(1+x)v_0+(1+x)(1-x)v_1+\frac{1}{2}x(x-1)v_2 \tag{3.47}$$

此时，$p(x)$ 的导数是一个线性多项式：

$$p'(x)=\left(x+\frac{1}{2}\right)v_0-2xv_1+\left(x-\frac{1}{2}\right)v_2 \tag{3.48}$$

导数函数对应的离散化矩阵 $\boldsymbol{D}_2$ 为

$$\boldsymbol{D}_2=\begin{bmatrix} 3/2 & -2 & 1/2 \\ 1/2 & 0 & -1/2 \\ -1/2 & 2 & -3/2 \end{bmatrix} \tag{3.49}$$

$\boldsymbol{D}_2$ 是 3×3 维的矩阵，它的第 j 列元素分别等于式 (3.48) 在 $x=1$，0 和 -1 时第 j 项 v_j 的系数。

当 N 为任意正整数时，$\boldsymbol{D}_N$ 的各元素的表达式为 [110]

$$\boldsymbol{D}_N(0,\ 0)=\frac{2N^2+1}{6} \tag{3.50}$$

$$\boldsymbol{D}_N(N,\ N)=-\frac{2N^2+1}{6} \tag{3.51}$$

$$\boldsymbol{D}_N(j,\ j)=\frac{-x_j}{2(1-x_j^2)},\quad j=1,\ 2,\ \cdots,\ N-1 \tag{3.52}$$

$$\boldsymbol{D}_N(i,\ j)=\frac{c_i}{c_j}\frac{(-1)^{i+j}}{(x_i-x_j)},\quad i\neq j,\ i,\ j=0,\ 1,\ \cdots,\ N \tag{3.53}$$

式中，

$$c_i,c_j=\begin{cases} 2, & i,\ j=0\ \text{或}\ N \\ 1, & \text{其他} \end{cases} \tag{3.54}$$

综上，可以得到 $\boldsymbol{D}_N$ 的结构如下：

$$\boldsymbol{D}_N=\left[\begin{array}{c|c|c} \dfrac{2N^2+1}{6} & 2\,\dfrac{(-1)^j}{1-x_j} & \dfrac{1}{2}(-1)^N \\ \hline -\dfrac{1}{2}\dfrac{(-1)^i}{1-x_i} & \begin{array}{c} \dfrac{(-1)^{i+j}}{(x_i-x_j)} \\ \dfrac{-x_j}{2(1-x_j^2)} \\ \dfrac{(-1)^{i+j}}{(x_i-x_j)} \end{array} & \dfrac{1}{2}\dfrac{(-1)^{N+i}}{1+x_i} \\ \hline -\dfrac{1}{2}(-1)^N & -2\,\dfrac{(-1)^{N+j}}{1+x_j} & -\dfrac{2N^2+1}{6} \end{array}\right] \tag{3.55}$$

矩阵 $\boldsymbol{D}_N$ 的第 j 列元素等于 N 阶插值多项式 $p(x)$ 导数的第 j 项在 x_i ($i=0, 1, \cdots, N$) 处的取值，即 $p'(x_i)$ 中第 j 项 v_j 的系数。进一步分析可知，$\boldsymbol{D}_N$ 是稠密矩阵，且具有反对称性，即 $\boldsymbol{D}_N(i, j)=-\boldsymbol{D}_N(N-i, N-j)$。

在实际应用中，为了保证 $\boldsymbol{D}_N$ 的数值稳定性，可以利用非对角元素之和来计算 $\boldsymbol{D}_N$ 的对角元：

$$\boldsymbol{D}_N(i, i)=-\sum_{j=0,\ j\neq i}^{N}\boldsymbol{D}_N(i, j) \tag{3.56}$$

3.2.2 LMS 法

1. LMS 法的系数

给定步长 h，线性 k 步法公式的一般形式如下 [91, 111]：

$$\alpha_k y_{n+k}+\alpha_{k-1}y_{n+k-1}+\cdots+\alpha_0 y_n=h(\beta_k f_{n+k}+\cdots+\beta_0 f_n) \tag{3.57}$$

或简写为

$$\sum_{j=0}^{k}\alpha_j y_{n+j}=h\sum_{j=0}^{k}\beta_j f(t_{n+j}, y_{n+j}) \tag{3.58}$$

式中，α_j、β_j ($j=0, 1, \cdots, k$) 为线性 k 步法的系数，$\alpha_k=1$。当 β_k 为 0 时，LMS 法为显式法，反之为隐式法。

参考文献 [111] 表 244(Ⅰ)、表 244(Ⅱ)、表 412(Ⅰ) 和文献 [112] 式Ⅲ.1.1.5、式Ⅲ.1.1.9 和式Ⅲ.1.1.22，下面总结了三种 LMS 法，即 AB (Adams-Bashforth，即 explicit Adams) 方法、AM (Adams-Moulton，即 implicit Adams) 方法和 BDF (backward differentiation formulae) 方法的表达式。

1) AB 方法

AB 方法为显式法。当步数 k 为 $1\sim6$ 时，其表达式如下：

$$\begin{aligned}
k=1:\ y_{n+1}&=y_n+hf_n\\
k=2:\ y_{n+2}&=y_{n+1}+h\left(\frac{3}{2}f_{n+1}-\frac{1}{2}f_n\right)\\
k=3:\ y_{n+3}&=y_{n+2}+h\left(\frac{23}{12}f_{n+2}-\frac{4}{3}f_{n+1}+\frac{5}{12}f_n\right)\\
k=4:\ y_{n+4}&=y_{n+3}+h\left(\frac{55}{24}f_{n+3}-\frac{59}{24}f_{n+2}+\frac{37}{24}f_{n+1}-\frac{3}{8}f_n\right)\\
k=5:\ y_{n+5}&=y_{n+4}+h\left(\frac{1901}{720}f_{n+4}-\frac{1387}{360}f_{n+3}+\frac{109}{30}f_{n+2}-\frac{637}{360}f_{n+1}+\frac{251}{720}f_n\right)
\end{aligned}$$

$$
\begin{aligned}
k=6:\ y_{n+6} =&y_{n+5}+h\left(\frac{4277}{1440}f_{n+5}-\frac{2641}{480}f_{n+4}+\frac{4991}{720}f_{n+3}\right.\\
&\left.-\frac{3649}{720}f_{n+2}+\frac{959}{480}f_{n+1}-\frac{95}{288}f_n\right)
\end{aligned}
\tag{3.59}
$$

2) AM 方法

AM 方法为隐式法。当步数 k 为 $0\sim 6$ 时，其表达式如下：

$$
\begin{aligned}
&k=0:\ y_n=y_{n-1}+hf_n\\
&k=1:\ y_{n+1}=y_n+h\left(\frac{1}{2}f_{n+1}+\frac{1}{2}f_n\right)\\
&k=2:\ y_{n+2}=y_{n+1}+h\left(\frac{5}{12}f_{n+2}+\frac{2}{3}f_{n+1}-\frac{1}{12}f_n\right)\\
&k=3:\ y_{n+3}=y_{n+2}+h\left(\frac{3}{8}f_{n+3}+\frac{19}{24}f_{n+2}-\frac{5}{24}f_{n+1}+\frac{1}{24}f_n\right)\\
&k=4:\ y_{n+4}=y_{n+3}+h\left(\frac{251}{720}f_{n+4}+\frac{323}{360}f_{n+3}-\frac{11}{30}f_{n+2}\right.\\
&\qquad\qquad\left.+\frac{53}{360}f_{n+1}-\frac{19}{720}f_n\right)\\
&k=5:\ y_{n+5}=y_{n+4}+h\left(\frac{95}{288}f_{n+5}+\frac{1427}{1440}f_{n+4}-\frac{133}{240}f_{n+3}\right.\\
&\qquad\qquad\left.+\frac{241}{720}f_{n+2}-\frac{173}{1440}f_{n+1}+\frac{3}{160}f_n\right)\\
&k=6:\ y_{n+6}=y_{n+5}+h\left(\frac{19087}{60480}f_{n+6}+\frac{2713}{2520}f_{n+5}-\frac{15487}{20160}f_{n+4}\right.\\
&\qquad\qquad\left.+\frac{586}{945}f_{n+3}-\frac{6737}{20160}f_{n+2}+\frac{263}{2520}f_{n+1}-\frac{863}{60480}f_n\right)
\end{aligned}
\tag{3.60}
$$

3) BDF 方法

BDF 方法为隐式法。当步数 k 为 $1\sim 6$ 时，其表达式如下：

$$
\begin{aligned}
&k=1: y_{n+1}-y_n=hf_{n+1}\\
&k=2: y_{n+2}-\frac{4}{3}y_{n+1}+\frac{1}{3}y_n=\frac{2}{3}hf_{n+2}\\
&k=3: y_{n+3}-\frac{18}{11}y_{n+2}+\frac{9}{11}y_{n+1}-\frac{2}{11}y_n=\frac{6}{11}hf_{n+3}\\
&k=4: y_{n+4}-\frac{48}{25}y_{n+3}+\frac{36}{25}y_{n+2}-\frac{16}{25}y_{n+1}+\frac{3}{25}y_n=\frac{12}{25}hf_{n+4}\\
&k=5: y_{n+5}-\frac{300}{137}y_{n+4}+\frac{300}{137}y_{n+3}-\frac{200}{137}y_{n+2}+\frac{75}{137}y_{n+1}\\
&\qquad -\frac{12}{137}y_n=\frac{60}{137}hf_{n+5}
\end{aligned}
$$

$$k=6: y_{n+6}-\frac{120}{49}y_{n+5}+\frac{150}{49}y_{n+4}-\frac{400}{147}y_{n+3}+\frac{75}{49}y_{n+2} \\ -\frac{24}{49}y_{n+1}+\frac{10}{147}y_n=\frac{20}{49}hf_{n+6} \tag{3.61}$$

AB 方法、AM 方法和 BDF 方法三种方法的系数如表 3.1 所示。值得注意的是，AB 方法和 AM 方法的系数为 $\alpha_{k-1}=-1$，$\alpha_{k-2}=\cdots=\alpha_0=0$。另外，对于 AB 方法和 BDF 方法，其阶数等于步数，即 $p=k$；而对于 AM 方法，$p=k+1$。

表 3.1 AB 方法、AM 方法和 BDF 方法的系数

方法	k	β_6	β_5	β_4	β_3	β_2	β_1	β_0	α_6	α_5	α_4	α_3	α_2	α_1	α_0
AB	1	0	0	0	0	0	0	1	0	0	0	0	0	1	-1
	2	0	0	0	0	0	$\frac{3}{2}$	$-\frac{1}{2}$	0	0	0	0	1	-1	0
	3	0	0	0	0	$\frac{23}{12}$	$-\frac{4}{3}$	$\frac{5}{12}$	0	0	0	1	-1	0	0
	4	0	0	0	$\frac{55}{24}$	$-\frac{59}{24}$	$\frac{37}{24}$	$-\frac{3}{8}$	0	0	1	-1	0	0	0
	5	0	0	$\frac{1901}{720}$	$-\frac{1387}{360}$	$\frac{109}{30}$	$-\frac{637}{360}$	$\frac{251}{720}$	0	1	-1	0	0	0	0
	6	0	$\frac{4277}{1440}$	$-\frac{2641}{480}$	$\frac{4991}{720}$	$-\frac{3649}{720}$	$\frac{959}{480}$	$-\frac{95}{288}$	1	-1	0	0	0	0	0
AM	1	0	0	0	0	0	$\frac{1}{2}$	$\frac{1}{2}$	0	0	0	0	0	1	-1
	2	0	0	0	0	$\frac{5}{12}$	$\frac{2}{3}$	$-\frac{1}{12}$	0	0	0	0	1	-1	0
	3	0	0	0	$\frac{3}{8}$	$\frac{19}{24}$	$-\frac{5}{24}$	$\frac{1}{24}$	0	0	0	1	-1	0	0
	4	0	0	$\frac{251}{720}$	$\frac{323}{360}$	$-\frac{11}{30}$	$\frac{53}{360}$	$-\frac{19}{720}$	0	0	1	-1	0	0	0
	5	0	$\frac{95}{288}$	$\frac{1427}{1440}$	$-\frac{133}{240}$	$\frac{241}{720}$	$-\frac{173}{1440}$	$\frac{3}{160}$	0	1	-1	0	0	0	0
	6	$\frac{19087}{60480}$	$\frac{2713}{2520}$	$-\frac{15487}{20160}$	$\frac{586}{945}$	$-\frac{6737}{20160}$	$\frac{263}{2520}$	$-\frac{863}{60480}$	1	-1	0	0	0	0	0
BDF	1	0	0	0	0	0	1	0	0	0	0	0	0	1	-1
	2	0	0	0	0	$\frac{2}{3}$	0	0	0	0	0	0	1	$-\frac{4}{3}$	$\frac{1}{3}$
	3	0	0	0	$\frac{6}{11}$	0	0	0	0	0	0	1	$-\frac{18}{11}$	$\frac{9}{11}$	$-\frac{2}{11}$
	4	0	0	$\frac{12}{25}$	0	0	0	0	0	0	1	$-\frac{48}{25}$	$\frac{36}{25}$	$-\frac{16}{25}$	$\frac{3}{25}$
	5	0	$\frac{60}{137}$	0	0	0	0	0	0	1	$-\frac{300}{137}$	$\frac{300}{137}$	$-\frac{200}{137}$	$\frac{75}{137}$	$-\frac{12}{137}$
	6	$\frac{20}{49}$	0	0	0	0	0	0	1	$-\frac{120}{49}$	$\frac{150}{49}$	$-\frac{400}{147}$	$\frac{75}{49}$	$-\frac{24}{49}$	$\frac{10}{147}$

2. LMS 法的绝对稳定性 (域)

1) 绝对稳定性

设利用 LMS 法得到第 n 步节点 x_n 处某微分方程初值问题的数值解为 y_n，而实际计算得到的近似值为 $\tilde{y}_n$，称差值 $\delta_n=\tilde{y}_n-y_n$ 为第 n 步数值解的扰动 (误差)。设 $\delta_n\neq 0$，而在以后节点值 y_m $(m>n)$ 上产生的扰动按绝对值均不超过 $|\delta_n|$，即 $|\delta_m|<|\delta_n|$ $(m=n+1,\ n+2,\ \cdots)$，则称 LMS 法是绝对稳定的 [113]。简言之，LMS 法的绝对稳定性，是从误差分析的角度考察当步数 n 增大时 δ_n 随 n 的变化情况，即当 n 增大时，δ_n 是增大、减小还是振荡。

2) 绝对稳定的充分和必要条件

设 λ 表示微分方程对应特征方程的根，也即系统的特征值。定义线性 k 步法

式 (3.57) 的第一和第二特征多项式为

$$\rho(\lambda)=\sum_{j=0}^{k}\alpha_j\lambda^j,\quad \sigma(\lambda)=\sum_{j=0}^{k}\beta_j\lambda^j \tag{3.62}$$

对于给定的 $\overline{h}=\lambda h$，如果稳定性多项式：

$$\pi\left(\mu;\overline{h}\right)=\sum_{j=0}^{k}\left(\alpha_j-\overline{h}\beta_j\right)\mu^j=\rho(\mu)-\overline{h}\sigma(\mu)=0 \tag{3.63}$$

的所有特征值 $\mu_j\left(\overline{h}\right)$ 都满足 $|\mu_j|<1$ $(j=1,\ 2,\ \cdots,\ k)$，则称线性 k 步法关于 $\overline{h}$ 绝对稳定。LMS 法绝对稳定的必要条件为：$\mathrm{Re}\left(\overline{h}\right)<0$。

3) 绝对稳定域

将满足式 (3.63) 的 $\overline{h}$ 在 s 平面上的分布区域称为绝对稳定域 (strict stability region)。对式 (3.63) 进行整理，得

$$\overline{h}(\mu)=\frac{\rho(\mu)}{\sigma(\mu)} \tag{3.64}$$

由于 μ 为 z 平面上的特征值，式 (3.64) 就表示 z 平面到 $\overline{h}$ 的映射。将 LMS 法绝对稳定的充分条件，即 z 平面上 $|\mu|<1$ 的区域 (单位圆内部) 代入式 (3.64) 中，就可以得到 LMS 法的绝对稳定域。

类似地，若要得到 s 平面到 $\overline{h}$ 的映射，需要将 μ 和 λ 之间的关系 $\mu=\mathrm{e}^{\lambda h}$ 代入式 (3.64)，其中 $\lambda\in\mathbb{C}$。由于 h 为实数，$\lambda h\in\mathbb{C}$，于是 $\mu=\mathrm{e}^{\lambda h}$ 可以用 $\mu=\mathrm{e}^{\lambda}$ 代替，从而可得 LMS 映射：

$$\mathrm{LMS}(\lambda)=\frac{\rho\left(\mathrm{e}^{\lambda}\right)}{\sigma\left(\mathrm{e}^{\lambda}\right)}=\frac{\sum\limits_{j=0}^{k}\alpha_j\mathrm{e}^{\lambda j}}{\sum\limits_{j=0}^{k}\beta_j\mathrm{e}^{\lambda j}} \tag{3.65}$$

相应地，LMS 法的绝对稳定域可表示为 $\mathbb{C}\setminus\mathrm{LMS}\left(\mathbb{C}^{+}\right)$，即 $\mathrm{LMS}(\cdot)$ 不映射任何在右半复闭平面上的特征值。

4) 绘制绝对稳定域

线性 k 步法的绝对稳定域可以利用其边界进行刻画。将 $\lambda=-\mathrm{j}\xi$ 代入式 (3.65) 中，可得 $\mathrm{LMS}\left(\{\mathrm{j}\xi|\xi\in\mathbb{R}\}\right)$。由于 $\mathrm{e}^{-\mathrm{j}\xi}$ 为周期函数，可以将 ξ 进一步限定为 $\xi\in[0,\ 2\pi]$，即 $\mathrm{LMS}\left(\{\mathrm{j}\xi|\xi\in\mathbb{R}\}\right)=\mathrm{LMS}\left(\{\mathrm{j}\xi|\xi\in[0,\ 2\pi]\}\right)$。进而，利用根轨迹法即可描绘出 LMS 法绝对稳定域的边界。

利用根轨迹法求解得到 AB 方法、AM 方法和 BDF 方法的绝对稳定域，分别如图 3.3、图 3.4 和图 3.5 中阴影部分所示。分析可知，随着步数 k 的增大，3 种方法的绝对稳定域逐渐减小。此外，通过对比可知，BDF 方法的绝对稳定区域较大，基本包含整个左半平面。从误差分析观点来看，该方法的适用性更好，应用范围也比 AB 方法和 AM 方法更广。

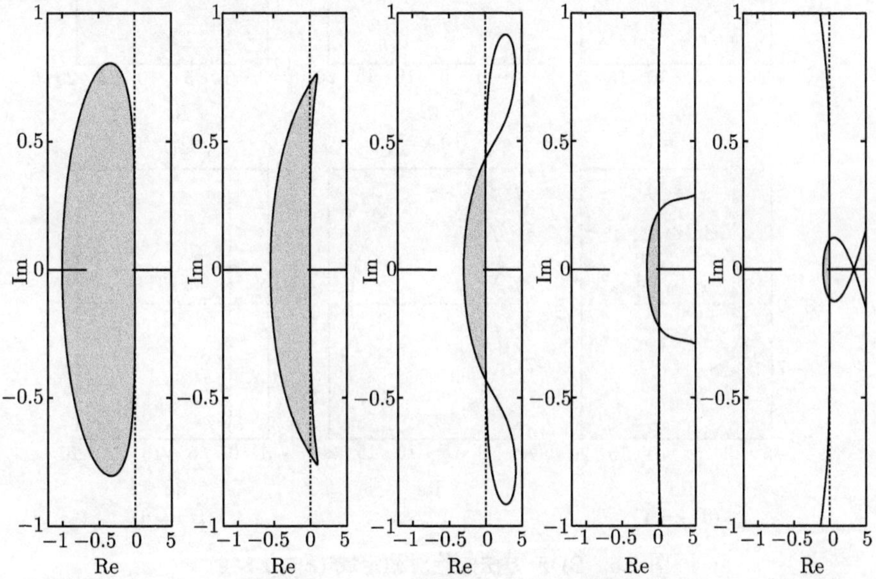

(a) $k=2$　(b) $k=3$　(c) $k=4$　(d) $k=5$　(e) $k=6$

图 3.3　AB 方法的绝对稳定域 ($k = 2 \sim 6$)

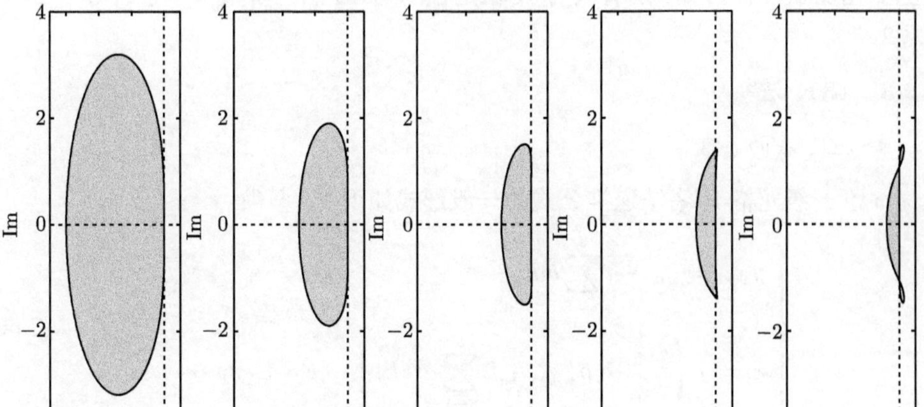

(a) $k=2$　(b) $k=3$　(c) $k=4$　(d) $k=5$　(e) $k=6$

图 3.4　AM 方法的绝对稳定域 ($k = 2 \sim 6$)

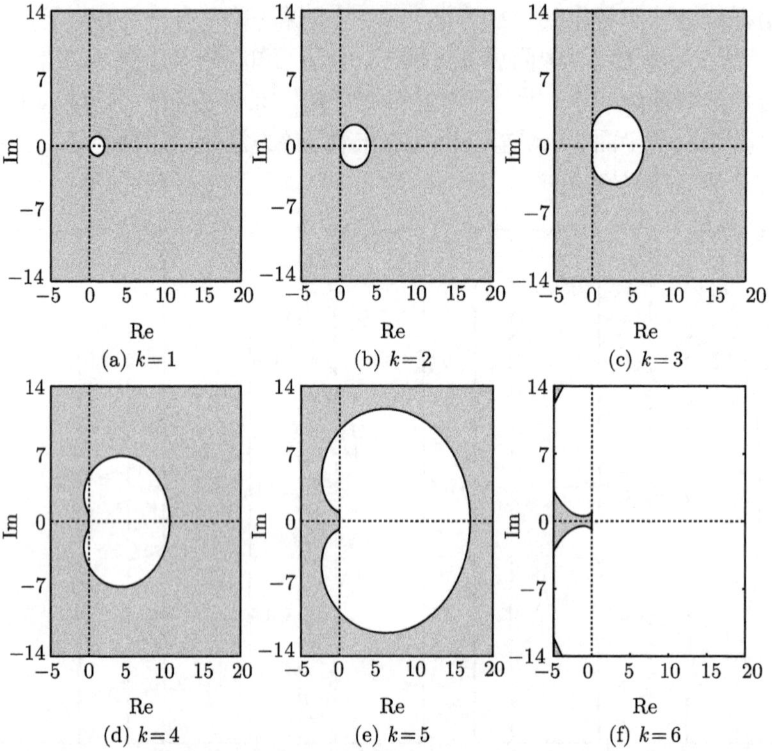

图 3.5　BDF 方法的绝对稳定域 ($k = 1 \sim 6$)

如果 LMS(λ) 的绝对稳定域包含整个左半复平面，则称此 LMS 法具有 A 稳定性。由文献 [91] 可知，所有具有 A 稳定性的 LMS 法的阶数都小于或等于 2，即 $p \leqslant 2$。

3.2.3　IRK 法

1. IRK 法的系数

p 阶 s 级龙格-库塔法递推公式的一般形式如下 [91, 112]：

$$\begin{cases} y_{n+1} = y_n + h\displaystyle\sum_{i=1}^{s} b_i k_i \\ k_i = f\left(t_n + c_i h,\ y_n + h\displaystyle\sum_{j=1}^{s} a_{i,j} k_j\right), \quad i = 1,\ 2,\ \cdots,\ s \end{cases} \tag{3.66}$$

令 $\boldsymbol{A} = (a_{i,j})_{i,j=1}^{s}$，$\boldsymbol{b}^{\mathrm{T}} = [b_1,\ b_2,\ \cdots,\ b_s]$，$\boldsymbol{c}^{\mathrm{T}} = [c_1,\ c_2,\ \cdots,\ c_s]$。于是，式 (3.66) 中龙格-库塔法的系数 $(\boldsymbol{A},\ \boldsymbol{b},\ \boldsymbol{c})$ 可用 Butcher 表 (Butcher's Tableau) 表示 [111]。

$$\begin{array}{c|c} \boldsymbol{c} & \boldsymbol{A} \\ \hline & \boldsymbol{b}^{\mathrm{T}} \end{array} = \begin{array}{c|cccc} c_1 & a_{1,1} & a_{1,2} & \cdots & a_{1,s} \\ c_2 & a_{2,1} & a_{2,2} & \cdots & a_{2,s} \\ \vdots & \vdots & \vdots & & \vdots \\ c_s & a_{s,1} & a_{s,2} & \cdots & a_{s,s} \\ \hline & b_1 & b_2 & \cdots & b_s \end{array} \tag{3.67}$$

下面列出了 9 种常用的 IRK 法的系数，其中方法 1) ~ 方法 7) 为 A 稳定 IRK 法，方法 8) 和方法 9) 为非 A 稳定 IRK 法。

方法 1) 2、4、6 阶 Lobatto IIIA 方法 (文献 [112] 表Ⅱ.7.7，文献 [91] 表Ⅳ.5.7 和表Ⅳ.5.8)，$p = 2s - 2$

$$\begin{array}{c|cc} 0 & 0 & 0 \\ 1 & 1/2 & 1/2 \\ \hline & 1/2 & 1/2 \end{array} \tag{3.68}$$

$$\begin{array}{c|ccc} 0 & 0 & 0 & 0 \\ 1/2 & 5/24 & 1/3 & -1/24 \\ 1 & 1/6 & 2/3 & 1/6 \\ \hline & 1/6 & 2/3 & 1/6 \end{array} \tag{3.69}$$

$$\begin{array}{c|cccc} 0 & 0 & 0 & 0 & 0 \\ (5-\sqrt{5})/10 & (11+\sqrt{5})/120 & (25-\sqrt{5})/120 & (25-13\sqrt{5})/120 & (-1+\sqrt{5})/120 \\ (5+\sqrt{5})/10 & (11-\sqrt{5})/120 & (25+13\sqrt{5})/120 & (25+\sqrt{5})/120 & (-1-\sqrt{5})/120 \\ 1 & 1/12 & 5/12 & 5/12 & 1/12 \\ \hline & 1/12 & 5/12 & 5/12 & 1/12 \end{array} \tag{3.70}$$

方法 2) 2、4、6 阶 Lobatto IIIB 方法 (文献 [91] 表Ⅳ.5.9 和表Ⅳ.5.10)，$p = 2s-2$

$$\begin{array}{c|cc} 0 & 1/2 & 0 \\ 1 & 1/2 & 0 \\ \hline & 1/2 & 1/2 \end{array} \tag{3.71}$$

$$\begin{array}{c|ccc} 0 & 1/6 & -1/6 & 0 \\ 1/2 & 1/6 & 1/3 & 0 \\ 1 & 1/6 & 5/6 & 0 \\ \hline & 1/6 & 2/3 & 1/6 \end{array} \tag{3.72}$$

$$\begin{array}{c|cccc} 0 & 1/12 & (-1-\sqrt{5})/24 & (-1+\sqrt{5})/24 & 0 \\ (5-\sqrt{5})/10 & 1/12 & (25+\sqrt{5})/120 & (25-13\sqrt{5})/120 & 0 \\ (5+\sqrt{5})/10 & 1/12 & (25+13\sqrt{5})/120 & (25-\sqrt{5})/120 & 0 \\ 1 & 1/12 & (11-\sqrt{5})/24 & (11+\sqrt{5})/24 & 0 \\ \hline & 1/12 & 5/12 & 5/12 & 1/12 \end{array} \tag{3.73}$$

方法 3) 2、4、6 阶 Lobatto ⅢC 方法 (文献 [91] 表Ⅳ.5.11 和表Ⅳ.5.12)，$p=2s-2$

$$\begin{array}{c|cc} 0 & 1/2 & -1/2 \\ 1 & 1/2 & 1/2 \\ \hline & 1/2 & 1/2 \end{array} \tag{3.74}$$

$$\begin{array}{c|ccc} 0 & 1/6 & -1/3 & 1/6 \\ 1/2 & 1/6 & 5/12 & -1/12 \\ 1 & 1/6 & 2/3 & 1/6 \\ \hline & 1/6 & 2/3 & 1/6 \end{array} \tag{3.75}$$

$$\begin{array}{c|cccc} 0 & 1/12 & -\sqrt{5}/12 & \sqrt{5}/12 & -1/12 \\ (5-\sqrt{5})/10 & 1/12 & 1/4 & (10-7\sqrt{5})/60 & \sqrt{5}/60 \\ (5+\sqrt{5})/10 & 1/12 & (10+7\sqrt{5})/60 & 1/4 & -\sqrt{5}/60 \\ 1 & 1/12 & 5/12 & 5/12 & 1/12 \\ \hline & 1/12 & 5/12 & 5/12 & 1/12 \end{array} \tag{3.76}$$

方法 4) 1、3、5 阶 Radau ⅠA 方法 (文献 [91] 表Ⅳ.5.3 和表Ⅳ.5.4)，$p=2s-1$

$$\begin{array}{c|c} 0 & 1 \\ \hline & 1 \end{array} \tag{3.77}$$

$$\begin{array}{c|cc} 0 & 1/4 & -1/4 \\ 2/3 & 1/4 & 5/12 \\ \hline & 1/4 & 3/4 \end{array} \tag{3.78}$$

$$\begin{array}{c|ccc} 0 & 1/9 & (-1-\sqrt{6})/18 & (-1+\sqrt{6})/18 \\ (6-\sqrt{6})/10 & 1/9 & (88+7\sqrt{6})/360 & (88-43\sqrt{6})/360 \\ (6+\sqrt{6})/10 & 1/9 & (88+43\sqrt{6})/360 & (88-7\sqrt{6})/360 \\ \hline & 1/9 & (16+\sqrt{6})/36 & (16-\sqrt{6})/36 \end{array} \tag{3.79}$$

方法 5) 1、3、5 阶 Radau ⅡA 方法 (文献 [112] 表Ⅱ.7.7，文献 [91] 表Ⅳ.5.5 和表Ⅳ.5.6)，$p=2s-1$

$$\begin{array}{c|c} 1 & 1 \\ \hline & 1 \end{array} \tag{3.80}$$

$$\begin{array}{c|cc} 1/3 & 5/12 & -1/12 \\ 1 & 3/4 & 1/4 \\ \hline & 3/4 & 1/4 \end{array} \tag{3.81}$$

$$\begin{array}{c|ccc} (4-\sqrt{6})/10 & (88-7\sqrt{6})/360 & (296-169\sqrt{6})/1800 & (-2+3\sqrt{6})/225 \\ (4+\sqrt{6})/10 & (296+169\sqrt{6})/1800 & (88+7\sqrt{6})/360 & (-2-3\sqrt{6})/225 \\ 1 & (16-\sqrt{6})/36 & (16+\sqrt{6})/36 & 1/9 \\ \hline & (16-\sqrt{6})/36 & (16+\sqrt{6})/36 & 1/9 \end{array} \tag{3.82}$$

方法 6) 2、4、6 阶 Gauss-Legendre (或 Hammer-Lollingsworth、Kuntzmann-Butcher) 方法 (文献 [112] 表Ⅱ.7.4，文献 [91] 表Ⅳ.5.1 和表Ⅳ.5.2)，$p=2s$

$$\begin{array}{c|c} 1/2 & 1/2 \\ \hline & 1 \end{array} \tag{3.83}$$

$$\begin{array}{c|cc} (3-\sqrt{3})/6 & 1/4 & (3-2\sqrt{3})/12 \\ (3+\sqrt{3})/6 & (3+2\sqrt{3})/12 & 1/4 \\ \hline & 1/2 & 1/2 \end{array} \tag{3.84}$$

$$\begin{array}{c|ccc} (5-\sqrt{15})/10 & 5/36 & (10-3\sqrt{15})/45 & (25-6\sqrt{15})/180 \\ 1/2 & (10+3\sqrt{15})/72 & 2/9 & (10-3\sqrt{15})/72 \\ (5+\sqrt{15})/10 & (25+6\sqrt{15})/180 & (10+3\sqrt{15})/45 & 5/36 \\ \hline & 5/18 & 4/9 & 5/18 \end{array} \tag{3.85}$$

方法 7) SDIRK 方法 (文献 [112] 表Ⅱ.7.2)，$\gamma=\dfrac{3+\sqrt{3}}{6}\geqslant\dfrac{1}{4}$，$p=2s-1$

$$\begin{array}{c|cc} \gamma & \gamma & 0 \\ 1-\gamma & 1-2\gamma & \gamma \\ \hline & 1/2 & 1/2 \end{array} \Rightarrow \begin{array}{c|cc} (3+\sqrt{3})/6 & (3+\sqrt{3})/6 & 0 \\ (3-\sqrt{3})/6 & -\sqrt{3}/3 & (3+\sqrt{3})/6 \\ \hline & 1/2 & 1/2 \end{array} \tag{3.86}$$

方法 8) SDIRK 方法 (文献 [112] 表Ⅱ.7.2)，$\gamma=\dfrac{3-\sqrt{3}}{6}<\dfrac{1}{4}$，$p=2s-1$

$$\begin{array}{c|cc} \gamma & \gamma & 0 \\ 1-\gamma & 1-2\gamma & \gamma \\ \hline & 1/2 & 1/2 \end{array} \Rightarrow \begin{array}{c|cc} (3-\sqrt{3})/6 & (3-\sqrt{3})/6 & 0 \\ (3+\sqrt{3})/6 & \sqrt{3}/3 & (3-\sqrt{3})/6 \\ \hline & 1/2 & 1/2 \end{array} \tag{3.87}$$

方法 9) 4、6 阶 Butcher's Lobatto 方法 (文献 [112] 表Ⅱ.7.6)，$p=2s-2$

$$\begin{array}{c|ccc} 0 & 0 & 0 & 0 \\ 1/2 & 1/4 & 1/4 & 0 \\ 1 & 0 & 1 & 0 \\ \hline & 1/6 & 2/3 & 1/6 \end{array} \tag{3.88}$$

$$
\begin{array}{c|cccc}
0 & 0 & 0 & 0 & 0 \\
(5-\sqrt{5})/10 & (5+\sqrt{5})/60 & 1/6 & (15-7\sqrt{5})/60 & 0 \\
(5+\sqrt{5})/10 & (5-\sqrt{5})/60 & (15+7\sqrt{5})/60 & 1/6 & 0 \\
1 & 1/6 & (5-\sqrt{5})/12 & (5+\sqrt{5})/12 & 0 \\
\hline
 & 1/12 & 5/12 & 5/12 & 1/12
\end{array}
\tag{3.89}
$$

2. IRK 法的绝对稳定域

IRK 法的稳定函数 [112] 为

$$
R(z)=\frac{\det(\boldsymbol{I}_s - z\boldsymbol{A} + z\mathbf{1}_s b^{\mathrm{T}})}{\det(\boldsymbol{I}_s - z\boldsymbol{A})} \tag{3.90}
$$

式中，

$$
\mathbf{1}_s = [1,\ 1,\ \cdots,\ 1]^{\mathrm{T}} \tag{3.91}
$$

由文献 [91] 可知，Lobatto ⅢA 方法和 Lobatto ⅢB 方法的稳定函数为 $(s-1,\ s-1)$ 阶 Padé 有理多项式；Lobatto ⅢC 方法的稳定函数为 $(s-2,\ s)$ 阶 Padé 有理多项式；Radual ⅠA 方法和 Radual ⅡA 方法的稳定函数为 $(s-1,\ s)$ 阶 Padé 有理多项式；Gauss-Legendre 方法的绝对稳定域为 $(s,\ s)$ 阶 Padé 有理多项式。

对于各种 IRK 法，满足 $|R(z)| \leqslant 1$ 的 $z \in \mathbb{C}$ 的取值范围即其绝对稳定域。Lobatto ⅢA 方法、Lobatto ⅢB 方法和 Gauss-Legendre 方法 $(s=2\sim4)$，Lobatto ⅢC 方法 $(s=2\sim4)$，Radual ⅠA 方法、Radual ⅡA 方法 $(s=1\sim3)$，SDIRK 方法 $(\gamma=(3+\sqrt{3})/6,\ s=2)$ 的绝对稳定域分别如图 3.6 ~ 图 3.9 中阴影部分所示。可见，这些 A 稳定 IRK 法的绝对稳定域都包含整个左半复平面。

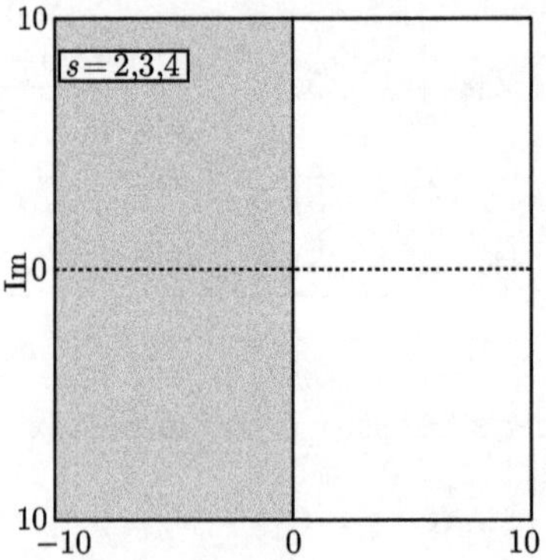

图 3.6　Lobatto ⅢA 方法、Lobatto ⅢB 方法和 Gauss-Legendre 方法的绝对稳定域 $(s=2\sim4)$

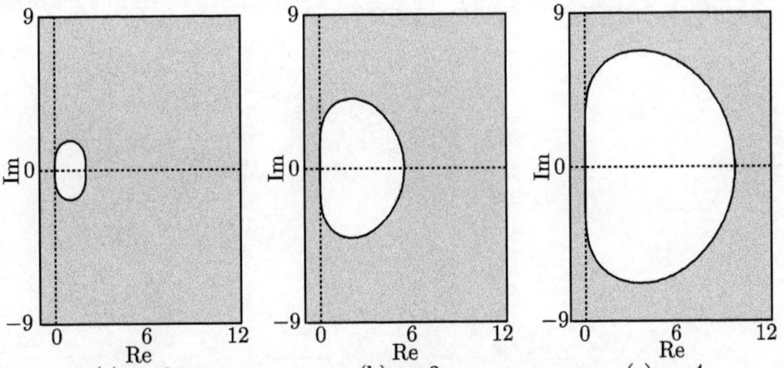

(a) $s=2$ (b) $s=3$ (c) $s=4$

图 3.7 Lobatto ⅢC 方法的绝对稳定域 ($s = 2 \sim 4$)

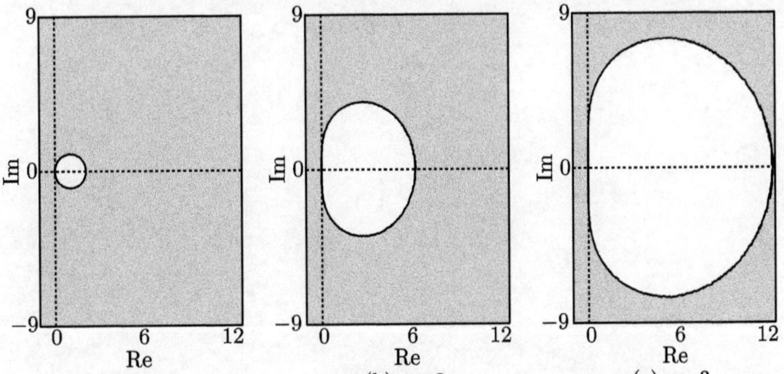

(a) $s=1$ (b) $s=2$ (c) $s=3$

图 3.8 Radual ⅠA 方法、Radual ⅡA 方法的绝对稳定域 ($s = 1 \sim 3$)

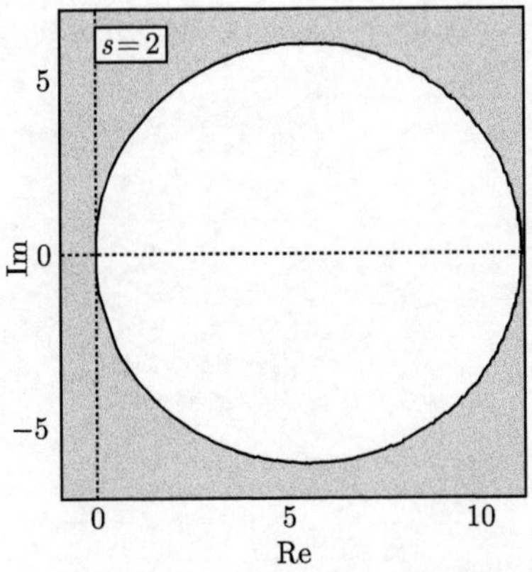

图 3.9 SDIRK 方法的绝对稳定域 ($\gamma = (3+\sqrt{3})/6,\ s = 2$)

方 法 篇

第4章 大规模 DCPPS 特征值计算框架

基于谱算子离散化的时滞特征值计算方法，是最近十多年在计算数学和数值分析领域建立并发展起来的一种时滞系统的稳定性分析方法。其基本原理是，首先将时滞系统的全部特征值 (谱) 转化为无穷维巴拿赫空间时滞系统算子的谱，包括微分算子 —— 无穷小生成元 (infinitesimal generator) 和积分算子 —— 解算子 (solution operator)。然后计算这些算子的有限维离散化近似矩阵的部分关键特征值，并以此作为时滞系统特征值的近似值。本章论述适用于大规模 DCPPS、基于谱算子离散化的特征值计算框架，包含五个核心要素：谱映射、谱离散化、谱变换、谱估计和谱校正。

4.1 半群算子

时滞系统的半群 (semigroup)[114] 算子主要有两种：微分算子和积分算子，即无穷小生成元和解算子。本节给出了这两种算子的定义。利用这两种算子，可将时滞系统的 DDE 转换为滞后型泛函微分方程 (retarded functional differential equation，RFDE)。

4.1.1 解算子

1. RFDE

由于时滞 τ_i ($i=1, 2, \cdots, m$) 的出现，式 (3.1) 表示的 DCPPS 呈现出“记忆性”。在 $t=0$ 时刻，系统的解 (系统状态) 不仅取决于 $\Delta\boldsymbol{x}(0)$，而且由整个区间 $\theta\in[-\tau_{\max}, 0]$ 上的解分段 (solution segment) $\boldsymbol{\varphi}(\theta)$ 决定。依次类推，时滞系统在 $t=h$ ($h>0$) 时刻的解 $\Delta\boldsymbol{x}(h)$，由区间 $\theta\in[h-\tau_{\max}, h]$ 上系统的解分段 $\Delta\boldsymbol{x}(\theta)$ 唯一确定。从另一个角度看，区间 $\theta\in[h-\tau_{\max}, h]$ 上的解分段 $\Delta\boldsymbol{x}(\theta)$，可以看成是区间 $\theta\in[-\tau_{\max}, 0]$ 上的解分段 $\boldsymbol{\varphi}(\theta)$ (初始状态) 向前延伸了 h 时刻，即 $\Delta\boldsymbol{x}(\theta+h)$，$\theta\in[-\tau_{\max}, 0]$。重要的是，此时 $\boldsymbol{\varphi}(\theta)$ 和 $\Delta\boldsymbol{x}(\theta+h)$ 都具有相同的定义域 $\theta\in[-\tau_{\max}, 0]$。

设状态空间 $\boldsymbol{X}:=C([-\tau_{\max}, 0], \mathbb{R}^{n\times 1})$ 是由区间 $[-\tau_{\max}, 0]$ 到 n 维实数空间 $\mathbb{R}^{n\times 1}$ 映射的连续函数构成的巴拿赫空间，并赋有上确界范数 $\sup\limits_{\theta\in[-\tau_{\max}, 0]}|\boldsymbol{\varphi}(\theta)|$。巴拿赫空间是无穷维空间，其可看成有限维向量空间的无穷维扩展和推广。

令泛函 $\Delta\boldsymbol{x}_t(\theta)\in\boldsymbol{X}$ 表示时滞系统在 $\theta+t$ 时刻的状态 $\Delta\boldsymbol{x}(\theta+t)$[115, 116]：

$$\Delta\boldsymbol{x}_t(\theta)\triangleq\Delta\boldsymbol{x}(t+\theta),\quad t\geqslant 0;\ \theta\in[-\tau_{\max},\ 0] \tag{4.1}$$

利用泛函 $\Delta\boldsymbol{x}_t$ 可定义线性齐次自治 (linear，homogeneous，autonomous) 的 RFDE：

$$\Delta\dot{\boldsymbol{x}}_t=\mathcal{F}(\Delta\boldsymbol{x}_t),\quad t\geqslant 0 \tag{4.2}$$

式中，函数 $\mathcal{F}:[0,+\infty)\times\boldsymbol{X}\to\mathbb{R}^{n\times 1}$，$\Delta\boldsymbol{x}_t$ 为 RFDE 的解或系统状态。

于是，时滞系统的状态方程式 (3.1) 可以写为如下含离散时滞的 RFDE：

$$\Delta\dot{\boldsymbol{x}}(t)=\Delta\dot{\boldsymbol{x}}_t(0)=\mathcal{F}(\Delta\boldsymbol{x}_t)=\tilde{\boldsymbol{A}}_0\Delta\boldsymbol{x}_t(0)+\sum_{i=1}^{m}\tilde{\boldsymbol{A}}_i\Delta\boldsymbol{x}_t(-\tau_i) \tag{4.3}$$

含离散时滞的 RFDE 在整个泛函微分方程 (functional differential equation，FDE) 家族中的位置如图 4.1 阴影框所示。图 4.1 中，NFDE (neutral functional differential equation) 和 AFDE (advanced functional differential equation) 分别为中立型泛函微分方程和超前型泛函微分方程。

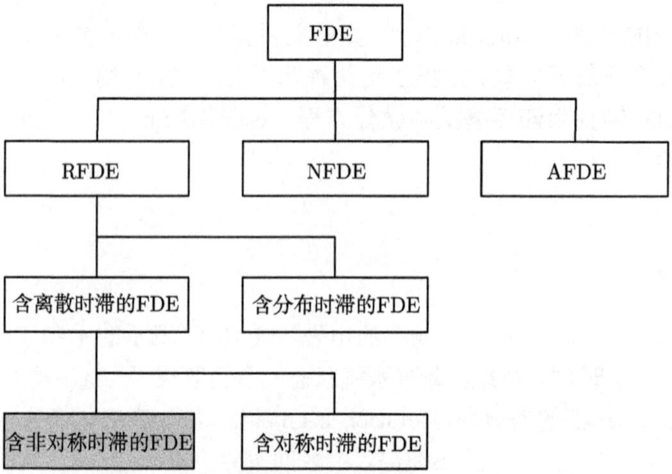

图 4.1　FDE 的分类

在整个区间 $\theta\in[-\tau_{\max},\ 0]$ 上，$\Delta\boldsymbol{x}_t(\theta)$ 表示 t 时刻左侧长度为 $\tau_{\max}$ 的系统解分段 [117]。借助于 $\Delta\boldsymbol{x}_t$，可以在相同的空间 $\boldsymbol{X}$ 上分析时滞系统的初始状态 (或解分段) $\boldsymbol{\varphi}(\theta)$ 和不同时刻的系统状态 (或解分段) $\Delta\boldsymbol{x}(\theta+t)$，$\theta\in[-\tau_{\max},\ 0]$。

图 4.2 给出利用泛函 $\Delta\boldsymbol{x}_t$ 将 DDE 转化为 RFDE 的原理示意 [118]。对于单时滞系统 $\Delta\dot{\boldsymbol{x}}(t)=\boldsymbol{A}_0\Delta\boldsymbol{x}(t)+\boldsymbol{A}_1\Delta\boldsymbol{x}(t-\tau)$，图 4.2 上半部分给出系统解函数上的两个分段：$\boldsymbol{\varphi}(\theta)$ 和 $\Delta\boldsymbol{x}(\theta+h)$，$\theta\in[-\tau,\ 0]$。解函数曲线上的任意一点表示 t 时刻时

滞系统的状态 $\Delta\boldsymbol{x}(t)$。如图 4.2 下半部分所示，曲线上任意一点表示系统 $\dot{\boldsymbol{z}}=\mathcal{F}(\boldsymbol{z})$ 在 θ 时刻的状态向量 $\Delta\boldsymbol{x}_t(\theta)$, $\theta\in[-\tau_{\max},\ 0]$。

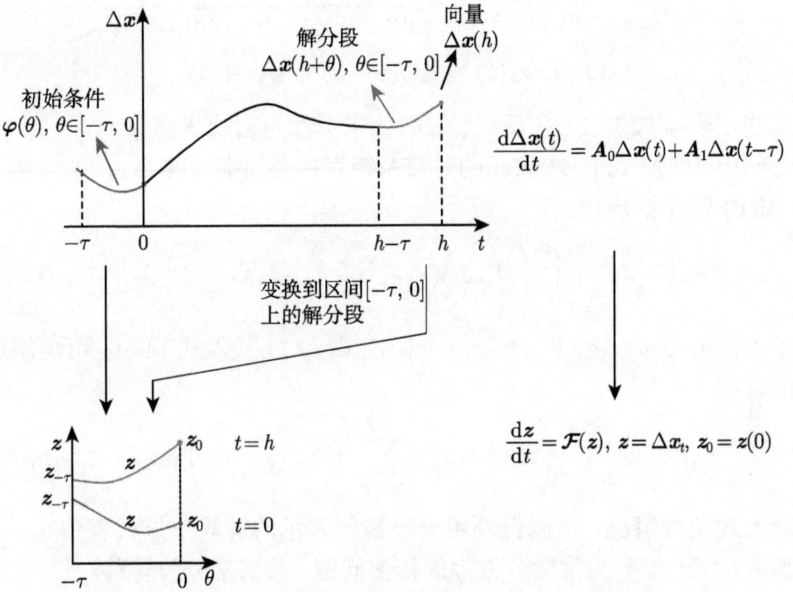

图 4.2 将 DDE 转换为 RFDE 的原理示意

2. 解算子的定义

解算子 $\mathcal{T}(h)$:$\boldsymbol{X}\rightarrow\boldsymbol{X}$ 用来表征时滞系统初始状态和不同时刻的状态之间的关系。具体地，其将 θ $(-\tau_{\max}\leqslant\theta\leqslant 0)$ 时刻时滞系统的初始状态 $\varphi(\theta)\in\boldsymbol{X}$ 转移到 $\theta+h$ $(h\geqslant 0)$ 时刻系统状态 $\Delta\boldsymbol{x}(h+\theta)$ 的线性有界算子。$\mathcal{T}(h)$ 的数学表达式如下：

$$\mathcal{T}(h)\boldsymbol{\varphi}=\Delta\boldsymbol{x}_h,\quad h\geqslant 0 \tag{4.4}$$

或

$$(\mathcal{T}(h)\boldsymbol{\varphi})(\theta)=\Delta\boldsymbol{x}_h(\theta),\quad h\geqslant 0,\ \theta\in[-\tau_{\max},\ 0] \tag{4.5}$$

式中，h 为转移步长。

当且仅当满足下列条件时，算子簇 $\{\mathcal{T}(h)\}_{h\geqslant 0}$ 为 $\boldsymbol{X}$ 上的一个有界线性强连续 C_0 半群 [105, 114, 117]。

(1) $\mathcal{T}(0)=\boldsymbol{I}$，其中 $\boldsymbol{I}$ 为 $\boldsymbol{X}$ 上的单位算子。

(2) 对任意的 $h\geqslant 0$，$s\geqslant 0$，有 $\mathcal{T}(h+s)=\mathcal{T}(h)\mathcal{T}(s)$。

(3) $\mathcal{T}(h)$ 在 $h=0$ 时是强连续的，即对于任意的 $\varphi\in\boldsymbol{X}$，有 $\lim\limits_{h\rightarrow 0^+}\|\mathcal{T}(h)\boldsymbol{\varphi}-\boldsymbol{\varphi}\|_{\boldsymbol{X}}=\boldsymbol{0}$。

3. 解算子的分段函数表达

下面分两种情况来分析式 (4.5)，从而得到 $\mathcal{T}(h)$ 的分段函数表达式。

(1) 当 $\theta \in [-\tau_{\max},\ -h]$ 时，$\theta + h \leqslant 0$，由式 (4.5) 可知：

$$(\mathcal{T}(h)\boldsymbol{\varphi})(\theta) = \Delta\boldsymbol{x}(\theta+h) = \boldsymbol{\varphi}(\theta+h) \tag{4.6}$$

这表明，对 $\boldsymbol{\varphi}$ 施加 $\mathcal{T}(h)$ 后，系统的状态仍然为初始状态 $\boldsymbol{\varphi}$。

(2) 当 $\theta > 0$ 时，式 (3.1) 表示的时滞系统存在全局唯一解 $\Delta\boldsymbol{x}(\theta)$，并由 Picard-Lindelöf 定理 [119] 给出：

$$\Delta\boldsymbol{x}(\theta) = \boldsymbol{\varphi}(0) + \int_0^{\theta}\left(\tilde{\boldsymbol{A}}_0\Delta\boldsymbol{x}(s) + \sum_{i=1}^{m}\tilde{\boldsymbol{A}}_i\Delta\boldsymbol{x}(s-\tau_i)\right)\mathrm{d}s,\quad \theta > 0 \tag{4.7}$$

当 $\theta \in [-h,\ 0]$ 时，有 $\theta + h \in [0,\ h]$。将式 (4.7) 代入式 (4.5)，可得施加 $\mathcal{T}(h)$ 后系统的状态：

$$\Delta\boldsymbol{x}(\theta+h) = \boldsymbol{\varphi}(0) + \int_0^{\theta+h}\left(\tilde{\boldsymbol{A}}_0\Delta\boldsymbol{x}(s) + \sum_{i=1}^{m}\tilde{\boldsymbol{A}}_i\Delta\boldsymbol{x}(s-\tau_i)\right)\mathrm{d}s,\quad \theta \in [-h,\ 0] \tag{4.8}$$

综合上述两种情况，可以得到用分段函数表示的解算子显式表达式 (4.9)。其包含两部分：第一部分为常微分方程的初值问题，第二部分为转移。

$$\begin{aligned}\Delta\boldsymbol{x}_h(\theta) &= (\mathcal{T}(h)\boldsymbol{\varphi})(\theta)\\ &= \begin{cases}\boldsymbol{\varphi}(0) + \displaystyle\int_0^{\theta+h}\left(\tilde{\boldsymbol{A}}_0\Delta\boldsymbol{x}(s) + \sum_{i=1}^{m}\tilde{\boldsymbol{A}}_i\Delta\boldsymbol{x}(s-\tau_i)\right)\mathrm{d}s, & \theta \in [-h,\ 0]\\ \boldsymbol{\varphi}(\theta+h), & \theta \in [-\tau_{\max},\ -h]\end{cases}\end{aligned} \tag{4.9}$$

利用式 (4.1)，可将式 (4.9) 转化为以泛函 $\Delta\boldsymbol{x}_h$ 为状态变量的分段函数表达式。

$$\begin{aligned}\Delta\boldsymbol{x}_h(\theta) &= (\mathcal{T}(h)\boldsymbol{\varphi})(\theta)\\ &= \begin{cases}\boldsymbol{\varphi}(0) + \displaystyle\int_0^{\theta}\left(\tilde{\boldsymbol{A}}_0\Delta\boldsymbol{x}_h(s) + \sum_{i=1}^{m}\tilde{\boldsymbol{A}}_i\Delta\boldsymbol{x}_h(s-\tau_i)\right)\mathrm{d}s, & \theta \in [-h,\ 0]\\ \boldsymbol{\varphi}(\theta+h), & \theta \in [-\tau_{\max},\ -h]\end{cases}\end{aligned} \tag{4.10}$$

4. 一个简单例子

下面用一个简单的一阶单时滞微分方程 [120] 来说明解算子 $\mathcal{T}(h)$ 的转移作用，并用于求解系统的解：

$$\begin{cases}\dot{x}(t) = -\dfrac{3}{2}x(t-\tau), & t \geqslant 0\\ x(t) = \varphi(t), & t \in [-\tau,\ 0]\end{cases} \tag{4.11}$$

由式 (4.7) 可知式 (4.11) 的解为

$$x(t)=\begin{cases}\varphi(0)-\dfrac{3}{2}\displaystyle\int_0^t x(s-\tau)\mathrm{d}s, & t\geqslant 0\\ \varphi(t), & t\in[-\tau,\ 0]\end{cases}\tag{4.12}$$

为了便于分析，令转移步长 $h=\tau$。由于 $\theta\in[-\tau,\ 0]$，则 $\theta+h=\theta+\tau\geqslant 0$，可知此时解算子可以用积分进行显式表达。根据式 (4.12) 可知，在 $[0,\ h]$ 时间段内系统的状态为

$$\begin{aligned}(\mathcal{T}(h)\varphi)(\theta)&=x_h(\theta)=x(\theta+h)\\&=\varphi(0)-\frac{3}{2}\int_0^{\theta+h}x(s-\tau)\mathrm{d}s\\&=\varphi(0)-\frac{3}{2}\int_{-\tau}^{\theta+h-\tau}x(s)\mathrm{d}s\\&=\varphi(0)-\frac{3}{2}\int_{-\tau}^{\theta}x(s)\mathrm{d}s\end{aligned}\tag{4.13}$$

依次类推，可以得到 $[kh,\ (k+1)h]$ 时间段内 $(k=1,\ 2,\ \cdots)$ 系统的状态为

$$\begin{aligned}(\mathcal{T}((k+1)h)\varphi)(\theta)&=x_{(k+1)h}(\theta)=x(\theta+(k+1)h)\\&=x(kh)-\frac{3}{2}\int_{kh}^{\theta+(k+1)h}x(s-\tau)\mathrm{d}s\\&=x(kh)-\frac{3}{2}\int_{kh-\tau}^{\theta+(k+1)h-\tau}x(s)\mathrm{d}s\\&=x(kh)-\frac{3}{2}\int_{kh-\tau}^{\theta+kh}x(s)\mathrm{d}s\end{aligned}\tag{4.14}$$

令 $\tau=1$，$\varphi=0.5$，则利用 $\mathcal{T}(h)$ 可以计算得到时滞系统的解分段，具体计算如下。

(1) 在 $t=\theta+h\in[0,\ h]=[0,\ 1]$ 时间段内：

$$\begin{aligned}x(\theta+h)&=(\mathcal{T}(h)\varphi)(\theta)=(\mathcal{T}(1)\varphi)(\theta)\\&=\varphi(0)-\frac{3}{2}\int_{-1}^{\theta}x(s)\mathrm{d}s=0.5-\frac{3}{2}\int_{-1}^{\theta}0.5\mathrm{d}s=-\frac{1}{4}-\frac{3}{4}\theta\end{aligned}\tag{4.15}$$

(2) 在 $t=\theta+2h\in[h,\ 2h]=[1,\ 2]$ 时间段内：

$$\begin{aligned}x(\theta+2h)&=(\mathcal{T}(2h)\varphi)(\theta)=(\mathcal{T}(2)\varphi)(\theta)=\left(\mathcal{T}(1)^2\varphi\right)(\theta)\\&=x(1)-\frac{3}{2}\int_1^{\theta+2}x(s-\tau)\mathrm{d}s\end{aligned}$$

$$
\begin{aligned}
&= x(1) - \frac{3}{2}\int_0^{\theta+1} x(s)\mathrm{d}s \\
&= x(1) - \frac{3}{2}\int_0^{\theta+1} \left(-\frac{1}{4} - \frac{3}{4}\theta\right)\mathrm{d}s \\
&\overset{\theta=s-h}{=} -\frac{1}{4} - \frac{3}{2}\int_{-1}^{\theta} \left(-\frac{1}{4} - \frac{3}{4}\theta\right)\mathrm{d}\theta \\
&= \frac{9}{16}\theta^2 + \frac{3}{8}\theta - \frac{7}{16}
\end{aligned} \tag{4.16}
$$

(3) 同理，在 $t = \theta + 3h \in [2h,\ 3h] = [2,\ 3]$ 时间段内：

$$
\begin{aligned}
x(\theta + 3h) &= (\mathcal{T}(3h)\varphi)(\theta) = (\mathcal{T}(3)\varphi)(\theta) = \left(\mathcal{T}(1)^3\varphi_0\right)(\theta) \\
&= x(2) - \frac{3}{2}\int_2^{\theta+3} x(s-\tau)\mathrm{d}s \\
&= x(2) - \frac{3}{2}\int_1^{\theta+2} x(s)\mathrm{d}s \\
&= x(2) - \frac{3}{2}\int_1^{\theta+2} \left(\frac{9}{16}\theta^2 + \frac{3}{8}\theta - \frac{7}{16}\right)\mathrm{d}s \\
&\overset{\theta=s-2h}{=} -\frac{7}{16} - \frac{3}{2}\int_{-1}^{\theta} \left(\frac{9}{16}\theta^2 + \frac{3}{8}\theta - \frac{7}{16}\right)\mathrm{d}\theta \\
&= -\frac{9}{32}\theta^3 - \frac{9}{32}\theta^2 + \frac{21}{32}\theta + \frac{7}{32}
\end{aligned} \tag{4.17}
$$

基于式 (4.15) ~ 式 (4.17) 可得到 $\mathcal{T}(h)$ 的图解，如图 4.3 所示。将图 4.3 中的四个子图进行拼接并考虑拼接点 $t = \theta + kh\ (k = 0,\ 1,\ 2,\ 3)$，即可得到式 (4.11) 的解，如图 4.4 所示，其中的实心圆点表示导数不连续点。

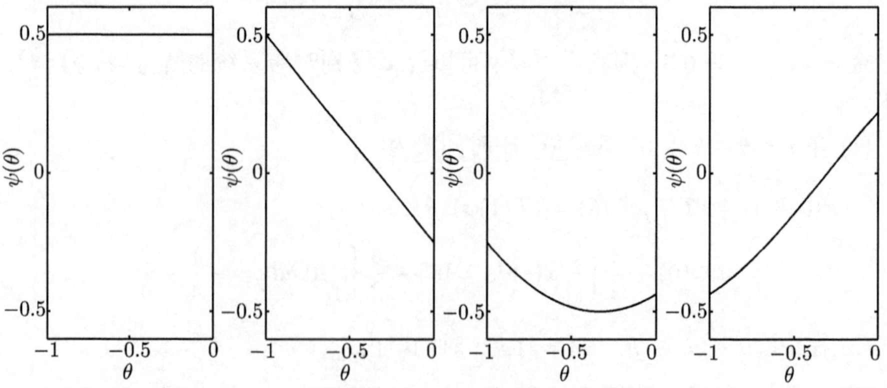

(a) $\varphi(\theta) = 0.5$　(b) $\mathcal{T}(h)\varphi$　(c) $\mathcal{T}(2h)\varphi = \mathcal{T}(h)^2\varphi$　(d) $\mathcal{T}(3h)\varphi = \mathcal{T}(h)^3\varphi$

图 4.3　$\mathcal{T}(h)$ 的图解

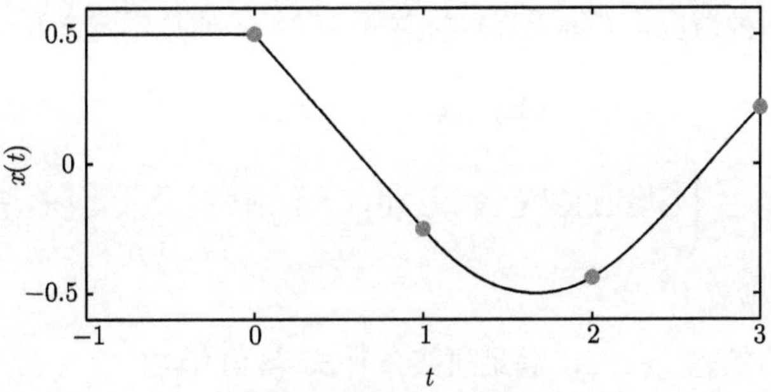

图 4.4 式 (4.11) 的解

4.1.2 无穷小生成元

1. 无穷小生成元的定义

强连续解算子半群 $\{\mathcal{T}(h)\}_{h\geqslant 0}$ 的无穷小生成元 $\mathcal{A}:\boldsymbol{X}\to\boldsymbol{X}$ 定义为 $\mathcal{T}(h)$ 在 $h=0$ 时刻的导数。

(1) $\mathcal{A}$ 的闭稠定义域 $\mathcal{D}(\mathcal{A})\in\boldsymbol{X}$ 为

$$\mathcal{D}(\mathcal{A})=\left\{\boldsymbol{\varphi}\in\boldsymbol{X}|\text{极限}\lim_{h\to 0^+}\frac{(\mathcal{T}(h)\boldsymbol{\varphi}-\boldsymbol{\varphi})}{h}\text{存在}\right\} \tag{4.18}$$

(2) 对于任意的 $\boldsymbol{\varphi}\in\boldsymbol{X}$

$$\mathcal{A}\boldsymbol{\varphi}=\lim_{h\to 0^+}\frac{(\mathcal{T}(h)\boldsymbol{\varphi}-\boldsymbol{\varphi})}{h} \tag{4.19}$$

下面推导 $\mathcal{A}$ 的数学定义和定义域。

(1) 当 $h+\theta\leqslant 0$ 时，将式 (4.6) 代入 $\mathcal{A}$ 的定义式 (4.19) 中，可得

$$\mathcal{A}\boldsymbol{\varphi}=\lim_{h\to 0^+}\frac{(\mathcal{T}(h)\boldsymbol{\varphi}-\boldsymbol{\varphi})}{h}=\frac{\mathrm{d}\boldsymbol{\varphi}(\theta)}{\mathrm{d}\theta}=\boldsymbol{\varphi}' \tag{4.20}$$

这表明，$\mathcal{A}$ 本质上是初始条件 φ 在 θ 方向上的微分算子。此外，当且仅当 $\boldsymbol{\varphi}$ 在区间 $[-\tau_{\max},\ 0]$ 上连续可导时，有 $\boldsymbol{\varphi}\in\mathcal{D}(\mathcal{A})$。

(2) 当 $h+\theta\geqslant 0$ 时，将式 (4.8) 代入式 (4.19) 中，可得拼接条件 (splicing condition) 或边界条件 (boundary condition，BC)：

$$\mathcal{A}\boldsymbol{\varphi}(0)=\boldsymbol{\varphi}'(0)=\tilde{\boldsymbol{A}}_0\boldsymbol{\varphi}(0)+\sum_{i=1}^{m}\tilde{\boldsymbol{A}}_i\boldsymbol{\varphi}(-\tau_i) \tag{4.21}$$

这表明，当且仅当 φ 在区间 $[-\tau_{\max},\ 0]$ 上连续可导且式 (4.21) 成立时，有 $\boldsymbol{\varphi}\in\mathcal{D}(\mathcal{A})$。

综合上述两种情况，可得无界线性算子 —— $\mathcal{A}$ 的数学定义和定义域：

$$\mathcal{A}\boldsymbol{\varphi}=\boldsymbol{\varphi}',\quad \boldsymbol{\varphi}\in\mathcal{D}(\mathcal{A}) \tag{4.22}$$

$$\mathcal{D}(\mathcal{A})=\left\{\boldsymbol{\varphi}\in\boldsymbol{X}|\boldsymbol{\varphi}'\in\boldsymbol{X},\ \boldsymbol{\varphi}'(0)=\tilde{\boldsymbol{A}}_0\boldsymbol{\varphi}(0)+\sum_{i=1}^{m}\tilde{\boldsymbol{A}}_i\boldsymbol{\varphi}(-\tau_i)\right\} \tag{4.23}$$

2. DDE 转化为 PDE

设系统初始状态 $\boldsymbol{\varphi}\in\boldsymbol{X}$ 满足拼接条件式 (4.21)，将 t ($\geqslant 0$) 和 θ ($-\tau_{\max}\leqslant\theta\leqslant 0$) 分别视作时间维和空间维，则时滞系统的状态方程式 (3.1) 可以转化为以 $\boldsymbol{u}(t,\ \theta)\in C\left([0,\ +\infty]\times[-\tau_{\max},\ 0],\ \mathbb{R}^{n\times 1}\right)$ 为变量的 BVP[106, 120, 121]：

$$\frac{\partial\boldsymbol{u}}{\partial t}(t,\ \theta)=\frac{\partial\boldsymbol{u}}{\partial\theta}(t\ ,\theta),\quad t\geqslant 0,\ \theta\in[-\tau_{\max},\ 0] \tag{4.24}$$

$$\frac{\partial\boldsymbol{u}}{\partial\theta}(t,\ 0)=\boldsymbol{u}'_\theta(t,\ 0)=\tilde{\boldsymbol{A}}_0\boldsymbol{u}(t,\ 0)+\sum_{i=1}^{m}\tilde{\boldsymbol{A}}_i\boldsymbol{u}(t-\tau_i),\quad t\geqslant 0 \tag{4.25}$$

$$\boldsymbol{u}(0,\theta)=\boldsymbol{\varphi}(\theta),\quad \theta\in[-\tau_{\max},\ 0] \tag{4.26}$$

式 (4.24) 为双曲型偏微分方程 (hyperbolic PDE)，其表明 $\boldsymbol{u}(t,\ \theta)$ 相对于 t 和 θ 是对称的。式 (4.25) 为边界条件，其表示 $\boldsymbol{u}(t,\ \theta)$ 在 $\theta=0$ 时的导数。式 (4.26) 为初始条件 (initial condition, IC)。

设式 (3.1) 的解为 $\Delta\boldsymbol{x}(t)$ ($\geqslant 0$)，由式 (4.24) ~ 式 (4.26) 描述的 BVP 的解为

$$\boldsymbol{u}(t,\theta)=\Delta\boldsymbol{x}(t+\theta),\quad t\geqslant 0,\ \theta\in[-\tau_{\max},\ 0] \tag{4.27}$$

3. PDE 转化为抽象柯西问题

由式 (4.27) 可知，PDE 式 (4.24) 是以 $\Delta\boldsymbol{x}_t$ 为状态变量的线性无穷维系统，即巴拿赫空间上的抽象柯西 (abstract Cauchy) 问题 [106, 122]。下面推导这一结论。

考虑到式 (4.1)，则由式 (4.27) 得 $\boldsymbol{u}(t,\ \theta)=\Delta\boldsymbol{x}_t(\theta)$。代入式 (4.24)，可得

$$\frac{\mathrm{d}\Delta\boldsymbol{x}_t}{\mathrm{d}t}=\frac{\mathrm{d}\Delta\boldsymbol{x}_t}{\mathrm{d}\theta}(\theta),\quad t\geqslant 0,\ \theta\in[-\tau_{\max},\ 0] \tag{4.28}$$

另外，由式 (4.20) 可知，$\mathcal{A}$ 本质上是初始条件 $\boldsymbol{\varphi}$ 在 θ 方向上的微分算子，即

$$(\mathcal{A}\Delta\boldsymbol{x}_t)(\theta)=\frac{\mathrm{d}\Delta\boldsymbol{x}_t}{\mathrm{d}\theta}(\theta) \tag{4.29}$$

联立式 (4.28) 和式 (4.29)，可得如下抽象柯西问题：

$$\begin{cases}\dfrac{\mathrm{d}\Delta\boldsymbol{x}_t}{\mathrm{d}t}=\mathcal{A}\Delta\boldsymbol{x}_t,\quad t\geqslant 0\\ \Delta\boldsymbol{x}_t(0)=\boldsymbol{\varphi}\end{cases} \tag{4.30}$$

或

$$\begin{cases} \dfrac{\mathrm{d}\boldsymbol{u}(t)}{\mathrm{d}t} = \mathcal{A}\boldsymbol{u}(t), \quad t \geqslant 0 \\ \boldsymbol{u}(0) = \boldsymbol{\varphi} \end{cases} \tag{4.31}$$

式中：$\boldsymbol{u}(t) : [0,\ \infty) \to \boldsymbol{X}$ 且 $\boldsymbol{u}(t) = \Delta\boldsymbol{x}_t$。

至此，式 (3.1) 和式 (4.24) 被转化为线性齐次自治的 ODE 式 (4.30) 和式 (4.31)，其系数即无穷小生成元 $\mathcal{A}$，其状态变量为 $\Delta\boldsymbol{x}_t$。这种转化使关于 PDE 和 ODE 的很多特性都可以应用于 DDE。例如，DDE 在无限维巴拿赫空间的几何特性，就可以从有限维空间 ODE 关于流形的性质中推导得到。

4.2 谱 映 射

本节首先给出算子谱的定义，然后根据谱映射定理得到算子 $\mathcal{A}$ 和 $\mathcal{T}(h)$ 的谱与时滞系统的谱之间的映射关系。

4.2.1 算子谱定义

将 4.1 节中的两种线性算子，即 $\mathcal{A}$ 和 $\mathcal{T}(h)$，统一表示为算子 T。设 $\lambda \in \mathbb{C}$ 为任意复数，$\boldsymbol{I}$ 是 $\boldsymbol{X}$ 上的恒等算子，定义线性算子 $T_\lambda : \mathcal{D}(T) \to \boldsymbol{X}$：

$$T_\lambda = T - \lambda\boldsymbol{I} \tag{4.32}$$

如果 T_λ 可逆，则将 T_λ 的逆定义为 T 的预解算子 (resolvent operator)：

$$R_\lambda(T) = T_\lambda^{-1} = (T - \lambda\boldsymbol{I})^{-1} \tag{4.33}$$

如果下列条件满足：① $R_\lambda(T)$ 存在 (existent)；② $R_\lambda(T)$ 有界 (bounded)；③ $R_\lambda(T)$ 在 $\boldsymbol{X}$ 中是稠定的 (domain dense)，则称 λ 为 T 的一个正则点 (normal point)。所有的正则点构成 T 的正则集 (normal set) 或预解集 (resolvent set)：

$$\rho(T) = \{\lambda \in \mathbb{C} : \lambda\text{是}T\text{的正则点}\} \tag{4.34}$$

将 T 的预解集 $\rho(T)$ 在 $\mathbb{C}$ 中的补集称为 T 的谱集 (简称谱)，并称 λ 为 T 的一个谱值：

$$\sigma(T) = \mathbb{C} \setminus \rho(T) \tag{4.35}$$

式中，$\setminus$ 为集合差运算。

$\sigma(T)$ 可分为如下三种互不相交的集合 [105, 106, 115, 116]。

(1) 点谱 (point spectrum) 或离散谱 (discrete spectrum) $\sigma_{\mathrm{p}}(T)$：$R_\lambda(T)$ 不存在。此时，称 $\lambda \in \sigma_{\mathrm{p}}(T)$ 为 T 的一个特征值。

(2) 连续谱 (consistent spectrum) $\sigma_{\mathrm{c}}(T)$：$R_\lambda(T)$ 存在，且 $R_\lambda(T)$ 在 $\boldsymbol{X}$ 上是稠定的，但 $R_\lambda(T)$ 无界。

(3) 剩余谱 (residual spectrum) $\sigma_{\mathrm{r}}(T)$：谱集中除点谱和连续谱之外的谱值所构成的集合。此时，$R_\lambda(T)$ 存在，但是无论其是否有界，其在定义域 $\boldsymbol{X}$ 上是非稠定的。

由上述定义可知：

$$\mathbb{C} = \rho(T) \cup \sigma(T) = \rho(T) \cup \sigma_{\mathrm{p}}(T) \cup \sigma_{\mathrm{c}}(T) \cup \sigma_{\mathrm{r}}(T) \tag{4.36}$$

设 $\lambda \in \sigma_{\mathrm{p}}(T)$，因为 $R_\lambda(T)$ 不存在，即 $T_\lambda = T - \lambda \boldsymbol{I}$ 不可逆，所以此处必存在非零向量 $\boldsymbol{v} \in \mathcal{D}(T)$，使得

$$T_\lambda \boldsymbol{v} = (T - \lambda \boldsymbol{I})\boldsymbol{v} = 0 \tag{4.37}$$

相应地，称 $\boldsymbol{v}$ 为 T 的一个特征函数 (对应实分析中的特征向量)。

4.2.2　谱映射

设时滞系统的特征值和对应的右特征向量分别为 λ 和 $\boldsymbol{v}$，则 $\mathcal{A}$ 的特征方程和特征函数分别为

$$\mathcal{A}\boldsymbol{\varphi} = \lambda \boldsymbol{\varphi} \tag{4.38}$$

$$\boldsymbol{\varphi}(\theta) = \mathrm{e}^{\lambda\theta}\boldsymbol{v},\ \ \boldsymbol{\varphi} \in \boldsymbol{X},\ \theta \in [-\tau_{\max},\ 0] \tag{4.39}$$

这表明，时滞系统的特征值就是 $\mathcal{A}$ 的特征值，即

$$\lambda \in \sigma(\mathcal{A}) \tag{4.40}$$

式中，$\sigma(\cdot)$ 为矩阵或算子的全部特征值集合，即点谱 $\sigma_{\mathrm{p}}(\cdot)$。

需要说明的是，$\mathcal{A}$ 的特征值与时滞系统的特征值 λ 之间具有一一对应关系。

此外，由谱映射定理*可知，时滞系统 (或 $\mathcal{A}$) 的特征值 λ 与解算子 $\mathcal{T}(h)$ 的非零特征值 μ 之间存在如下关系：

$$\mu = \mathrm{e}^{\lambda h},\ \ \lambda = \frac{1}{h}\ln\mu,\ \ \mu \in \sigma(\mathcal{T}(h)) \setminus \{0\} \tag{4.41}$$

式 (4.41) 表示的 $\mathcal{T}(h)$ 与时滞系统之间的谱映射关系如图 4.5 所示，详细分析如下 [98]。

---

* **谱映射定理**[123, 117]：设以下条件之一满足：① 存在 $h_0 > 0$，使得 $\mathcal{T}(h)$ 在 $h = h_0$ 处是范数连续的；② 存在 $h_0 > 0$，使得 $\mathcal{T}(h_0)$ 是紧算子或 $R_\lambda(\mathcal{T}(h_0)) \subset \mathcal{D}(\mathcal{A})$；③ $\mathcal{T}(h)$ 是范数连续的 (continuous)，或紧的 (compact)，或可微的 (differentiable)，或解析的 (analytic)，或一致连续的 (uniformly continuous)，则下式成立：

$$\sigma(\mathcal{T}(h)) \setminus \{0\} = \exp(h\sigma(\mathcal{A})) = \{\mathrm{e}^{\lambda h} : \lambda \in \sigma(\mathcal{A})\},\ \ h > 0$$

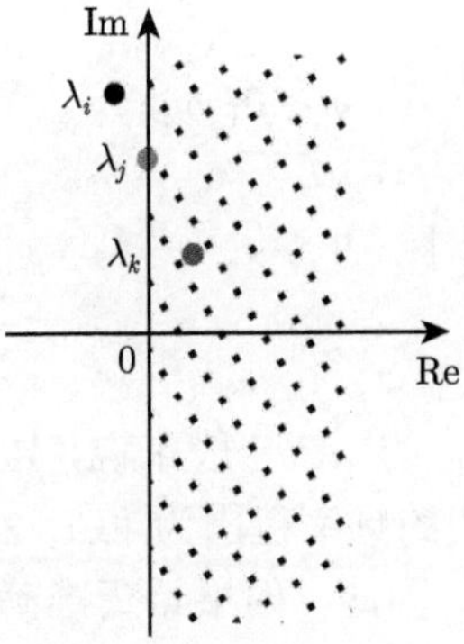

(a) λ

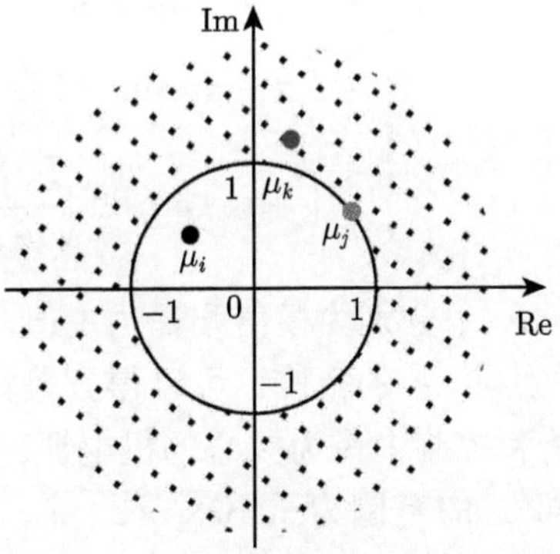

(b) μ

图 4.5 时滞系统特征值 λ 和解算子特征值 μ 之间的映射关系

(1) 给定 h，λ 的实部 $\mathrm{Re}(\lambda)$ 是 $|\mu|$ 的增函数。利用稀疏特征值算法 (如隐式重启动 Arnoldi (implicitly restarted Arnoldi，IRA) 算法)，可以计算得到 $\mathcal{T}(h)$ 模值最大的部分特征值 μ。然后根据式 (4.41)，可以得到时滞系统最右侧部分特征值以分析系统的时滞稳定性，并设计控制器以镇定系统。

(2) $\mathcal{T}(h)$ 将时滞系统的稳定域即左半 s 平面映射为 z 平面的单位圆盘。这时仅计算 $\mathcal{T}(h)$ 模值最大的几个特征值，即可判断时滞系统的稳定性。若 $|\mu|>1$，则对应的 λ 的实部大于零，即 $\mathrm{Re}(\lambda)>0$，系统不稳定。若 $|\mu|<1$，则 $\mathrm{Re}(\lambda)<0$，系统渐近稳定。若 $|\mu|=1$，则 $\mathrm{Re}(\lambda)=0$，系统临界稳定。这个性质类似于凯莱变换 (Cayley transformation)[124] 或 S 矩阵法 [125]。

(3) 给定转移步长 h，时滞系统特征值虚部 $\mathrm{Im}(\lambda)$ 的取值范围为

$$0 \leqslant \mathrm{Im}(\lambda) \leqslant \frac{\pi}{h} \tag{4.42}$$

式 (4.42) 的推导过程如下。

令 $\lambda=\sigma+\mathrm{j}\omega$ 并代入式 (4.41)，得

$$\mu=\mathrm{e}^{\lambda h}=\mathrm{e}^{(\sigma+\mathrm{j}\omega)h}=\mathrm{e}^{\sigma h}\left(\cos(\omega h)+\mathrm{j}\sin(\omega h)\right) \tag{4.43}$$

如果已知 $\mu=a+\mathrm{j}b$，则根据式 (4.43) 可容易地解得 σ 和 ω[126]:

$$\begin{aligned}\sigma&=\frac{1}{h}\ln|\mu|=\frac{1}{h}\ln\sqrt{a^2+b^2}\\ \omega&=\frac{1}{h}\arg\mu=\frac{\arcsin(\mathrm{Im}(\mu)/|\mu|)}{h}\left(\mathrm{mod}\frac{\pi}{h}\right)\end{aligned} \tag{4.44}$$

$$
= \begin{cases} \dfrac{1}{h}\arcsin\dfrac{b}{\sqrt{a^2+b^2}}, & a \geqslant 0 \\ \dfrac{1}{h}\left(\pi - \arcsin\dfrac{b}{\sqrt{a^2+b^2}}\right), & a < 0,\ b \geqslant 0 \\ \dfrac{1}{h}\left(-\pi - \arcsin\dfrac{b}{\sqrt{a^2+b^2}}\right), & a < 0,\ b < 0 \end{cases} \tag{4.45}
$$

式中，$|\cdot|$ 和 $\arg(\cdot)$ 分别为模值和辐角主值，$\omega \in [-\pi,\ \pi]/h$。

类似地，给定 ω 的范围，可以得到最大允许的 h。一般来说，电力系统小干扰稳定性分析和控制中最为关心的机电振荡模式的频率范围为 [0.1, 2.0] Hz，对应的特征值虚部 ω 的范围为 [0.628, 12.56] rad/s。因此，如果希望准确地估计得到 DCPPS 的机电振荡模式，h 的取值不应超过 250 ms。

4.3 谱离散化

4.3.1 方法分类

由谱算子与时滞系统之间的谱映射特性可知，可以通过计算谱算子的特征值间接得到时滞系统的部分关键特征值。然而，计算 $\mathcal{A}$ 和 $\mathcal{T}(h)$ 的特征值是一个无穷维特征值问题。因此，必须首先对 $\mathcal{A}$ 和 $\mathcal{T}(h)$ 进行离散化，然后计算它们有限维离散化矩阵的特征值，以作为时滞系统特征值的近似值。这就是术语 —— 谱算子离散化 (简称谱离散化) 的由来。

在计算数学和数值分析领域，目前存在多种谱离散化方法 (或方案)，如表 4.1 所示。大体上，这些方法可分为两类。

表 4.1　计算数学和数值分析领域中的谱离散化方法

序号	方法简写	方法名称	文献
1	IGD-Euler	欧拉 (Euler) 法	[121]
2	IGD-LMS	LMS 法	[127], [106]
3	IGD-IRK	IRK 法	[122], [128], [106]
4	IIGD (IGD-PS)	伪谱差分 (pseudo-spectral differencing) 法	[106], [129], [130] [131], [119], [132]
5	EIGD (IGD-PS-Ⅱ)	伪谱差分法	[133], [134], [107]
6	SOD-LMS	LMS 法	[126], [135], [136] [137], [138]
7	SOD-IRK	IRK 法	[106], [139]
8	SOD-PS	伪谱配置 (pseudo-spectral collocation) 法	[140], [119]

1) 按被离散化对象分

方法 1 ~ 方法 5 属于基于 IGD 的特征值计算方法，方法 6 ~ 方法 8 属于基于 SOD 的特征值计算方法。IGD 方法和 SOD 方法的原理分别总结如下。

IGD 方法。首先，借助 $\mathcal{A}$ 将描述时滞系统动态特性的 DDE 转化为齐次 ODE，即抽象柯西问题 (式 (4.30) 和式 (4.31))；然后，采用不同的数学方法对该方程进行离散化，推导在各个离散点处 $\Delta \boldsymbol{x}_t$ 与其精确导数之间的解析表达式，进而得到 $\mathcal{A}$ 的有限维离散化近似矩阵 $\mathcal{A}_N$；最后，计算矩阵 $\mathcal{A}_N$ 的最右侧的部分特征值作为 $\mathcal{A}$ 和时滞系统的特征值。

SOD 方法。首先，针对 $\mathcal{T}(h)$ 的定义式 (4.5)，采用不同的数学方法对时滞区间 $[-\tau_{\max},\ 0]$ 进行离散化；然后，通过推导各个离散点处 $\Delta \boldsymbol{x}(\theta)$ 和 $\Delta \boldsymbol{x}(h+\theta)$ 之间的解析表达式得到 $\mathcal{T}(h)$ 的有限维离散化近似矩阵 $\mathcal{T}_N$；最后，计算矩阵 $\mathcal{T}_N$ 的模值最大的部分特征值作为 $\mathcal{T}(h)$ 的特征值，进而根据谱映射关系式 (4.41) 得到时滞系统实部最大 (最右侧) 的部分关键特征值。

2) 按离散化方法分

方法 1 ~ 方法 3、方法 6、方法 7 基于数值积分 (numerical integration 或 time integration) 方法，包括 Euler 法、LMS 法和 IRK 法；方法 4、方法 5、方法 8 依赖于伪谱离散化范畴。3.2.1 节 ~ 3.2.3 节分别总结了伪谱离散化、LMS 法和 IRK 法的相关知识。

上述各种谱离散化方法应用于大规模 DCPPS 的稳定性分析和控制是本书的核心内容，将在第 5 章 ~ 第 10 章进行详细介绍。

基于谱离散化的特征值计算方法，在对 $\mathcal{A}$ 和 $\mathcal{T}(h)$ 进行离散化的同时，实际上也是在逼近或估计它们对应的特征函数。$\mathcal{A}$ 和 $\mathcal{T}(h)$ 的特征函数是解析的 (analytic)、无穷正则的 (infinitely regular)。在所有的谱离散化方法中，伪谱离散化方法利用了特征函数的这种无穷正则性，并以无穷阶收敛特性 (谱精度) 逼近谱算子和其对应的特征函数，因此是最有效、最准确的谱离散化方法。相比较而言，其他谱离散化方法以有限阶收敛特性逼近谱算子和其对应的特征函数。

4.3.2 研究现状述评

接下来，本节依次对各种谱离散化方法进行简单的述评。

文献 [121] 和文献 [122] 提出了一种不同于传统时域积分的单时滞微分方程的时域解法。首先将 DDE 转化为抽象柯西问题，然后对该问题应用无穷小生成元欧拉离散化 (IGD with Euler，IGD-Euler) 方法和 IGD-IRK 方法进行离散化，最后利用直线解法 (method of lines) 得到 DDE 的时域解。值得指出的是，IGD-Euler 方法对 $\mathcal{A}$ 的估计精度较差 [120]。文献 [127] 和文献 [128] 针对含有多重离散时滞的微分方程分别提出了 IGD-LMS 方法和 IGD-IRK 方法，进而计算得到系统最右侧的部分特征值。文献 [129]、文献 [130] 和文献 [132] 分别针对带有非局部边界条件的中立型时滞微分方程 (neutral DDEs with non-local boundary conditions)、含有多重离散时滞和分布时滞的自治微分方程 (autonomous DDEs with discrete and distributed delays)、非线性时滞微分方程和更新方程 (non-linear delay differential equations and renewal equations)，提出了无穷小生成元伪谱差分离散化 (IGD with pseudo-spectral differencing，IGD-PS) 方法，进而计算系统的最右侧的部分特征值。IGD-PS 已在 MATLAB 软件包 TraceDDE[131] 和 eigAM_eigTMN 中实现 [119]。对于含有多重固定时滞的系统，该方法在程序实现上十分简单 [120]。文献 [133] 针对含有多重离散时滞的微分方程，提出了一种新的无穷小生成元伪谱差分离散化 (称之为 IGD-PS-Ⅱ) 方法。该方法的特色之处在于，其形成的离散化矩阵的逆矩阵可以被显式地表达出来。这使得可以利用位移-逆变换 (shift-inverse transformation) 和稀疏特征值算法，计算位于给定位移点附近的若干特征值。根据无穷小生成元离散化矩阵的逆矩阵是否具有显式表达特性，在将 IGD-PS 和 IGD-PS-Ⅱ 方法应用于大规模 DCPPS 的特征值计算时，又分别称这两种方法为：IIGD 方法 [97, 141] 和 EIGD 方法 [95, 96]。文献 [126] 和文献 [137] 针对含多重时滞的微分方程提出了基于 SOD-LMS 的特征值计算方法。文献 [138] 又进一步提出了 SOD-LMS 的最高阶 (SOD with maximum order LMS，SOD-LMS-MXO) 方法。这些方法已经在 MATLAB 软件包 DDE-BIFTOOL[135, 136] 中实现。文献 [139] 和文献 [140] 分别提出了 SOD-IRK 方法和 SOD-PS 方法。SOD-PS 方法已在 MATLAB 软件包 eigAM_eigTMN 中实现，其详细说明可参考文献 [119]。适用于大规模 DCPPS 关键特征值计算的 SOD-PS 方法 [98] 的 MATLAB 代码可以从文献 [142] 提供的网址下载。

4.4 谱 变 换

本节给出 DCPPS 的两种谱变换，包括位移-逆变换和旋转-放大预处理 (rotation-and-multiplication preconditioning)。利用这两种变换对谱算子及其离散化矩阵的特征值分布进行处理，可以很好地改善谱离散化特征值计算方法的收敛性。

4.4.1 位移-逆变换

电力系统的小干扰稳定性分析主要关注系统的机电振荡模式。它们对应的特征值位于 s 平面虚轴附近。与其他特征值相比，这部分特征值的实部较大、阻尼比较小。为了优先计算得到这些关键特征值，需要对无穷小生成元离散化矩阵 $\mathcal{A}_N$ 进行位移-逆变换。该变换适用于 IGD 类 DCPPS 特征值计算方法。位移-逆变换包括两个部分：位移和求逆。

1. 位移

下面结合 DCPPS 的特征方程来分析位移操作。给定位移点 s，令 λ' 为位移操作后无穷小生成元离散化矩阵 $\mathcal{A}'_N$ 的特征值。将式 (3.4) 中的 λ 用 $\lambda'+s$ 代替，则可得到位移操作后系统的特征方程：

$$\left(\tilde{\boldsymbol{A}}'_0+\sum_{i=1}^{m}\tilde{\boldsymbol{A}}'_i\mathrm{e}^{-\lambda'\tau_i}\right)\boldsymbol{v}=\lambda'\boldsymbol{v} \tag{4.46}$$

式中，

$$\lambda'=\lambda-s \tag{4.47}$$

$$\tilde{\boldsymbol{A}}'_0=\boldsymbol{A}_0-s\boldsymbol{I}_n-\boldsymbol{B}_0\boldsymbol{D}_0^{-1}\boldsymbol{C}_0 \tag{4.48}$$

$$\tilde{\boldsymbol{A}}'_i=\boldsymbol{A}_i\mathrm{e}^{-s\tau_i}-\boldsymbol{B}_i\mathrm{e}^{-s\tau_i}\boldsymbol{D}_0^{-1}\boldsymbol{C}_0,\ \ i=1,\,2,\,\cdots,\,m \tag{4.49}$$

对于不同的 IGD 方案，将 $\mathcal{A}$ 的离散化矩阵 $\mathcal{A}_N$ 表达式中的 $\tilde{\boldsymbol{A}}_i$ $(i=0,\,1,\,\cdots,\,m)$ 直接用 $\tilde{\boldsymbol{A}}'_i$ $(i=0,\,1,\,\cdots,\,m)$ 替换，即可得到位移操作后 $\mathcal{A}$ 的离散化矩阵 $\mathcal{A}'_N$。可见，$\mathcal{A}'_N$ 的逻辑结构与 $\mathcal{A}_N$ 完全相同。

2. 求逆

位移-逆变换的第二个操作是对 $\mathcal{A}'_N$ 进行求逆运算。在某些特殊的 IGD 方案下(如第 6 章提出的 EIGD 方法)，$\mathcal{A}_N$ 具有特殊的逻辑结构，如分块对角、上/下三角等。此时，$(\mathcal{A}'_N)^{-1}$ 可以显式地表示为 DCPPS 状态矩阵 $\tilde{\boldsymbol{A}}'_i$ $(i=0,\,1,\,\cdots,\,m)$ 的函数，然后通过高效地计算 $(\mathcal{A}'_N)^{-1}$ 与向量 $\boldsymbol{v}$ 的乘积 $(\mathcal{A}'_N)^{-1}\boldsymbol{v}$，最终求得 $(\mathcal{A}'_N)^{-1}$ 的特征值 λ''。然而，在大多数 IGD 方案下，$\mathcal{A}_N$ 不具有前述特殊的逻辑结构。由于不存在直接逆，需要采用迭代方法 [143] 求解 $(\mathcal{A}'_N)^{-1}\boldsymbol{v}$。迭代求解的计算量大，还存在一定的舍入误差，进而影响计算 $(\mathcal{A}'_N)^{-1}$ 特征值的收敛性和精度。

综上，可总结得到 $(\mathcal{A}'_N)^{-1}$、$\mathcal{A}'_N$ 和 $\mathcal{A}_N$ 的特征值 λ''、λ' 和 λ 之间的关系为 $\lambda''=\dfrac{1}{\lambda'}=\dfrac{1}{\lambda-s}$。可见，位移-逆变换将无穷小生成元离散化矩阵 $\mathcal{A}'_N$ 最靠近 s 的特征值映射为 $(\mathcal{A}'_N)^{-1}$ 模值最大的特征值，并且特征向量保持不变。位移-逆变换的原理示意如图 4.6 所示。利用稀疏特征值算法求出 $(\mathcal{A}'_N)^{-1}$ 前 r 个模值递减的特征值，则根据上述关系即可得到 $\mathcal{A}'_N$ 到 s 的距离由近到远的 r 个特征值。它们就是 $\mathcal{A}$ 和 DCPPS 特征值的估计值。

3. 特征值扫描

位移-逆变换后，利用 IGD 类方法计算大规模 DCPPS 最右侧的关键特征值的原理如图 4.7 所示。为了不遗漏任何关键振荡模式，需要在 [0.1, 2.0]Hz 或 [0.628, 12.56]rad/s 范围内，选取多个位移点 s_i $(i=1,\ 2,\ \cdots)$ 以扫描虚轴。假

设每次计算 r_i 个特征值，它们位于以 s_i 为圆心、以到最远的那个特征值的距离为半径 R_i 的圆盘中。

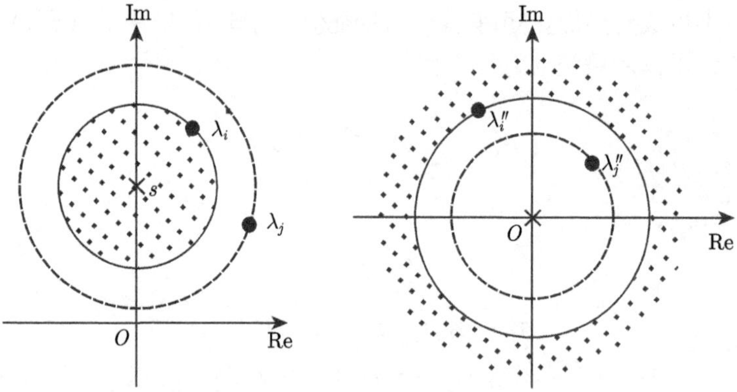

(a) λ　　(b) λ''

图 4.6　位移-逆变换的原理

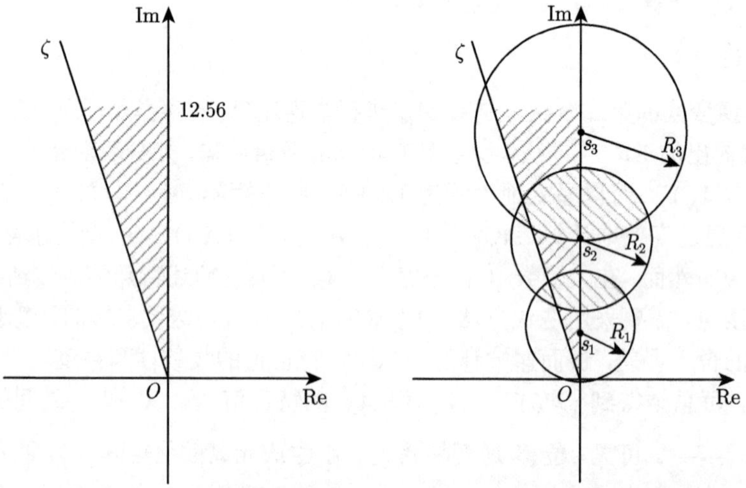

(a) 阻尼比小于ζ (如3%) 的机电振荡模式　　(b) 选取位于虚轴上的位移点s_1、s_2和s_3进行关键特征值计算

图 4.7　利用 IGD 类方法计算大规模 DCPPS 最右侧的关键特征值的原理

基于位移-逆变换的关键特征值计算存在两点不足。一方面，需要对系统关键特征值在复平面上的分布有一定的认识和了解，例如，首先激发系统关键振荡模式，然后选择合适的时域响应进行 Prony 分析 [144]，依此选取合适的位移点，可以在很大程度上减少利用稀疏特征值算法计算系统关键特征值所需的迭代次数。另一方面，如图 4.7(b) 所示，多个圆盘之间存在一定程度的重叠，这意味着存在一些

冗余的特征值计算。

4.4.2 旋转-放大预处理

旋转-放大预处理适用于 SOD 类特征值计算方法 [98]。与位移-逆变换不同的是，应用旋转-放大预处理后，SOD 类方法通过一次计算就可以得到系统阻尼比小于给定值的关键特征值。旋转-放大预处理包括两个部分：坐标轴旋转和特征值放大。

1. 不精确坐标轴旋转

坐标-旋转预处理的原理如图 4.8 所示。首先，将 DCPPS 阻尼比小于给定常数 $\zeta\ (=\sin\theta)$ 的部分关键特征值 λ 以原点为中心沿顺时针方向旋转 θ 弧度 [145, 146]，如图 4.8(a) 所示。设旋转后 DCPPS 的特征值 λ 变为 λ'，它们对应解算子模值最大的部分特征值 μ'，且有 $|\mu'|>1$。实际上，上述对特征值的顺时针旋转操作，等价于对坐标轴以原点为中心沿逆时针方向旋转 θ 弧度，旋转后的虚轴对应着原坐标系中阻尼比为 ζ 的虚线。

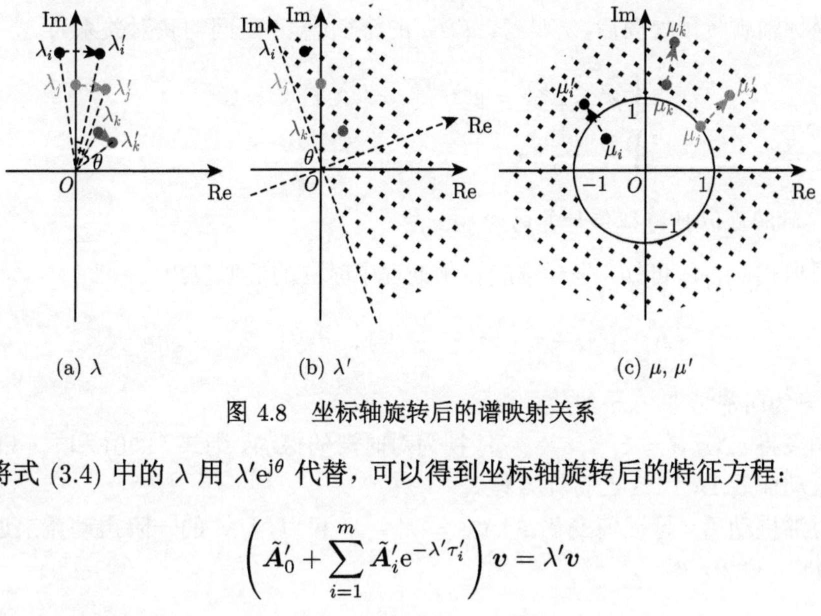

图 4.8 坐标轴旋转后的谱映射关系

将式 (3.4) 中的 λ 用 $\lambda'\mathrm{e}^{\mathrm{j}\theta}$ 代替，可以得到坐标轴旋转后的特征方程：

$$\left(\tilde{\boldsymbol{A}}_0'+\sum_{i=1}^{m}\tilde{\boldsymbol{A}}_i'\mathrm{e}^{-\lambda'\tau_i'}\right)\boldsymbol{v}=\lambda'\boldsymbol{v} \tag{4.50}$$

式中，

$$\lambda'=\lambda\mathrm{e}^{-\mathrm{j}\theta} \tag{4.51}$$

$$\tau_i'=\tau_i\mathrm{e}^{\mathrm{j}\theta},\ \ i=1,\ 2,\ \cdots,\ m \tag{4.52}$$

$$\tilde{\boldsymbol{A}}_0'=\tilde{\boldsymbol{A}}_0\mathrm{e}^{-\mathrm{j}\theta},\ \ \tilde{\boldsymbol{A}}_i'=\tilde{\boldsymbol{A}}_i\mathrm{e}^{-\mathrm{j}\theta},\ \ i=1,\ 2,\ \cdots,\ m \tag{4.53}$$

由式 (4.52) 可知，当 $\theta \neq 0$ 时，坐标轴旋转后 τ_i' $(i=1,\ 2,\ \cdots,\ m)$ 变为复数。然而，SOD 类方法要求将时滞区间划分为 N 个长度为 h 的子区间，即 $N = \lceil \tau_{\max}'/h \rceil$。由于 h 是正实数、N 为正整数，这就要求 $\tau_{\max}' = \tau_m'$ 必须为实数。显然，这一要求与 $\tau_{\max}'$ 为复数的实际情况矛盾。为此，对坐标轴旋转后的 τ_i' $(i=1,\ 2,\ \cdots,\ m)$ 进行必要的近似。将式 (4.52) 近似为

$$\tau_i' = \tau_i \mathrm{e}^{\mathrm{j}\theta} \approx \tau_i,\quad i=1,\ 2,\ \cdots,\ m \tag{4.54}$$

相应地，式 (4.50) 变为

$$\left(\tilde{\boldsymbol{A}}_0' + \sum_{i=1}^{m} \tilde{\boldsymbol{A}}_i' \mathrm{e}^{-\hat{\lambda}'\tau_i}\right)\hat{\boldsymbol{v}} = \hat{\lambda}'\hat{\boldsymbol{v}} \tag{4.55}$$

式中，$\hat{\lambda}'$ 和 $\hat{\boldsymbol{v}}$ 分别为 λ' 和相应的右特征向量 $\boldsymbol{v}$ 的近似值。

综上所述，式 (4.51)、式 (4.53) 和式 (4.54) 构成了时滞特征方程的不精确坐标轴旋转预处理。在数值上，该预处理的作用归结为系统状态矩阵 $\tilde{\boldsymbol{A}}_i$ $(i=0,\ 1,\ \cdots,\ m)$ 和特征值 λ 乘以因子 $\mathrm{e}^{-\mathrm{j}\theta}$，特征向量保持不变。

坐标轴旋转预处理后，λ' 与其 $\mathcal{T}(h)$ 的特征值 μ' 之间的映射关系为

$$\begin{cases} \mu' = \mathrm{e}^{\lambda' h} = \mathrm{e}^{\lambda \mathrm{e}^{-\mathrm{j}\theta} h} = \left(\mathrm{e}^{\lambda h}\right)^{\mathrm{e}^{-\mathrm{j}\theta}} = \mu^{\mathrm{e}^{-\mathrm{j}\theta}} \\ \lambda' = \dfrac{1}{h}\ln \mu' \end{cases} \tag{4.56}$$

2. 时滞近似对特征值计算的影响分析

根据式 (4.54) 可知，坐标轴旋转预处理中时滞的近似量为

$$\varepsilon \Delta\tau_i = \tau_i - \tau_i' = \tau_i\left(1 - \mathrm{e}^{\mathrm{j}\theta}\right),\quad i=1,\ 2,\ \cdots,\ m \tag{4.57}$$

式中，ε 为时滞近似 $\Delta\tau_i$ 的数量级。

如果将 $\varepsilon\Delta\tau_i$ $(i=1,\ 2,\ \cdots,\ m)$ 视为对时滞的摄动，则式 (4.50) 和式 (4.55) 分别为摄动前后 DCPPS 的特征方程。

时滞摄动后，特征值变化量 $\Delta\lambda' = \hat{\lambda}' - \lambda'$ 可以用 λ' 的一阶摄动量来近似表示。由式 (3.32)，得

$$\begin{aligned} \Delta\lambda' &= \hat{\lambda}' - \lambda' \\ &\approx \varepsilon\lambda' = -\frac{\boldsymbol{u}^{\mathrm{T}}\left(\displaystyle\sum_{i=1}^{m} \tilde{\boldsymbol{A}}_i' \mathrm{e}^{-\lambda'\tau_i'}\lambda'\varepsilon\Delta\tau_i\right)\boldsymbol{v}}{\boldsymbol{u}^{\mathrm{T}}\left(\boldsymbol{I}_n + \displaystyle\sum_{i=1}^{m} \tilde{\boldsymbol{A}}_i'\tau_i' \mathrm{e}^{-\lambda'\tau_i'}\right)\boldsymbol{v}} \end{aligned} \tag{4.58}$$

将式 (4.51) 代入式 (4.58)，得

$$
\begin{aligned}
\Delta\lambda &\triangleq \hat{\lambda} - \lambda \\
&\approx -\frac{\boldsymbol{u}^{\mathrm{T}}\left(\sum_{i=1}^{m}\tilde{\boldsymbol{A}}_i' \mathrm{e}^{-\lambda\tau_i}\lambda\mathrm{e}^{-\mathrm{j}\theta}\varepsilon\Delta\tau_i\right)\boldsymbol{v}}{\boldsymbol{u}^{\mathrm{T}}\left(\boldsymbol{I}_n + \sum_{i=1}^{m}\tilde{\boldsymbol{A}}_i'\tau_i\mathrm{e}^{-\lambda\tau_i}\right)\boldsymbol{v}} \\
&= -\sum_{i=1}^{m}\frac{\partial\lambda}{\partial\tau_i}\varepsilon\Delta\tau_i \\
&= -\sum_{i=1}^{m}\frac{\partial\lambda}{\partial\tau_i}\tau_i\left(1-\mathrm{e}^{\mathrm{j}\theta}\right)
\end{aligned}
\tag{4.59}
$$

由式 (4.59) 可知，时滞近似导致的特征值偏差 $|\Delta\lambda|$，随时滞 $\tau_i\ (i=1,\ 2,\ \cdots,\ m)$ 和旋转角度 θ 的增大而增大，并与特征值对时滞的灵敏度 $\dfrac{\partial\lambda}{\partial\tau_i}$ 成正比。

3. 旋转-放大预处理

由式 (4.56) 和图 4.8 可知，坐标轴旋转后 DCPPS 的模值最大的部分特征值 $\hat{\lambda}'$ 被"压缩"为单位圆附近的 $\mathcal{T}(h)$ 的特征值 μ'。μ' 在单位圆附近密集分布，导致计算 μ' 的稀疏特征值算法难以收敛。理论上，稀疏特征值算法的收敛性取决于特征值之间的相对距离，即 $\dfrac{|\mu_i'|-|\mu_j'|}{|\mu_i'|}$，其中 $|\mu_i'|$ 和 $|\mu_j'|$ 是解算子离散化矩阵的任意两个特征值。因此，为了改善收敛性，可对 μ_i' 和 μ_j' 进行非线性放大，从而增大它们之间的相对距离。

假设对 μ' 进行 α 次乘方，则由式 (4.56) 得

$$
\mu'' \triangleq (\mu')^{\alpha} = \mathrm{e}^{\alpha\lambda\mathrm{e}^{-\mathrm{j}\theta}h} \triangleq \mathrm{e}^{\lambda'' h} = \mathrm{e}^{\lambda'(\alpha h)} \tag{4.60}
$$

式中，

$$
\lambda'' = \alpha\mathrm{e}^{-\mathrm{j}\theta}\lambda,\ \lambda = \frac{1}{\alpha}\mathrm{e}^{\mathrm{j}\theta}\lambda'' \tag{4.61}
$$

因此，λ'' 可以认为是对 DCPPS 的特征值 λ 首先顺时针旋转 θ 弧度，然后放大 α 倍得到的。因此，称这种对 DCPPS 特征值的处理方式为旋转-放大预处理。由式 (4.61) 还可以知道，DCPPS 的特征值 λ 可以通过将坐标轴逆时针旋转 θ 弧度，再将坐标轴缩小 α 倍得到。

4. 旋转-放大预处理的实现

旋转-放大预处理有两种实现方法。

(1) 第一种实现方法可归纳为：保持 h 不变，将 τ_i $(i=1, 2, \cdots, m)$ 减小为原来的 $\dfrac{1}{\alpha}$，将 $\tilde{\boldsymbol{A}}_i'$ $(i=0, 1, \cdots, m)$ 增大 α 倍。将式 (4.61) 代入式 (3.4) 中，将 λ 直接替换为 $\dfrac{1}{\alpha}\mathrm{e}^{\mathrm{j}\theta}\lambda''$ 即可得到该方法：

$$\left(\tilde{\boldsymbol{A}}_0'' + \sum_{i=1}^{m} \tilde{\boldsymbol{A}}_i'' \mathrm{e}^{-\hat{\lambda}''\tau_i''}\right)\hat{\boldsymbol{v}} = \hat{\lambda}''\hat{\boldsymbol{v}} \tag{4.62}$$

$$\tau_i'' = \frac{\tau_i \mathrm{e}^{\mathrm{j}\theta}}{\alpha} \approx \frac{\tau_i}{\alpha},\ i=1,\ 2,\ \cdots,\ m \tag{4.63}$$

$$\tilde{\boldsymbol{A}}_0'' = \alpha\tilde{\boldsymbol{A}}_0\mathrm{e}^{-\mathrm{j}\theta},\ \tilde{\boldsymbol{A}}_i'' = \alpha\tilde{\boldsymbol{A}}_i\mathrm{e}^{-\mathrm{j}\theta},\ i=1,\ 2,\ \cdots,\ m \tag{4.64}$$

式中，$\hat{\lambda}''$ 为 λ'' 的近似值。

旋转-放大预处理后，λ'' 与解算子的特征值 μ'' 之间的映射关系为

$$\begin{cases} \mu'' = \mathrm{e}^{\lambda'' h} = \mathrm{e}^{\alpha\lambda \mathrm{e}^{-\mathrm{j}\theta} h} = \left(\mathrm{e}^{\lambda h}\right)^{\alpha \mathrm{e}^{-\mathrm{j}\theta}} = \mu^{\alpha \mathrm{e}^{-\mathrm{j}\theta}} \\ \lambda'' = \dfrac{1}{h}\ln\mu'' \end{cases} \tag{4.65}$$

(2) 第二种实现方法直接由式 (4.60) 得到并可概括为保持 $\tilde{\boldsymbol{A}}_i'$ $(i=0, 1, \cdots, m)$ 和 τ_i $(i=1, 2, \cdots, m)$ 不变，将 h 增大 α 倍。换句话说，只需要在式 (4.50) ~ 式 (4.55) 表示的坐标旋转变换的基础上，将式 (4.56) 中的 h 用 αh 代替，即可得到式 (4.65)。这表明，对 μ' 的放大处理，相当于将转移步长 h 增大 α 倍：

$$\begin{cases} \mu'' = \mathrm{e}^{\lambda'(\alpha h)} = \mathrm{e}^{\lambda'' h} \\ \lambda'' = \dfrac{1}{\alpha h}\ln\mu' = \dfrac{1}{h}\ln\mu'' \end{cases} \tag{4.66}$$

5. 参数 α 和 θ 的选取

在旋转-放大预处理中，存在两个参数 α 和 θ。取 $\alpha=2$ 或 3，即可显著地增加 μ' 之间的相对距离，改善迭代特征值算法的收敛性。值得注意的是，α 的取值还需要满足 $\alpha h \leqslant \tau_{\max}$。

参数 θ 的选取依据包括：待求部分关键特征值的分布情况和 SOD 类特征值计算方法的应用场景。首先，希望计算得到的电力系统关键特征值位于等阻尼比线 ζ 的右侧。如果待计算特征值在等阻尼比线附近稀疏地分布，则稀疏特征值算法的收敛性较好。其次，如果希望计算系统的全部或大部分特征值以设计控制器来镇定系统，则 θ 应取较大的值，如 $\theta \geqslant 5.74°$，即 $\zeta \geqslant 10\%$。如果希望计算系统最右侧的少量特征值可以快速、可靠地判断系统的小干扰稳定性，则 θ 应取较小的值，如 $\theta = 1.72°$ 或 $2.87°$，即 $\zeta = 3\%$ 或 5%。

值得注意的是，如果 $\alpha=1$，则 λ'' 退化为 λ'；如果 $\theta=0°$，则 λ' 进一步退化为 λ。

4.4.3 特性比较

对比位移-逆变换和旋转-放大预处理两种谱变换方法，可以得到如下结论。

(1) 位移-逆变换增大了位移点附近 DCPPS 关键特征值分布的稀疏性，而旋转-放大预处理改善了单位圆附近解算子特征值分布的稀疏性。对于前者，如果位移点选取得当，则其对待求关键特征值分布的改善效果要优于后者。相应地，用来计算系统关键特征值的稀疏特征值算法所需的迭代次数也较少。

(2) 采用位移-逆变换的 IGD 类特征值计算方法，每次计算仅能得到位移点附近的若干特征值。若要得到系统的全部关键特征值，则需要取不同的位移点进行多次计算。尽管如此，仍然难以保证系统最右侧的关键特征值不被遗漏。相比较而言，采用旋转-放大预处理的 SOD 类特征值计算方法，能够通过一次计算得到系统最右侧的关键特征值，从而可以快速、可靠地判别系统的小干扰稳定性。

4.5 谱 估 计

首先，4.5.1 节给出克罗内克积变换，其将谱算子 $\mathcal{A}$ 和 $\mathcal{T}(h)$ 的离散化矩阵变换为向量 (或矩阵) 与系统状态矩阵的克罗内克积之和的形式。然后，4.5.2 节论述利用稀疏特征值算法计算谱离散化矩阵的部分关键特征值。

4.5.1 克罗内克积变换

本节提出克罗内克积 (Kronecker product) 变换的思想。将谱算子 $\mathcal{A}$ 和 $\mathcal{T}(h)$ 的离散化矩阵改写为向量 (或矩阵) 与系统状态矩阵的克罗内克积之和的形式，可以大大减少矩阵-向量乘积 (matrix-vector product，MVP) 的运算量。

1. 克罗内克积的定义

克罗内克积是两个任意大小的矩阵间的运算。克罗内克积是张量积的特殊形式，以德国数学家利奥波德·克罗内克命名。矩阵的克罗内克积运算，又称为直积或张量积，用符号记作 $\otimes$。

设矩阵 $\boldsymbol{A} \in \mathbb{C}^{m\times n}$，$\boldsymbol{B} \in \mathbb{C}^{p\times q}$：

$$\boldsymbol{A} = \begin{bmatrix} a_{1,1} & a_{1,2} & \cdots & a_{1,n} \\ a_{2,1} & a_{2,2} & \cdots & a_{2,n} \\ \vdots & \vdots & & \vdots \\ a_{m,1} & a_{m,2} & \cdots & a_{m,n} \end{bmatrix}, \quad \boldsymbol{B} = \begin{bmatrix} b_{1,1} & b_{1,2} & \cdots & b_{1,q} \\ b_{2,1} & b_{2,2} & \cdots & b_{2,q} \\ \vdots & \vdots & & \vdots \\ b_{p,1} & b_{p,2} & \cdots & b_{p,q} \end{bmatrix}$$

则 $\boldsymbol{A}$ 与 $\boldsymbol{B}$、$\boldsymbol{B}$ 与 $\boldsymbol{A}$ 的克罗内克积为 $mp \times nq$ 的分块矩阵：

$$\boldsymbol{A} \otimes \boldsymbol{B} = \begin{bmatrix} a_{1,1}\boldsymbol{B} & a_{1,2}\boldsymbol{B} & \cdots & a_{1,n}\boldsymbol{B} \\ a_{2,1}\boldsymbol{B} & a_{2,2}\boldsymbol{B} & \cdots & a_{2,n}\boldsymbol{B} \\ \vdots & \vdots & & \vdots \\ a_{m,1}\boldsymbol{B} & a_{m,2}\boldsymbol{B} & \cdots & a_{m,n}\boldsymbol{B} \end{bmatrix}, \quad \boldsymbol{B} \otimes \boldsymbol{A} = \begin{bmatrix} b_{1,1}\boldsymbol{A} & b_{1,2}\boldsymbol{A} & \cdots & b_{1,q}\boldsymbol{A} \\ b_{2,1}\boldsymbol{A} & b_{2,2}\boldsymbol{A} & \cdots & b_{2,q}\boldsymbol{A} \\ \vdots & \vdots & & \vdots \\ b_{p,1}\boldsymbol{A} & b_{p,2}\boldsymbol{A} & \cdots & b_{p,q}\boldsymbol{A} \end{bmatrix} \tag{4.67}$$

2. 克罗内克积的性质

参考文献 [147] 和文献 [148]，下面不加证明地列出了克罗内克积的部分性质。

性质 1 (数乘)　对于任意的常数 α，矩阵 $\boldsymbol{A} \in \mathbb{C}^{m\times n}$ 和 $\boldsymbol{B} \in \mathbb{C}^{p\times q}$，有

$$(\alpha\boldsymbol{A}) \otimes \boldsymbol{B} = \boldsymbol{A} \otimes (\alpha\boldsymbol{B}) = \alpha(\boldsymbol{A} \otimes \boldsymbol{B}) \tag{4.68}$$

性质 2 (转置)　对于任意矩阵 $\boldsymbol{A} \in \mathbb{C}^{m\times n}$ 和 $\boldsymbol{B} \in \mathbb{C}^{p\times q}$，有

$$(\boldsymbol{A} \otimes \boldsymbol{B})^{\mathrm{T}} = \boldsymbol{A}^{\mathrm{T}} \otimes \boldsymbol{B}^{\mathrm{T}} \tag{4.69}$$

性质 3 (共轭转置)　对于任意矩阵 $\boldsymbol{A} \in \mathbb{C}^{m\times n}$ 和 $\boldsymbol{B} \in \mathbb{C}^{p\times q}$，有

$$(\boldsymbol{A} \otimes \boldsymbol{B})^{\mathrm{H}} = \boldsymbol{A}^{\mathrm{H}} \otimes \boldsymbol{B}^{\mathrm{H}} \tag{4.70}$$

性质 4 (结合律)　对于任意矩阵 $\boldsymbol{A} \in \mathbb{C}^{m\times n}$，$\boldsymbol{B} \in \mathbb{C}^{p\times q}$ 和 $\boldsymbol{C} \in \mathbb{C}^{k\times l}$，有

$$(\boldsymbol{A} \otimes \boldsymbol{B}) \otimes \boldsymbol{C} = \boldsymbol{A} \otimes (\boldsymbol{B} \otimes \boldsymbol{C}) \tag{4.71}$$

性质 5 (右分配律)　对于任意矩阵 $\boldsymbol{A} \in \mathbb{C}^{m\times n}$，$\boldsymbol{B} \in \mathbb{C}^{p\times q}$ 和 $\boldsymbol{C} \in \mathbb{C}^{m\times n}$，有

$$(\boldsymbol{A} + \boldsymbol{C}) \otimes \boldsymbol{B} = \boldsymbol{A} \otimes \boldsymbol{B} + \boldsymbol{C} \otimes \boldsymbol{B} \tag{4.72}$$

性质 6 (左分配律)　对于任意矩阵 $\boldsymbol{A} \in \mathbb{C}^{m\times n}$，$\boldsymbol{B} \in \mathbb{C}^{p\times q}$ 和 $\boldsymbol{C} \in \mathbb{C}^{p\times q}$，有

$$\boldsymbol{A} \otimes (\boldsymbol{B} + \boldsymbol{C}) = \boldsymbol{A} \otimes \boldsymbol{B} + \boldsymbol{A} \otimes \boldsymbol{C} \tag{4.73}$$

性质 7 (乘积)　对于任意矩阵 $\boldsymbol{A} \in \mathbb{C}^{m\times n}$，$\boldsymbol{B} \in \mathbb{C}^{p\times q}$，$\boldsymbol{C} \in \mathbb{C}^{n\times p}$ 和 $\boldsymbol{D} \in \mathbb{C}^{q\times s}$，有

$$(\boldsymbol{A} \otimes \boldsymbol{B})(\boldsymbol{C} \otimes \boldsymbol{D}) = \boldsymbol{AC} \otimes \boldsymbol{BD} \tag{4.74}$$

性质 8 (迹)　对于任意矩阵 $\boldsymbol{A} \in \mathbb{C}^{m\times n}$，$\boldsymbol{B} \in \mathbb{C}^{p\times q}$，有

$$\mathrm{trace}(\boldsymbol{A} \otimes \boldsymbol{B}) = \mathrm{trace}(\boldsymbol{B} \otimes \boldsymbol{A}) = \mathrm{trace}(\boldsymbol{A})\mathrm{trace}(\boldsymbol{B}) \tag{4.75}$$

性质 9 (行列式) 对于任意方阵 $\boldsymbol{A} \in \mathbb{C}^{m\times m}$ 和 $\boldsymbol{B} \in \mathbb{C}^{n\times n}$，有

$$\det(\boldsymbol{A}\otimes\boldsymbol{B}) = \det(\boldsymbol{B}\otimes\boldsymbol{A}) = (\det(\boldsymbol{A}))^n\,(\det(\boldsymbol{B}))^m \tag{4.76}$$

性质 10 (逆) 对于任意非奇异方阵 $\boldsymbol{A} \in \mathbb{C}^{m\times m}$ 和 $\boldsymbol{B} \in \mathbb{C}^{n\times n}$，有

$$(\boldsymbol{A}\otimes\boldsymbol{B})^{-1} = \boldsymbol{A}^{-1}\otimes\boldsymbol{B}^{-1} \tag{4.77}$$

性质 11 (克罗内克和) 对于任意方阵 $\boldsymbol{A} \in \mathbb{C}^{m\times m}$ 和 $\boldsymbol{B} \in \mathbb{C}^{n\times n}$，有

$$\boldsymbol{A}\oplus\boldsymbol{B} = (\boldsymbol{I}_n\otimes\boldsymbol{A}) + (\boldsymbol{B}\otimes\boldsymbol{I}_m) \tag{4.78}$$

性质 12 (矩阵方程的克罗内克积变换) 下列方程组

$$\boldsymbol{AX} = \boldsymbol{B} \tag{4.79}$$

$$\boldsymbol{AX} + \boldsymbol{XB} = \boldsymbol{C} \tag{4.80}$$

$$\boldsymbol{AXB} = \boldsymbol{C} \tag{4.81}$$

$$\boldsymbol{AX} + \boldsymbol{YB} = \boldsymbol{C} \tag{4.82}$$

可依次等价变换为

$$(\boldsymbol{I}\otimes\boldsymbol{A})\mathrm{vec}(\boldsymbol{X}) = \mathrm{vec}(\boldsymbol{B}) \tag{4.83}$$

$$\left((\boldsymbol{I}\otimes\boldsymbol{A}) + \left(\boldsymbol{B}^{\mathrm{T}}\otimes\boldsymbol{I}\right)\right)\mathrm{vec}(\boldsymbol{X}) = \left(\boldsymbol{A}\oplus\boldsymbol{B}^{\mathrm{T}}\right)\mathrm{vec}(\boldsymbol{X}) = \mathrm{vec}(\boldsymbol{C}) \tag{4.84}$$

$$\left(\boldsymbol{B}^{\mathrm{T}}\otimes\boldsymbol{A}\right)\mathrm{vec}(\boldsymbol{X}) = \mathrm{vec}(\boldsymbol{AXB}) = \mathrm{vec}(\boldsymbol{C}) \tag{4.85}$$

$$(\boldsymbol{I}\otimes\boldsymbol{A})\mathrm{vec}(\boldsymbol{X}) + \left(\boldsymbol{B}^{\mathrm{T}}\otimes\boldsymbol{I}\right)\mathrm{vec}(\boldsymbol{Y}) = \mathrm{vec}(\boldsymbol{C}) \tag{4.86}$$

式中，$\mathrm{vec}(\cdot)$ 为向量化运算，它将矩阵按列压缩为一个列向量，即

$$\mathrm{vec}(\boldsymbol{A}) = [a_{1,1},\ \cdots,\ a_{m,1},\ a_{1,2},\ \cdots,\ a_{m,2},\ \cdots,\ a_{1,n},\ \cdots,\ a_{m,n}]^{\mathrm{T}} \tag{4.87}$$

值得注意的是，式 (4.85) 这一重要性质将在本书中被反复地使用。

3. 谱算子离散化矩阵的克罗内克积变换

谱算子 $\mathcal{A}$ 和 $\mathcal{T}(h)$ 离散化以后，其对应的离散化矩阵的维数是 DCPPS 状态矩阵 $\tilde{\boldsymbol{A}}_i$ $(i=0,\ 1,\ \cdots,\ m)$ 维数的十数倍。为了降低求取 DCPPS 部分关键特征值的计算量，需要充分利用谱算子离散化矩阵和 DCPPS 状态矩阵固有的稀疏性。

谱算子离散化矩阵的稀疏性很容易通过分析矩阵的逻辑结构得到。要想进一步利用 DCPPS 状态矩阵的稀疏性，前提是将谱算子离散化矩阵 (或子矩阵、块行)

表示为系统状态矩阵的显式函数。众所周知，克罗内克积在谱算子离散化矩阵中很常见。受此启发，可以将谱算子离散化矩阵 (或子矩阵、块行) 中与系统状态矩阵相关的部分表示为常数矩阵或向量与 DCPPS 状态矩阵 $\tilde{\boldsymbol{A}}_i$ $(i=0,\ 1,\ \cdots,\ m)$ 的克罗内克积之和的形式。例如，在第 5 章将要给出的 IIGD 方法中，可以将无穷小生成元离散化矩阵 $\mathcal{A}_N$ 的第一个块行 $\boldsymbol{R}_N \in \mathbb{R}^{n\times(N+1)n}$ 表示为拉格朗日向量 $\boldsymbol{\ell}_i \in \mathbb{R}^{1\times(N+1)}$ 与系统状态矩阵 $\tilde{\boldsymbol{A}}_i$ $(i=0,\ 1,\ \cdots,\ m)$ 的克罗内克积之和：

$$\boldsymbol{R}_N = \sum_{i=0}^{m} \boldsymbol{\ell}_i \otimes \tilde{\boldsymbol{A}}_i \tag{4.88}$$

对 $\boldsymbol{R}_N$ 应用克罗内克积变换，大大降低了存储要求，并显著地减少了 $\boldsymbol{R}_N$ 与向量乘积的计算量。在计算谱算子离散化矩阵的特征值过程中，需要计算矩阵 $\boldsymbol{R}_N$ 与向量 $\boldsymbol{v} \in \mathbb{C}^{(N+1)n\times 1}$ 的乘积。为了利用式 (4.85) 所示克罗内克积的重要性质，首先将 $\boldsymbol{v}$ 转化为 $n \times (N+1)$ 维的矩阵 $\boldsymbol{V}$，进而可将 $\boldsymbol{R}_N\boldsymbol{v}$ 转化为 $m+1$ 个 n 维矩阵与向量的乘积 $\tilde{\boldsymbol{A}}_i\boldsymbol{v}_i$ $(i=0,\ 1,\ \cdots,\ m)$：

$$\begin{aligned}
\boldsymbol{R}_N\boldsymbol{v} &= \left(\sum_{i=0}^{m} \boldsymbol{\ell}_i \otimes \tilde{\boldsymbol{A}}_i\right)\boldsymbol{v} \\
&= \left(\sum_{i=0}^{m} \boldsymbol{\ell}_i \otimes \tilde{\boldsymbol{A}}_i\right)\mathrm{vec}(\boldsymbol{V}) \\
&= \sum_{i=0}^{m} \tilde{\boldsymbol{A}}_i \left(\boldsymbol{V}\boldsymbol{\ell}_i^{\mathrm{T}}\right) \\
&\triangleq \sum_{i=0}^{m} \tilde{\boldsymbol{A}}_i\boldsymbol{v}_i
\end{aligned} \tag{4.89}$$

利用系统增广状态矩阵 $\boldsymbol{A}_0$、$\boldsymbol{B}_0$、$\boldsymbol{C}_0$ 和 $\boldsymbol{D}_0$ 的稀疏特性，可以进一步降低式 (4.89) 中稠密的系统状态矩阵 $\tilde{\boldsymbol{A}}_0$ 与向量 $\boldsymbol{v}_0$ 的乘积 $\tilde{\boldsymbol{A}}_0\boldsymbol{v}_0$ 的计算量。这将在 4.5.3 节详细论述。

4.5.2 IRA 算法

在对大规模电力系统进行小干扰稳定性分析和控制时，需要快速地计算靠近虚轴、阻尼比最小、实部最大 (最右侧) 的部分关键特征值。能够胜任的稀疏特征值算法有 IRA 算法 [124,149-154]、Jacobi-Davison 算法 [155-157] 等。本节仅简述 IRA 算法的基本原理。

1. Arnoldi 算法

Arnoldi 算法的基本原理是给定 n 维 2 范数单位初始向量 $\boldsymbol{q}_1$，通过 Arnoldi 过程生成 m 维 Krylov 子空间 $\boldsymbol{E} = \boldsymbol{K}(\boldsymbol{A},\ \boldsymbol{q}_1,\ m) = \mathrm{span}(\boldsymbol{q}_1,\ \boldsymbol{A}\boldsymbol{q}_1,\ \cdots,\ \boldsymbol{A}^{m-1}\boldsymbol{q}_1)$

的一组正交基 $\boldsymbol{Q} = (\boldsymbol{q}_1, \boldsymbol{q}_2, \cdots, \boldsymbol{q}_m)$，并通过此正交基将 $\boldsymbol{A}$ 阵化为上海森伯格 (upper Hessenberg) 矩阵 $\boldsymbol{H}$ (即 $\boldsymbol{Q}^{\mathrm{H}}\boldsymbol{A}\boldsymbol{Q}$)，然后再将 $\boldsymbol{H}$ 阵约化为分块三角阵 $\boldsymbol{T}$，$\boldsymbol{T}$ 的特征值为 $\boldsymbol{A}$ 的特征值。第 k 步 Arnoldi 分解可表示为

$$\boldsymbol{A}\boldsymbol{Q}_k = \boldsymbol{Q}_k\boldsymbol{H}_k + \boldsymbol{r}_k\mathbf{e}_k^{\mathrm{T}} \tag{4.90}$$

式中，$\boldsymbol{Q}_k \in \mathbb{C}^{n\times k}$；$\boldsymbol{Q}_k^{\mathrm{H}}\boldsymbol{Q}_k = \boldsymbol{I}_k$；$\boldsymbol{H}_k \in \mathbb{C}^{k\times k}$；$\boldsymbol{r}_k \in \mathbb{C}^{n\times 1}$；$\boldsymbol{Q}_k^{\mathrm{H}}\boldsymbol{r}_k = \boldsymbol{0}$；$\mathbf{e}_k \in \mathbb{R}^{k\times 1}$ 为第 k 个基本单位向量。第 $k+1$ 步 Arnoldi 分解的迭代公式如下：

$$\beta_{k+1} = \|\boldsymbol{r}_k\|_2,\ \boldsymbol{q}_{k+1} = \boldsymbol{r}_k/\beta_{k+1} \tag{4.91}$$

$$\boldsymbol{Q}_{k+1} = \begin{bmatrix}\boldsymbol{Q}_k & \boldsymbol{q}_{k+1}\end{bmatrix} \tag{4.92}$$

$$\boldsymbol{w} = \boldsymbol{A}\boldsymbol{q}_{k+1} \tag{4.93}$$

$$\begin{bmatrix}\boldsymbol{h}_{k+1}\\ \alpha_{k+1}\end{bmatrix} = \boldsymbol{Q}_{k+1}^{\mathrm{H}}\boldsymbol{w} \tag{4.94}$$

$$\boldsymbol{H}_{k+1} = \begin{bmatrix}\boldsymbol{H}_k & \boldsymbol{h}_{k+1}\\ \beta_{k+1}\mathbf{e}_k^{\mathrm{T}} & \alpha_{k+1}\end{bmatrix} \tag{4.95}$$

$$\boldsymbol{r}_{k+1} = \boldsymbol{w} - \boldsymbol{Q}_{k+1}\begin{bmatrix}\boldsymbol{h}_{k+1}\\ \alpha_{k+1}\end{bmatrix} = \left(\boldsymbol{I}_{k+1} - \boldsymbol{Q}_{k+1}\boldsymbol{Q}_{k+1}^{\mathrm{H}}\right)\boldsymbol{w} \tag{4.96}$$

$$\boldsymbol{A}\boldsymbol{Q}_{k+1} = \boldsymbol{Q}_{k+1}\boldsymbol{H}_{k+1} + \boldsymbol{r}_{k+1}\mathbf{e}_{k+1}^{\mathrm{T}} \tag{4.97}$$

2. IRA *算法*

重启动是 Arnoldi 算法实现的一个重要技术。根据重启动向量产生策略的不同，Arnoldi 算法可分为显式重启动 Arnoldi 算法和 IRA 算法。显式重启动 Arnoldi 算法就是用基本 Arnoldi 算法求得的近似特征向量的某种线性组合作为下次迭代的初始向量。IRA 算法利用迭代中非期望里茨值作为平移点，用隐式 QR 算法分解产生新的重启动向量，从而充分利用了期望里茨值的信息，提高了收敛速度，解决了显式重启动 Arnoldi 算法处理特征值簇时收敛性严重恶化的问题，是当前收敛性能最好、数值最稳定的 Arnoldi 算法。

IRA 算法的重启动向量的产生过程如下：首先，确定多项式滤波函数的 p 个零点 μ_i $(i = 1, 2, \cdots, p)$ 作为平移点，并对 $\boldsymbol{H}_{k+p}$ 执行 p 次隐式 QR 步；然后，将 k 步 Arnoldi 分解扩展为 $k+i$ 步 Arnoldi 分解。设 QR 分解为 $\boldsymbol{H}_{k+i} - \mu_i\boldsymbol{I}_{k+i} = \boldsymbol{Q}_i\boldsymbol{R}_i$，由式 (4.97) 可知：

$$(\boldsymbol{A} - \mu_i\boldsymbol{I}_n)\boldsymbol{Q}_{k+i} = \boldsymbol{Q}_{k+i}(\boldsymbol{H}_{k+i} - \mu_i\boldsymbol{I}_{k+i}) + \boldsymbol{r}_{k+i}\mathbf{e}_{k+i}^{\mathrm{T}} \tag{4.98}$$

$$\boldsymbol{A}\boldsymbol{Q}_{k+i}\boldsymbol{Q}_i - \boldsymbol{Q}_{k+i}\boldsymbol{Q}_i(\mu_i\boldsymbol{I}_{k+i} + \boldsymbol{R}_i\boldsymbol{Q}_i) = \boldsymbol{r}_{k+i}\mathbf{e}_{k+i}^{\mathrm{T}}\boldsymbol{Q}_i \tag{4.99}$$

记 $\boldsymbol{Q}_{k+i}^{+} = \boldsymbol{Q}_{k+i}\boldsymbol{Q}_i$，$\boldsymbol{H}_{k+i}^{+} = \mu_i\boldsymbol{I}_{k+i} + \boldsymbol{R}_i\boldsymbol{Q}_i$，显然 $\boldsymbol{H}_{k+i}^{+}$ 仍然是上海森伯格矩阵，但式 (4.99) 右端 $\boldsymbol{r}_{k+i}\mathbf{e}_{k+i}^{\mathrm{T}}\boldsymbol{Q}_i$ 的第 $k+i-1$ 列非零，因此其不是一个标准的 Arnoldi 分解。将 $\boldsymbol{Q}_{k+i}^{+}$、$\boldsymbol{H}_{k+i}^{+}$、$\mathbf{e}_{k+i}^{\mathrm{T}}\boldsymbol{Q}_i$ 进行分块，则式 (4.99) 可重新表示为

$$\boldsymbol{A}\begin{bmatrix}\boldsymbol{Q}_k^{+} & \boldsymbol{Q}_i^{+}\end{bmatrix} = \begin{bmatrix}\boldsymbol{Q}_k^{+} & \boldsymbol{Q}_i^{+}\end{bmatrix}\begin{bmatrix}\boldsymbol{H}_k^{+} & \boldsymbol{h} \\ \begin{bmatrix}\beta_{k+1}^{+}\mathbf{e}_k^{\mathrm{T}} \\ \mathbf{0}\end{bmatrix} & \boldsymbol{\alpha}\end{bmatrix} + \boldsymbol{r}_{k+i}\begin{bmatrix}\sigma_k\mathbf{e}_k^{\mathrm{T}} & \gamma\end{bmatrix} \tag{4.100}$$

式中，$\boldsymbol{Q}_k^{+}$ 和 $\boldsymbol{Q}_i^{+}$ 分别为 $\boldsymbol{Q}_{k+i}^{+}$ 前 k 列和后 i 列形成的子阵；$\boldsymbol{h}$、$\boldsymbol{\alpha}$ 和 γ 分别为相应维数的子阵；$\beta_{k+1}^{+} = \mathbf{e}_k^{\mathrm{T}}\boldsymbol{H}_{k+i}^{+}\mathbf{e}_k$；$\sigma_k = \mathbf{e}_{k+i}^{\mathrm{T}}\boldsymbol{Q}_i\mathbf{e}_k$。于是，式 (4.100) 的前 k 列可写为

$$\boldsymbol{A}\boldsymbol{Q}_k^{+} = \boldsymbol{Q}_k^{+}\boldsymbol{H}_k^{+} + \left(\beta_{k+1}^{+}\boldsymbol{q}_{k+1}^{+} + \sigma_k\boldsymbol{r}_{k+i}\right)\mathbf{e}_k^{\mathrm{T}} \tag{4.101}$$

式中，$\boldsymbol{q}_{k+1}^{+} = \boldsymbol{Q}_{k+i}^{+}\mathbf{e}_{k+1}$。令 $\boldsymbol{r}_k^{+} = \beta_{k+1}^{+}\boldsymbol{q}_{k+1}^{+} + \sigma_k\boldsymbol{r}_{k+i}$，显然式 (4.101) 是一个 k 步 Arnoldi 分解，可以利用 $\boldsymbol{r}_k^{+}$ 作为新的启动向量开始新一轮迭代。

4.5.3 MVP 和 MIVP 的稀疏实现

前面给出了利用 IRA 算法计算一般矩阵 $\boldsymbol{A}$ 的模值最大的一组特征值的迭代过程。其中，最核心的运算是 MVP，即式 (4.93)。然而，在利用 IRA 算法计算谱算子离散化矩阵的特征值时，式 (4.93) 可能会变形为 MVP

$$\boldsymbol{w} = \tilde{\boldsymbol{A}}\boldsymbol{q}_{k+1} \tag{4.102}$$

或矩阵逆-向量乘积 (matrix inversion-vector product，MIVP)

$$\boldsymbol{w} = \tilde{\boldsymbol{A}}^{-1}\boldsymbol{q}_{k+1} \tag{4.103}$$

式中，$\tilde{\boldsymbol{A}} = \boldsymbol{A}_0' - \boldsymbol{B}_0'\boldsymbol{D}_0^{-1}\boldsymbol{C}_0$。$\boldsymbol{A}_0' = f(\boldsymbol{A}_0)$ 和 $\boldsymbol{B}_0' = f(\boldsymbol{B}_0)$ 分别为系统增广状态矩阵 $\boldsymbol{A}_0$ 和 $\boldsymbol{B}_0$ 的简单函数，并且与 $\boldsymbol{A}_0$ 和 $\boldsymbol{B}_0$ 具有相同的稀疏结构。

下面分别给出式 (4.102) 和式 (4.103) 的高效实现方法。这些方法不显式形成矩阵 $\tilde{\boldsymbol{A}}$。相反地，其通过充分利用系统增广状态矩阵 $\boldsymbol{A}_0$、$\boldsymbol{B}_0$、$\boldsymbol{C}_0$ 和 $\boldsymbol{D}_0$ 的稀疏结构，降低求解的计算量，从而大大提高特征值计算的效率。

1. $\boldsymbol{w} = \tilde{\boldsymbol{A}}q_{k+1}$ 的稀疏实现

式 (4.102) 中，$\boldsymbol{w} = \tilde{\boldsymbol{A}}\boldsymbol{q}_{k+1} = \left(\boldsymbol{A}_0' - \boldsymbol{B}_0'\boldsymbol{D}_0^{-1}\boldsymbol{C}_0\right)\boldsymbol{q}_{k+1}$。其可以分解为如下两个步骤：

$$\boldsymbol{D}_0\boldsymbol{z} = -\boldsymbol{C}_0\boldsymbol{q}_{k+1} \tag{4.104}$$

$$\boldsymbol{w} = \boldsymbol{A}_0'\boldsymbol{q}_{k+1} + \boldsymbol{B}_0'\boldsymbol{z} \tag{4.105}$$

它们与式 (4.106) 所表达的 $\boldsymbol{w}$ 与 $\boldsymbol{q}_{k+1}$ 之间的关系等价：

$$\begin{bmatrix} \boldsymbol{w} \\ \boldsymbol{0} \end{bmatrix} = \begin{bmatrix} \boldsymbol{A}_0' & \boldsymbol{B}_0' \\ \boldsymbol{C}_0 & \boldsymbol{D}_0 \end{bmatrix} \begin{bmatrix} \boldsymbol{q}_{k+1} \\ \boldsymbol{z} \end{bmatrix} \tag{4.106}$$

在迭代计算式 (4.102) 之前，仅对 $\boldsymbol{D}_0$ 进行一次稀疏三角分解，即 $\boldsymbol{D}_0 = \boldsymbol{LU}$。于是，每次迭代中只需要首先通过前推-回代计算得到中间向量 $\boldsymbol{z}$，进而通过稀疏矩阵与向量的乘积得到 $\boldsymbol{w}$。

2. $\boldsymbol{w} = \tilde{\boldsymbol{A}}^{-1}\boldsymbol{q}_{k+1}$ 的稀疏实现

为了避免显式形成矩阵 $\tilde{\boldsymbol{A}}$，这里利用矩阵之和的求逆公式 (Duncan-Guttman 公式 [148]) 计算 $\tilde{\boldsymbol{A}}^{-1}$：

$$\begin{aligned} \tilde{\boldsymbol{A}}^{-1} &= \left(\boldsymbol{A}_0' - \boldsymbol{B}_0'\boldsymbol{D}_0^{-1}\boldsymbol{C}_0\right)^{-1} \\ &= \left(\boldsymbol{A}_0'\right)^{-1} + \left(\boldsymbol{A}_0'\right)^{-1}\boldsymbol{B}_0'\left(\boldsymbol{D}_0 - \boldsymbol{C}_0\left(\boldsymbol{A}_0'\right)^{-1}\boldsymbol{B}_0'\right)^{-1}\boldsymbol{C}_0\left(\boldsymbol{A}_0'\right)^{-1} \end{aligned} \tag{4.107}$$

于是，式 (4.103) 可以分解为如下两个步骤：

$$\left[\boldsymbol{D}_0 - \boldsymbol{C}_0\left(\boldsymbol{A}_0'\right)^{-1}\boldsymbol{B}_0'\right]\boldsymbol{z} = -\boldsymbol{C}_0\left(\boldsymbol{A}_0'\right)^{-1}\boldsymbol{q}_{k+1} \tag{4.108}$$

$$\boldsymbol{w} = \left(\boldsymbol{A}_0'\right)^{-1}\left(\boldsymbol{q}_{k+1} - \boldsymbol{B}_0'\boldsymbol{z}\right) \tag{4.109}$$

每次迭代时，首先计算 $\left(\boldsymbol{A}_0'\right)^{-1}$。由于 $\boldsymbol{A}_0'$ 与 $\boldsymbol{A}_0$ 均为分块对角阵，$(\boldsymbol{A}_0')^{-1}$ 可以通过对各对角子块分别直接求逆得到。其次，计算分块稀疏矩阵 $\boldsymbol{D}^* = \boldsymbol{D}_0 - \boldsymbol{C}_0\left(\boldsymbol{A}_0'\right)^{-1}\boldsymbol{B}_0'$，其与 $\boldsymbol{D}_0$ 具有相同的稀疏特性。最后，对 $\boldsymbol{D}^*$ 进行稀疏三角分解。

文献 [158] 也指出，$\boldsymbol{w} = \tilde{\boldsymbol{A}}^{-1}\boldsymbol{q}_{k+1}$ 与式 (4.110) 所表达的 $\boldsymbol{w}$ 与 $\boldsymbol{q}_{k+1}$ 之间的关系等价。据此也可以容易地推得式 (4.108) 和式 (4.109)：

$$\begin{bmatrix} \boldsymbol{A}_0' & \boldsymbol{B}_0' \\ \boldsymbol{C}_0 & \boldsymbol{D}_0 \end{bmatrix} \begin{bmatrix} \boldsymbol{w} \\ \boldsymbol{z} \end{bmatrix} = \begin{bmatrix} \boldsymbol{q}_{k+1} \\ \boldsymbol{0} \end{bmatrix} \tag{4.110}$$

3. 计算量对比

为了对比求解式 (4.102) 和式 (4.103) 的计算量，本书在三个算例系统上进行了 100 次求解。测试结果如表 4.2 所示。n 和 l 分别为系统状态变量和代数变量的维数；t_{MVP} 和 t_{MIVP} 分别为 100 次求解式 (4.102) 和式 (4.103) 的平均计算时间；R 为 t_{MIVP} 与 t_{MVP} 之比，近似地刻画式 (4.103) 和式 (4.102) 计算量之比。可知，R 随着代数变量维数 l 的增加而显著增加。

表 4.2 各系统 MVP 和 MIVP 计算量比较

测试	算例系统	n	l	$t_{\mathrm{MVP}}/\mathrm{s}$	$t_{\mathrm{MIVP}}/\mathrm{s}$	时间比 R
1	四机两区域系统	56	22	8.71×10^{-5}	2.44×10^{-4}	2.80
2	16 机 68 节点系统	200	448	7.77×10^{-4}	0.0064	8.30
3	某水平年山东电网	1128	5765	0.0115	0.6515	56.44

4.6 谱 校 正

利用 IRA 算法从谱算子离散化矩阵中计算得到的仅是 DCPPS 的近似特征值。本节将文献 [158] 提出的常规电力系统特征值计算的牛顿法推广至 DCPPS。利用牛顿法的二次收敛特性，可以高效地得到 DCPPS 的精确特征值和相应的特征向量。

将式 (3.5) 所示的增广形式的 DCPPS 特征方程进行线性化，可得到牛顿法的修正方程式：

$$\begin{bmatrix} \boldsymbol{A}'\left(\lambda^{(k)}\right) & \boldsymbol{B}\left(\lambda^{(k)}\right) \\ \boldsymbol{C}_0 & \boldsymbol{D}_0 \end{bmatrix}\begin{bmatrix} \Delta\boldsymbol{v}^{(k)} \\ \Delta\boldsymbol{w}^{(k)} \end{bmatrix} - \begin{bmatrix} \boldsymbol{v}^{(k)} + \sum_{i=1}^{m}\tau_i \mathrm{e}^{-\lambda^{(k)}\tau_i}\left(\boldsymbol{A}_i\boldsymbol{v}^{(k)} + \boldsymbol{B}_i\boldsymbol{w}^{(k)}\right) \\ \boldsymbol{0} \end{bmatrix}\Delta\lambda^{(k)}$$

$$\triangleq (\boldsymbol{J}')^{(k)}\begin{bmatrix} \Delta\boldsymbol{v}^{(k)} \\ \Delta\boldsymbol{w}^{(k)} \end{bmatrix} + (\boldsymbol{g}')^{(k)}\Delta\lambda^{(k)} = -\boldsymbol{f}^{(k)} \tag{4.111}$$

式中，$\lambda^{(k)}$、$\boldsymbol{v}^{(k)}$ 和 $\boldsymbol{w}^{(k)}$ 分别为第 k 次迭代时的特征值、特征向量和中间辅助向量；带前缀 Δ 为它们各自的修正量；$\boldsymbol{f}^{(k)}\in\mathbb{C}^{(n+l)\times 1}$ 为第 k 次迭代时增广形式特征方程的不平衡量。

为了保证特征向量 $\boldsymbol{v}^{(k)}$ 的唯一性，假设其第一个分量在牛顿法迭代过程中保持不变，对其他元素进行规格化。为了避免修正方程式 (4.111) 降阶并保留其稀疏特性，将 $\Delta\boldsymbol{v}^{(k)}$ 的第一个分量用 $\Delta\lambda^{(k)}$ 代替，则得到 $\Delta(\boldsymbol{v}')^{(k)}=\left[\Delta\lambda^{(k)};\ \left(\Delta\boldsymbol{v}^{(k)}(2:n)\right)^{\mathrm{T}}\right]^{\mathrm{T}}$。相应地，用 $(\boldsymbol{g}')^{(k)}$ 代替 $(\boldsymbol{J}')^{(k)}$ 的第一列，则得到改进后的雅可比矩阵为 $(\boldsymbol{J}'')^{(k)}=\left[(\boldsymbol{g}')^{(k)},\ (\boldsymbol{J}')^{(k)}(1:(n+l),\ 2:(n+l))\right]$。经过上述处理后，式 (4.111) 变为

$$\left(\boldsymbol{J}''\right)^{(k)}\begin{bmatrix} (\Delta\boldsymbol{v}')^{(k)} \\ \Delta\boldsymbol{w}^{(k)} \end{bmatrix} \triangleq \left(\boldsymbol{J}^{(k)} + \boldsymbol{g}^{(k)}\mathrm{e}_1^{\mathrm{T}}\right)\begin{bmatrix} (\Delta\boldsymbol{v}')^{(k)} \\ \Delta\boldsymbol{w}^{(k)} \end{bmatrix} = -\boldsymbol{f}^{(k)} \tag{4.112}$$

式中，$\boldsymbol{J}^{(k)}$ 为将 $\left(\boldsymbol{J}''\right)^{(k)}$ 的第一列用单位向量 e_1 代替后得到的矩阵，其与 $\left(\boldsymbol{J}'\right)^{(k)}$ 具有相同的稀疏结构；$\boldsymbol{g}^{(k)}$ 为 $\left(\boldsymbol{g}'\right)^{(k)}$ 与 e_1 之差。

利用 Sherman-Morrisony 公式 [148]，可从式 (4.112) 中求解得到修正量：

$$\begin{bmatrix}(\Delta \boldsymbol{v}')^{(k)} \\ \Delta \boldsymbol{w}^{(k)}\end{bmatrix} = -\left(\boldsymbol{J}^{(k)}\right)^{-1}\boldsymbol{f}^{(k)} + \frac{\left(\boldsymbol{J}^{(k)}\right)^{-1}\boldsymbol{g}^{(k)}\mathbf{e}_1^{\mathrm{T}}\left(\boldsymbol{J}^{(k)}\right)^{-1}\boldsymbol{f}^{(k)}}{1+\mathbf{e}_1^{\mathrm{T}}\left(\boldsymbol{J}^{(k)}\right)^{-1}\boldsymbol{g}^{(k)}} \tag{4.113}$$

式 (4.113) 中涉及的 MVP 运算 $\left(\boldsymbol{J}^{(k)}\right)^{-1}\boldsymbol{g}^{(k)}$ 和 $\left(\boldsymbol{J}^{(k)}\right)^{-1}\boldsymbol{f}^{(k)}$ 可以采用与求解式 (4.103) 类似的方法计算得到。

给定收敛精度 ε_1，则牛顿法的收敛条件为

$$\max\left(\left\|(\Delta \boldsymbol{v}')^{(k)}\right\|, \left\|\Delta \boldsymbol{w}^{(k)}\right\|\right) < \varepsilon_1 \text{ 或 } \left\|\boldsymbol{f}^{(k)}\right\| < \varepsilon_1 \tag{4.114}$$

对于某个特征值 λ，牛顿法的迭代次数也可以作为评判基于谱离散化特征值计算方法准确性的一个测度指标。

第 5 章　基于 IIGD 的特征值计算方法

本章首先阐述文献 [106]、文献 [119]、文献 [129] 提出的 IGD-PS 方法的基本理论，然后利用基于谱离散化的时滞特征值计算方法的框架，将 IGD-PS 方法改进成为能够适用于大规模 DCPPS 的小干扰稳定性分析方法，即 IIGD 方法 [141, 97]。

5.1　IGD-PS 方法

5.1.1　基本原理

1. 拉格朗日插值多项式

设 N 为任意正整数，区间 $[-\tau_{\max},\ 0]$ 上 $N+1$ 个离散点 $\theta_{N,j}$ 形成的集合为 $\Omega_N := \{\theta_{N,j},\ j=0,\ 1,\ \cdots,\ N\}$，且满足 $-\tau_{\max} = \theta_{N,N} < \theta_{N,N-1} < \cdots < \theta_{N,0} = 0$。设 $\boldsymbol{X}_N = (\mathbb{R}^{n\times 1})^{\Omega_N} \approx \mathbb{R}^{(N+1)n\times 1}$ 表示集合 Ω_N 上定义的离散函数空间，也即空间 $\boldsymbol{X}$ 的离散化形式。设连续函数 $\varphi \in \mathcal{D}(\mathcal{A}) \subset \boldsymbol{X}$ 被离散化为分块向量 $\boldsymbol{\Phi} = \left[(\boldsymbol{\varphi}_0)^{\mathrm{T}},\ (\boldsymbol{\varphi}_1)^{\mathrm{T}},\ \cdots,\ (\boldsymbol{\varphi}_N)^{\mathrm{T}}\right]^{\mathrm{T}} \in \boldsymbol{X}_N$，其中离散函数 $\boldsymbol{\varphi}_j\ (j=0,\ 1,\ \cdots,\ N)$ 是连续函数 φ 在离散点 $\theta_{N,j}$ 处函数值的近似，即 $\boldsymbol{\varphi}_j \approx \boldsymbol{\varphi}(\theta_{N,j}) \in \mathbb{R}^{n\times 1}$。设 $L_N\boldsymbol{\Phi}$ 表示唯一存在的次数不超过 N 的拉格朗日插值多项式，且满足 $(L_N\boldsymbol{\Phi})(\theta_{N,j}) = \boldsymbol{\varphi}_j,\ j=0,\ 1,\ \cdots,\ N$：

$$\boldsymbol{\varphi}(\theta) = (L_N\boldsymbol{\Phi})(\theta) = \sum_{j=0}^{N} \ell_{N,j}(\theta)\boldsymbol{\varphi}_j,\quad \theta \in [-\tau_{\max},\ 0] \tag{5.1}$$

式中，$\ell_{N,j}(\cdot),\ j=0,\ 1,\ \cdots,\ N$，为与离散点 $\theta_{N,j}$ 相关的拉格朗日插值系数。

如果令

$$\pi_j = \prod_{k=0,\ k\neq j}^{N} (\theta_{N,j} - \theta_{N,k}) \tag{5.2}$$

则

$$\ell_{N,j}(\theta) = \frac{1}{\pi_j} \prod_{k=0,\ k\neq j}^{N} (\theta - \theta_{N,k}),\quad \theta \in [-\tau_{\max},\ 0] \tag{5.3}$$

特别地，在离散点 $\theta_{N,i}$ $(i=0,\ 1,\ \cdots,\ N)$ 处，有

$$\ell_{N,j}(\theta_{N,i})=\begin{cases}1,\ i=j\\0,\ i\neq j\end{cases}\tag{5.4}$$

2. 基本原理

将式 (3.1) 重写如下：

$$\Delta\dot{\boldsymbol{x}}(t)=\boldsymbol{f}(\Delta\boldsymbol{x}_t),\ t\geqslant 0\tag{5.5}$$

式中，

$$\boldsymbol{f}(\boldsymbol{\varphi})=\tilde{\boldsymbol{A}}_0\boldsymbol{\varphi}(0)+\sum_{i=1}^{m}\tilde{\boldsymbol{A}}_i\boldsymbol{\varphi}(-\tau_i),\ \boldsymbol{\varphi}\in\boldsymbol{X}\tag{5.6}$$

然后，将 $\mathcal{A}$ 的定义式 (4.22) 重写如下：

$$\boldsymbol{\varphi}'(\theta_{N,j})=[\mathcal{A}\boldsymbol{\varphi}](\theta_{N,j})\tag{5.7}$$

$\mathcal{A}$ 的离散化矩阵 $\mathcal{A}_N:\boldsymbol{X}_N\to\boldsymbol{X}_N$ 定义如式 (5.8) 所示，其本质上就是表征 $\boldsymbol{\psi}_j$ 和 $\boldsymbol{\varphi}_j$ $(j=0,\ 1,\ \cdots,\ N)$ 之间关系的矩阵：

$$\boldsymbol{\varphi}'(\theta_{N,j})\approx\boldsymbol{\psi}_j=[\mathcal{A}_N\boldsymbol{\Phi}](\theta_{N,j})\tag{5.8}$$

式中，$\boldsymbol{\psi}_j$ $(j=0,\ 1,\ \cdots,\ N)$ 表示 $\boldsymbol{\varphi}$ 在点 $\theta_{N,j}$ $(j=0,\ 1,\ \cdots,\ N)$ 处精确导数 $\boldsymbol{\varphi}'(\theta_{N,j})$ 的近似值。

将式 (5.1) 代入式 (5.8)，进而利用拉格朗日插值多项式 $L_N\boldsymbol{\Phi}$ 在点 $\theta_{N,j}$ $(j=0,\ 1,\ \cdots,\ N)$ 处的导数对 $\boldsymbol{\varphi}'(\theta_{N,j})$ 进行近似，从而可得 [119, 129]

$$\begin{cases}\boldsymbol{\varphi}'(\theta_{N,0})\approx\boldsymbol{\psi}_0=[\mathcal{A}_N\boldsymbol{\Phi}](\theta_{N,0})=\boldsymbol{f}\left(L_N\boldsymbol{\Phi}(\theta_{N,0})\right)\\\boldsymbol{\varphi}'(\theta_{N,j})\approx\boldsymbol{\psi}_j=[\mathcal{A}_N\boldsymbol{\Phi}](\theta_{N,j})=(L_N\boldsymbol{\Phi})'(\theta_{N,j}),\quad j=1,\ 2,\ \cdots,\ N\end{cases}\tag{5.9}$$

5.1.2 离散化矩阵

1. 在 $\theta_{N,0}=0$ 处函数 $\boldsymbol{\varphi}$ 导数的估计值 $\boldsymbol{\psi}_0$

在 $\theta_{N,0}=0$ 处，函数 $\boldsymbol{\varphi}$ 的导数并不等于拉格朗日插值多项式 $L_N\boldsymbol{\Phi}$ 的导数，即 $\boldsymbol{\psi}_0\approx\boldsymbol{\varphi}'(\theta_{N,0})\neq(L_N\boldsymbol{\Phi})'(\theta_{N,0})$。这是因为作为定义在 $\mathcal{D}(\mathcal{A})$ 上的函数 $\boldsymbol{\varphi}$，其必须满足拼接条件，由式 (4.23) 得

$$\boldsymbol{\varphi}'(\theta_{N,0})=\boldsymbol{\varphi}'(0)=\boldsymbol{f}(\boldsymbol{\varphi}(0))=\tilde{\boldsymbol{A}}_0\boldsymbol{\varphi}(0)+\sum_{i=1}^{m}\tilde{\boldsymbol{A}}_i\boldsymbol{\varphi}(-\tau_i)\tag{5.10}$$

利用式 (5.1) 计算得到 $\boldsymbol{\varphi}(0)$ 和 $\boldsymbol{\varphi}(-\tau_i)$ $(i=1,\ 2,\ \cdots,\ m)$，然后代入式 (5.10)，得

$$
\begin{aligned}
\boldsymbol{\psi}_0 &= \boldsymbol{f}\left(L_N\boldsymbol{\Phi}(\theta_{N,0})\right) \\
&= \tilde{\boldsymbol{A}}_0\left(L_N\boldsymbol{\Phi}\right)(0)+\sum_{i=1}^{m}\tilde{\boldsymbol{A}}_i\left(L_N\boldsymbol{\Phi}\right)(-\tau_i) \\
&= \tilde{\boldsymbol{A}}_0\sum_{j=0}^{N}\ell_{N,j}(0)\boldsymbol{\varphi}_j+\sum_{i=1}^{m}\tilde{\boldsymbol{A}}_i\sum_{j=0}^{N}\ell_{N,j}(-\tau_i)\boldsymbol{\varphi}_j
\end{aligned}
\tag{5.11}
$$

将式 (5.11) 改写为矩阵形式：

$$
\boldsymbol{\psi}_0=\boldsymbol{R}_N\boldsymbol{\Phi} \tag{5.12}
$$

式中，

$$
\boldsymbol{R}_N=[\boldsymbol{r}_0,\ \boldsymbol{r}_1,\ \cdots,\ \boldsymbol{r}_N]\in\mathbb{R}^{n\times(N+1)n} \tag{5.13}
$$

$$
\boldsymbol{r}_j=\boldsymbol{f}(\ell_{N,j}(\cdot)\boldsymbol{I}_n)=\tilde{\boldsymbol{A}}_0\ell_{N,j}(0)+\sum_{i=1}^{m}\tilde{\boldsymbol{A}}_i\ell_{N,j}(-\tau_i),\quad j=0,\ 1,\ \cdots,\ N \tag{5.14}
$$

2. 在 $\theta_{N,j}$ $(j=1,\ 2,\ \cdots,\ N)$ 处函数 $\boldsymbol{\varphi}$ 导数的估计值 $\boldsymbol{\psi}_j$

在 $\theta_{N,j}$ $(j=1,\ 2,\ \cdots,\ N)$ 处，根据式 (5.1)，可得 $\boldsymbol{\varphi}'(\theta_{N,j})$ 的近似值为

$$
\boldsymbol{\varphi}'(\theta_{N,j})\approx\boldsymbol{\psi}_j=\left(L_N\boldsymbol{\Phi}\right)'(\theta_{N,j})=\sum_{i=0}^{N}\ell'_{N,i}(\theta_{N,j})\boldsymbol{\varphi}_i,\quad j=1,\ 2,\ \cdots,\ N \tag{5.15}
$$

式中，$\ell'_{N,i}(\theta_{N,j})$ $(i=0,\ 1,\ \cdots,\ N;\ j=1,\ 2,\ \cdots,\ N)$ 的显式表达如式 (5.16) 所示。将元素 $\ell'_{N,i}(\theta_{N,j})$ $(i=0,\ 1,\ \cdots,\ N;\ j=1,\ 2,\ \cdots,\ N)$ 形成的矩阵记为 $\underline{\boldsymbol{D}}_N\in\mathbb{R}^{N\times(N+1)}$，即 $\underline{\boldsymbol{D}}_N(j,i)\triangleq\ell'_{N,i}(\theta_{N,j})$：

$$
\ell'_{N,i}(\theta_{N,j})=\begin{cases}
\dfrac{1}{\pi_i}\displaystyle\prod_{k=0,\ k\neq i,\ j}^{N}(\theta_{N,j}-\theta_{N,k})=\dfrac{\pi_j}{\pi_i(\theta_{N,j}-\theta_{N,i})}, & j\neq i \\
\displaystyle\sum_{k=0,\ k\neq i}^{N}\dfrac{1}{\theta_{N,i}-\theta_{N,k}}, & j=i
\end{cases} \tag{5.16}
$$

3. $\mathcal{A}$ 的伪谱离散化矩阵

联立式 (5.10) 和式 (5.15)，进而改写成矩阵形式，得到抽象柯西问题 (式 (4.30) 和式 (4.31)) 的离散形式：

$$
\boldsymbol{\Psi}=\mathcal{A}_N\boldsymbol{\Phi} \tag{5.17}
$$

式中，$\boldsymbol{\Psi} = \left[(\boldsymbol{\psi}_0)^{\mathrm{T}}, (\boldsymbol{\psi}_1)^{\mathrm{T}}, \cdots, (\boldsymbol{\psi}_N)^{\mathrm{T}}\right]^{\mathrm{T}} \in \boldsymbol{X}_N$；$\mathcal{A}_N \in \mathbb{R}^{(N+1)n\times(N+1)n}$ 为 $\mathcal{A}$ 的伪谱离散化矩阵。

若选取经位移和归一化处理后第 N 阶切比雪夫多项式的极点作为区间 $[-\tau_{\max}, 0]$ 上的 $N+1$ 个离散点 $\theta_{N,j}$ $(j=0, 1, \cdots, N)$:

$$\theta_{N,j} = \frac{\tau_{\max}}{2}\left[\cos\left(j\frac{\pi}{N}\right) - 1\right],\ j = 0,\ 1,\ \cdots,\ N \tag{5.18}$$

则无穷小生成元的伪谱离散化矩阵 $\mathcal{A}_N$ 可以写为

$$\mathcal{A}_N = \left[\begin{array}{c} \boldsymbol{R}_N \\ \hdashline \underline{\boldsymbol{D}}_N \otimes \boldsymbol{I}_n \end{array}\right] \tag{5.19}$$

式中，$\underline{\boldsymbol{D}}_N$ 为由切比雪夫微分矩阵 $\boldsymbol{D}_N \in \mathbb{R}^{(N+1)\times(N+1)}$ 的后 N 行形成的子矩阵。由 3.2.1 节可知，$\boldsymbol{D}_N$ 中各元素的表达式为

$$\begin{cases} \boldsymbol{D}_N(0,\ 0) = \dfrac{2N^2+1}{6} \\ \boldsymbol{D}_N(N,\ N) = -\dfrac{2N^2+1}{6} \\ \boldsymbol{D}_N(i,\ i) = -\dfrac{\theta_{N,i}}{2-2\theta_{N,i}^2},\ i = 1,\ 2,\ \cdots,\ N-1 \\ \boldsymbol{D}_N(i,\ j) = \dfrac{c_i(-1)^{i+j}}{c_j(\theta_{N,i}-\theta_{N,j})},\ i \neq j,\ i,\ j = 0,\ 1,\ \cdots,\ N \end{cases} \tag{5.20}$$

式中，

$$c_i,\ c_j = \begin{cases} 2, & i,\ j = 0\text{或}N \\ 1, & \text{其他} \end{cases} \tag{5.21}$$

至此，无穷维的无穷小生成元 $\mathcal{A}$ 被转换为有限维的离散化近似矩阵 $\mathcal{A}_N$。当集合 Ω_N 中的离散点 $\theta_{N,j}$ 取为经过位移和归一化处理后第 N 阶第二类切比雪夫多项式的极点 (式 (5.18)) 时，无穷小生成元的伪谱离散化就称为 IGD-PS 方法。文献 [119] 和文献 [129] 已经证明，$\mathcal{A}_N$ 的特征值 $\hat{\lambda}$ 以谱精度 (spectral accuracy)[110] 逼近 $\mathcal{A}$ 的特征值 λ，即 $|\hat{\lambda}-\lambda| = \mathcal{O}(N^{-N})$。

5.2 IIGD 方法

本节首先对 IGD-PS 方法得到的矩阵 $\mathcal{A}_N$ 进行克罗内克积变换，然后对时滞系统 (或 $\mathcal{A}$) 的谱进行位移-逆变换，进而利用稀疏特征值算法计算得到大规模 DCPPS 的部分关键特征值。文献 [97] 将改进后能适用于大规模 DCPPS 小干扰稳定性分析的 IGD-PS 方法称为 IIGD 方法。

5.2.1 克罗内克积变换

由 $\mathcal{A}_N$ 的显式表达式 (5.19) 可知，矩阵在虚线下方的分块矩阵由稠密矩阵 $\underline{\boldsymbol{D}}_N$ 和单位阵 $\boldsymbol{I}_n$ 的克罗内克积构成。与之对应，可将式 (5.13) 和式 (5.14) 表示的 $\boldsymbol{R}_N$ 变换为常数拉格朗日向量 $\boldsymbol{\ell}_i \in \mathbb{R}^{1\times(N+1)}$ 和系统状态矩阵 $\tilde{\boldsymbol{A}}_i$ $(i=0,\ 1,\ \cdots,\ m)$ 的克罗内克积之和：

$$\boldsymbol{R}_N = \sum_{i=0}^{m} \boldsymbol{\ell}_i \otimes \tilde{\boldsymbol{A}}_i \tag{5.22}$$

式中，

$$\boldsymbol{\ell}_i = \begin{cases} [\ell_{N,0}(0),\ \ell_{N,1}(0),\ \cdots,\ \ell_{N,N}(0)], & i=0 \\ [\ell_{N,0}(-\tau_i),\ \ell_{N,1}(-\tau_i),\ \cdots,\ \ell_{N,N}(-\tau_i)], & i=1,\ 2,\ \cdots,\ m \end{cases} \tag{5.23}$$

上述克罗内克积变换的优点是一方面降低了对矩阵 $\boldsymbol{R}_N$ 的存储要求；另一方面为充分利用系统增广状态矩阵 $\boldsymbol{A}_i$、$\boldsymbol{B}_i$、$\boldsymbol{C}_0$ 和 $\boldsymbol{D}_0$ $(i=0,\ 1,\ \cdots,\ m)$ 的稀疏特性奠定了基础。

5.2.2 位移-逆变换

位移-逆变换的原理详见 4.4.1 节。位移操作后，系统的状态矩阵 $\tilde{\boldsymbol{A}}_i$ 变为 $\tilde{\boldsymbol{A}}_i'$ $(i=0,\ 1,\ \cdots,\ m)$。相应地，无穷小生成元离散化矩阵 $\mathcal{A}_N$ 变为 $\mathcal{A}_N'$，系统特征值变为 λ'。$\mathcal{A}_N'$ 的逆矩阵为

$$(\mathcal{A}_N')^{-1} = \begin{bmatrix} \boldsymbol{R}_N' \\ \hdashline \underline{\boldsymbol{D}}_N \otimes \boldsymbol{I}_n \end{bmatrix}^{-1} \tag{5.24}$$

式中，$\boldsymbol{R}_N'$ 通过直接将 $\boldsymbol{R}_N$ 中的 $\tilde{\boldsymbol{A}}_i$ 用 $\tilde{\boldsymbol{A}}_i'$ 替换得到。$\tilde{\boldsymbol{A}}_i'$ $(i=0,\ 1,\ \cdots,\ m)$ 的详细表达如式 (4.48) 和式 (4.49) 所示：

$$\boldsymbol{R}_N' = \sum_{i=0}^{m} \boldsymbol{\ell}_i \otimes \tilde{\boldsymbol{A}}_i' \tag{5.25}$$

5.2.3 稀疏特征值计算

对于大规模电力系统，通常采用 IRA 算法等稀疏特征值算法计算 $(\mathcal{A}_N')^{-1}$ 模值递减的部分关键特征值，其对应着 DCPPS 最接近位移点 s 的部分特征值。

在 IRA 算法迭代过程中，计算量最大的操作是形成 Krylov 子空间的一组正交基。设第 k 个 Kryolv 向量为 $\boldsymbol{q}_k \in \mathbb{C}^{(N+1)n\times 1}$，则第 $k+1$ 个向量 $\boldsymbol{q}_{k+1}$ 可由矩阵 $(\mathcal{A}_N')^{-1}$ 与向量 $\boldsymbol{q}_k$ 的乘积运算得到：

$$\boldsymbol{q}_{k+1} = (\mathcal{A}_N')^{-1}\boldsymbol{q}_k \tag{5.26}$$

通过分析 $\mathcal{A}_N'$ 的表达式可知，其不具有特殊的逻辑结构。因此，$(\mathcal{A}_N')^{-1}$ 不能表示为 $\tilde{\boldsymbol{A}}_i'\ (i=0,\ 1,\ \cdots,\ m)$ 的显函数，也就无法利用系统增广状态矩阵 $\boldsymbol{A}_i$、$\boldsymbol{B}_i$、$\boldsymbol{C}_0$ 和 $\boldsymbol{D}_0\ (i=0,\ 1,\ \cdots,\ m)$ 的稀疏特性。此外，传统的矩阵求逆方法，如 LU 分解和 Gauss 消元法，对计算机内存也有着较高的要求。当将 IGD-PS 方法用于分析大规模 DCPPS 时，在求取 $(\mathcal{A}_N')^{-1}$ 过程中，较高的矩阵维数可能导致内存溢出问题。

为了避免直接求解 $(\mathcal{A}_N')^{-1}$，这里采用迭代方法计算 $\boldsymbol{q}_{k+1}$：

$$\boldsymbol{q}_k = \mathcal{A}_N' \boldsymbol{q}_{k+1}^{(l)} \tag{5.27}$$

式中，$\boldsymbol{q}_{k+1}^{(l)}$ 是第 l 次迭代之后向量 $\boldsymbol{q}_{k+1}$ 的近似解。

这里采用诱导降维 (induced dimension reduction，IDR(s)) 算法 [159] 计算 $\boldsymbol{q}_{k+1}^{(l)}$。对于大规模非对称系统的线性方程组，IDR($s$) 算法是鲁棒且高效的子空间算法。其参数 s 表示“阴影”子空间的维数，“阴影”子空间可以在 Krylov 空间内高效地搜索到近似解。在 $s>1$ 时，IDR(s) 比稳定双共轭梯度 (bi-conjugate gradient stabilized，Bi-CGSTAB) 法表现更好。尤其是在迭代过程中，Bi-CGSTAB 法必然引入转置矩阵 $(\mathcal{A}_N')^{\mathrm{T}}$ 和向量 $\boldsymbol{q}_{k+1}^{(l)}$ 的乘积运算，而 IDR(s) 算法不需要。此外，IDR(s) 算法还有一个良好的特性：在给定相对较大的 s 值，如 $4\sim 6$ 时，IDR(s) 的收敛速度与广义最小残差 (generalized minimal residual，GMRES) 法基本一致，但是内存需求更低。

为了进一步提高 IDR(s) 算法的计算效率，需要在迭代求解 $\boldsymbol{q}_{k+1}^{(l)}$ 过程中利用 $\mathcal{A}_N'$ 的稀疏性。首先，将 $\boldsymbol{q}_{k+1}^{(l)} \in \mathbb{C}^{(N+1)n\times 1}$ 按照列方向重新排列，得到矩阵 $\boldsymbol{Q}=[\tilde{\boldsymbol{q}}_0,\ \tilde{\boldsymbol{q}}_1,\ \cdots,\ \tilde{\boldsymbol{q}}_N] \in \mathbb{C}^{n\times(N+1)}$，$\tilde{\boldsymbol{q}}_i \in \mathbb{C}^{n\times 1}\ (i=0,\ 1,\ \cdots,\ N)$。进而，可以利用式 (4.89) 表示的克罗内克积的特性，高效地计算得到 $\mathcal{A}_N'\boldsymbol{q}_{k+1}^{(l)}$：

$$\mathcal{A}_N'\boldsymbol{q}_{k+1}^{(l)} = \left[\begin{array}{c} \displaystyle\sum_{i=0}^{m} \boldsymbol{\ell}_i \otimes \tilde{\boldsymbol{A}}_i' \\ \hdashline \underline{\boldsymbol{D}}_N \otimes \boldsymbol{I}_n \end{array}\right] \mathrm{vec}(\boldsymbol{Q}) = \left[\begin{array}{c} \displaystyle\sum_{i=0}^{m} \tilde{\boldsymbol{A}}_i'\boldsymbol{p}_i \\ \hdashline \mathrm{vec}\left(\boldsymbol{Q}\underline{\boldsymbol{D}}_N^{\mathrm{T}}\right) \end{array}\right] \tag{5.28}$$

式中，$\boldsymbol{p}_i = \boldsymbol{Q}\boldsymbol{\ell}_i^{\mathrm{T}} \in \mathbb{C}^{n\times 1}$，$i=0,\ 1,\ \cdots,\ N$。

式 (5.28) 中，计算量最大的操作就是求解 $\tilde{\boldsymbol{A}}_0'\boldsymbol{p}_0$。利用 4.5.3 节的思想，通过充分利用系统增广状态矩阵 $\boldsymbol{A}_i$、$\boldsymbol{B}_i$、$\boldsymbol{C}_0$ 和 $\boldsymbol{D}_0\ (i=0,\ 1,\ \cdots,\ m)$ 的稀疏特性，$\tilde{\boldsymbol{A}}_0'\boldsymbol{p}_0$

可稀疏实现如下：

$$\begin{cases} \boldsymbol{r} = -\boldsymbol{C}_0\boldsymbol{p}_0 \\ [\ \boldsymbol{L}_1,\ \boldsymbol{U}_1,\ \boldsymbol{P}_1,\ \boldsymbol{Q}_1\ ] = \mathrm{lu}(\boldsymbol{D}_0) \\ \boldsymbol{w} = \boldsymbol{Q}_1(\boldsymbol{U}_1\backslash(\boldsymbol{L}_1\backslash(\boldsymbol{P}_1(\boldsymbol{r})))) \\ \tilde{\boldsymbol{A}}_0'\boldsymbol{p}_0 = (\boldsymbol{A}_0 - s\boldsymbol{I}_n)\boldsymbol{p}_0 + \boldsymbol{B}_0\boldsymbol{w} \end{cases}$$

给定收敛精度 ε_1，利用 IDR(s) 算法迭代求解 $\boldsymbol{q}_{k+1}^{(l)}$ 的收敛条件为

$$\|\boldsymbol{q}_k - \mathcal{A}_N'\boldsymbol{q}_{k+1}^{(l)}\| \leqslant \varepsilon_1 \tag{5.29}$$

设由 IRA 算法计算得到 $(\mathcal{A}_N')^{-1}$ 的特征值为 λ''，则 $\mathcal{A}_N$ 的特征值的估计值为

$$\hat{\lambda} = s + \frac{1}{\lambda''} = s + \lambda' \tag{5.30}$$

与 $\hat{\lambda}$ 对应的 Krylov 向量的前 n 个分量 $\hat{\boldsymbol{v}}$ 是特征向量 $\boldsymbol{v}$ 的良好的估计和近似。将 $\hat{\lambda}$ 和 $\hat{\boldsymbol{v}}$ 作为 4.6 节给出的牛顿法的初始值，通过迭代校验可以得到 DCPPS 的精确特征值 λ 和特征向量 $\boldsymbol{v}$。

5.2.4　特性分析

通过上述分析，可以总结得到 IIGD 方法的特性。

(1) 设利用 IDR(s) 算法求解式 (5.27) 所需的迭代次数为 L，则 IIGD 方法形成每个 Krylov 向量的运算量大约等于利用 IRA 算法进行传统特征值计算时运算量的 L 倍。

(2) 将 $(\mathcal{A}_N')^{-1}$ 的子矩阵 $\boldsymbol{R}_N'$ 变换为拉格朗日系数向量 $\boldsymbol{\ell}_i$ $(i = 0, 1, \cdots, m)$ 和系统状态矩阵 $\tilde{\boldsymbol{A}}_i'$ $(i = 0, 1, \cdots, m)$ 的克罗内克积之和，从而为利用系统增广状态矩阵 $\boldsymbol{A}_i$、$\boldsymbol{B}_i$、$\boldsymbol{C}_0$ 和 $\boldsymbol{D}_0$ $(i = 0, 1, \cdots, m)$ 的稀疏特性奠定了基础。

(3) 利用位移-逆变换和选择合适的位移点，将期望计算得到的部分关键特征值转化为 $(\mathcal{A}_N')^{-1}$ 模值最大的部分特征值，加快了稀疏特征值计算的收敛速度，提高了方法的计算效率。

(4) 采用 IDR(s) 算法迭代求解稀疏特征值计算中计算量最大的 MIVP 运算 $(\mathcal{A}_N')^{-1}\boldsymbol{q}_k$，避免了直接矩阵求逆的困难。利用系统增广状态矩阵 $\boldsymbol{A}_i$、$\boldsymbol{B}_i$、$\boldsymbol{C}_0$ 和 $\boldsymbol{D}_0$ $(i = 0, 1, \cdots, m)$ 的稀疏特性，大大降低了 MVP 运算 $\mathcal{A}_N'\boldsymbol{q}_{k+1}^{(l)}$ 的计算量。这是 IGD-PS 方法可适用于大规模 DCPPS 的关键。

第 6 章　基于 EIGD 的特征值计算方法

本章首先阐述文献 [107]、文献 [133] 和文献 [134] 提出的 IGD-PS-II 方法的基本理论，然后利用基于谱离散化的时滞特征值计算方法的框架，将 IGD-PS-II 方法改进成为能够适用于大规模 DCPPS 的小干扰稳定性分析方法，即 EIGD 方法 [95, 96]。最后，将 EIGD 与 IIGD 方法进行对比，总结得到方法的特性。

6.1　IGD-PS-II 方法

6.1.1　基本原理

给定任意正整数 N，区间 $[-\tau_{\max},\ 0]$ 上 $N+1$ 个离散点形成的集合 Ω_N 定义为 $\Omega_N := \{\theta_{N,j},\ j=1,\ 2,\ \cdots,\ N+1\}$，且有 $-\tau_{\max} \leqslant \theta_{N,1} < \theta_{N,2} < \cdots < \theta_{N,N+1} = 0$。设 $\boldsymbol{X}_N = (\mathbb{R}^{n\times 1})^{\Omega_N} \approx \mathbb{R}^{(N+1)n\times 1}$ 表示集合 Ω_N 上定义的离散函数空间。因此，$\boldsymbol{X}$ 上的任意连续函数 $\varphi \in \mathcal{D}(\mathcal{A}) \subset \boldsymbol{X}$ 被离散化为分块向量 $\boldsymbol{\Phi} = \left[(\boldsymbol{\varphi}_1)^{\mathrm{T}},\ (\boldsymbol{\varphi}_2)^{\mathrm{T}},\ \cdots,\ (\boldsymbol{\varphi}_{N+1})^{\mathrm{T}}\right]^{\mathrm{T}} \in \boldsymbol{X}_N$，其中离散函数 $\boldsymbol{\varphi}_j$ $(j=1,\ 2,\ \cdots,\ N+1)$ 是连续函数 $\boldsymbol{\varphi}$ 在离散点 $\theta_{N,j}$ 处函数值的近似，$\boldsymbol{\varphi}_j \approx \boldsymbol{\varphi}(\theta_{N,j}) \in \mathbb{R}^{n\times 1}$。设 $L_N\boldsymbol{\Phi}$ 表示唯一存在的次数不超过 N 的拉格朗日插值多项式，且满足 $(L_N\boldsymbol{\Phi})(\theta_{N,j}) = \boldsymbol{\varphi}_j$，$j=1,\ 2,\ \cdots,\ N+1$:

$$\boldsymbol{\varphi}(\theta) = (L_N\boldsymbol{\Phi})(\theta) = \sum_{j=1}^{N+1} \ell_{N,j}(\theta)\boldsymbol{\varphi}_j,\ \theta \in [-\tau_{\max},\ 0] \tag{6.1}$$

式中，$\ell_{N,j}(\cdot)$ $(j=1,\ 2,\ \cdots,\ N+1)$ 为与离散点 $\theta_{N,j}$ 相关的拉格朗日插值系数，如式 (5.2) ~ 式 (5.4) 所示。

综合式 (4.22) 和式 (4.38)，可知：

$$\mathcal{A}\boldsymbol{\varphi} = \boldsymbol{\varphi}' = \lambda\boldsymbol{\varphi} \tag{6.2}$$

令 $\theta_{N,j}$ $(j=1,\ 2,\ \cdots,\ N+1)$ 和 $L_N\boldsymbol{\Phi}$ 分别为式 (6.2) 的配置点 (collocation points) 和配置多项式 (collocation polynomial)。考虑到式 (6.1)，可得如下配置方程 (collocation equation) 或不动点方程 (fixed point equation)：

$$\begin{cases} (L_N\boldsymbol{\Phi})'(\theta_{N,j}) = \lambda\,(L_N\boldsymbol{\Phi})(\theta_{N,j}), \quad j=1,\ 2,\ \cdots,\ N \\ \tilde{\boldsymbol{A}}_0\,(L_N\boldsymbol{\Phi})(0) + \displaystyle\sum_{i=1}^{m} \tilde{\boldsymbol{A}}_i (L_N\boldsymbol{\Phi})(-\tau_i) = \lambda\,(L_N\boldsymbol{\Phi})(0) \end{cases} \tag{6.3}$$

由式 (6.3) 可以推导得到式 (6.2) 的离散化形式：

$$\mathcal{A}_N \boldsymbol{\Phi} = \lambda \boldsymbol{\Phi} \tag{6.4}$$

式中，

$$\mathcal{A}_N = \begin{bmatrix} \boldsymbol{a}_{1,1} & \boldsymbol{a}_{1,2} & \cdots & \boldsymbol{a}_{1,N+1} \\ \boldsymbol{a}_{2,1} & \boldsymbol{a}_{2,2} & \cdots & \boldsymbol{a}_{2,N+1} \\ \vdots & \vdots & & \vdots \\ \boldsymbol{a}_{N+1,1} & \boldsymbol{a}_{N+1,2} & \cdots & \boldsymbol{a}_{N+1,N+1} \end{bmatrix} \in \mathbb{R}^{(N+1)n\times(N+1)n} \tag{6.5}$$

$$\boldsymbol{a}_{i,j} = \ell'_{N,j}(\theta_{N,i})\boldsymbol{I}_n,\quad i=1,\ 2,\ \cdots,\ N,\ j=1,\ 2,\ \cdots,\ N+1 \tag{6.6}$$

$$\begin{aligned} \boldsymbol{a}_{N+1,j} &= f\left(\ell_{N,j}(\cdot)\boldsymbol{I}_n\right) \\ &= \tilde{\boldsymbol{A}}_0 \ell_{N,j}(0) + \sum_{i=1}^{m} \tilde{\boldsymbol{A}}_i \ell_{N,j}(-\tau_i),\quad j=1,\ 2,\ \cdots,\ N+1 \end{aligned} \tag{6.7}$$

通过对比可以发现，式 (6.6) 和式 (6.7) 与 IGD-PS 方法中的式 (5.15) 和式 (5.14) 实际上是完全一样的。这表明，5.1 节和 6.1 节从两种不同角度推导了无穷小生成元伪谱离散化矩阵的一般形式。

6.1.2　IGD-PS-II 方法

不同于 5.1 节给出的 IGD-PS 方法，文献 [133] 选取不同的离散点 $\theta_{N,j}$ $(j=1,\ 2,\ \cdots,\ N+1)$ 以构造集合 Ω_N，提出一种新的 IGD 方法——IGD-PS-II 方法，生成高度结构化的无穷小生成元离散化矩阵 $\mathcal{A}_N$。下面推导 $\mathcal{A}_N$ 的详细表达。

设配置多项式 $L_N\boldsymbol{\Phi}$ 可由阶数等于或小于 N 的切比雪夫多项式的一组基 [160, 161] 表示，即

$$\left(L_N\boldsymbol{\Phi}\right)(t) = \sum_{j=0}^{N} \boldsymbol{c}_j T_j\left(2\frac{t}{\tau_{\max}}+1\right) \tag{6.8}$$

式中，$T_j(\cdot)$ 为第 j 阶第一类切比雪夫多项式；$\boldsymbol{c}_j \in \mathbb{C}^{n\times 1}$ 为常数向量，$j=0,\ 1, \cdots,\ N$。

第 j 阶第一类切比雪夫多项式 $T_j(\cdot)$ 和第二类切比雪夫多项式 $U_j(\cdot)$ 的定义、性质以及它们之间的关系 [160, 161] 总结如下：

$$T_j(\cos(\alpha)) = \cos(j\alpha) \tag{6.9}$$

$$T_j(t) = \cos(j \arccos(t)) \tag{6.10}$$

$$T_0(t) = 1 \tag{6.11}$$

$$T_1(t) = t \tag{6.12}$$

$$T_{j+1}(t) = 2tT_j(t) - T_{j-1}(t) \tag{6.13}$$

$$U_j(\cos(\alpha)) = \frac{\sin((j+1)\alpha)}{\sin(\alpha)} \tag{6.14}$$

$$U_{-1}(t) = 0 \tag{6.15}$$

$$U_0(t) = 1 \tag{6.16}$$

$$U_1(t) = 2t \tag{6.17}$$

$$U_{j+1}(t) = 2tU_j(t) - U_{j-1}(t) \tag{6.18}$$

$$T_j(t) = U_j(t) - tU_{j-1}(t) \tag{6.19}$$

$$T_j'(t) = jU_{j-1}(t) \tag{6.20}$$

将式 (6.8) 代入式 (6.3)，并考虑到式 (6.20)，得

$$\begin{cases} \displaystyle\sum_{j=0}^{N} \boldsymbol{c}_j \frac{2j}{\tau_{\max}} U_{j-1}\left(2\frac{\theta_{N,k}}{\tau_{\max}}+1\right) = \lambda \sum_{j=0}^{N} \boldsymbol{c}_j T_j\left(2\frac{\theta_{N,k}}{\tau_{\max}}+1\right), \quad k=1,\ 2,\ \cdots,\ N \\ \displaystyle\left(\tilde{\boldsymbol{A}}_0 - \lambda \boldsymbol{I}_n\right)\sum_{j=0}^{N} \boldsymbol{c}_j T_j(1) + \sum_{j=0}^{N} \boldsymbol{c}_j \sum_{i=1}^{m} \tilde{\boldsymbol{A}}_i T_j\left(2\frac{-\tau_i}{\tau_{\max}}+1\right) = \boldsymbol{0} \end{cases} \tag{6.21}$$

式 (6.21) 可改写为矩阵形式：

$$\left\{\lambda\left[\begin{array}{cccc|c} T_0(1) & T_1(1) & \cdots & T_{N-1}(1) & T_N(1) \\ \hline & & \boldsymbol{\varGamma}_1 & & \boldsymbol{\varGamma}_2 \end{array}\right] \otimes \boldsymbol{I}_n - \left[\begin{array}{c|ccc} \boldsymbol{R}_0 & \boldsymbol{R}_1 & \cdots & \boldsymbol{R}_N \\ \hline \boldsymbol{0} & & \boldsymbol{U}\otimes\boldsymbol{I}_n & \end{array}\right]\right\} \cdot \begin{bmatrix} \boldsymbol{c}_0 \\ \boldsymbol{c}_1 \\ \vdots \\ \boldsymbol{c}_N \end{bmatrix} = \boldsymbol{0} \tag{6.22}$$

式中，$\boldsymbol{\varGamma}_1$、$\boldsymbol{\varGamma}_2$、$\boldsymbol{U}$ 和 $\boldsymbol{R}_j$ ($j=0,\ 1,\ \cdots,\ N$) 的表达式分别如下：

$$\boldsymbol{\varGamma}_1 = \begin{bmatrix} T_0(\alpha_1) & T_1(\alpha_1) & \cdots & T_{N-1}(\alpha_1) \\ T_0(\alpha_2) & T_1(\alpha_2) & \cdots & T_{N-1}(\alpha_2) \\ \vdots & \vdots & & \vdots \\ T_0(\alpha_N) & T_1(\alpha_N) & \cdots & T_{N-1}(\alpha_N) \end{bmatrix} \tag{6.23}$$

$$\boldsymbol{\Gamma}_2 = \begin{bmatrix} T_N(\alpha_1) \\ T_N(\alpha_2) \\ \vdots \\ T_N(\alpha_N) \end{bmatrix} \tag{6.24}$$

$$\boldsymbol{U} = \frac{2}{\tau_{\max}} \begin{bmatrix} U_0(\alpha_1) & 2U_1(\alpha_1) & \cdots & NU_{N-1}(\alpha_1) \\ U_0(\alpha_2) & 2U_1(\alpha_2) & \cdots & NU_{N-1}(\alpha_2) \\ \vdots & \vdots & & \vdots \\ U_0(\alpha_N) & 2U_1(\alpha_N) & \cdots & NU_{N-1}(\alpha_N) \end{bmatrix} \tag{6.25}$$

$$\boldsymbol{R}_j = \tilde{\boldsymbol{A}}_0 + \sum_{i=1}^{m} \tilde{\boldsymbol{A}}_i T_j\left(-2\frac{\tau_i}{\tau_{\max}} + 1\right), \quad j = 0,\ 1,\ \cdots,\ N \tag{6.26}$$

$$\alpha_k = 2\frac{\theta_{N,k}}{\tau_{\max}} + 1, \quad k = 1,\ 2,\ \cdots,\ N \tag{6.27}$$

由式 (6.18)，可得

$$tU_{j-1}(t) = \frac{1}{2}\left(U_j(t) + U_{j-2}(t)\right) \tag{6.28}$$

将式 (6.28) 代入式 (6.19)，并结合式 (6.15)，可得

$$T_1(t) = \frac{1}{2}U_1(t), \quad T_j(t) = \frac{1}{2}(U_j(t) - U_{j-2}(t)), \quad j \geqslant 2 \tag{6.29}$$

利用式 (6.29) 和式 (6.16)，可以建立如下关系：

$$\boldsymbol{\Gamma}_1 = \boldsymbol{U}\boldsymbol{L} \tag{6.30}$$

式中，

$$\boldsymbol{L} = \frac{\tau_{\max}}{4} \begin{bmatrix} 2 & 0 & -1 & & 0 \\ & \frac{1}{2} & 0 & \ddots & \\ & & \frac{1}{3} & \ddots & -\frac{1}{N-2} \\ & & & \ddots & 0 \\ & & & & \frac{1}{N} \end{bmatrix} \tag{6.31}$$

将式 (6.30) 代入式 (6.22)，得

$$\left\{\lambda \left[\begin{array}{cccc|c} T_0(1) & T_1(1) & \cdots & T_{N-1}(1) & T_N(1) \\ \hline & & \boldsymbol{L} & & \boldsymbol{U}^{-1}\boldsymbol{\Gamma}_2 \end{array}\right] \otimes \boldsymbol{I}_n - \left[\begin{array}{c|ccc} \boldsymbol{R}_0 & \boldsymbol{R}_1 & \cdots & \boldsymbol{R}_N \\ \hline \boldsymbol{0} & & \boldsymbol{I}_{Nn} & \end{array}\right]\right\} \cdot \begin{bmatrix} \boldsymbol{c}_0 \\ \boldsymbol{c}_1 \\ \vdots \\ \boldsymbol{c}_N \end{bmatrix} = 0 \tag{6.32}$$

将式 (6.23) ~ 式 (6.25) 中的 α_k ($k=1,\ 2,\ \cdots,\ N$) 选择为 N 阶第二类切比雪夫多项式 $U_N(\cdot)$ 的零点，即

$$\alpha_k = -\cos\frac{\pi k}{N+1} \tag{6.33}$$

于是，集合 Ω_N 中的非零离散点 $\theta_{N,j}$ ($j=1,\ 2,\ \cdots,\ N$) 为经过归一化和平移处理后的第 N 阶第二类切比雪夫多项式 $U_N(\cdot)$ 的零点，即

$$\theta_{N,j} = \frac{\tau_{\max}}{2}(\alpha_j - 1) \tag{6.34}$$

利用式 (6.14)，可得

$$U_N(\alpha_k) = \frac{\sin((N+1)\pi + \pi k)}{\sin\left(\pi + \dfrac{\pi k}{N+1}\right)} = 0 \tag{6.35}$$

将式 (6.35) 代入式 (6.29)，则可得

$$T_N(\alpha_k) = -\frac{1}{2}U_{N-2}(\alpha_k),\ k=1,2,\ \cdots,\ N,\ N \geqslant 2 \tag{6.36}$$

于是，$\boldsymbol{U}$ 与 $\boldsymbol{\Gamma}_2$ 之间存在如下关系：

$$\boldsymbol{U}^{-1}\boldsymbol{\Gamma}_2 = \left[0,\ 0,\ \cdots,\ 0,\ -\frac{\tau_{\max}}{4(N-1)},\ 0\right]^{\mathrm{T}} \tag{6.37}$$

将式 (6.37) 代入式 (6.32)，并利用第一类切比雪夫多项式的性质 $T_k(1)=1$ ($k=0,1,\ \cdots,\ N$)，从而式 (6.21) 就等价转化为一个广义特征值问题：

$$(\boldsymbol{\Sigma}_N - \lambda\boldsymbol{\Pi}_N)\boldsymbol{c} = \boldsymbol{0} \tag{6.38}$$

式中，$\boldsymbol{c} = \left[\boldsymbol{c}_0^{\mathrm{T}},\ \boldsymbol{c}_1^{\mathrm{T}},\ \cdots,\ \boldsymbol{c}_N^{\mathrm{T}}\right]^{\mathrm{T}} \in \mathbb{C}^{(N+1)n\times 1}$；$\boldsymbol{\Pi}_N \in \mathbb{R}^{(N+1)n\times(N+1)n}$ 为伴随矩阵；$\boldsymbol{\Sigma}_N \in \mathbb{R}^{(N+1)n\times(N+1)n}$ 为块上三角矩阵。$\boldsymbol{\Pi}_N$ 和 $\boldsymbol{\Sigma}_N$ 可具体表示为

$$\boldsymbol{\Pi}_N = \frac{\tau_{\max}}{4}\begin{bmatrix} \dfrac{4}{\tau_{\max}} & \dfrac{4}{\tau_{\max}} & \dfrac{4}{\tau_{\max}} & & \cdots & & \dfrac{4}{\tau_{\max}} \\ 2 & 0 & -1 & & & & \\ & \dfrac{1}{2} & 0 & -\dfrac{1}{2} & & & \\ & & \dfrac{1}{3} & 0 & \ddots & & \\ & & & \dfrac{1}{4} & \ddots & -\dfrac{1}{N-2} & \\ & & & & \ddots & 0 & -\dfrac{1}{N-1} \\ & & & & & \dfrac{1}{N} & 0 \end{bmatrix} \otimes \boldsymbol{I}_n \triangleq \boldsymbol{\Pi}'_N \otimes \boldsymbol{I}_n \tag{6.39}$$

$$\boldsymbol{\Sigma}_N = \begin{bmatrix} \boldsymbol{R}_0 & \boldsymbol{R}_1 & \cdots & \boldsymbol{R}_N \\ & \boldsymbol{I}_n & & \\ & & \ddots & \\ & & & \boldsymbol{I}_n \end{bmatrix} \tag{6.40}$$

式中，$\boldsymbol{R}_j$ $(j=0,\ 1,\ \cdots,\ N)$ 由系统状态矩阵 $\tilde{\boldsymbol{A}}_i(i=0,\ 1,\ \cdots,\ m)$ 经过简单运算得到，即

$$\boldsymbol{R}_j = \tilde{\boldsymbol{A}}_0 + \sum_{i=1}^{m} \tilde{\boldsymbol{A}}_i T_j \left(-2\frac{\tau_i}{\tau_{\max}} + 1\right) \tag{6.41}$$

由式 (6.38)，可以得到无穷小生成元 $\mathcal{A}$ 的伪谱离散化矩阵 $\mathcal{A}_N : \boldsymbol{X}_N \rightarrow \boldsymbol{X}_N$ 为

$$\mathcal{A}_N = \boldsymbol{\Pi}_N^{-1} \boldsymbol{\Sigma}_N \tag{6.42}$$

至此，无穷维的无穷小生成元 $\mathcal{A}$ 被转换为有限维的离散化矩阵 $\mathcal{A}_N$。

6.1.3 $\mathcal{A}_N$ 的特性分析

IGD-PS-II 方法将集合 Ω_N 中的离散点 $\theta_{N,j}$ $(j=1,\ 2,\ \cdots,\ N+1)$ 选择为经过归一化和平移处理后的第 N 阶第二类切比雪夫多项式 $U_N(\cdot)$ 的零点 (式 (6.34))。其生成的无穷小生成元的离散化矩阵 $\mathcal{A}_N$ 具有特殊的结构，并呈现出高度的稀疏性。更重要的是，$\mathcal{A}_N$ 的逆矩阵 $\mathcal{A}_N^{-1}$ 具有显式表达特性。

1. 结构化与稀疏性

伴随矩阵 $\boldsymbol{\Pi}_N = \boldsymbol{\Pi}'_N \otimes \boldsymbol{I}_n$，其中 $\boldsymbol{\Pi}'_N \in \mathbb{R}^{(N+1)\times(N+1)}$ 的非零元素仅分布在矩阵的第一行和上、下次对角线上。$\boldsymbol{\Sigma}_N$ 为分块上三角矩阵，其 $n\times n$ 非零子块位于第一块行和主对角线上。

$\boldsymbol{\Pi}_N$ 和 $\boldsymbol{\Sigma}_N$ 的元素个数均为 $(N+1)^2n^2$，而 $\boldsymbol{\Pi}_N$ 的非零元素个数为 $(3N-1)n$，$\boldsymbol{\Sigma}_N$ 的非零元素个数少于 $(N+1)n^2+Nn$。对于大规模电力系统，由于 $N \ll n$，$\boldsymbol{\Pi}_N$ 和 $\boldsymbol{\Sigma}_N$ 均为高度稀疏的矩阵。

2. 逆矩阵的显式表达特性

当对大规模 DCPPS 进行特征分析时，需要计算 $\mathcal{A}_N$ 的逆 (或位移-逆) 矩阵 $\mathcal{A}_N^{-1} = \boldsymbol{\Sigma}_N^{-1}\boldsymbol{\Pi}_N$ 模值最大 (递减) 的部分关键特征值。通过分析不难发现，$\boldsymbol{\Sigma}_N^{-1}$ 具有显式表达特性。$\boldsymbol{\Sigma}_N^{-1}$ 和 $\boldsymbol{\Sigma}_N$ 具有完全相同的 $n\times n$ 分块稀疏结构，而且 $\boldsymbol{\Sigma}_N^{-1}$ 的各个非零子块都可以被显式地表达出来。如式 (6.43) 所示，除了第一个对角子块，$\boldsymbol{\Sigma}_N^{-1}$ 的其余对角子块均为 n 阶单位阵；$\boldsymbol{\Sigma}_N^{-1}$ 的第一个块行中，第一个分块为

$\boldsymbol{R}_0^{-1}$，剩余分块为 $-\boldsymbol{R}_0^{-1}\boldsymbol{R}_j$, $j=1, 2, \cdots, N$:

$$\boldsymbol{\Sigma}_N^{-1}=\begin{bmatrix}\boldsymbol{R}_0^{-1} & -\boldsymbol{R}_0^{-1}\boldsymbol{R}_1 & \cdots & -\boldsymbol{R}_0^{-1}\boldsymbol{R}_N \\ & \boldsymbol{I}_n & & \\ & & \ddots & \\ & & & \boldsymbol{I}_n\end{bmatrix} \tag{6.43}$$

考虑到 $\boldsymbol{\Sigma}_N^{-1}$ 具有上述显式表达特性，文献 [95] 和文献 [96] 又将 IGD-PS-II 算法称为 EIGD 方法。

6.2 EIGD 方法

在位移-逆变换的基础上，本节首先对 IGD-PS-II 方法得到的无穷小生成元的伪谱离散化矩阵 $\mathcal{A}_N$ 进行克罗内克积变换，进而利用稀疏特征值算法高效地计算得到大规模 DCPPS 的部分关键特征值。

6.2.1 克罗内克积变换

首先，将式 (6.43) 重写为

$$\boldsymbol{\Sigma}_N^{-1}\triangleq\left[\begin{array}{c}\boldsymbol{R}_0^{-1}\boldsymbol{\Gamma} \\ \hline [\boldsymbol{0} \quad \boldsymbol{I}_{Nn}]\end{array}\right] \tag{6.44}$$

式中，

$$\boldsymbol{\Gamma}=[\boldsymbol{I}_n, -\boldsymbol{R}_1, \cdots, -\boldsymbol{R}_N] \tag{6.45}$$

$$\boldsymbol{R}_0=\tilde{\boldsymbol{A}}_0+\sum_{i=1}^{m}\tilde{\boldsymbol{A}}_i=\sum_{i=0}^{m}\left(\boldsymbol{A}_i-\boldsymbol{B}_i\boldsymbol{D}_0^{-1}\boldsymbol{C}_0\right) \tag{6.46}$$

$$\boldsymbol{R}_j=\tilde{\boldsymbol{A}}_0+\sum_{i=1}^{m}\tilde{\boldsymbol{A}}_i T_j\left(-2\frac{\tau_i}{\tau_{\max}}+1\right), \ j=1, 2, \cdots, N \tag{6.47}$$

然后，将式 (6.45) 改写为常数拉格朗日向量 $\boldsymbol{\ell}_i$ 和系统状态矩阵 $\tilde{\boldsymbol{A}}_i$ $(i=0, 1, \cdots, m)$ 的克罗内克积之和：

$$\boldsymbol{\Gamma}=\mathbf{e}_1^{\mathrm{T}}\otimes\boldsymbol{I}_n-\sum_{i=0}^{m}\boldsymbol{\ell}_i^{\mathrm{T}}\otimes\tilde{\boldsymbol{A}}_i \tag{6.48}$$

式中，$\mathbf{e}_1=[1, 0, \cdots, 0]^{\mathrm{T}}\in\mathbb{R}^{(N+1)\times 1}$；$\boldsymbol{\ell}_i\in\mathbb{R}^{(N+1)\times 1}$ $(i=0, 1, \cdots, m)$ 为拉格朗日向量：

$$\boldsymbol{\ell}_i = \left[0,\ T_1\left(\frac{-2\tau_i}{\tau_{\max}}+1\right),\ T_2\left(\frac{-2\tau_i}{\tau_{\max}}+1\right),\ \cdots,\ T_N\left(\frac{-2\tau_i}{\tau_{\max}}+1\right)\right]^{\mathrm{T}} \tag{6.49}$$

6.2.2 位移-逆变换

位移操作后，系统的状态矩阵 $\tilde{\boldsymbol{A}}_i$ 变为 $\tilde{\boldsymbol{A}}_i'$ $(i=0,\ 1,\ \cdots,\ m)$。相应地，无穷小生成元离散化矩阵 $\mathcal{A}_N$ 变为 $\mathcal{A}_N'$，系统特征值变为 λ'。$\mathcal{A}_N'$ 的逆矩阵可表示为

$$(\mathcal{A}_N')^{-1} = (\boldsymbol{\Sigma}_N')^{-1}\boldsymbol{\Pi}_N \tag{6.50}$$

$(\boldsymbol{\Sigma}_N')^{-1}$的显式表达式 (6.43) 如式 (6.51) ~ 式 (6.54) 所示。$\boldsymbol{R}_j'$ $(j=0,\ 1,\ \cdots,\ N)$ 通过直接将 $\boldsymbol{R}_j$ 中的 $\tilde{\boldsymbol{A}}_i$ $(i=0,\ 1,\ \cdots,\ m)$ 用 $\tilde{\boldsymbol{A}}_i'$ 替换得到。$\tilde{\boldsymbol{A}}_i'$ $(i=0,\ 1,\ \cdots,\ m)$ 的详细表达如式 (4.48) 和式 (4.49) 所示。式 (6.53) 中，$\boldsymbol{A}'(s)$ 和 $\boldsymbol{B}'(s)$ 可以将式 (3.6) 和式 (3.7) 中的 λ 用位移点 s 代替后得到：

$$(\boldsymbol{\Sigma}_N')^{-1} = \left[\begin{array}{c}(\boldsymbol{R}_0')^{-1}\boldsymbol{\Gamma}' \\ \hline [\boldsymbol{0}\ \ \boldsymbol{I}_{Nn}]\end{array}\right] \tag{6.51}$$

$$\boldsymbol{\Gamma}' = \left[\boldsymbol{I}_n,\ \ -\boldsymbol{R}_1',\ \ \cdots,\ \ -\boldsymbol{R}_N'\right] = \mathrm{e}_1^{\mathrm{T}} \otimes \boldsymbol{I}_n - \sum_{i=0}^{m}\boldsymbol{\ell}_i^{\mathrm{T}} \otimes \tilde{\boldsymbol{A}}_i' \tag{6.52}$$

$$\boldsymbol{R}_0' = \tilde{\boldsymbol{A}}_0' + \sum_{i=1}^{m}\tilde{\boldsymbol{A}}_i' = \boldsymbol{A}'(s) - \boldsymbol{B}'(s)\boldsymbol{D}_0^{-1}\boldsymbol{C}_0 \tag{6.53}$$

$$\boldsymbol{R}_j' = \tilde{\boldsymbol{A}}_0' + \sum_{i=1}^{m}\tilde{\boldsymbol{A}}_i' T_j\left(-2\frac{\tau_i}{\tau_{\max}}+1\right),\quad j=1,\ 2,\ \cdots,\ N \tag{6.54}$$

$$\boldsymbol{A}'(s) = \boldsymbol{A}_0 - s\boldsymbol{I}_n + \sum_{i=1}^{m}\boldsymbol{A}_i\mathrm{e}^{-s\tau_i} \tag{6.55}$$

$$\boldsymbol{B}'(s) = \boldsymbol{B}_0 + \sum_{i=1}^{m}\boldsymbol{B}_i\mathrm{e}^{-s\tau_i} \tag{6.56}$$

6.2.3 稀疏特征值实现

1. IRA 算法的总体实现

以 IRA 算法为例，本书给出高效计算 $(\mathcal{A}_N')^{-1}$ 模值递减的部分特征值的方法。在 IRA 算法中，计算量最大的操作就是形成 Krylov 向量过程中的 MVP 运算。设第 k 个 Krylov 向量表示为 $\boldsymbol{p}_k \in \mathbb{C}^{(N+1)n\times 1}$，则第 $k+1$ 个 Krylov 向量 $\boldsymbol{p}_{k+1}$ 可由矩阵 $(\mathcal{A}_N')^{-1}$ 与向量 $\boldsymbol{p}_k$ 的乘积运算得到：

$$\boldsymbol{p}_{k+1} = (\mathcal{A}_N')^{-1}\boldsymbol{p}_k = (\boldsymbol{\Sigma}_N')^{-1}\boldsymbol{\Pi}_N\boldsymbol{p}_k \tag{6.57}$$

令 $\boldsymbol{q}=\boldsymbol{\Pi}_N\boldsymbol{p}_k\in\mathbb{C}^{(N+1)n\times 1}$，并从列的方向上将其压缩为矩阵 $\boldsymbol{Q}=[\boldsymbol{q}_0,\ \boldsymbol{q}_1,\ \cdots,\ \boldsymbol{q}_N]\in\mathbb{C}^{n\times(N+1)}$，也即 $\boldsymbol{q}=\mathrm{vec}(\boldsymbol{Q})$，其中 $\boldsymbol{q}_j\in\mathbb{C}^{n\times 1}$，$j=0,\ 1,\ \cdots,\ N$。将式 (6.51) 代入式 (6.57) 中，则 $\boldsymbol{p}_{k+1}$ 可以通过如下三个步骤计算得到：

$$\boldsymbol{w}=\boldsymbol{\Gamma}'\boldsymbol{q}=\boldsymbol{\Gamma}'\mathrm{vec}(\boldsymbol{Q}) \tag{6.58}$$

$$\boldsymbol{p}_{k+1}(1:n)=\left(\boldsymbol{R}_0'\right)^{-1}\boldsymbol{w} \tag{6.59}$$

$$\boldsymbol{p}_{k+1}((n+1):(N+1)n)=\boldsymbol{q}((n+1):(N+1)n) \tag{6.60}$$

式中，$\boldsymbol{p}_{k+1}(i_1:i_2)$ 为抽取 $\boldsymbol{p}_{k+1}$ 的第 i_1 到第 i_2 个元素形成的列向量。

2. 式 (6.58) 的高效实现

将式 (6.52) 代入式 (6.58)，然后利用克罗内克积的性质，即式 (4.85)，可得

$$\begin{aligned}\boldsymbol{w}=\boldsymbol{\Gamma}'\mathrm{vec}(\boldsymbol{Q})&=\left(\mathbf{e}_1^{\mathrm{T}}\otimes\boldsymbol{I}_n-\sum_{i=0}^{m}\boldsymbol{\ell}_i^{\mathrm{T}}\otimes\tilde{\boldsymbol{A}}_i'\right)\mathrm{vec}(\boldsymbol{Q})\\&=\boldsymbol{Q}\mathbf{e}_1-\sum_{i=0}^{m}\tilde{\boldsymbol{A}}_i'\boldsymbol{Q}\boldsymbol{\ell}_i\\&=\boldsymbol{q}_0-\tilde{\boldsymbol{A}}_0'\boldsymbol{r}_0-\sum_{i=1}^{m}\tilde{\boldsymbol{A}}_i'\boldsymbol{r}_i\end{aligned} \tag{6.61}$$

式中，$\boldsymbol{r}_i\triangleq\boldsymbol{Q}\boldsymbol{\ell}_i\in\mathbb{C}^{n\times 1}$，$i=0,\ 1,\ \cdots,\ m$。

由式 (6.61) 可知，对 $\boldsymbol{\Gamma}'$ 应用克罗内克积变换后，$\boldsymbol{w}$ 的计算量主要由 $\tilde{\boldsymbol{A}}_0'\boldsymbol{r}_0=\tilde{\boldsymbol{A}}_0'(\boldsymbol{Q}\boldsymbol{\ell}_0)$ 决定。否则，需要通过计算 $\tilde{\boldsymbol{A}}_0'\boldsymbol{q}_j$ $(j=1,\ 2,\ \cdots,\ N)$ 得到 $\boldsymbol{w}$。通过对比可知，克罗内克积变换的应用将计算 $\boldsymbol{w}$ 的计算量减小为原计算量的 $1/N$ [96]。

利用 4.5.3 节的思想，通过充分利用系统增广状态矩阵 $\boldsymbol{A}_i$、$\boldsymbol{B}_i$、$\boldsymbol{C}_0$ 和 $\boldsymbol{D}_0$ $(i=0,\ 1,\ \cdots,\ m)$ 的稀疏特性，式 (6.61) 中 $\tilde{\boldsymbol{A}}_0'\boldsymbol{r}_0$ 可稀疏实现如下：

$$\begin{cases}\boldsymbol{z}=-\boldsymbol{C}_0\boldsymbol{r}_0\\ [\boldsymbol{L}_1,\ \boldsymbol{U}_1,\ \boldsymbol{P}_1,\ \boldsymbol{Q}_1]=\mathrm{lu}(\boldsymbol{D}_0)\\ \boldsymbol{u}=\boldsymbol{Q}_1(\boldsymbol{U}_1\setminus(\boldsymbol{L}_1\setminus(\boldsymbol{P}_1\boldsymbol{z})))\\ \tilde{\boldsymbol{A}}_0'\boldsymbol{r}_0=(\boldsymbol{A}_0-s\boldsymbol{I}_n)\boldsymbol{r}_0+\boldsymbol{B}_0\boldsymbol{u}\end{cases} \tag{6.62}$$

3. 式 (6.59) 的高效实现

利用系统增广状态矩阵 $\boldsymbol{A}_i$、$\boldsymbol{B}_i$、$\boldsymbol{C}_0$ 和 $\boldsymbol{D}_0$ $(i=0,\ 1,\ \cdots,\ m)$ 的稀疏特

性，$\boldsymbol{p}_{k+1}(1:n)=\left(\boldsymbol{R}_0'\right)^{-1}\boldsymbol{w}$ 可稀疏实现如下：

$$\begin{cases}[\boldsymbol{L}_2,\ \boldsymbol{U}_2,\ \boldsymbol{P}_2,\ \boldsymbol{Q}_2]=\mathrm{lu}(\boldsymbol{A}'(s))\\ \boldsymbol{D}^*=\boldsymbol{D}_0-\boldsymbol{C}_0\boldsymbol{Q}_2(\boldsymbol{U}_2\setminus(\boldsymbol{L}_2\setminus(\boldsymbol{P}_2\boldsymbol{B}'(s))))\\ [\boldsymbol{L}_3,\ \boldsymbol{U}_3,\ \boldsymbol{P}_3,\ \boldsymbol{Q}_3]=\mathrm{lu}(\boldsymbol{D}^*)\\ \boldsymbol{q}=-\boldsymbol{C}_0\boldsymbol{Q}_2(\boldsymbol{U}_2\setminus(\boldsymbol{L}_2\setminus(\boldsymbol{P}_2\boldsymbol{w})))\\ \boldsymbol{z}=\boldsymbol{Q}_3(\boldsymbol{U}_3\setminus(\boldsymbol{L}_3\setminus(\boldsymbol{P}_3\boldsymbol{q})))\\ \boldsymbol{u}=\boldsymbol{w}-\boldsymbol{B}'(s)\boldsymbol{z}\\ \boldsymbol{p}_{k+1}(1:n)=\boldsymbol{Q}_2(\boldsymbol{U}_2\setminus(\boldsymbol{L}_2\setminus(\boldsymbol{P}_2\boldsymbol{u})))\end{cases}\tag{6.63}$$

设由 IRA 算法计算得到 $(\mathcal{A}_N')^{-1}$ 的特征值为 λ''，则 $\mathcal{A}_N$ 的特征值的估计值为

$$\hat{\lambda}=s+\frac{1}{\lambda''}=s+\lambda'\tag{6.64}$$

此外，文献 [133] 指出，与 $\hat{\lambda}$ 对应的 Krylov 向量的前 n 个分量 $\hat{\boldsymbol{v}}$ 是特征向量 $\boldsymbol{v}$ 的良好的估计和近似。将 $\hat{\lambda}$ 和 $\hat{\boldsymbol{v}}$ 作为 4.6 节给出的牛顿法的初始值，通过迭代校验，可以得到 DCPPS 的精确特征值 λ 和特征向量 $\boldsymbol{v}$。

6.2.4　算法流程及特性分析

1. 算法流程

当 EIGD 方法用于计算大规模 DCPPS 位于位移点 s 附近的 r 个特征值时，其流程如图 6.1 所示。

2. 特性分析

通过与第 5 章提出的 IIGD 方法进行对比和分析，可总结得到 EIGD 方法的特性如下。

(1) 将集合 Ω_N 中的离散点 $\theta_{N,j}$ $(j=1,\ 2,\ \cdots,\ N+1)$ 选择为经过归一化和平移处理后的第 N 阶第二类切比雪夫多项式 $U_N(\cdot)$ 的零点 (式 (6.34))，无穷小生成元的离散化矩阵经过位移-逆变换之后得到 $(\mathcal{A}_N')^{-1}$，其第一个块行相对于系统状态矩阵 $\tilde{\boldsymbol{A}}_i'$ $(i=0,\ 1,\ \cdots,\ m)$ 具有显式表达特性。

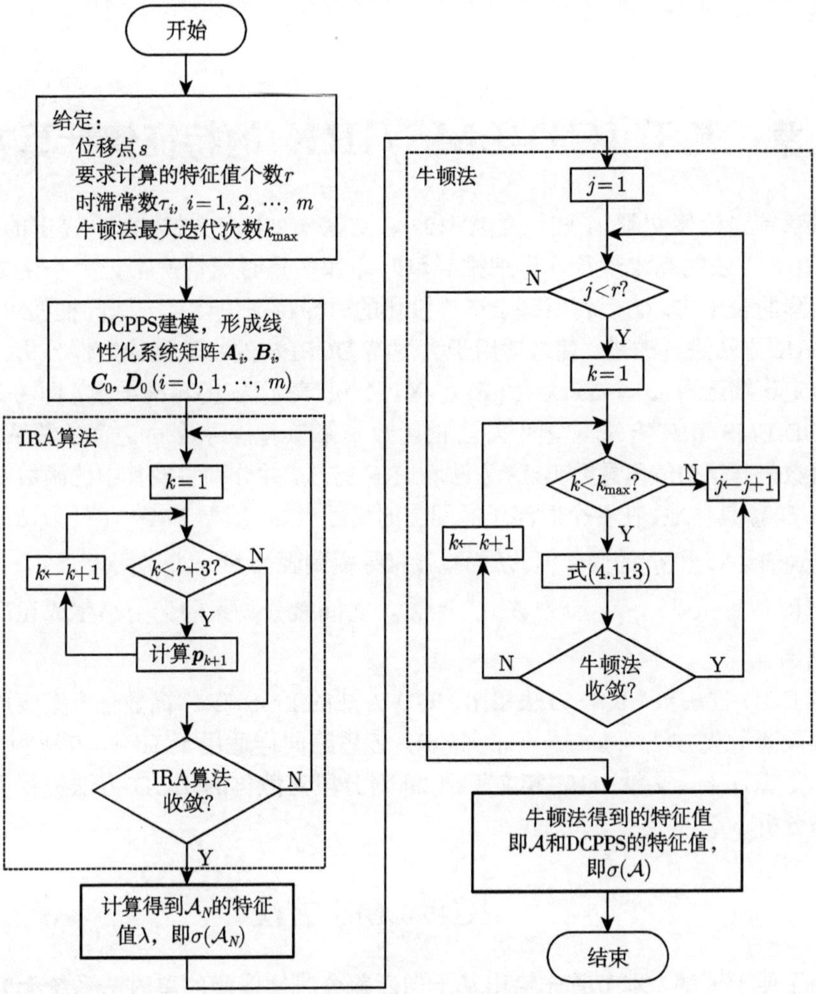

图 6.1 EIGD 方法的流程图

(2) 克罗内克积变换的作用，为利用系统增广状态矩阵的稀疏特性奠定了基础，而从大大减少稀疏特征值计算的计算量。通过应用克罗内克积变换，式 (6.61) 计算 $\boldsymbol{w}$ 的计算量由 N 次 MVP 运算 $\tilde{\boldsymbol{A}}_0'\boldsymbol{q}_j$ $(j=1, \cdots, N)$ 减少为一次 MVP 运算 $\tilde{\boldsymbol{A}}_0'\boldsymbol{r}_0=\tilde{\boldsymbol{A}}_0'(\boldsymbol{Q}\boldsymbol{\ell}_0)$。也就是说，变换后的计算量是原计算量的 $1/N$[96]。

(3) 式 (6.57) 的计算量由式 (6.61) 中的 $\tilde{\boldsymbol{A}}_0'\boldsymbol{r}_0$ 和式 (6.59) 中的 $(\boldsymbol{R}_0')^{-1}\boldsymbol{w}$ 决定。因此，方法的总计算量大约等于利用幂法和反幂法分别进行一次传统特征值计算时计算量之和 (求解得到的特征值数量相同)。

第 7 章　基于 IGD-LMS/IRK 的特征值计算方法

本章首先论述文献 [106]、文献 [122]、文献 [127] 和文献 [128] 提出的 IGD-LMS/IRK 方法的基本理论，详细推导单时滞和多重时滞情况下无穷小生成元离散化矩阵的表达式；然后利用基于谱离散化的时滞特征值计算方法的框架对 IGD-LMS/IRK 方法进行改进，使之适用于大规模 DCPPS 的小干扰稳定性分析。

给定连续函数 $\varphi = \Delta \boldsymbol{x}_t \in \mathcal{D}(\mathcal{A}) \subset \boldsymbol{X}$，令 ψ 表示 φ 的精确导数，即 $\psi \triangleq \varphi' = \Delta \dot{\boldsymbol{x}}$。IGD-LMS/IRK 方法将空间 $\boldsymbol{X}$ 上的函数 φ 和其精确导数 ψ 之间的关系，类比到求解微分方程初值问题的 LMS 方法和 IRK 方法，并分别替换其中的函数 y 和被积函数 $f(\cdot)$。具体地，在各个时滞子区间上的离散点处，根据 LMS/IRK 方法的迭代公式分别估计 φ 和 ψ 的函数值，从而直接推导得到表征 $\boldsymbol{\Psi} = \left[\boldsymbol{\psi}_0^{\mathrm{T}},\ \boldsymbol{\psi}_1^{\mathrm{T}},\ \cdots,\ \boldsymbol{\psi}_N^{\mathrm{T}}\right]^{\mathrm{T}} \in \boldsymbol{X}_N$ 和 $\boldsymbol{\Phi} = \left[\boldsymbol{\varphi}_0^{\mathrm{T}},\ \boldsymbol{\varphi}_1^{\mathrm{T}},\ \cdots,\ \boldsymbol{\varphi}_N^{\mathrm{T}}\right]^{\mathrm{T}} \in \boldsymbol{X}_N$ 之间微分关系的无穷小生成元离散化矩阵 $\mathcal{A}_N$。

与 IIGD 方法和 EIGD 方法相比，IGD 方法的 LMS/IRK 离散化方案实质上是一种分段离散化方法 (piecewise method)。该思路同样适用于 IIGD 方法和 EIGD 方法。文献 [106]、文献 [119] 和文献 [129] 对分段离散化的 IIGD 方法进行了详细介绍与分析。

7.1　IGD-LMS 方法

为了便于理解，本节首先给出基于向后差分线性多步的单时滞系统无穷小生成元的离散化方法，进而将该方法推广至多重时滞系统。

7.1.1　单时滞情况

1. 离散点集合

给定正整数 N，区间 $[-\tau,\ 0]$ 上间距为 h 的 $N+1$ 个离散点构成的集合为 Ω_N。从而，连续状态空间 $\boldsymbol{X}$ 被转化为离散空间 $\boldsymbol{X}_N = \left(\mathbb{R}^{n\times 1}\right)^{\Omega_N} \approx \mathbb{R}^{(N+1)n\times 1}$，如图 7.1 所示：

$$\begin{cases} \Omega_N = \{\theta_j = -jh,\ j = 0,\ 1,\ \cdots,\ N\} \\ h = \dfrac{\tau}{N} \end{cases} \tag{7.1}$$

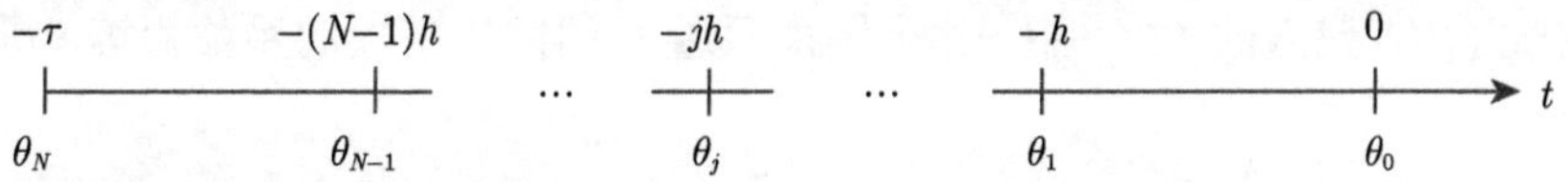

图 7.1 单时滞情况下 IGD-LMS 方法中的离散点集合 Ω_N

2. 在 $\theta_0=0$ 处函数 φ 导数的估计值 $\boldsymbol{\psi}_0$

在 $\theta_0=0$ 处，φ 的导数 φ' 的近似值 $\psi_0\in\mathbb{R}^{n\times1}$ 可由拼接条件式 (4.21) 得到：

$$\boldsymbol{\psi}_0=\boldsymbol{\varphi}'(\theta_0)=[\mathcal{A}\boldsymbol{\varphi}](\theta_0)\approx\tilde{\boldsymbol{A}}_0\boldsymbol{\varphi}_0+\sum_{i=1}^{m}\tilde{\boldsymbol{A}}_i\boldsymbol{\varphi}_N \tag{7.2}$$

3. 在 $\theta_j\ (j=k,\ k+1,\ \cdots,\ N)$ 处函数 φ 导数的估计值 $\boldsymbol{\psi}_j$

在离散点 $\theta_j\ (j=1,\ 2,\ \cdots,\ N)$ 处，函数 $\boldsymbol{\varphi}$ 导数 $\boldsymbol{\varphi}'$ 的近似值 $\boldsymbol{\psi}_j\in\mathbb{R}^{n\times1}$ 可以由无穷小生成元 $\mathcal{A}$ 的定义式 (4.22) 得到：

$$\boldsymbol{\psi}_j\approx\boldsymbol{\varphi}'(\theta_j)=[\mathcal{A}\boldsymbol{\varphi}](\theta_j) \tag{7.3}$$

式 (7.3) 的具体表达式可以分为两种情况进行推导。在离散点 $\theta_j\ (j=k,\ k+1,\ \cdots,\ N)$ 处，$\boldsymbol{\psi}_j$ 可以通过对 BDF 方法的一般形式式 (3.58) 进行整理得到：

$$\boldsymbol{\psi}_j\approx\boldsymbol{\varphi}'(\theta_j)=f(\theta_j,\ \boldsymbol{\varphi}_j)=\sum_{l=0}^{k}\frac{\alpha_l\boldsymbol{\varphi}_{j+l-k}}{h\beta_k},\quad j=k,\ k+1,\ \cdots,\ N \tag{7.4}$$

4. 在 $\theta_j\ (j=1,\ 2,\ \cdots,\ k-1)$ 处函数 φ 导数的估计值 $\boldsymbol{\psi}_j$

在离散点 $\theta_j\ (j=1,\ 2,\ \cdots,\ k-1)$ 处，需要采用“启动”方法来计算 $\boldsymbol{\psi}_j$。此时，假设 $\boldsymbol{\psi}_j$ 具有式 (7.4) 类似的形式，即

$$\boldsymbol{\psi}_j=\boldsymbol{\varphi}_j'=\sum_{l=0}^{k}\frac{\gamma_{j,l}\boldsymbol{\varphi}_l}{h\beta_k},\quad j=1,\ 2,\ \cdots,\ k-1 \tag{7.5}$$

式中，$\gamma_{j,l}\ (j=1,\ 2,\ \cdots,\ k-1;\ l=0,\ 1,\ \cdots,\ k)$ 为未知的待求系数。下面给出确定 $\gamma_{j,l}$ 的方法。

在 $\boldsymbol{\varphi}(\theta_j)=\boldsymbol{\varphi}_j\ (j=1,\ 2,\ \cdots,\ k-1)$ 附近，将式 (7.5) 右端的 $\boldsymbol{\varphi}_l\ (l=0,\ 1,\ \cdots,\ k)$ 展开成步长为 h、截止误差为 $\mathcal{O}(h^q)$ 的幂级数：

$$\boldsymbol{\varphi}_l=\sum_{p=0}^{q}(l-j)^p h^p\boldsymbol{\varphi}_j^p,\quad l=0,\ 1,\ \cdots,\ k;\ j=1,\ 2,\ \cdots,\ k-1 \tag{7.6}$$

将式 (7.6) 代入式 (7.5) 中，并令等式两边 h 的同次幂项的系数相等，得

$$\begin{cases} \sum_{l=0}^{k} \gamma_{j,l}(l-j)^p = 0, \quad p = 0,\ 2,\ 3,\ \cdots,\ k,\ p \neq 1 \\ \sum_{l=0}^{k} \gamma_{j,l}(l-j) = \beta_k, \quad p = 1 \end{cases} \tag{7.7}$$

式中，$j = 1,\ 2,\ \cdots,\ k-1$。

对于某个特定的 j，未知系数 $\gamma_{j,l}$ ($j = 1,\ 2,\ \cdots,\ k-1$; $l = 0,\ 1,\ \cdots,\ k$) 可以通过求解一个与式 (7.7) 对应的 $k+1$ 阶线性方程组得到。将系数 $\gamma_{j,l}$ 写成 $(k-1)\times(k+1)$ 矩阵，得

$$\boldsymbol{\Gamma}_k = \begin{bmatrix} \gamma_{1,0} & \gamma_{1,1} & \cdots & \gamma_{1,k} \\ \gamma_{2,0} & \gamma_{2,1} & \cdots & \gamma_{2,k} \\ \vdots & \vdots & & \vdots \\ \gamma_{k-1,0} & \gamma_{k-1,1} & \cdots & \gamma_{k-1,k} \end{bmatrix} \tag{7.8}$$

例如，对于 BDF 方法，当 $k=3$ 和 $k=5$ 时，通过计算可分别得到矩阵 $\boldsymbol{\Gamma}_3$ 和 $\boldsymbol{\Gamma}_5$：

$$\boldsymbol{\Gamma}_3 = \frac{1}{11}\begin{bmatrix} -2 & -3 & 6 & -1 \\ 1 & -6 & 3 & 2 \end{bmatrix} \tag{7.9}$$

$$\boldsymbol{\Gamma}_5 = \frac{1}{137}\begin{bmatrix} -12 & -65 & 120 & -60 & 20 & -3 \\ 3 & -30 & -20 & 60 & -15 & 2 \\ -2 & 15 & -60 & 20 & 30 & -3 \\ 3 & -20 & 60 & -120 & 65 & 12 \end{bmatrix} \tag{7.10}$$

5. 无穷小生成元 $\mathcal{A}$ 的 BDF 离散化矩阵

联立式 (7.2)、式 (7.4) 和式 (7.5)，可以推导得到 $\boldsymbol{\Phi}$ 与 $\boldsymbol{\Psi}$ 之间的关系式有

$$\boldsymbol{\Psi} = \mathcal{A}_N \boldsymbol{\Phi} \tag{7.11}$$

式中，$\mathcal{A}_N : \boldsymbol{X}_N \to \boldsymbol{X}_N$ 为 $(N+1)n$ 维无穷小生成元的离散化矩阵：

$$
\mathcal{A}_N=\begin{bmatrix}
\tilde{\boldsymbol{A}}_0 & \boldsymbol{0} & \cdots & \cdots & \boldsymbol{0} & \boldsymbol{0} & \cdots & \boldsymbol{0} & \tilde{\boldsymbol{A}}_1\\
\frac{\gamma_{1,0}\boldsymbol{I}_n}{h\beta_k} & \frac{\gamma_{1,1}\boldsymbol{I}_n}{h\beta_k} & \cdots & \cdots & \frac{\gamma_{1,k}\boldsymbol{I}_n}{h\beta_k} & \boldsymbol{0} & \cdots & \cdots & \boldsymbol{0}\\
\vdots & & \ddots & & \vdots & \vdots & & & \vdots\\
\frac{\gamma_{k-1,0}\boldsymbol{I}_n}{h\beta_k} & \cdots & \cdots & \frac{\gamma_{k-1,k-1}\boldsymbol{I}_n}{h\beta_k} & \frac{\gamma_{k-1,k}\boldsymbol{I}_n}{h\beta_k} & \boldsymbol{0} & \cdots & \cdots & \boldsymbol{0}\\
\dfrac{\alpha_0\boldsymbol{I}_n}{h\beta_k} & \cdots & \cdots & \cdots & \dfrac{\alpha_k\boldsymbol{I}_n}{h\beta_k} & \boldsymbol{0} & \cdots & \cdots & \boldsymbol{0}\\
\boldsymbol{0} & \ddots & & & & \ddots & \ddots & & \vdots\\
\vdots & \ddots & \ddots & & & & \ddots & \ddots & \vdots\\
\vdots & & \ddots & \ddots & & & & \ddots & \boldsymbol{0}\\
\boldsymbol{0} & \cdots & \cdots & \boldsymbol{0} & \frac{\alpha_0\boldsymbol{I}_n}{h\beta_k} & \cdots & \cdots & \cdots & \frac{\alpha_k\boldsymbol{I}_n}{h\beta_k}
\end{bmatrix} \tag{7.12}
$$

7.1.2 多时滞情况

本节将单时滞情况下无穷小生成元 BDF 离散化方法扩展到含有 m 个时滞 $\tau_i\ (i=1,\ 2,\ \cdots,\ m)$ 的系统。

1. 离散点集合

首先，在区间 $[-\tau_{\max},\ 0]$ 上建立离散点集合 Ω_N：

$$
\Omega_N=\bigcup_{i=1}^{m}\Omega_{N_i} \tag{7.13}
$$

式中，$N=\sum\limits_{i=1}^{m}N_i$；$\Omega_{N_i}\ (i=1,\ 2,\ \cdots,\ m)$ 为区间 $[-\tau_i,\ -\tau_{i-1}]$ 上间距为 h_i 的 N_i 个离散点构成的集合，如图 7.2 和式 (7.14) 所示。值得注意的是，为了保证 LMS 方法的可用性，子区间上的离散点数 $N_i\ (i=1,\ 2,\ \cdots,\ m)$ 必须大于步数 k，即 $N_i>k$：

$$
\begin{cases}
\Omega_{N_i}=\{\theta_{j,i}=-\tau_{i-1}-jh_i,\ j=0,\ 1,\ \cdots,\ N_i\}\\
h_i=\dfrac{\tau_i-\tau_{i-1}}{N_i}
\end{cases} \tag{7.14}
$$

根据 Ω_N，连续空间 $\boldsymbol{X}$ 被转化为离散空间 $\boldsymbol{X}_N=(\mathbb{R}^{n\times 1})^{\Omega_N}\approx\mathbb{R}^{(N+1)n\times 1}$，且有 $\boldsymbol{\varphi}'(\theta_0)=\boldsymbol{\psi}(\theta_0)\approx\boldsymbol{\psi}_0$，$\boldsymbol{\varphi}'(\theta_{j,i})=\boldsymbol{\psi}(\theta_{j,i})\approx\boldsymbol{\psi}_{j,i}\ (j=1,\ 2,\ \cdots,\ N_i;\ i=1,\ 2,\ \cdots,\ m)$。

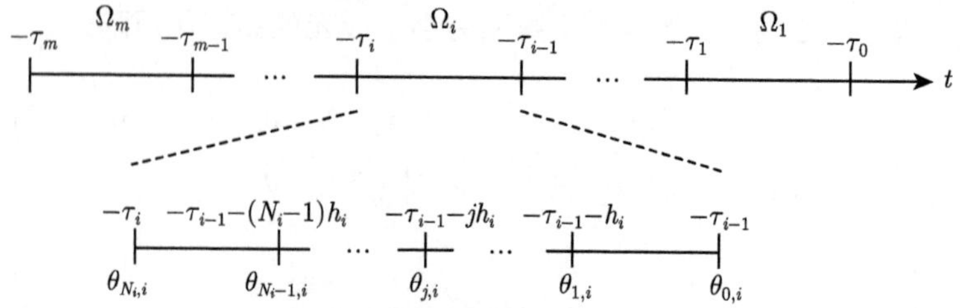

图 7.2 多重时滞情况下 IGD-LMS 方法中的离散点集合 Ω_N

2. 在 $\theta_0=0$ 处函数 φ 导数的估计值 ψ_0

在 $\theta_0=0$ 处，函数 φ 导数的近似值 ψ_0 可由拼接条件式 (4.21) 得到：

$$\boldsymbol{\psi}_0=\boldsymbol{\varphi}'(\theta_0)=[\mathcal{A}\boldsymbol{\varphi}](\theta_0)\approx\tilde{\boldsymbol{A}}_0\boldsymbol{\varphi}_0+\sum_{i=1}^{m}\tilde{\boldsymbol{A}}_i\boldsymbol{\varphi}_{N_i,i} \tag{7.15}$$

3. 第 i 个子区间 $[-\tau_i,\ -\tau_{i-1}]$ 上离散点 $\theta_{j,i}$ $(j=1,\ 2,\ \cdots,\ N_i;\ i=1,\ 2,\cdots,\ m)$ 处函数 φ 导数的估计值 $\psi_{j,i}$

对于第 i 个时滞子区间 $[-\tau_i,\ -\tau_{i-1}]$ 上的离散点 $\theta_{j,i}$ $(j=1,\ 2,\ \cdots,\ N_i)$，函数 φ 导数的近似值 $\psi_{j,i}$，可以通过估计无穷小生成元 $\mathcal{A}$ 的定义式 (4.22) 得到：

$$\boldsymbol{\psi}_{j,i}\approx\boldsymbol{\varphi}'(\theta_{j,i})=[\mathcal{A}\boldsymbol{\varphi}](\theta_{j,i}) \tag{7.16}$$

具体地，在子区间 $[-\tau_i,\ -\tau_{i-1}]$ 上前 $k-1$ 个离散点 $\theta_{j,i}$ $(j=1,\ 2,\ \cdots,\ k-1)$ 处，采用类似于单时滞情况下的“启动”方法计算系数 $\gamma_{j,l}$ $(l=0,1,\cdots,k)$；在其余的 N_i-k+1 个离散点 $\theta_{j,i}$ $(j=k,\ k+1,\ \cdots,\ N_i)$ 处，直接采用 BDF 方法的系数 α_l $(l=0,\ 1,\ \cdots,\ k)$。于是，式 (7.16) 可具体表示为

$$\boldsymbol{\psi}_{j,i}=\begin{cases}\displaystyle\sum_{l=0}^{k}\frac{\gamma_{j,l}\boldsymbol{\varphi}_{l,i}}{h_i\beta_k}, & j=1,\ 2,\ \cdots,\ k-1\\ \displaystyle\sum_{l=0}^{k}\frac{\alpha_l\boldsymbol{\varphi}_{j+l-k,i}}{h_i\beta_k}, & j=k,\ k+1,\ \cdots,\ N_i\end{cases} \tag{7.17}$$

令

$$\begin{cases}[\boldsymbol{\psi}]_i=\left[\boldsymbol{\psi}_{1,i}^{\mathrm{T}},\ \boldsymbol{\psi}_{2,i}^{\mathrm{T}},\ \cdots,\ \boldsymbol{\psi}_{N_i,i}^{\mathrm{T}}\right]^{\mathrm{T}}\\ [\boldsymbol{\varphi}]_i=\left[\boldsymbol{\varphi}_{1,i}^{\mathrm{T}},\ \boldsymbol{\varphi}_{2,i}^{\mathrm{T}},\ \cdots,\ \boldsymbol{\varphi}_{N_i,i}^{\mathrm{T}}\right]^{\mathrm{T}}\end{cases} \tag{7.18}$$

则式 (7.17) 可以写成矩阵形式：

$$[\boldsymbol{\psi}]_i=(\mathcal{B}_N^i\otimes\boldsymbol{I}_n)\cdot\begin{bmatrix}\boldsymbol{\varphi}_{N_{i-1},i-1}\\ [\boldsymbol{\varphi}]_i\end{bmatrix} \tag{7.19}$$

式中，$\mathcal{B}_N^i \in \mathbb{R}^{N_i\times(N_i+1)}$：

$$\mathcal{B}_N^i = \begin{bmatrix} \frac{\gamma_{1,0}}{h_i\beta_k} & \frac{\gamma_{1,1}}{h_i\beta_k} & \cdots & \cdots & \frac{\gamma_{1,k}}{h_i\beta_k} & 0 & \cdots & \cdots & 0 \\ \vdots & & \ddots & & \vdots & \vdots & & & \vdots \\ \frac{\gamma_{k-1,0}}{h_i\beta_k} & \cdots & \cdots & \frac{\gamma_{k-1,k-1}}{h_i\beta_k} & \frac{\gamma_{k-1,k}}{h_i\beta_k} & 0 & \cdots & \cdots & 0 \\ \frac{\alpha_0}{h_i\beta_k} & \cdots & \cdots & \cdots & \frac{\alpha_k}{h_i\beta_k} & 0 & \cdots & \cdots & 0 \\ 0 & \ddots & & & & \ddots & \ddots & & \vdots \\ \vdots & \ddots & \ddots & & & & \ddots & \ddots & \vdots \\ \vdots & & \ddots & \ddots & & & & \ddots & 0 \\ 0 & \cdots & \cdots & 0 & \frac{\alpha_0}{h_i\beta_k} & \cdots & \cdots & \cdots & \frac{\alpha_k}{h_i\beta_k} \end{bmatrix} \tag{7.20}$$

对于所有的时滞子区间 $[-\tau_i,\ -\tau_{i-1}]$ $(i=1,\ 2,\ \cdots,\ m)$ 上的离散点 $\theta_{j,i}$ $(j=1,\ 2,\ \cdots,\ N_i;\ i=1,\ 2,\ \cdots,\ m)$，有

$$\begin{bmatrix} [\boldsymbol{\psi}]_1 \\ [\boldsymbol{\psi}]_2 \\ \vdots \\ [\boldsymbol{\psi}]_m \end{bmatrix} = (\mathcal{B}_N \otimes \boldsymbol{I}_n) \cdot \begin{bmatrix} \boldsymbol{\varphi}_0 \\ [\boldsymbol{\varphi}]_1 \\ [\boldsymbol{\varphi}]_2 \\ \vdots \\ [\boldsymbol{\varphi}]_m \end{bmatrix} \tag{7.21}$$

式中，$\mathcal{B}_N \in \mathbb{R}^{N\times(N+1)}$。

4. **无穷小生成元 $\mathcal{A}$ 的 BDF 离散化矩阵**

令

$$\begin{cases} \boldsymbol{\Psi} = \left[\boldsymbol{\psi}_0^{\mathrm{T}},\ [\boldsymbol{\psi}]_1^{\mathrm{T}},\ \cdots,\ [\boldsymbol{\psi}]_m^{\mathrm{T}}\right]^{\mathrm{T}} \in \mathbb{R}^{(N+1)n\times 1} \\ \boldsymbol{\Phi} = \left[\boldsymbol{\varphi}_0^{\mathrm{T}},\ [\boldsymbol{\varphi}]_1^{\mathrm{T}},\ \cdots,\ [\boldsymbol{\varphi}]_m^{\mathrm{T}}\right]^{\mathrm{T}} \in \mathbb{R}^{(N+1)n\times 1} \end{cases} \tag{7.22}$$

联立式 (7.15) 和式 (7.21)，可以推导得到多重时滞情况下 $\boldsymbol{\Psi}$ 与 $\boldsymbol{\Phi}$ 之间的关系式：

$$\boldsymbol{\Psi} = \mathcal{A}_N \boldsymbol{\Phi} \tag{7.23}$$

式中，$\mathcal{A}_N : \boldsymbol{X}_N \to \boldsymbol{X}_N$ 为 $(N+1)n \times (N+1)n$ 无穷小生成元的离散化矩阵。其第一个块行 $\boldsymbol{\Sigma}_N \in \mathbb{R}^{n\times(N+1)n}$ 可以写成单位向量 $\mathbf{e}_i \in \mathbb{R}^{1\times(N+1)}$ 和系统状态矩阵

$\tilde{\boldsymbol{A}}_i$ $(i=0,\ 1,\ \cdots,\ m)$ 的克罗内克积之和：

$$\mathcal{A}_N = \left[\begin{array}{c}\boldsymbol{\Sigma}_N \\ \hdashline \mathcal{B}_N \otimes \boldsymbol{I}_n\end{array}\right] \tag{7.24}$$

$$\boldsymbol{\Sigma}_N = \sum_{i=0}^{m} \mathbf{e}_i \otimes \tilde{\boldsymbol{A}}_i \tag{7.25}$$

$$\mathbf{e}_i = \begin{cases} [1,\ 0,\ \cdots,\ 0], & i=0 \\ [0,\ g_1,\ \cdots,\ g_j,\ \cdots,\ 0], & i=1,\ 2,\ \cdots,\ m-1;\ j=1,\ 2,\ \cdots,\ N-1 \\ [0,\ 0,\ \cdots,\ 1], & i=m \end{cases} \tag{7.26}$$

$$g_j = \begin{cases} 0, & j \neq \sum\limits_{l=1}^{i} N_l,\ i=1,\ 2,\ \cdots,\ m-1;\ j=1,\ 2,\ \cdots,\ N-1 \\ 1, & j = \sum\limits_{l=1}^{i} N_l \end{cases} \tag{7.27}$$

7.2 IGD-IRK 方法

采用与 7.1 节相同的思路，本节基于 IRK 法的 Radau IIA 方案，首先给出单时滞系统无穷小生成元离散化方法，进而扩展到含有 m 个时滞 τ_i $(i=1,\ 2,\ \cdots,\ m)$ 的系统。

7.2.1 单时滞情况

1. 离散点集合

首先，将区间 $[-\tau,\ 0]$ 划分为 N 个长度为 h 的子区间，$h=\tau/N$；然后，用 s 级 IRK 法的横坐标对每个子区间作进一步划分；最后，得到具有 $Ns+1$ 个离散点的集合 Ω_N，如图 7.3 所示。

$$\begin{cases} \Omega_N = \{\theta_0 = 0\} \cup \{\theta_j - c_l h,\ j=0,\ 1,\ \cdots,\ N-1;\ l=1,\ 2,\ \cdots,\ s\} \\ \theta_j = -jh,\ j=0,\ 1,\ \cdots,\ N \\ h = \dfrac{\tau}{N} \\ 0 < c_1 < \cdots < c_s = 1 \end{cases} \tag{7.28}$$

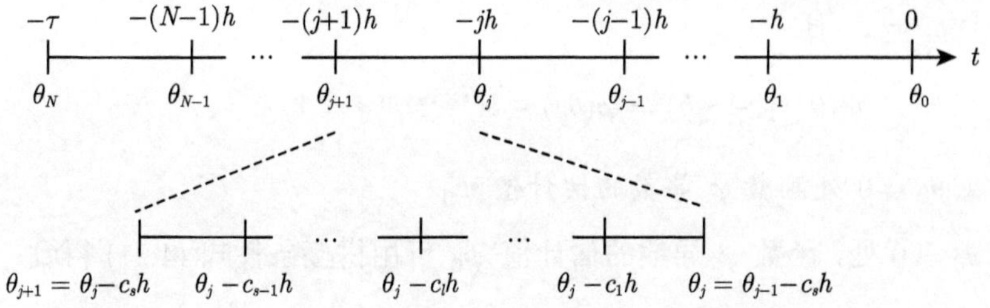

图 7.3 单时滞情况下 IGD-IRK 方法中的离散点集合 Ω_N

2. 变量定义

利用集合 Ω_N，将连续空间 $\boldsymbol{X}$ 转化为离散化空间 $\boldsymbol{X}_N=\left(\mathbb{R}^{n\times 1}\right)^{\Omega_N}\approx\mathbb{R}^{(Ns+1)n\times 1}$。给定连续函数 $\varphi\in\mathcal{D}(\mathcal{A})$，其离散近似向量为 $\boldsymbol{\Phi}\in\boldsymbol{X}_N$。令 $\psi\triangleq\Delta\dot{x}=\varphi'\in\boldsymbol{X}$，其离散近似向量为 $\boldsymbol{\Psi}\in\boldsymbol{X}_N$：

$$\boldsymbol{\Phi}=\begin{bmatrix}\boldsymbol{\varphi}_0\\ [\boldsymbol{\varphi}]_1\\ \vdots\\ [\boldsymbol{\varphi}]_N\end{bmatrix},\quad \boldsymbol{\Psi}=\begin{bmatrix}\boldsymbol{\psi}_0\\ [\boldsymbol{\psi}]_1\\ \vdots\\ [\boldsymbol{\psi}]_N\end{bmatrix}\tag{7.29}$$

式中，

$$\boldsymbol{\varphi}_0\approx\boldsymbol{\varphi}(\theta_0)\in\mathbb{R}^{n\times 1},\quad \boldsymbol{\varphi}_j\approx\boldsymbol{\varphi}(\theta_j)\in\mathbb{R}^{n\times 1},\quad j=1,\ 2,\ \cdots,\ N\tag{7.30}$$

$$[\boldsymbol{\varphi}]_j\approx\begin{bmatrix}\boldsymbol{\varphi}(\theta_{j-1}-c_1h)\\ \boldsymbol{\varphi}(\theta_{j-1}-c_2h)\\ \vdots\\ \boldsymbol{\varphi}(\theta_{j-1}-c_sh)\end{bmatrix}\in\mathbb{R}^{sn\times 1}\tag{7.31}$$

$$\boldsymbol{\psi}_0\approx[\mathcal{A}\boldsymbol{\varphi}](\theta_0)=\boldsymbol{\varphi}'(\theta_0)\in\mathbb{R}^{n\times 1}\tag{7.32}$$

$$[\boldsymbol{\psi}]_j\approx[\mathcal{A}\boldsymbol{\varphi}]\begin{bmatrix}\theta_{j-1}-c_1h\\ \theta_{j-1}-c_2h\\ \vdots\\ \theta_{j-1}-c_sh\end{bmatrix}=\begin{bmatrix}\boldsymbol{\varphi}'(\theta_{j-1}-c_1h)\\ \boldsymbol{\varphi}'(\theta_{j-1}-c_2h)\\ \vdots\\ \boldsymbol{\varphi}'(\theta_{j-1}-c_sh)\end{bmatrix}\in\mathbb{R}^{sn\times 1}\tag{7.33}$$

由于 $c_s = 1$，有

$$\boldsymbol{\varphi}(\theta_{j-1} - c_s h) = \boldsymbol{\varphi}(\theta_j) \in \mathbb{R}^{n\times 1}, \quad j = 1, 2, \cdots, N \tag{7.34}$$

3. 在 $\theta_0 = 0$ 处函数 $\boldsymbol{\varphi}$ 导数的估计值 $\boldsymbol{\psi}_0$

在 $\theta_0 = 0$ 处，函数 $\boldsymbol{\varphi}$ 导数的估计值 $\boldsymbol{\psi}_0$ 可由拼接条件式 (4.21) 得到：

$$\boldsymbol{\psi}_0 = \tilde{\boldsymbol{A}}_0 \boldsymbol{\varphi}_0 + \tilde{\boldsymbol{A}}_1 \boldsymbol{\varphi}_N \tag{7.35}$$

4. 在 $\theta_j - c_l h$ ($j = 0, 1, \cdots, N-1$; $l = 1, 2, \cdots, s$) 处函数 $\boldsymbol{\varphi}$ 导数的估计值 $[\boldsymbol{\psi}]_{j+1}$

在第 $j+1$ 个子区间 $[-(j+1)h, -jh]$ ($j = 0, 1, \cdots, N-1$) 上离散点 $\theta_j - c_l h$($j = 0, 1, \cdots, N-1$; $l = 1, 2, \cdots, s$) 处，将 IRK 迭代公式中的 y_n 和 y_{n+1} 分别替换为 $\boldsymbol{\varphi}_{j+1}$ 和 $\boldsymbol{\varphi}_j$，得

$$\boldsymbol{\varphi}_j = \boldsymbol{\varphi}(\theta_j - c_s h) + h\sum_{l=1}^{s} b_l k_l, \quad j = 0, 1, \cdots, N-1 \tag{7.36}$$

对式 (7.36) 进行移项，得

$$\boldsymbol{\varphi}(\theta_j - c_s h) = \boldsymbol{\varphi}_j + h\sum_{l=1}^{s}(-b_l)k_l, \quad j = 0, 1, \cdots, N-1 \tag{7.37}$$

式中，

$$k_l = f\left(\theta_j - c_l h,\ \boldsymbol{\varphi}_j + h\sum_{r=1}^{s}(-a_{lr})k_r\right), \quad l = 1, 2, \cdots, s;\ j = 0, 1, \cdots, N-1 \tag{7.38}$$

将式 (7.38) 中的 k_r ($r = 1, 2, \cdots, s$) 替换为 $\boldsymbol{\varphi}'(\theta_j - c_r h)$，可得 $\boldsymbol{\varphi}(\theta_j - c_l h)$：

$$\boldsymbol{\varphi}(\theta_j - c_l h) = \boldsymbol{\varphi}_j + h\sum_{r=1}^{s}(-a_{lr})\boldsymbol{\varphi}'(\theta_j - c_r h), \quad l = 1, 2, \cdots, s;\ j = 0, 1, \cdots, N-1 \tag{7.39}$$

将 $\boldsymbol{\varphi}(\theta_j - c_l h)$ ($l = 1, 2, \cdots, s$) 写成向量形式，得

$$\begin{bmatrix} \boldsymbol{\varphi}(\theta_j - c_1 h) \\ \boldsymbol{\varphi}(\theta_j - c_2 h) \\ \vdots \\ \boldsymbol{\varphi}(\theta_j - c_s h) \end{bmatrix} = \begin{bmatrix} \boldsymbol{\varphi}(\theta_j) \\ \boldsymbol{\varphi}(\theta_j) \\ \vdots \\ \boldsymbol{\varphi}(\theta_j) \end{bmatrix} + h \begin{bmatrix} -a_{1,1} & -a_{1,2} & \cdots & -a_{1,s} \\ -a_{2,1} & -a_{2,2} & \cdots & -a_{2,s} \\ \vdots & \vdots & & \vdots \\ -a_{s,1} & -a_{s,2} & \cdots & -a_{s,s} \end{bmatrix} \otimes \boldsymbol{I}_n \cdot \begin{bmatrix} \boldsymbol{\varphi}'(\theta_j - c_1 h) \\ \boldsymbol{\varphi}'(\theta_j - c_2 h) \\ \vdots \\ \boldsymbol{\varphi}'(\theta_j - c_s h) \end{bmatrix} \tag{7.40}$$

令 $\mathbf{1}_s = [1,\ 1,\ \cdots,\ 1]^{\mathrm{T}} \in \mathbb{R}^{s\times 1}$，利用式 (7.29) 所列变量定义，式 (7.40) 可简写为

$$[\boldsymbol{\varphi}]_{j+1} = (\mathbf{1}_s \otimes \boldsymbol{I}_n)\boldsymbol{\varphi}_j + h(-\boldsymbol{A} \otimes \boldsymbol{I}_n)[\boldsymbol{\psi}]_{j+1} \tag{7.41}$$

式 (7.41) 两边同时左乘 $(-\boldsymbol{A} \otimes \boldsymbol{I}_n)^{-1}/h$，得

$$[\psi]_{j+1} = \frac{1}{h}\left(\left(\boldsymbol{A}^{-1}\mathbf{1}_s \otimes \boldsymbol{I}_n\right)\boldsymbol{\varphi}_j + \left(-\boldsymbol{A}^{-1} \otimes \boldsymbol{I}_n\right)[\varphi]_{j+1}\right),\quad j = 0,\ 1,\ \cdots,\ N-1 \tag{7.42}$$

令 $\boldsymbol{\omega} = \boldsymbol{A}^{-1}\mathbf{1}_s = [\omega_1,\ \omega_2,\ \cdots,\ \omega_s]^{\mathrm{T}} \in \mathbb{R}^{s\times 1}$, $\boldsymbol{W} = -\boldsymbol{A}^{-1} = [\boldsymbol{w}_1,\ \boldsymbol{w}_2,\ \ldots,\ \boldsymbol{w}_s] \in \mathbb{R}^{s\times s}$，可得

$$[\psi]_{j+1} = \frac{1}{h}\left((\boldsymbol{\omega} \otimes \boldsymbol{I}_n)\boldsymbol{\varphi}_j + (\boldsymbol{W} \otimes \boldsymbol{I}_n)[\varphi]_{j+1}\right),\quad j = 0,\ 1,\ \cdots,\ N-1 \tag{7.43}$$

将 $[\psi]_{j+1}$ $(j = 0,\ 1,\ \cdots,\ N-1)$ 写成向量形式，得

$$\begin{cases} [\psi]_1 = \dfrac{1}{h}\left((\boldsymbol{\omega} \otimes \boldsymbol{I}_n)\boldsymbol{\varphi}_0 + (\boldsymbol{W} \otimes \boldsymbol{I}_n)[\varphi]_1\right) \\ [\psi]_2 = \dfrac{1}{h}\left((\boldsymbol{\omega} \otimes \boldsymbol{I}_n)\boldsymbol{\varphi}_1 + (\boldsymbol{W} \otimes \boldsymbol{I}_n)[\varphi]_2\right) \\ \qquad\vdots \\ [\psi]_N = \dfrac{1}{h}\left((\boldsymbol{\omega} \otimes \boldsymbol{I}_n)\boldsymbol{\varphi}_{N-1} + (\boldsymbol{W} \otimes \boldsymbol{I}_n)[\varphi]_N\right) \end{cases} \tag{7.44}$$

考虑到式 (7.34)，式 (7.44) 可重写为如下简化形式：

$$\begin{bmatrix} [\boldsymbol{\psi}]_1 \\ [\boldsymbol{\psi}]_2 \\ \vdots \\ [\boldsymbol{\psi}]_N \end{bmatrix} = (\mathcal{B}_{Ns} \otimes \boldsymbol{I}_n) \cdot \begin{bmatrix} \boldsymbol{\varphi}_0 \\ [\boldsymbol{\varphi}]_1 \\ \vdots \\ [\boldsymbol{\varphi}]_N \end{bmatrix} \tag{7.45}$$

式中，矩阵 $\mathcal{B}_{Ns} \in \mathbb{R}^{Ns\times(Ns+1)}$。令 ω_i 表示向量 $\boldsymbol{\omega}$ 的第 i 个元素，$\boldsymbol{w}_i$ 和 w_{ij} 分别

表示矩阵 $\boldsymbol{W}$ 中第 i 列和第 $(i,\ j)$ 个元素，则 $\mathcal{B}_{Ns}$ 可显式表示为

$$
\begin{aligned}
\mathcal{B}_{Ns} &= \frac{1}{h}\begin{bmatrix}
\boldsymbol{\omega} & \boldsymbol{w}_1 & \cdots & \boldsymbol{w}_s & & & & & & & \\
 & & & \boldsymbol{\omega} & \boldsymbol{w}_1 & \cdots & \boldsymbol{w}_s & & & & \\
 & & & & & & & \ddots & & & \\
 & & & & & & & \boldsymbol{\omega} & \boldsymbol{w}_1 & \cdots & \boldsymbol{w}_s
\end{bmatrix} \\
&= \frac{1}{h}\left[\begin{array}{cccccccccccc}
\omega_1 & w_{1,1} & \cdots & w_{1,s} & & & & & & & & \\
\vdots & \vdots & & \vdots & & & & & & & & \\
\omega_s & w_{s,1} & \cdots & w_{s,s} & & & & & & & & \\
 & & & \omega_1 & w_{1,1} & \cdots & w_{1,s} & & & & & \\
 & & & \vdots & \vdots & & \vdots & & & & & \\
 & & & \omega_s & w_{s,1} & \cdots & w_{s,s} & & & & & \\
 & & & & & & & \ddots & & & & \\
 & & & & & & & \omega_1 & w_{1,1} & \cdots & w_{1,s} & \\
 & & & & & & & \vdots & \vdots & & \vdots & \\
 & & & & & & & \omega_1 & w_{s,1} & \cdots & w_{s,s} &
\end{array}\right]
\end{aligned} \tag{7.46}
$$

5. **无穷小生成元 $\mathcal{A}$ 的 Radau ⅡA 离散化矩阵**

联立式 (7.35) 和式 (7.45)，可以得到无穷小生成元 $\mathcal{A}$ 的离散化矩阵 $\mathcal{A}_{Ns}$: $\boldsymbol{X}_N \rightarrow \boldsymbol{X}_N$：

$$
\boldsymbol{\varPsi} = \mathcal{A}_{Ns}\boldsymbol{\varPhi} \tag{7.47}
$$

式中，

$$
\mathcal{A}_{Ns} = \begin{bmatrix} \tilde{\boldsymbol{A}}_0 & \boldsymbol{0} & \cdots & \boldsymbol{0} & \tilde{\boldsymbol{A}}_1 \\ & & \mathcal{B}_{Ns} \otimes \boldsymbol{I}_n & & \end{bmatrix} \in \mathbb{R}^{(Ns+1)n \times (Ns+1)n} \tag{7.48}
$$

7.2.2　多重时滞情况

本节将单时滞情况下无穷小生成元的 IRK 离散化方法扩展到多重时滞系统。

1. **离散点集合**

首先，在区间 $[-\tau_{\max},\ 0]$ 上建立包含 $Ns+1$ 个离散点的集合 Ω_N：

$$
\Omega_N = \{\theta_0 = 0\} \cup \left\{\bigcup_{i=1}^{m} \Omega_{N_i}\right\} \tag{7.49}
$$

式中，$N=\sum\limits_{i=1}^{m}N_i$；$\Omega_{N_i}$ $(i=1,2,\ \cdots,\ m)$ 为区间 $[-\tau_i,\ -\tau_{i-1}]$ 上 $N_i s$ 个离散点构成的集合，如图 7.4 和式 (7.50) 所示：

$$\begin{cases}\Omega_{N_i}=\{\theta_{j,i}-c_l h_i,\ i=1,\ 2,\ \cdots,\ m;\ j=0,\ 1,\ \cdots,\ N_i-1;\ l=1,2,\ \cdots,\ s\}\\ \theta_{j,i}=-\tau_{i-1}-jh_i\\ h_i=\dfrac{\tau_i-\tau_{i-1}}{N_i}\\ 0<c_1<\cdots<c_s=1\end{cases} \tag{7.50}$$

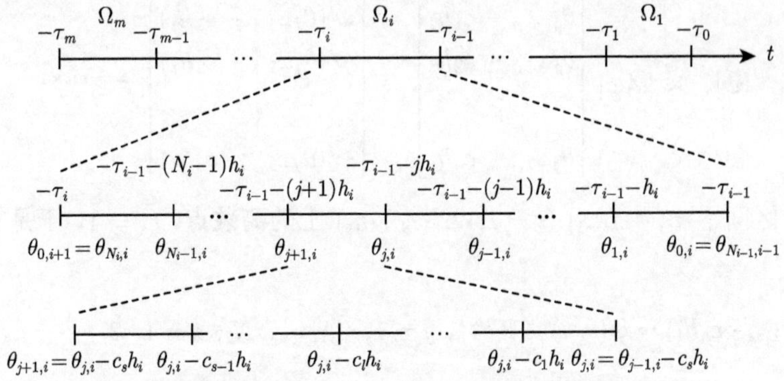

图 7.4 多重时滞情况下 IGD-IRK 方法中的离散点集合 Ω_N

2. 变量定义

利用集合 Ω_N，将连续空间 $\boldsymbol{X}$ 转化为离散化空间 $\boldsymbol{X}_N\in(\mathbb{R}^{n\times1})^{\Omega_N}\approx\mathbb{R}^{(Ns+1)n\times1}$。给定连续函数 $\varphi\in\mathcal{D}(\mathcal{A})$，其离散近似向量为 $\boldsymbol{\Phi}\in\boldsymbol{X}_N$。令 $\boldsymbol{\psi}\triangleq\boldsymbol{\varphi}'=\Delta\dot{\boldsymbol{x}}\in\boldsymbol{X}$，其离散近似向量为 $\boldsymbol{\Psi}\in\boldsymbol{X}_N$：

$$\boldsymbol{\Phi}=\begin{bmatrix}\boldsymbol{\varphi}_0\\ [\boldsymbol{\varphi}]_{1,1}\\ \vdots\\ [\boldsymbol{\varphi}]_{N_1,1}\\ [\boldsymbol{\varphi}]_{1,2}\\ \vdots\\ [\boldsymbol{\varphi}]_{N_m,m}\end{bmatrix}\in\mathbb{R}^{(Ns+1)n\times1},\quad \boldsymbol{\Psi}=\begin{bmatrix}\boldsymbol{\psi}_0\\ [\boldsymbol{\psi}]_{1,1}\\ \vdots\\ [\boldsymbol{\psi}]_{N_1,1}\\ [\boldsymbol{\psi}]_{1,2}\\ \vdots\\ [\boldsymbol{\psi}]_{N_m,m}\end{bmatrix}\in\mathbb{R}^{(Ns+1)n\times1} \tag{7.51}$$

式中，

$$\boldsymbol{\varphi}_0 \approx \boldsymbol{\varphi}(\theta_0) \in \mathbb{R}^{n\times 1}, \quad \boldsymbol{\varphi}_{j,i} \approx \boldsymbol{\varphi}(\theta_{j,i}) \in \mathbb{R}^{n\times 1},$$
$$j = 1,\ 2,\ \cdots,\ N_i;\ i = 1,\ 2,\ \cdots,\ m \tag{7.52}$$

$$[\boldsymbol{\varphi}]_{j,i} = \begin{bmatrix} \boldsymbol{\varphi}(\theta_{j-1,i} - c_1 h_i) \\ \boldsymbol{\varphi}(\theta_{j-1,i} - c_2 h_i) \\ \vdots \\ \boldsymbol{\varphi}(\theta_{j-1,i} - c_s h_i) \end{bmatrix} \in \mathbb{R}^{sn\times 1} \tag{7.53}$$

$$\boldsymbol{\psi}_0 = [\mathcal{A}\boldsymbol{\varphi}](\theta_0) = \boldsymbol{\varphi}'(\theta_0) \in \mathbb{R}^{n\times 1} \tag{7.54}$$

$$[\boldsymbol{\psi}]_{j,i} \approx [\mathcal{A}\boldsymbol{\varphi}] \begin{bmatrix} \theta_{j-1,i} - c_1 h_i \\ \theta_{j-1,i} - c_2 h_i \\ \vdots \\ \theta_{j-1,i} - c_s h_i \end{bmatrix} = \begin{bmatrix} \boldsymbol{\varphi}'(\theta_{j-1,i} - c_1 h_i) \\ \boldsymbol{\varphi}'(\theta_{j-1,i} - c_2 h_i) \\ \vdots \\ \boldsymbol{\varphi}'(\theta_{j-1,i} - c_s h_i) \end{bmatrix} \in \mathbb{R}^{sn\times 1} \tag{7.55}$$

对于区间 $[-\tau_i,\ -\tau_{i-1}]$ $(i = 1,\ 2,\ \cdots,\ m)$ 上的离散点，$c_s = 1$，于是有如下关系：

$$\boldsymbol{\varphi}(\theta_{j-1,i} - c_s h_i) = \boldsymbol{\varphi}(\theta_{j,i}) \in \mathbb{R}^{n\times 1},\ j = 1,\ 2,\ \cdots,\ N_i;\ i = 1,\ 2,\ \cdots,\ m \tag{7.56}$$

此外，两个相邻区间 $[-\tau_{i+1},\ -\tau_i]$ 和 $[-\tau_i,\ -\tau_{i-1}]$ 的端点重合，于是有如下关系：

$$\boldsymbol{\varphi}(\theta_{0,i}) = \boldsymbol{\varphi}(\theta_{N_i,i-1}) \in \mathbb{R}^{n\times 1},\ i = 1,\ 2,\ \cdots,\ m \tag{7.57}$$

3. 在 $\theta_0 = 0$ 处函数 $\boldsymbol{\varphi}$ 导数的估计值 $\boldsymbol{\psi}_0$

在 $\theta_0 = 0$ 处，函数 $\boldsymbol{\varphi}$ 导数的估计值 $\boldsymbol{\psi}_0$ 可由拼接条件式 (4.21) 得到：

$$\boldsymbol{\psi}_0 = \tilde{\boldsymbol{A}}_0 \boldsymbol{\varphi}_0 + \sum_{i=1}^{m} \tilde{\boldsymbol{A}}_i \boldsymbol{\varphi}_{N_i,i} \tag{7.58}$$

4. 第 i 个时滞区间 $[-\tau_i,\ -\tau_{i-1}]$ 上离散点 $\theta_{j,i} - c_l h$ $(l = 1,\ 2,\ \cdots,\ s)$ 处函数 $\boldsymbol{\varphi}$ 导数的估计值 $[\boldsymbol{\psi}]_{j,i}$ $(j = 0,\ 1,\ \cdots,\ N_i - 1)$

如图 7.4 最下部所示，在第 i 个时滞区间 $[-\tau_i,\ -\tau_{i-1}]$ 的第 $j+1$ 个子区间 $[-(j+1)h_i,\ -jh_i]$ $(j = 0,\ 1,\ \cdots,\ N_i - 1)$ 上离散点 $\theta_{j,i} - c_l h_i$ $(l = 1,\ 2,\ \cdots,\ s)$ 处，将 IRK 迭代公式中的 y_n 和 y_{n+1} 分别替换为 $\boldsymbol{\varphi}(\theta_{j,i} - c_s h_i)$ 和 $\boldsymbol{\varphi}(\theta_{j,i})$，得

$$\boldsymbol{\varphi}(\theta_{j,i}) = \boldsymbol{\varphi}(\theta_{j-1,i} - c_s h_i) = \boldsymbol{\varphi}(\theta_{j,i} - c_s h_i) + h_i \sum_{l=1}^{s} b_l k_l,\ j = 0,\ 1,\ \cdots,\ N_i - 1 \tag{7.59}$$

对于式 (7.59) 进行移项，得

$$\boldsymbol{\varphi}(\theta_{j,i}-c_s h_i)=\boldsymbol{\varphi}\ (\theta_{j,i})+h_i\sum_{l=1}^{s}(-b_l)k_l,\ j=0,\ 1,\ \cdots,\ N_i-1 \tag{7.60}$$

式中，

$$k_l=f\left(\theta_{j,i}-c_l h_i,\ \boldsymbol{\varphi}(\theta_{j,i})+h_i\sum_{r=1}^{s}(-a_{lr})k_r\right),\ l=1,\ 2,\ \cdots,\ s;\ j=0,\ 1,\ \cdots,\ N_i-1 \tag{7.61}$$

将式 (7.61) 中的 k_r $(r=1,\ 2,\ \cdots,\ s)$ 替换为 $\boldsymbol{\varphi}'(\theta_{j,i}-c_r h_i)$，可得 $\boldsymbol{\varphi}(\theta_{j,i}-c_l h_i)$:

$$\begin{aligned}\boldsymbol{\varphi}(\theta_{j,i}-c_l h_i)=\boldsymbol{\varphi}(\theta_{j,i})+h_i\sum_{r=1}^{s}(-a_{lr})\boldsymbol{\varphi}'(\theta_{j,i}-c_r h_i),\ l=1,\ 2,\ \cdots,\ s;\\ j=0,\ 1,\ \cdots,\ N_i-1\end{aligned} \tag{7.62}$$

将 $\boldsymbol{\varphi}(\theta_{j,i}-c_l h_i)$ $(l=1,\ 2,\ \cdots,\ s)$ 写成向量形式，得

$$\begin{bmatrix}\boldsymbol{\varphi}(\theta_{j,i}-c_1 h_i)\\ \boldsymbol{\varphi}(\theta_{j,i}-c_2 h_i)\\ \vdots\\ \boldsymbol{\varphi}(\theta_{j,i}-c_s h_i)\end{bmatrix}=\begin{bmatrix}\boldsymbol{\varphi}(\theta_{j,i})\\ \boldsymbol{\varphi}(\theta_{j,i})\\ \vdots\\ \boldsymbol{\varphi}(\theta_{j,i})\end{bmatrix}+h_i\begin{bmatrix}-a_{1,1} & -a_{1,2} & \cdots & -a_{1,s}\\ -a_{2,1} & -a_{2,2} & \cdots & -a_{2,s}\\ \vdots & \vdots & & \vdots\\ -a_{s,1} & -a_{s,2} & \cdots & -a_{s,s}\end{bmatrix}\otimes\boldsymbol{I}_n\begin{bmatrix}\boldsymbol{\varphi}'(\theta_{j,i}-c_1 h_i)\\ \boldsymbol{\varphi}'(\theta_{j,i}-c_2 h_i)\\ \vdots\\ \boldsymbol{\varphi}'(\theta_{j,i}-c_s h_i)\end{bmatrix} \tag{7.63}$$

利用式 (7.51) 所列变量定义，式 (7.63) 可简写为

$$[\boldsymbol{\varphi}]_{j+1,i}=(\mathbf{1}_s\otimes\boldsymbol{I}_n)\boldsymbol{\varphi}_{j,i}+h_i(-\boldsymbol{A}\otimes\boldsymbol{I}_n)[\boldsymbol{\psi}]_{j+1,i},\ j=0,\ 1,\ \cdots,\ N_i-1 \tag{7.64}$$

式 (7.64) 两边同时左乘 $(-\boldsymbol{A}\otimes\boldsymbol{I}_n)^{-1}/h_i$，得

$$[\boldsymbol{\psi}]_{j+1,i}=\frac{1}{h_i}\left(\left(\boldsymbol{A}^{-1}\mathbf{1}_s\otimes\boldsymbol{I}_n\right)\boldsymbol{\varphi}_{j,i}+\left(-\boldsymbol{A}^{-1}\otimes\boldsymbol{I}_n\right)[\boldsymbol{\varphi}]_{j+1,i}\right),\ j=0,\ 1,\ \cdots,\ N_i-1 \tag{7.65}$$

类似于式 (7.43)，式 (7.65) 可简写为

$$[\boldsymbol{\psi}]_{j+1,i}=\frac{1}{h_i}\left((\boldsymbol{\omega}\otimes\boldsymbol{I}_n)\boldsymbol{\varphi}_{j,i}+(\boldsymbol{W}\otimes\boldsymbol{I}_n)[\boldsymbol{\varphi}]_{j+1,i}\right),\ j=0,\ 1,\ \cdots,\ N_i-1 \tag{7.66}$$

将 $[\boldsymbol{\psi}]_{j+1,i}$ $(j=0,\ 1,\ \cdots,\ N_i-1)$ 写成向量形式，得

$$\begin{cases}[\boldsymbol{\psi}]_{1,i}=\dfrac{1}{h_i}\left((\boldsymbol{\omega}\otimes\boldsymbol{I}_n)\boldsymbol{\varphi}_{0,i}+(\boldsymbol{W}\otimes\boldsymbol{I}_n)[\boldsymbol{\varphi}]_{1,i}\right)\\ [\boldsymbol{\psi}]_{2,i}=\dfrac{1}{h_i}\left((\boldsymbol{\omega}\otimes\boldsymbol{I}_n)\boldsymbol{\varphi}_{1,i}+(\boldsymbol{W}\otimes\boldsymbol{I}_n)[\boldsymbol{\varphi}]_{2,i}\right)\\ \qquad\vdots\\ [\boldsymbol{\psi}]_{N_i,i}=\dfrac{1}{h_i}\left((\boldsymbol{\omega}\otimes\boldsymbol{I}_n)\boldsymbol{\varphi}_{N_i-1,i}+(\boldsymbol{W}\otimes\boldsymbol{I}_n)[\boldsymbol{\varphi}]_{N_i,i}\right)\end{cases} \tag{7.67}$$

考虑到式 (7.56)，式 (7.67) 可重写为如下简化形式：

$$\begin{bmatrix} [\boldsymbol{\psi}]_{1,i} \\ [\boldsymbol{\psi}]_{2,i} \\ \vdots \\ [\boldsymbol{\psi}]_{N_i,i} \end{bmatrix} = (\mathcal{B}_{Ns}^i \otimes \boldsymbol{I}_n) \cdot \begin{bmatrix} \boldsymbol{\varphi}_{N_{i-1},i-1} \\ [\boldsymbol{\varphi}]_{1,i} \\ \vdots \\ [\boldsymbol{\varphi}]_{N_i,i} \end{bmatrix} \tag{7.68}$$

式中，矩阵 $\mathcal{B}_{Ns}^i \in \mathbb{R}^{N_i s \times (N_i s+1)}$。令 $\boldsymbol{w}_i$ 表示矩阵 $\boldsymbol{W}$ 中第 i 列元素，则 $\mathcal{B}_{Ns}^i$ 可显式地表示为

$$\mathcal{B}_{Ns}^i = \frac{1}{h_i} \begin{bmatrix} \boldsymbol{\omega} & \boldsymbol{w}_1 & \cdots & \boldsymbol{w}_s & & & & & & \\ & & & \boldsymbol{\omega} & \boldsymbol{w}_1 & \cdots & \boldsymbol{w}_s & & & \\ & & & & & & \ddots & & & \\ & & & & & & \boldsymbol{\omega} & \boldsymbol{w}_1 & \cdots & \boldsymbol{w}_s \end{bmatrix} \tag{7.69}$$

5. **所有时滞区间** $[-\tau_i, -\tau_{i-1}]$ $(i=1, 2, \cdots, m)$ **上离散点** $\theta_{j,i} - c_l h$ $(l = 1, 2, \cdots, s)$ **处函数** φ **导数的估计值** $[\psi]_{j,i}$ $(j = 0, 1, \cdots, N_i - 1)$

将式 (7.69) 应用于所有的时滞区间 $[-\tau_i, -\tau_{i-1}]$ $(i=1, 2, \cdots, m)$，并考虑到式 (7.57)，可得

$$\begin{bmatrix} [\boldsymbol{\psi}]_{1,1} \\ \vdots \\ [\boldsymbol{\psi}]_{N_1,1} \\ [\boldsymbol{\psi}]_{1,2} \\ \vdots \\ [\boldsymbol{\psi}]_{N_m,m} \end{bmatrix} = (\mathcal{B}_{Ns} \otimes \boldsymbol{I}_n) \cdot \begin{bmatrix} \boldsymbol{\varphi}_0 \\ [\boldsymbol{\varphi}]_{1,1} \\ \vdots \\ [\boldsymbol{\varphi}]_{N_1,1} \\ [\boldsymbol{\varphi}]_{1,2} \\ \vdots \\ [\boldsymbol{\varphi}]_{N_m,m} \end{bmatrix} \tag{7.70}$$

式中，矩阵 $\mathcal{B}_{Ns} \in \mathbb{R}^{Ns \times (Ns+1)}$。

对于 $i=1, 2, \cdots, m$，令 $n_i = \sum\limits_{l=1}^{i} N_l s$ 且 $n_0 = 0$，则 $\mathcal{B}_{Ns}(n_{i-1}+1 : n_i,\ n_{i-1}+1 :$

$n_i+1)=\mathcal{B}_{Ns}^i$，即

$$\mathcal{B}_{Ns}=\overbrace{\overbrace{\overbrace{\begin{bmatrix}\frac{1}{h_1}\boldsymbol{\omega} & \cdots & \frac{1}{h_1}\boldsymbol{w}_s \\ & & \ddots \\ & & \frac{1}{h_1}\boldsymbol{\omega} & \cdots & \frac{1}{h_1}\boldsymbol{w}_s \\ & & & & \ddots \\ & & & & \frac{1}{h_m}\boldsymbol{\omega} & \cdots & \frac{1}{h_m}\boldsymbol{w}_s \\ & & & & & & \ddots \\ & & & & & & \frac{1}{h_m}\boldsymbol{\omega} & \cdots & \frac{1}{h_m}\boldsymbol{w}_s\end{bmatrix}}^{s+1\text{个列块}}}^{N_1s+1\text{个列块}}}^{Ns+1\text{个列块}} \tag{7.71}$$

6. 无穷小生成元 $\mathcal{A}$ 的 Radau IIA 离散化矩阵

联立式 (7.58) 和式 (7.70)，可以推导得到多重时滞情况下 $\boldsymbol{\Phi}$ 与 $\boldsymbol{\Psi}$ 之间的关系式：

$$\boldsymbol{\Psi}=\mathcal{A}_{Ns}\boldsymbol{\Phi} \tag{7.72}$$

式中，$\mathcal{A}_{Ns}:\boldsymbol{X}_N\rightarrow\boldsymbol{X}_N$ 为 $(Ns+1)n$ 维无穷小生成元的离散化矩阵。其第一个块行 $\boldsymbol{\Sigma}_{Ns}\in\mathbb{R}^{n\times(Ns+1)n}$ 可以写成单位向量 $\mathbf{e}'_i\in\mathbb{R}^{1\times(Ns+1)}$ 和系统状态矩阵 $\tilde{\boldsymbol{A}}_i\ (i=0,\ 1,\ \cdots,\ m)$ 的克罗内克积之和：

$$\mathcal{A}_{Ns}=\begin{bmatrix}\boldsymbol{\Sigma}_{Ns}\\ \hdashline \mathcal{B}_{Ns}\otimes\boldsymbol{I}_n\end{bmatrix} \tag{7.73}$$

$$\boldsymbol{\Sigma}_{Ns}=\sum_{i=0}^{m}\mathbf{e}'_i\otimes\tilde{\boldsymbol{A}}_i \tag{7.74}$$

$$\mathbf{e}'_i=\begin{cases}[1,\ 0,\ \cdots,\ 0], & i=0\\ [0,\ g_1,\ \cdots,\ g_j,\ \cdots,\ 0], & i=1,\ 2,\ \cdots,\ m-1;\ j=1,\ 2,\ \cdots,\ Ns-1\\ [0,\ 0,\ \cdots,\ 1], & i=m\end{cases} \tag{7.75}$$

$$g_j=\begin{cases}0, & j\neq\sum\limits_{l=1}^{i}N_ls,\ i=1,\ 2,\ \cdots,m;\ j=1,\ 2,\ \cdots,\ Ns-1\\ 1, & j=\sum\limits_{l=1}^{i}N_ls\end{cases} \tag{7.76}$$

7.3 大规模系统特征值计算

7.3.1 位移-逆变换

首先，用 $\lambda'+s$ 替代 DCPPS 的特征值 λ，则可得到位移操作之后的特征方程，即

$$\left(\tilde{\boldsymbol{A}}_0'+\sum_{i=1}^{m}\tilde{\boldsymbol{A}}_i'\mathrm{e}^{-\lambda'\tau_i}\right)\boldsymbol{v}=\lambda'\boldsymbol{v} \tag{7.77}$$

式中，

$$\begin{cases}\lambda'=\lambda-s\\ \tilde{\boldsymbol{A}}_0'=\tilde{\boldsymbol{A}}_0-s\boldsymbol{I}_n=\boldsymbol{A}_0-s\boldsymbol{I}_n-\boldsymbol{B}_0\boldsymbol{D}_0^{-1}\boldsymbol{C}_0\\ \tilde{\boldsymbol{A}}_i'=\tilde{\boldsymbol{A}}_i\mathrm{e}^{-s\tau_i}=\boldsymbol{A}_i\mathrm{e}^{-s\tau_i}-\boldsymbol{B}_i\mathrm{e}^{-s\tau_i}\boldsymbol{D}_0^{-1}\boldsymbol{C}_0\end{cases} \tag{7.78}$$

位移操作之后，IGD-LMS 方法和 IGD-IRK 方法得到的无穷小生成元离散化矩阵 $\mathcal{A}_N$ 和 $\mathcal{A}_{Ns}$ 被分别映射为 $\mathcal{A}_N'$ 和 $\mathcal{A}_{Ns}'$。进而，它们的逆矩阵可表示为

$$(\mathcal{A}_N')^{-1}=\left[\begin{array}{c}\boldsymbol{\Sigma}_N'\\ \hdashline \mathcal{B}_N\otimes\boldsymbol{I}_n\end{array}\right]^{-1},\quad(\mathcal{A}_{Ns}')^{-1}=\left[\begin{array}{c}\boldsymbol{\Sigma}_{Ns}'\\ \hdashline \mathcal{B}_{Ns}\otimes\boldsymbol{I}_n\end{array}\right]^{-1} \tag{7.79}$$

式中，

$$\boldsymbol{\Sigma}_N'=\sum_{i=0}^{m}\mathbf{e}_i\otimes\tilde{\boldsymbol{A}}_i' \tag{7.80}$$

$$\boldsymbol{\Sigma}_{Ns}'=\sum_{i=0}^{m}\mathbf{e}_i'\otimes\tilde{\boldsymbol{A}}_i' \tag{7.81}$$

7.3.2 稀疏特征值计算

利用 IRA 算法求取 $(\mathcal{A}_N')^{-1}$ 和 $(\mathcal{A}_{Ns}')^{-1}$ 模值最大的部分特征值。由于基于 IGD-LMS 方法和 IGD-IRK 方法的稀疏特征值计算的实现过程基本相同，下面仅以前者为例进行详细的分析。

在 IRA 算法中，计算量最大的操作是利用 $(\mathcal{A}_N')^{-1}$ 和 $(\mathcal{A}_{Ns}')^{-1}$ 与向量乘积形成 Krylov 子空间。设第 k 个 Krylov 向量分别为 $\boldsymbol{q}_k\in\mathbb{C}^{(N+1)n\times1}$ 和 $\boldsymbol{q}_k'\in\mathbb{C}^{(Ns+1)n\times1}$，则第 $k+1$ 个 Krylov 向量 $\boldsymbol{q}_{k+1}$ 和 $\boldsymbol{q}_{k+1}'$ 可分别计算如下：

$$\boldsymbol{q}_{k+1}=(\mathcal{A}_N')^{-1}\boldsymbol{q}_k \tag{7.82}$$

$$\boldsymbol{q}_{k+1}'=(\mathcal{A}_{Ns}')^{-1}\boldsymbol{q}_k' \tag{7.83}$$

由于矩阵 $\mathcal{B}_N$ 和 $\mathcal{B}_{Ns}$ 不具有特殊的逻辑结构，$(\mathcal{A}_N')^{-1}$ 和 $(\mathcal{A}_{Ns}')^{-1}$ 不具有显式表达形式。对于大规模 DCPPS，利用直接求逆方法 (如 LU 分解和 Gauss 消元

法) 计算 $\mathcal{A}'_N$ 和 $\mathcal{A}'_{Ns}$ 的逆矩阵时，一方面对内存要求很高，并可能导致内存溢出问题；另一方面，不能充分利用系统增广状态矩阵的稀疏特性。

为了避免直接求解 $(\mathcal{A}'_N)^{-1}$ 和 $(\mathcal{A}'_{Ns})^{-1}$，这里采用迭代方法计算 $\boldsymbol{q}_{k+1}$ 和 $\boldsymbol{q}'_{k+1}$。即将式 (7.82) 和式 (7.83) 转换为

$$\mathcal{A}'_N\boldsymbol{q}^{(l)}_{k+1}=\boldsymbol{q}_k \tag{7.84}$$

$$\mathcal{A}'_{Ns}\boldsymbol{q}'^{(l)}_{k+1}=\boldsymbol{q}'_k \tag{7.85}$$

式中，$\boldsymbol{q}^{(l)}_{k+1}\in\mathbb{C}^{(N+1)n\times 1}$ 和 $\boldsymbol{q}'^{(l)}_{k+1}\in\mathbb{C}^{(Ns+1)n\times 1}$ 为第 l 次迭代后 $\boldsymbol{q}_{k+1}$ 和 $\boldsymbol{q}'_{k+1}$ 的近似值。

迭代求解的优势在于在求解线性方程组的过程中，不增加任何元素，保持了 $\mathcal{A}'_N$ 和 $\mathcal{A}'_{Ns}$ 的稀疏特性。这里采用 IDR(s) 算法 [159] 计算 $\boldsymbol{q}^{(l)}_{k+1}$ 和 $\boldsymbol{q}'^{(l)}_{k+1}$，具体步骤如下。

首先，将 $\boldsymbol{q}^{(l)}_{k+1}$ 和 $\boldsymbol{q}'^{(l)}_{k+1}$ 中的元素按照列的方向重新排列，得到矩阵 $\boldsymbol{Q}=[\tilde{\boldsymbol{q}}_0,\ \tilde{\boldsymbol{q}}_1,\ \cdots,\ \tilde{\boldsymbol{q}}_N]\in\mathbb{C}^{n\times(N+1)}$ 和 $\boldsymbol{Q}'=\left[\tilde{\boldsymbol{q}}'_0,\ \tilde{\boldsymbol{q}}'_1,\ \cdots,\ \tilde{\boldsymbol{q}}'_{Ns}\right]\in\mathbb{C}^{n\times(Ns+1)}$，即 $\boldsymbol{q}^{(l)}_{k+1}=\mathrm{vec}(\boldsymbol{Q})$，$\boldsymbol{q}'^{(l)}_{k+1}=\mathrm{vec}\left(\boldsymbol{Q}'\right)$。然后，利用克罗内克积的性质，式 (7.84) 和式 (7.85) 的左端可计算为

$$\mathcal{A}'_N\boldsymbol{q}^{(l)}_{k+1}=\begin{bmatrix}\sum\limits_{i=0}^{m}\mathbf{e}_i\otimes\tilde{\boldsymbol{A}}'_i\\ \hdashline \mathcal{B}_N\otimes\boldsymbol{I}_n\end{bmatrix}\mathrm{vec}(\boldsymbol{Q})=\begin{bmatrix}\sum\limits_{i=0}^{m}\tilde{\boldsymbol{A}}'_i\boldsymbol{p}_i\\ \hdashline \mathrm{vec}\left(\boldsymbol{Q}\mathcal{B}_N^{\mathrm{T}}\right)\end{bmatrix} \tag{7.86}$$

$$\mathcal{A}'_{Ns}\boldsymbol{q}'^{(l)}_{k+1}=\begin{bmatrix}\sum\limits_{i=0}^{m}\mathbf{e}'_i\otimes\tilde{\boldsymbol{A}}'_i\\ \hdashline \mathcal{B}_{Ns}\otimes\boldsymbol{I}_n\end{bmatrix}\mathrm{vec}(\boldsymbol{Q}')=\begin{bmatrix}\sum\limits_{i=0}^{m}\tilde{\boldsymbol{A}}'_i\boldsymbol{p}'_i\\ \hdashline \mathrm{vec}\left(\boldsymbol{Q}'\mathcal{B}_{Ns}^{\mathrm{T}}\right)\end{bmatrix} \tag{7.87}$$

式中，$\boldsymbol{p}_i\triangleq\boldsymbol{Q}\mathbf{e}_i^{\mathrm{T}}\in\mathbb{C}^{n\times 1}$，$\boldsymbol{p}'_i\triangleq\boldsymbol{Q}'\left(\mathbf{e}'_i\right)^{\mathrm{T}}\in\mathbb{C}^{n\times 1}$，$i=0,\ 1,\ \cdots,\ m$。

在式 (7.86) 和式 (7.87) 中，计算量最大的操作是 MVP 运算 $\tilde{\boldsymbol{A}}'_0\boldsymbol{p}_0$ 和 $\tilde{\boldsymbol{A}}'_0\boldsymbol{p}'_0$。可采用与式 (6.62) 类似的方法对上述两个 MVP 运算进行稀疏实现，降低计算负担、提高计算效率。

给定收敛精度 ε_1，则求解 $\boldsymbol{q}^{(l)}_{k+1}$ 和 $\boldsymbol{q}'^{(l)}_{k+1}$ 的 IDR(s) 算法的收敛条件为

$$\left\|\boldsymbol{q}_k-\mathcal{A}'_N\boldsymbol{q}^{(l)}_{k+1}\right\|\leqslant\varepsilon_1,\quad \left\|\boldsymbol{q}'_k-\mathcal{A}'_{Ns}\boldsymbol{q}'^{(l)}_{k+1}\right\|\leqslant\varepsilon_1 \tag{7.88}$$

7.3.3　牛顿校验

设 IRA 算法计算得到的 $(\mathcal{A}'_N)^{-1}$ 和 $(\mathcal{A}'_{Ns})^{-1}$ 的特征值为 λ''，则 $\mathcal{A}_N$ 和 $\mathcal{A}_{Ns}$ 的近似特征值为

$$\hat{\lambda}=1/\lambda''+s=\lambda'+s \tag{7.89}$$

与 λ'' 对应的 Krylov 向量的前 n 个元素形成的向量 $\hat{\boldsymbol{v}}$ 是精确特征值 λ 对应的特征向量 $\boldsymbol{v}$ 的良好近似。以 $\hat{\lambda}$ 和 $\hat{\boldsymbol{v}}$ 为初始值，利用牛顿法可以迭代得到精确特征值 λ 和对应的特征向量 $\boldsymbol{v}$。

7.3.4 特性分析

IGD-LMS 方法和 IGD-IRK 方法具有相似的特性。具体可参考 5.2.4 节。这里仅强调两点。

(1) 用 L 表示利用 IDR(s) 算法求解式 (7.84)/式 (7.85) 所需的迭代次数，则 IGD-LMS/IRK 方法形成每个 Krylov 向量的运算量大约等于利用 IRA 算法进行传统特征值计算时运算量的 L 倍。这与 IIGD 方法完全相同。

(2) 与 IIGD 方法相比，IGD-LMS/IRK 方法生成的无穷小生成元离散化矩阵的维数大，但是它们的子矩阵 $\mathcal{B}_N$、$\mathcal{B}_{Ns}$ 的稀疏性远胜于 IIGD 方法的子矩阵 $\underline{\boldsymbol{D}}_N$。因此，对于单次 IDR 迭代，IGD-LMS/IRK 方法的计算量小于 IIGD 方法。

第 8 章　基于 SOD-PS 的特征值计算方法

本章首先阐述文献 [119] 和文献 [140] 提出的 SOD-PS 方法的基本理论，详细推导解算子伪谱配置离散化矩阵及其子矩阵的表达式；然后利用基于谱离散化的时滞特征值计算方法的框架对 SOD-PS 方法进行改进，使之能够高效地计算大规模 DCPPS 阻尼比小于给定值的部分关键特征值 [98]。

8.1　SOD-PS 方法的基本原理

8.1.1　空间 X 的离散化

令 Q 为大于或等于 $\tau_{\max}/h$ 的最小整数，即 $Q=\min\{q|qh>\tau_{\max}, q\in\mathbb{N}\}$。令 $\theta_i=-ih,\ i=0,\ 1,\ \cdots,\ Q-1$，且 $\theta_Q=-\tau_{\max}$。首先，将区间 $[-\tau_{\max},\ 0]$ 分成 Q 个子区间 $[\theta_1,\ \theta_0],\ [\theta_2,\ \theta_1],\ \cdots,\ [\theta_Q,\ \theta_{Q-1}]$。然后，利用 M 阶第二类切比雪夫多项式的 $M+1$ 个经过位移和归一化处理后的零点对 Q 个子区间分别进行离散化。最后，得到区间 $[-\tau_{\max},\ 0]$ 上 $QM+1$ 个离散点构成的集合 Ω_M：

$$\Omega_M := \bigcup_{i=1}^{Q}\{\Omega_{M,i}\} \tag{8.1}$$

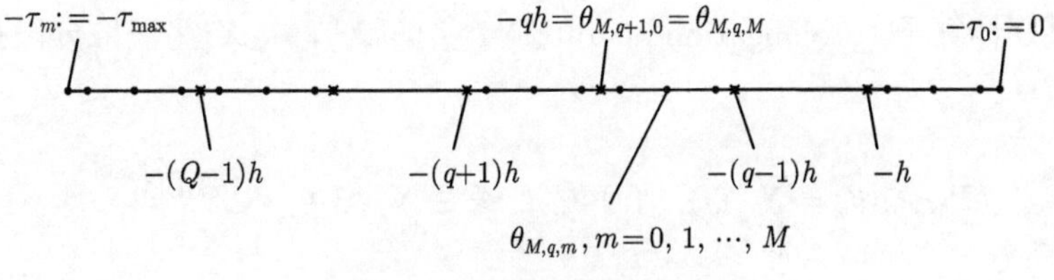

图 8.1　离散点集合 Ω_M

“.” 表示离散点；“×” 表示重叠的离散点

具体地，当 $i=1,\ 2,\ \cdots,\ Q-1$ 时，有

$$\Omega_{M,i}=\left\{\theta_{M,i,j},\ j=0,\ 1,\ \cdots,\ M:\ \theta_{M,i,j}=\frac{h}{2}\left(\cos\left(\frac{j\pi}{M}\right)-2i+1\right)\right\} \tag{8.2}$$

当 $i=Q$ 时，有

$$\begin{aligned}\Omega_{M,Q}=\Big\{&\theta_{M,Q,j},\ j=0,\ 1,\ \cdots,\ M:\ \theta_{M,Q,j}\\&=\frac{\tau_{\max}-(Q-1)h}{2}\cos\left(\frac{j\pi}{M}\right)-\frac{\tau_{\max}+(Q-1)h}{2}\Big\}\end{aligned}\tag{8.3}$$

集合 Ω_M 中各元素具有如下关系：

$$\begin{cases}0=\theta_0=\theta_{M,1,0}>\cdots>\theta_{M,1,M}=\theta_1\\\theta_{i-1}=\theta_{M,i,0}>\cdots>\theta_{M,i,M}=\theta_i,\quad i=2,\ 3,\ \cdots,\ Q-1\\\theta_{Q-1}=\theta_{M,Q,0}>\cdots>\theta_{M,Q,M}=\theta_Q=-\tau_{\max}\end{cases}\tag{8.4}$$

由式 (8.4) 可知，集合 Ω_M 中的元素具有如下重叠关系：

$$\theta_{M,i,M}=\theta_i=-ih=\theta_{M,i+1,0},\quad i=1,\ 2,\ \cdots,\ Q-1\tag{8.5}$$

利用集合 Ω_M，可将空间 $\boldsymbol{X}$ 离散化为离散函数空间 $\boldsymbol{X}_M=(\mathbb{R}^{n\times 1})^{\Omega_M}\approx\mathbb{R}^{(QM+1)n\times 1}$。在集合 Ω_M 的各离散点上，任意连续函数 $\varphi\in\mathcal{D}(\mathcal{A})\subset\boldsymbol{X}$ 被离散化为分块向量：

$$\boldsymbol{\Phi}=\left[\boldsymbol{\Phi}_{1,0}^{\mathrm{T}},\ \cdots,\ \boldsymbol{\Phi}_{1,M-1}^{\mathrm{T}},\ \cdots,\ \boldsymbol{\Phi}_{Q,0}^{\mathrm{T}},\ \cdots,\ \boldsymbol{\Phi}_{Q,M-1}^{\mathrm{T}},\ \boldsymbol{\Phi}_{Q,M}^{\mathrm{T}}\right]^{\mathrm{T}}\in\mathbb{R}^{(QM+1)n\times 1}$$

式中，离散函数 $\boldsymbol{\Phi}_{i,j}\in\mathbb{R}^{n\times 1}$，$i=1,\ 2,\ \cdots,\ Q$；$j=0,\ 1,\ \cdots,\ M$，为连续函数 φ 在离散点 $\theta_{M,i,j}$ 处函数值的近似，$\boldsymbol{\Phi}_{i,j}\approx\varphi(\theta_{M,i,j})\in\mathbb{R}^{n\times 1}$。此外，有 $\boldsymbol{\Phi}_{i,M}=\boldsymbol{\Phi}_{i+1,0}$，$i=1,\ 2,\ \cdots,\ Q-1$。

定义约束算子 (restriction operator) $R_M:=\boldsymbol{X}\rightarrow\boldsymbol{X}_M$：

$$R_M\varphi=\boldsymbol{\Phi},\quad \varphi\in\boldsymbol{X};\quad \boldsymbol{\Phi}\in\boldsymbol{X}_M\tag{8.6}$$

定义延伸算子 (prolongation operator) $P_M:=\boldsymbol{X}_M\rightarrow\boldsymbol{X}$ 为离散分段拉格朗日插值算子：

$$\begin{aligned}(P_M\boldsymbol{\Phi})(\theta)=\sum_{j=0}^{M}\ell_{M,i,j}(\theta)\boldsymbol{\Phi}_{i,j},\quad \boldsymbol{\Phi}\in\boldsymbol{X}_M;\ \boldsymbol{\Phi}_{i,j}\in\mathbb{R}^{n\times 1};\\\theta\in[\theta_i,\ \theta_{i-1}];\ i=1,\ 2,\ \cdots,\ Q\end{aligned}\tag{8.7}$$

式中，$\ell_{M,i,0}$，$\ell_{M,i,1}$，$\cdots$，$\ell_{M,i,M}$ $(i=1,\ 2,\ \cdots,\ Q)$ 为与离散点 $\theta_{M,i,0}$，$\theta_{M,i,1}$，$\cdots$，$\theta_{M,i,M}$ 对应的拉格朗日系数，即

$$\ell_{M,i,j}(\theta)=\prod_{k=0,\ k\neq j}^{M}\frac{\theta-\theta_{M,i,k}}{\theta_{M,i,j}-\theta_{M,i,k}},\quad \theta\in[\theta_i,\ \theta_{i-1}];\quad i=1,\ 2,\ \cdots,\ Q\tag{8.8}$$

此外，有

$$\ell_{M,i,j}(\theta_{M,i,k}) = \begin{cases} 1, & j = k \\ 0, & j \neq k \end{cases} \tag{8.9}$$

约束算子 R_M 和延伸算子 P_M 之间具有如下关系：

$$\begin{cases} R_M P_M = \boldsymbol{I}_{X_M} \\ P_M R_M = \mathcal{L}_M \end{cases} \tag{8.10}$$

式中，$\mathcal{L}_M := \boldsymbol{X} \to \boldsymbol{X}$ 为与初始条件 $\varphi \in \boldsymbol{X}$ 相对应的分段拉格朗日插值算子。

8.1.2 空间 $\boldsymbol{X}^+$ 的离散化

除了 4.1.1 节已经定义过的巴拿赫空间 $\boldsymbol{X}$，这里定义另外两个巴拿赫空间 $\boldsymbol{X}^+$ 和 $\boldsymbol{X}^\pm$。令

$$\boldsymbol{z}(t) \triangleq \Delta\dot{\boldsymbol{x}}(t) = \tilde{\boldsymbol{A}}_0 \Delta\boldsymbol{x}(t) + \sum_{i=1}^{m} \tilde{\boldsymbol{A}}_i \Delta\boldsymbol{x}(t - \tau_i) \tag{8.11}$$

则 $\boldsymbol{X}^+ := C([0,\ h],\ \mathbb{R}^{n\times 1})$ 定义为由区间 $[0,\ h]$ 到 n 维实数空间 $\mathbb{R}^{n\times 1}$ 映射的连续函数构成的巴拿赫空间，并赋有上确界范数 $\|\boldsymbol{z}\| = \sup_{[0,\ h]}|\boldsymbol{z}(\theta)|$。定义 $\boldsymbol{X}^\pm := C([-\tau_{\max},\ h],\ \mathbb{R}^{n\times 1})$ 为由区间 $[-\tau_{\max},\ h]$ 到 n 维实数空间 $\mathbb{R}^{n\times 1}$ 映射的连续函数构成的巴拿赫空间。与巴拿赫空间 $\boldsymbol{X}$ 和 $\boldsymbol{X}^+$ 不同的是，$\boldsymbol{X}^\pm$ 空间不需要赋范。

选择 N 阶第一类切比雪夫多项式的 N 个零点，经过位移和归一化处理后，对区间 $[0,\ h]$ 进行离散化，从而得到具有 N 个元素的集合 Ω_N^+：

$$\Omega_N^+ := \left\{ t_{N,i},\ i = 1,\ 2,\ \cdots,\ N : t_{N,i} = \frac{h}{2}\left(1 - \cos\left(\frac{(2i-1)\pi}{2N}\right)\right) \right\} \tag{8.12}$$

式中，$0 < t_{N,1} < \cdots < t_{N,N} < h$。

利用集合 Ω_N^+，可以将空间 $\boldsymbol{X}^+$ 离散化为 $\boldsymbol{X}_N^+ = (\mathbb{R}^{n\times 1})^{\Omega_N^+} \approx \mathbb{R}^{Nn\times 1}$。

在集合 Ω_N^+ 的各离散点上，任意连续函数 $\boldsymbol{z} \in \boldsymbol{X}^+$ 被离散化为分块向量：

$$\boldsymbol{Z} = \left[\boldsymbol{Z}_1^{\mathrm{T}},\ \ \boldsymbol{Z}_2^{\mathrm{T}},\ \ \cdots,\ \ \boldsymbol{Z}_N^{\mathrm{T}}\right]^{\mathrm{T}} \in \mathbb{R}^{Nn\times 1}$$

式中，离散函数 $\boldsymbol{Z}_i \in \mathbb{R}^{n\times 1}$, $i = 1,\ 2,\ \cdots,\ N$，为连续函数 $\boldsymbol{z}$ 在离散点 $t_{N,i}$ 处函数值的近似，$\boldsymbol{Z}_i \approx \boldsymbol{z}(t_{N,i})$。

定义约束算子 $R_N^+ := \boldsymbol{X}^+ \to \boldsymbol{X}_N^+$ 和延伸算子 $P_N^+ := \boldsymbol{X}_N^+ \to \boldsymbol{X}^+$ 如下：

$$R_N^+ \boldsymbol{z} = \boldsymbol{Z},\ \ \boldsymbol{z} \in \boldsymbol{X}^+ \tag{8.13}$$

$$(P_N^+ \boldsymbol{Z})(t) = \sum_{i=1}^{N} \ell_{N,i}^+(t) \boldsymbol{Z}_i,\ \ \boldsymbol{Z} \in \boldsymbol{X}_N^+;\ t \in [0,\ h] \tag{8.14}$$

式中，$\ell_{N,1}^{+}$，$\ell_{N,2}^{+}$，$\cdots$，$\ell_{N,N}^{+}$ 为与离散点 $t_{N,1}$，$t_{N,2}$，$\cdots$，$t_{N,N}$ 对应的拉格朗日系数，即

$$\ell_{N,i}^{+}(t)=\prod_{k=1,\ k\neq i}^{N}\frac{t-t_{N,k}}{t_{N,i}-t_{N,k}},\quad t\in[0,\ h] \tag{8.15}$$

此外，有

$$\ell_{N,i}^{+}(t_{N,j})=\begin{cases}1, & j=i\\ 0, & j\neq i\end{cases} \tag{8.16}$$

R_N^{+} 和 P_N^{+} 满足如下关系：

$$\begin{cases}R_N^{+}P_N^{+}=\boldsymbol{I}_{X_N^{+}}\\ P_N^{+}R_N^{+}=\mathcal{L}_N^{+}\end{cases} \tag{8.17}$$

式中，$\mathcal{L}_N^{+}:\boldsymbol{X}^{+}\rightarrow\boldsymbol{X}^{+}$ 为与函数 $\boldsymbol{z}\in\boldsymbol{X}^{+}$ 相对应的拉格朗日插值算子。

8.1.3 解算子的显式表达式

本节将给出一种不同于式 (4.9) 的解算子显式表达式，从而为推导解算子的伪谱离散化矩阵奠定基础。具体地，首先定义映射 V，然后推导解算子 $\mathcal{T}(h)$ 的泛函表达。

1. 映射 V

为了表征区间 $\theta\in[-\tau_{\max},\ h]$ 上时滞系统的解 $\Delta\boldsymbol{x}(\theta)$，下面定义映射 $V(\boldsymbol{\varphi},\ \boldsymbol{z})(\theta):\boldsymbol{X}\times\boldsymbol{X}^{+}\rightarrow\boldsymbol{X}^{\pm}$。由式 (4.7)，可得

$$\begin{aligned}(V(\boldsymbol{\varphi},\ \boldsymbol{z}))(\theta)&=\Delta\boldsymbol{x}(\theta)\\ &=\begin{cases}\boldsymbol{\varphi}(0)+\displaystyle\int_0^{\theta}\boldsymbol{z}(s)\mathrm{d}s, & \theta\in[0,\ h]\\ \boldsymbol{\varphi}(\theta), & \theta\in[-\tau_{\max},\ 0]\end{cases}\end{aligned} \tag{8.18}$$

式中，$(\boldsymbol{\varphi},\ \boldsymbol{z})\in\boldsymbol{X}\times\boldsymbol{X}^{+}$，且 $\theta\in[-\tau_{\max},\ h]$。由式 (8.18) 可知，映射 V 将时滞系统的解由定义在区间 $[-\tau_{\max},\ 0]$ 上的初始条件 (状态) $\boldsymbol{\varphi}$ 映射到区间 $[-\tau_{\max},\ h]$ 上。

令 $\boldsymbol{z}=\boldsymbol{0}$ 并代入式 (8.18)，可以得到线性算子 $V_1:\boldsymbol{X}\rightarrow\boldsymbol{X}^{\pm}$：

$$\begin{aligned}(V_1\boldsymbol{\varphi})(\theta)&=(V(\boldsymbol{\varphi},\ \boldsymbol{0}))(\theta),\ \boldsymbol{\varphi}\in\boldsymbol{X}\\ &=\begin{cases}\boldsymbol{\varphi}(0), & \theta\in[0,\ h]\\ \boldsymbol{\varphi}(\theta), & \theta\in[-\tau_{\max},\ 0]\end{cases}\end{aligned} \tag{8.19}$$

令 $\varphi = \mathbf{0}$ 并代入式 (8.18)，可以得到线性算子 $V_2 : \boldsymbol{X}^+ \to \boldsymbol{X}^\pm$：

$$
\begin{aligned}
(V_2\Delta\dot{\boldsymbol{x}})(\theta) &= (V(\mathbf{0},\ \boldsymbol{z}))(\theta),\ \Delta\dot{\boldsymbol{x}} \in \boldsymbol{X}^+ \\
&= \begin{cases} \displaystyle\int_0^\theta \boldsymbol{z}(s)\mathrm{d}s, & \theta \in [0,\ h] \\ \mathbf{0}, & \theta \in [-\tau_{\max},\ 0] \end{cases}
\end{aligned}
\tag{8.20}
$$

利用算子 V_1 和 V_2，可将映射 $V(\boldsymbol{\varphi},\ \boldsymbol{z})$ 分解如下：

$$
V(\boldsymbol{\varphi},\ \boldsymbol{z}) = V_1\boldsymbol{\varphi} + V_2\Delta\dot{\boldsymbol{x}}, \quad (\boldsymbol{\varphi},\ \boldsymbol{z}) \in \boldsymbol{X} \times \boldsymbol{X}^+ \tag{8.21}
$$

2. 解算子 $\mathcal{T}(h)$ 的泛函表达

定义求导算子 $F : \boldsymbol{X}^\pm \to \boldsymbol{X}^+$：

$$
F\Delta\boldsymbol{x}(t) = \Delta\dot{\boldsymbol{x}}(t) = \boldsymbol{z}(t) = \tilde{\boldsymbol{A}}_0\Delta\boldsymbol{x}(t) + \sum_{i=1}^{m}\tilde{\boldsymbol{A}}_i\Delta\boldsymbol{x}(t-\tau_i), \quad \Delta\boldsymbol{x} \in \boldsymbol{X}^\pm; \quad t \in [0,\ h] \tag{8.22}
$$

利用求导算子 F 和映射 V，可将解算子 $\mathcal{T}(h)\boldsymbol{\varphi}$ 表示为

$$
\mathcal{T}(h)\boldsymbol{\varphi} = V\left(\boldsymbol{\varphi},\ \boldsymbol{z}^*\right)_h, \quad \boldsymbol{\varphi} \in \boldsymbol{X};\ \boldsymbol{z}^* \in \boldsymbol{X}^+ \tag{8.23}
$$

式中，当且仅当时滞系统式 (3.1) 在区间 $[0,\ h]$ 有解时，$\boldsymbol{z}^*$ 是下列不动点方程 (fixed point equation) 或配置方程 (collocation equation) 的唯一解：

$$
\boldsymbol{z}^* = FV\left(\boldsymbol{\varphi},\ \boldsymbol{z}^*\right), \quad \boldsymbol{z}^* \in \boldsymbol{X}^+ \tag{8.24}
$$

由于求导算子 F 是线性的，并考虑到式 (8.21)，对映射 $V(\boldsymbol{\varphi},\ \boldsymbol{z}^*)$ 施加导数算子 F 后可得

$$
FV\left(\boldsymbol{\varphi},\ \boldsymbol{z}^*\right) = FV_1\boldsymbol{\varphi} + FV_2\boldsymbol{z}^* \tag{8.25}
$$

将式 (8.25) 代入式 (8.24)，并考虑到 $\boldsymbol{I}_{X^+} - FV_2$ 的可逆性，可解得

$$
\boldsymbol{z}^* = \left(\boldsymbol{I}_{\boldsymbol{X}^+} - FV_2\right)^{-1} FV_1\boldsymbol{\varphi} \tag{8.26}
$$

将式 (8.26) 代入式 (8.23)，从而可将解算子 $\mathcal{T}(h)\boldsymbol{\varphi}$ 表示为关于 $\boldsymbol{\varphi} \in \boldsymbol{X}$ 的泛函：

$$
\mathcal{T}(h)\boldsymbol{\varphi} = (V_1\boldsymbol{\varphi})_h + \left[V_2\left(\boldsymbol{I}_{\boldsymbol{X}^+} - FV_2\right)^{-1} FV_1\boldsymbol{\varphi}\right]_h \tag{8.27}
$$

8.1.4 伪谱配置离散化

给定正整数 M 和 N，利用约束算子 R_M、R_N^+ 和延伸算子 P_M、P_N^+，可将解算子的表达式 (8.23) 和配置方程式 (8.24) 转化为其相应的离散化形式：

$$\boldsymbol{T}_{M,N}\boldsymbol{\Phi} = R_M V\left(P_M\boldsymbol{\Phi},\ P_N^+\boldsymbol{Z}^*\right)_h,\quad \boldsymbol{\Phi}\in\boldsymbol{X}_M;\quad \boldsymbol{Z}^*\in\boldsymbol{X}_N^+ \tag{8.28}$$

$$\boldsymbol{Z}^* = R_N^+ F V\left(P_M\boldsymbol{\Phi},\ P_N^+\boldsymbol{Z}^*\right) \tag{8.29}$$

式中，$\boldsymbol{T}_{M,N}$ 为解算子 $\mathcal{T}(h)\varphi$ 的伪谱离散化矩阵。

可以证明，$\boldsymbol{I}_{\boldsymbol{X}_N^+} - R_N^+ F V_2 P_N^+$ 可逆 [140]，从而由式 (8.29) 可解出 $\boldsymbol{Z}^*$：

$$\boldsymbol{Z}^* = \left(\boldsymbol{I}_{\boldsymbol{X}_N^+} - R_N^+ F V_2 P_N^+\right)^{-1} R_N^+ F V_1 P_M\boldsymbol{\Phi} \tag{8.30}$$

将式 (8.30) 代入式 (8.28) 中，可得解算子 $\mathcal{T}(h)\varphi$ 的伪谱离散化矩阵 $\boldsymbol{T}_{M,N}$：

$$\boldsymbol{T}_{M,N} = \boldsymbol{\Pi}_M + \boldsymbol{\Pi}_{M,N}\left(\boldsymbol{I}_{\boldsymbol{X}_N^+} - \boldsymbol{\Sigma}_N\right)^{-1}\boldsymbol{\Sigma}_{M,N} \tag{8.31}$$

式中，$\boldsymbol{T}_{M,N}$、$\boldsymbol{\Pi}_M$ 为 $(QM+1)n\times(QM+1)n$ 维矩阵；$\boldsymbol{\Pi}_{M,N}$ 为 $(QM+1)n\times Nn$ 维矩阵；$\boldsymbol{\Sigma}_N$ 为 $Nn\times Nn$ 维矩阵；$\boldsymbol{\Sigma}_{M,N}$ 为 $Nn\times(QM+1)$ 维矩阵。利用算子 F、V_1、V_2、R_M、P_M、R_N^+ 和 P_N^+，这些矩阵可表述如下：

$$\boldsymbol{\Pi}_M\boldsymbol{\Phi} = R_M\left(V_1 P_M\boldsymbol{\Phi}\right)_h \tag{8.32}$$

$$\boldsymbol{\Pi}_{M,N}\boldsymbol{Z}^* = R_M\left(V_2 P_N^+\boldsymbol{Z}^*\right)_h \tag{8.33}$$

$$\boldsymbol{Z}^* = \left(\boldsymbol{I}_{X_N^+} - \boldsymbol{\Sigma}_N\right)^{-1}\boldsymbol{\Sigma}_{M,N}\boldsymbol{\Phi} \tag{8.34}$$

$$\boldsymbol{\Sigma}_{M,N}\boldsymbol{\Phi} = R_N^+ F V_1 P_M\boldsymbol{\Phi} \tag{8.35}$$

$$\boldsymbol{\Sigma}_N\boldsymbol{Z}^* = R_N^+ F V_2 P_N^+\boldsymbol{Z}^* \tag{8.36}$$

式中，$\boldsymbol{\Pi}_M:\boldsymbol{X}_M\to\boldsymbol{X}_M$；$\boldsymbol{\Pi}_{M,N}:\boldsymbol{X}_N^+\to\boldsymbol{X}_M$；$\boldsymbol{\Sigma}_N:\boldsymbol{X}_N^+\to\boldsymbol{X}_N^+$；$\boldsymbol{\Sigma}_{M,N}:\boldsymbol{X}_M\to\boldsymbol{X}_N^+$。

8.2 解算子伪谱离散化矩阵

8.2.1 矩阵 $\boldsymbol{\Pi}_M$

式 (8.32) 中，$(V_1P_M\boldsymbol{\Phi})_h(\theta) = (V_1P_M\boldsymbol{\Phi})(h+\theta)$, $\theta\in[-\tau_{\max},\ 0]$。考虑到算子 V_1 的定义式 (8.19)，可将 $(V_1P_M\boldsymbol{\Phi})_h(\theta)$ 进一步写为

$$\left(V_1P_M\boldsymbol{\Phi}\right)_h(\theta) = \begin{cases}(P_M\boldsymbol{\Phi})(0), & \theta\in[-h,\ 0];\ h+\theta\geqslant 0\\(P_M\boldsymbol{\Phi})(h+\theta), & \theta\in[-\tau_{\max},\ -h];\ h+\theta<0\end{cases} \tag{8.37}$$

应用算子 R_M 后，式 (8.37) 的第一个分段变为

$$[R_M(V_1 P_M \boldsymbol{\Phi})_h]_{i,k} = [R_M(V_1 P_M \boldsymbol{\Phi})_h]_{1,k} = \boldsymbol{\Phi}_{1,0}, \quad i=1;\ k=0,\ 1,\ \cdots,\ M \tag{8.38}$$

式中，$[\cdot]_{i,k}$ 与离散点 $\theta_{M,i,k}$ 中的 i 和 k 具有相同的含义。

应用算子 R_M 后，式 (8.37) 的第二个分段变为

$$[R_M(V_1 P_M \boldsymbol{\Phi})_h]_{i,k} = P_M \boldsymbol{\Phi}(h+\theta_{M,i,k}),\ i=2,\ 3,\ \cdots,\ Q;\ k=0,\ 1,\ \cdots,\ M \tag{8.39}$$

$h+\theta_{M,i,k}$ 必然位于区间 $[-\tau_{\max},\ 0]$ 上的第 $i-1$ 个子区间，即 $h+\theta_{M,i,k} \in [-(i-1)h,\ -(i-2)h]$, $i=2,\ 3,\ \cdots,\ Q$; $k=0,\ 1,\cdots,\ M$。考虑到式 (8.7)，式 (8.39) 可进一步写为

$$\begin{aligned} P_M \boldsymbol{\Phi}(h+\theta_{M,i,k}) = \sum_{j=0}^{M} \ell_{M,i-1,j}(h+\theta_{M,i,k}) \boldsymbol{\Phi}_{i-1,j}, \\ i=2,\ 3,\ \cdots,\ Q;\ \ k=0,\ 1,\ \cdots,\ M \end{aligned} \tag{8.40}$$

下面分成两种情况进一步分析式 (8.40)。

(1) 当 $i=2,\ 3,\ \cdots,\ Q-1$ 时，考虑到式 (8.2)，有 $h+\theta_{M,i,k}=\theta_{M,i-1,k}$, $k=0,\ 1,\ \cdots,\ M$。于是，式 (8.40) 可进一步写为

$$\begin{aligned} P_M \boldsymbol{\Phi}(h+\theta_{M,i,k}) = \sum_{j=0}^{M} \ell_{M,i-1,j}(\theta_{M,i-1,k}) \boldsymbol{\Phi}_{i-1,j},\ i=2,3,\ \cdots,\ Q-1; \\ k=0,\ 1,\ \cdots,\ M \end{aligned} \tag{8.41}$$

且有

$$t_{i,k,j} = \ell_{M,i-1,j}(\theta_{M,i-1,k}) = \begin{cases} 1, & k=j \\ 0, & k \neq j \end{cases} \tag{8.42}$$

(2) 当 $i=Q$ 时，$h+\theta_{M,i,k}(k=0,\ 1,\ \cdots,\ M)$ 落入区间 $[-\tau_{\max},\ 0]$ 上的第 $Q-1$ 个子区间，即 $h+\theta_{M,i,k} \in [-(Q-1)h,\ -(Q-2)h]$。一般地，第 Q 个子区间的长度小于第 $Q-1$ 个子区间的长度，因此 $h+\theta_{M,Q,k}$ 与 $\theta_{M,Q-1,k}$ 并不重合，即 $h+\theta_{M,Q,k} \neq \theta_{M,Q-1,k}$, $k=0,\ 1,\ \cdots,\ M$。此时，需要计算式 (8.40) 中的拉格朗日插值系数 $\ell_{M,Q-1,j}(h+\theta_{M,Q,k})$, $j=0,\ 1,\ \cdots,\ M$; $k=0,\ 1,\ \cdots,\ M$。注意到，文献 [119] 采用重心拉格朗日插值 (barycentric Lagrange interpolation) 方法 [162] 进行高效计算：

$$t_{Q,k,j} = \ell_{M,Q-1,j}(h+\theta_{M,Q,k}) = \prod_{i=0,\ i\neq j}^{M} \frac{h+\theta_{M,Q,k}-\theta_{M,Q-1,i}}{\theta_{M,Q-1,j}-\theta_{M,Q-1,i}}, \quad j=0,\ 1,\ \cdots,\ M \tag{8.43}$$

特别地，第 Q 个子区间的长度等于第 $Q-1$ 个子区间的长度，因此 $h+\theta_{M,Q,k}$ 与 $\theta_{M,Q-1,k}$ 完全重合，即 $h+\theta_{M,Q,k}=\theta_{M,Q-1,k}$，$k=0,\ 1,\ \cdots,\ M$。于是，有

$$t_{Q,k,j}=\ell_{M,Q-1,j}(h+\theta_{M,Q,k})=\begin{cases}1,\ k=j\\0,\ k\neq j\end{cases} \tag{8.44}$$

综合式 (8.38) ~ 式 (8.44)，得到以 $\boldsymbol{\varPhi}$ 为变量的 $R_M(V_1P_M\boldsymbol{\varPhi})_h$ 的显式表达式，其系数就是矩阵 $\boldsymbol{\varPi}_M\in\mathbb{R}^{(QM+1)n\times(QM+1)n}$：

$$\begin{aligned}\boldsymbol{\varPi}_M=&\left[\begin{array}{cccccccccccc}1&&&&&&&&&&&\\ \vdots&&&&&&&&&&&\\ 1&&&&&&&&&&&\\ 1&\cdots&0&&&&&&&&&\\ \vdots&\ddots&\vdots&&&&&&&&&\\ 0&\cdots&1&&&&&&&&&\\ &&&\ddots&&&&&&&&\\ &&&&1&\cdots&0&&&&&\\ &&&&\vdots&\ddots&\vdots&&&&&\\ &&&&0&\cdots&1&&&&&\\ &&&&&&&t_{Q,0,0}&\cdots&t_{Q,0,M-1}&t_{Q,0,M}&0&\cdots&0\\ &&&&&&&\vdots&&\vdots&\vdots&\vdots&&\vdots\\ &&&&&&&t_{Q,M-1,0}&\cdots&t_{Q,M-1,M-1}&t_{Q,M-1,M}&0&\cdots&0\\ &&&&&&&t_{Q,M,0}&\cdots&t_{Q,M,M-1}&t_{Q,M,M}&0&\cdots&0\end{array}\right]\otimes\boldsymbol{I}_n\\ =&\begin{bmatrix}\boldsymbol{1}^{M\times1}&&\\ \boldsymbol{I}^{(Q-2)M}&&\\ &\boldsymbol{U}'_M&\boldsymbol{0}^{(M+1)\times M}\end{bmatrix}\otimes\boldsymbol{I}_n\\ =&\boldsymbol{U}_M\otimes\boldsymbol{I}_n\end{aligned}\tag{8.45}$$

式中，$\boldsymbol{U}'_M\in\mathbb{R}^{(M+1)\times(M+1)}$；$\boldsymbol{U}_M\in\mathbb{R}^{(QM+1)\times(QM+1)}$。

由式 (8.45) 可知，矩阵 $\boldsymbol{\varPi}_M$ 为高度稀疏的矩阵，并与系统的状态矩阵 $\tilde{\boldsymbol{A}}_i$ $(i=0,\ 1,\ \cdots,\ m)$ 无关。

8.2.2 矩阵 $\boldsymbol{\Pi}_{M,N}$

式 (8.33) 中，$(V_2P_N^+\boldsymbol{Z})_h(\theta)=(V_2P_N^+\boldsymbol{Z})(h+\theta)$, $\theta\in[-\tau_{\max},\ 0]$。考虑到算子 V_2 的定义式 (8.20)，可将 $(V_2P_N^+\boldsymbol{Z})_h(\theta)$ 进一步写为

$$
\begin{aligned}
(V_2P_N^+\boldsymbol{Z})_h(\theta) &= (V_2P_N^+\boldsymbol{Z})(h+\theta)\\
&= \begin{cases}\displaystyle\int_0^{h+\theta}(P_N^+\boldsymbol{Z})(s)\mathrm{d}s, & \theta\in[-h,\ 0];\ h+\theta\geqslant 0\\ \boldsymbol{0}, & \theta\in[-\tau_{\max},\ -h];\ h+\theta<0\end{cases}
\end{aligned}
\tag{8.46}
$$

(1) 当 $i=1$ 时，对于区间 $[-\tau_{\max},\ 0]$ 上的第一个子区间 $[-h,\ 0]$ 上的离散点 $\theta_{M,i,k}$ $(k=0,\ 1,\ \cdots,\ M)$，有 $h+\theta_{M,i,k}\in[0,\ h]$。于是，应用算子 R_M 并考虑到式 (8.14)，式 (8.46) 的第一个分段变为

$$
\begin{aligned}
\left[R_M(V_2P_N^+\boldsymbol{Z})_h\right]_{i,k} &= \left[R_M(V_2P_N^+\boldsymbol{Z})_h\right]_{1,k}\\
&= \int_0^{h+\theta_{M,1,k}}\sum_{j=1}^{N}\ell_{N,j}^+(s)\boldsymbol{Z}_j\mathrm{d}s\\
&= \sum_{j=1}^{N}\int_0^{h+\theta_{M,1,k}}\ell_{N,j}^+(s)\boldsymbol{Z}_j\mathrm{d}s,\ i=1;\ k=0,\ 1,\ \cdots,\ M
\end{aligned}
\tag{8.47}
$$

(2) 当 $i=2,\ 3,\ \cdots,\ Q$ 时，$h+\theta_{M,i,k}$ $(k=0,\ 1,\ \cdots,\ M)$ 落入区间 $[-(Q-1)h,\ 0]$。于是，应用算子 R_M 后，式 (8.46) 的第二个分段变为

$$
[R_M(V_2P_N^+\boldsymbol{Z})_h]_{i,k}=\boldsymbol{0}_n \tag{8.48}
$$

综合式 (8.47) 和式 (8.48)，得到以 $\boldsymbol{Z}$ 为变量的 $R_M(V_2P_N^+\boldsymbol{Z})_h$ 的显式表达式，其系数就是矩阵 $\boldsymbol{\Pi}_{M,N}\in\mathbb{R}^{(QM+1)n\times Nn}$：

$$
\boldsymbol{\Pi}_{M,N}=\begin{bmatrix}\boldsymbol{E}_{1,1} & \cdots & \boldsymbol{E}_{1,N}\\ \vdots & & \vdots\\ \boldsymbol{E}_{M,1} & \cdots & \boldsymbol{E}_{M,N}\\ \boldsymbol{0} & \cdots & \boldsymbol{0}\\ \vdots & & \vdots\\ \boldsymbol{0} & \cdots & \boldsymbol{0}\end{bmatrix}\otimes\boldsymbol{I}_n\triangleq\begin{bmatrix}\boldsymbol{U}'_{M,N}\\ \boldsymbol{0}^{((Q-1)M+1)\times N}\end{bmatrix}\otimes\boldsymbol{I}_n\triangleq\boldsymbol{U}_{M,N}\otimes\boldsymbol{I}_n \tag{8.49}
$$

式中，$\boldsymbol{U}'_{M,N}\in\mathbb{R}^{M\times N}$；$\boldsymbol{U}_{M,N}\in\mathbb{R}^{(QM+1)\times N}$。此外，

$$
\boldsymbol{E}_{k+1,j}=\int_0^{h+\theta_{M,1,k}}\ell_{N,j}^+(s)\mathrm{d}s,\quad k=0,\ 1,\cdots,\ M-1;\ j=1,\ 2,\ \cdots,\ N \tag{8.50}
$$

$$\ell_{N,j}^{+}(t)=\prod_{i=1,\ i\neq j}^{N}\frac{t-t_{N,i}}{t_{N,j}-t_{N,i}},\quad t\in[0,\ h];\ j=1,\ 2,\ \cdots,\ N \tag{8.51}$$

由式 (8.49) ~ 式 (8.51) 可知，矩阵 $\boldsymbol{\Pi}_{M,N}$ 为高度稀疏的矩阵，并与系统矩阵 $\tilde{\boldsymbol{A}}_i\ (i=0,\ 1,\ \cdots,\ m)$ 无关。

8.2.3 矩阵 $\boldsymbol{\Sigma}_{M,N}$

考虑到算子 F 的定义式 (8.22)，式 (8.35) 中 $R_N^{+}FV_1P_M\boldsymbol{\Phi}$ 的第 j 个分量 ($j=1,\ 2,\ \cdots,\ N$) 可写为如下：

$$[R_N^{+}FV_1P_M\boldsymbol{\Phi}]_j=\tilde{\boldsymbol{A}}_0(V_1P_M\boldsymbol{\Phi})(t_{N,j})+\sum_{i=1}^{m}\tilde{\boldsymbol{A}}_i(V_1P_M\boldsymbol{\Phi})(t_{N,j}-\tau_i),\quad j=1,\ 2,\ \cdots,\ N \tag{8.52}$$

式中，$\boldsymbol{\Phi}$ 的各个分量的系数矩阵对应着矩阵 $\boldsymbol{\Sigma}_{M,N}\in\mathbb{R}^{Nn\times(QM+1)n}$ 的第 j 个块行：

$$\boldsymbol{\Sigma}_{M,N}=\left[\begin{array}{c:c}\boldsymbol{\Sigma}_{M,N}^{(1,1)} & \boldsymbol{\Sigma}_{M,N}^{(1,2)}\\ \hdashline \boldsymbol{\Sigma}_{M,N}^{(2,1)} & \boldsymbol{\Sigma}_{M,N}^{(2,2)}\end{array}\right] \tag{8.53}$$

式中，

$$\boldsymbol{\Sigma}_{M,N}^{(1,1)}=\begin{bmatrix}\boldsymbol{F}_{1,1,0} & \cdots & \boldsymbol{F}_{1,1,M-1} & \boldsymbol{F}_{1,2,0} & \cdots & \boldsymbol{F}_{1,Q,0}\\ \vdots & & \vdots & \vdots & & \vdots\\ \boldsymbol{F}_{\hat{N},1,0} & \cdots & \boldsymbol{F}_{\hat{N},1,M-1} & \boldsymbol{F}_{\hat{N},2,0} & \cdots & \boldsymbol{F}_{\hat{N},Q,0}\end{bmatrix}\in\mathbb{R}^{\hat{N}n\times(QM-M+1)n} \tag{8.54}$$

$$\boldsymbol{\Sigma}_{M,N}^{(1,2)}=\begin{bmatrix}\boldsymbol{F}_{1,Q,1} & \cdots & \boldsymbol{F}_{1,Q,M-1} & \boldsymbol{F}_{1,Q,M}\\ \vdots & & \vdots & \vdots\\ \boldsymbol{F}_{\hat{N},Q,1} & \cdots & \boldsymbol{F}_{\hat{N},Q,0,M-1} & \boldsymbol{F}_{\hat{N},Q,M}\end{bmatrix}\in\mathbb{R}^{\hat{N}n\times Mn} \tag{8.55}$$

$$\boldsymbol{\Sigma}_{M,N}^{(2,1)}=\begin{bmatrix}\boldsymbol{F}_{\hat{N}+1,1,0} & \cdots & \boldsymbol{F}_{\hat{N}+1,1,M-1} & \boldsymbol{F}_{\hat{N}+1,2,0} & \cdots & \boldsymbol{F}_{\hat{N}+1,Q,0}\\ \vdots & & \vdots & \vdots & & \vdots\\ \boldsymbol{F}_{N,1,0} & \cdots & \boldsymbol{F}_{N,1,M-1} & \boldsymbol{F}_{N,2,0} & \cdots & \boldsymbol{F}_{N,Q,0}\end{bmatrix}\in\mathbb{R}^{(N-\hat{N})n\times(QM-M+1)n} \tag{8.56}$$

$$\boldsymbol{\Sigma}_{M,N}^{(2,2)}=\begin{bmatrix}\boldsymbol{0} & \cdots & \boldsymbol{0} & \boldsymbol{0}\\ \vdots & & \vdots & \vdots\\ \boldsymbol{0} & \cdots & \boldsymbol{0} & \boldsymbol{0}\end{bmatrix}\in\mathbb{R}^{(N-\hat{N})n\times Mn} \tag{8.57}$$

下面重点分析和推导 $\boldsymbol{\Sigma}_{M,N}$ 各分块的显式表达式。

1. **变量定义**

考虑到算子 V_1 的定义式 (8.19) 包含两个分段，在对式 (8.52) 作进一步推导时，首先需要判断 $t_{N,j}-\tau_i$ $(i=1,\ 2,\ \cdots,\ m)$ 的正负性。

(1) 如果 $t_{N,j}-\tau_i$ $(i=1,\ 2,\ \cdots,\ m)$ 位于区间 $[0,\ h]$，则 $V_1P_M\boldsymbol{\Phi}$ 恒等于 $\boldsymbol{\Phi}_{1,0}$。给定 $t_{N,j}$，为了确定使 $t_{N,j}-\tau_i>0$ 的最大的 i，下面引入变量 $i(t)$ 并给出其一般性定义。

对于 $t\in[0,\ \tau_{\max}]$，变量 $i(t)$ 用于指示 t 位于第 $i(t)$ 个和第 $i(t)+1$ 个时滞常数之间，即 $t-\tau_{i(t)}\geqslant 0,\ t-\tau_{i(t)+1}<0$:

$$i(t)=\begin{cases} i, & \tau_i\leqslant t<\tau_{i+1};\ i=0,\ 1,\ \cdots,\ m-1 \\ m, & t=\tau_{\max} \end{cases} \tag{8.58}$$

(2) 如果 $t_{N,j}-\tau_i$ $(i=1,\ 2,\ \cdots,\ m)$ 落入区间 $[-\tau_{\max},\ 0]$，则需要进一步确定 $t_{N,j}-\tau_i$ $(i=i(t)+1,\ i(t)+2,\ \cdots,\ m-1)$ 位于区间 $[-\tau_{\max},\ 0]$ 上的哪一个子区间，以便利用相应区间上的离散点构造的拉格朗日插值多项式来估计 $(V_1P_M\boldsymbol{\Phi})(t_{N,j}-\tau_i)$。若要判断 $t_{N,j}-\tau_i$ 是否落入第 k 个子区间，则需判断 $t_{N,j}-\tau_i\in[-kh,\ -(k-1)h]$ 是否成立，如图 8.2(a) 所示。其等价于 $\tau_i\in[(k-1)h+t_{N,j},\ kh+t_{N,j}]$，如图 8.2(b) 所示。对于给定 $t_{N,j}$，可能有多个 τ_i 落入区间 $[(k-1)h+t_{N,j},\ kh+t_{N,j}]$。利用式 (8.58)，可以将这些时滞常数识别出来，即 $i\in[i((k-1)h+t_{N,j})+1,\ i(kh+t_{N,j})]$。

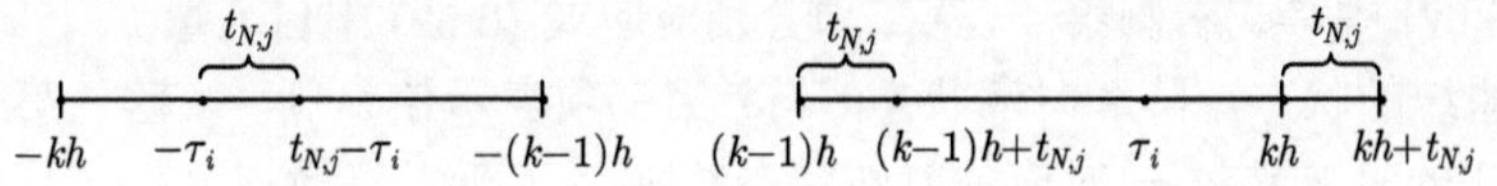

(a) 判断 $t_{N,j}-\tau_i$ 所在区间　　(b) 判断 $-\tau_i$ 所在区间

图 8.2　$t_{N,j}-\tau_i$ 落入第 k 个子空间的判别

(3) 考虑到 $t_{N,j}\in(0,\ h)$, $t_{N,j}-\tau_{\max}$ $(j=1,\ 2,\ \cdots,\ N)$ 可能会落入两个相邻的子区间。当 j 取值较小时，$t_{N,j}-\tau_{\max}$ 位于第 Q 个子区间。随着 j 取值增大，$t_{N,j}-\tau_{\max}$ 可能会落入第 $Q-1$ 个子区间，如图 8.3 所示。为此，定义 $\hat{N}$ 以表示集合 $\Omega_N^+-\tau_{\max}$ 中落入第 Q 个子空间的离散点的个数。另外，将 $t_{N,j}-\tau_{\max}$ 所在的子空间的序号记为 k_j:

$$\hat{N}=\begin{cases} 0, & t_{N,j}\geqslant\tau_{\max}-(Q-1)h,\ \forall j=1,\ 2,\ \cdots,\ N \\ \max\{j|t_{N,j}<\tau_{\max}-(Q-1)h\}, & t_{N,j}<\tau_{\max}-(Q-1)h \end{cases} \tag{8.59}$$

$$k_j:=\begin{cases} Q, & j=1,\ 2,\ \cdots,\ \hat{N} \\ Q-1, & j=\hat{N}+1,\ \hat{N}+2,\ \cdots,\ N \end{cases} \tag{8.60}$$

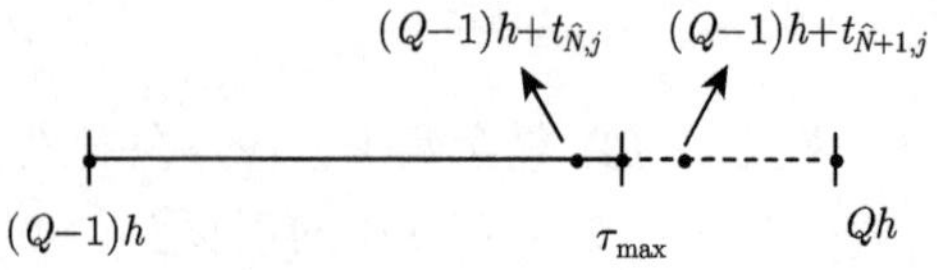

图 8.3　$t_{N,j}-\tau_{\max}$ 落入第 Q 或第 $Q-1$ 个子空间的判别

特别地，当 $\tau_{\max}\approx(Q-1)h$ 时，集合 $\Omega_N^+-\tau_{\max}$ 中所有的离散点将落入第 $Q-1$ 个子区间，$\hat{N}=0,\ k_j=Q-1,\ j=1,2,\cdots,N$。当 $\tau_{\max}\approx Qh$ 时，集合 $\Omega_N^+-\tau_{\max}$ 中所有的离散点将落入第 Q 个子区间，$\hat{N}=N,\ k_j=Q,\ j=1,\ 2,\ \cdots,\ N$。

(4) 最后，为了表述方便，将 $t_{N,j}$ $(j=1,\ 2,\ \cdots,\ N)$ 向前转移 k 个步长后得到的离散点记为 $t_{N,k,j}$：

$$t_{N,k,j}=\begin{cases}t_{N,j}+kh, & k=0,\ 1,\ \cdots,\ k_j-1\\ \tau_{\max}, & k=k_j\end{cases}\tag{8.61}$$

2. 第 1 列块 $\boldsymbol{F}_{j,1,0}$

$\boldsymbol{\Sigma}_{M,N}$ 的第一列块 $\boldsymbol{F}_{j,1,0}$ $(j=1,\ 2,\ \cdots,\ N)$ 的显式表达式如下：

$$\boldsymbol{F}_{j,1,0}=\tilde{\boldsymbol{A}}_0+\sum_{i=1}^{i(t_{N,j})}\tilde{\boldsymbol{A}}_i+\sum_{i=i(t_{N,j})+1}^{i(t_{N,1,j})}\tilde{\boldsymbol{A}}_i\ell_{M,1,0}(t_{N,j}-\tau_i),\quad j=1,\ 2,\ \cdots,\ N\tag{8.62}$$

式 (8.62) 中等式右侧第一、第二项分别对应式 (8.52) 中自变量 $t_{N,j}$, $t_{N,j}-\tau_i\in[0,\ h]$ 时系统的状态矩阵和时滞状态矩阵；第三项表示使 $t_{N,j}-\tau_i$ 落入第 1 个子区间 $[-h,\ 0]$ 的时滞常数 τ_i 对应的时滞状态矩阵 $\tilde{\boldsymbol{A}}_i$，乘以离散点 $\theta_{M,1,0}$ 或状态向量 $\boldsymbol{\Phi}_{1,0}$ 对应的拉格朗日插值系数。

3. 第 $(k-1)M+1$ 列块 $\boldsymbol{F}_{j,k,0}$

$\boldsymbol{\Sigma}_{M,N}$ 的第 $(k-1)M+1$ $(k=2,\ 3,\ \cdots,\ k_j)$ 列块 $\boldsymbol{F}_{j,k,0}$ $(j=1,\ 2,\ \cdots,\ N)$ 的显式表达式如下：

$$\boldsymbol{F}_{j,k,0}=\sum_{i=i(t_{N,k-2,j})+1}^{i(t_{N,k-1,j})}\tilde{\boldsymbol{A}}_i\ell_{M,k-1,M}(t_{N,j}-\tau_i)+\sum_{i=i(t_{N,k-1,j})+1}^{i(t_{N,k,j})}\tilde{\boldsymbol{A}}_i\ell_{M,k,0}(t_{N,j}-\tau_i),$$
$$j=1,\ 2,\ \cdots,\ N;\ k=2,\ 3,\ \cdots,\ k_j\tag{8.63}$$

式 (8.63) 中第一项表示使 $t_{N,j}-\tau_i$ 落入第 $k-1$ 个子区间 $[-(k-1)h,\ -(k-2)h]$ 的时滞常数 τ_i 对应的状态矩阵 $\tilde{\boldsymbol{A}}_i$，乘以与离散点 $\theta_{M,(k-1),M}$ 或状态向量 $\boldsymbol{\Phi}_{(k-1),M}$ 对应的拉格朗日插值系数；第二项表示使 $t_{N,j}-\tau_i$ 落入第 k 个子区间 $[-kh,-(k-1)h]$ 的时滞常数 τ_i 对应的状态矩阵 $\tilde{\boldsymbol{A}}_i$，乘以与离散点 $\theta_{M,k,0}$ 或状态向量 $\boldsymbol{\Phi}_{k,0}$ 对应的

拉格朗日插值系数。由 8.1.1 节可知，$\boldsymbol{\Phi}_{(k-1),M}=\boldsymbol{\Phi}_{k,0}\ (k=2,\ 3,\ \cdots,\ Q)$，所以两者系数的叠加就形成了 $\boldsymbol{F}_{j,k,0}\ (j=1,\ 2,\ \cdots,\ N;\ k=2,\ 3,\ \cdots,\ k_j)$。

4. 第 $QM+1$ 列块 $\boldsymbol{F}_{j,Q,M}$

$\boldsymbol{\Sigma}_{M,N}$ 第 1 行 ~ 第 $\hat{N}$ 行、第 $QM+1$ 列分块 $\boldsymbol{F}_{j,Q,M}\ (j=1,\ 2,\ \cdots,\ \hat{N})$ 的显式表达式如下：

$$\boldsymbol{F}_{j,Q,M}=\sum_{i=i(t_{N,Q-1,j})+1}^{m}\tilde{\boldsymbol{A}}_i\ell_{M,Q,M}(t_{N,j}-\tau_i),\quad j=1,\ 2,\ \cdots,\ \hat{N} \tag{8.64}$$

给定 $t_{N,j}\ (j=1,\ 2,\ \cdots,\ \hat{N})$，$\boldsymbol{F}_{j,Q,M}$ 表示使 $t_{N,j}-\tau_{\max}$ 中落入第 Q 个子区间 $[-\tau_{\max},\ -(Q-1)h]$ 的时滞常数 τ_i 对应的时滞状态矩阵 $\tilde{\boldsymbol{A}}_i$，乘以与离散点 $t_{M,Q,M}$ 或状态向量 $\boldsymbol{\Phi}_{Q,M}$ 对应的拉格朗日插值系数。

值得注意的是，当 $j=\hat{N}+1,\ \hat{N}+2,\ \cdots,\ N$ 时，$t_{N,j}-\tau_{\max}$ 中落入第 $Q-1$ 个子区间 $[-(Q-1)h,\ -(Q-2)h]$。此时，$\ell_{M,Q,M}(t_{N,j}-\tau_i)=0$，所以 $\boldsymbol{\Sigma}_{M,N}$ 的第 $\hat{N}+1$ 行 ~ 第 N 行、第 $QM+1$ 列分块 $\boldsymbol{F}_{j,Q,M}=\boldsymbol{0}_n,\ j=\hat{N}+1,\ \hat{N}+2,\ \cdots,\ N$。

5. 第 $(Q-1)M+1$ 列块 $\boldsymbol{F}_{j,Q,0}$

$\boldsymbol{\Sigma}_{M,N}$ 第 $\hat{N}+1$ ~ 第 N 行、第 $(Q-1)M+1$ 列分块 $\boldsymbol{F}_{j,Q,0}\ (j=\hat{N}+1,\ \hat{N}+2,\ \cdots,\ N)$ 的显式表达式如下：

$$\boldsymbol{F}_{j,Q,0}=\sum_{i=i(t_{N,Q-2,i})+1}^{m}\tilde{\boldsymbol{A}}_i\ell_{M,Q-1,M}(t_{N,j}-\tau_i),\ \ j=\hat{N}+1,\ \hat{N}+2,\ \cdots,\ N \tag{8.65}$$

给定 $t_{N,j}\ (j=\hat{N}+1,\ \hat{N}+2,\ \cdots,\ N)$，$\boldsymbol{F}_{j,Q,0}$ 表示使 $t_{N,j}-\tau_{\max}$ 中落入第 $Q-1$ 个子区间 $[-(Q-1)h,\ -(Q-2)h]$ 的时滞常数 τ_i 对应的时滞状态矩阵 $\tilde{\boldsymbol{A}}_i$，乘以与离散点 $\theta_{M,Q,0}$ 和状态向量 $\boldsymbol{\Phi}_{Q-1,M}(=\boldsymbol{\Phi}_{Q,0})$ 对应的拉格朗日插值系数。

值得注意的是，$j=1,\ 2,\ \cdots,\ \hat{N}$ 时，$t_{N,j}-\tau_{\max}$ 中落入第 Q 个子区间 $[-\tau_{\max},\ -(Q-1)h]$。$\boldsymbol{\Sigma}_{M,N}$ 的第 1 行 ~ 第 $\hat{N}$ 行、第 $(Q-1)M+1$ 列分块 $\boldsymbol{F}_{j,Q,0}\ (j=1,\ 2,\ \cdots,\ \hat{N})$ 由式 (8.63) 计算得到。

6. 其余列块 $\boldsymbol{F}_{j,k,l}$

$\boldsymbol{\Sigma}_{M,N}$ 其余列块 $\boldsymbol{F}_{j,k,l}\ (j=1,\ 2,\ \cdots,\ N;\ k=1,\ 2,\ \cdots,\ k_j;\ l=1,\ 2,\ \cdots,\ M-1)$ 的显式表达式如下：

$$\boldsymbol{F}_{j,k,l}=\sum_{i=i(t_{N,k-1,j})+1}^{i(t_{N,k,j})}\tilde{\boldsymbol{A}}_i\ell_{M,k,l}(t_{N,j}-\tau_i) \tag{8.66}$$

给定 $t_{N,j}$ $(j=1,\ 2,\ \cdots,\ N)$，$\boldsymbol{F}_{j,k,l}$ 表示使 $t_{N,j}-\tau_i$ 中落入第 k 个子空间 $[-kh,\ -(k-1)h]$ 的时滞常数 τ_i 对应的时滞状态矩阵 $\tilde{\boldsymbol{A}}_i$，乘以与离散点 $\theta_{M,k,l}$ 或状态向量 $\boldsymbol{\Phi}_{k,l}$ 对应的拉格朗日插值系数。

7. 克罗内克积变换

综合式 (8.62) ~ 式 (8.66) 所示的 $\boldsymbol{F}_{j,1,0}$、$\boldsymbol{F}_{j,k,0}$、$\boldsymbol{F}_{j,Q,M}$、$\boldsymbol{F}_{j,Q,0}$ 和 $\boldsymbol{F}_{j,k,l}$ 的显式表达式可知，矩阵 $\boldsymbol{\Sigma}_{M,N}$ 为与系统矩阵 $\tilde{\boldsymbol{A}}_i$ $(i=0,\ 1,\ \cdots,\ m)$ 有关的稠密矩阵。其可以等价地变换为拉格朗日插值系数矩阵 $\boldsymbol{L}_{M,N}^i$ 与系统状态矩阵 $\tilde{\boldsymbol{A}}_i$ 的克罗内克积之和的形式，即

$$\boldsymbol{\Sigma}_{M,N}=\sum_{i=0}^{m}\boldsymbol{L}_{M,N}^i\otimes\tilde{\boldsymbol{A}}_i \tag{8.67}$$

式中，$\boldsymbol{L}_{M,N}^i\in\mathbb{R}^{N\times(QM+1)}$，$i=0,\ 1,\ \cdots,\ m$，其元素通过对拉格朗日插值系数进行运算得到。

8.2.4 矩阵 $\boldsymbol{\Sigma}_N$

考虑到算子 F 的定义式 (8.22)，式 (8.36) 中 $R_N^+FV_2P_N^+\Delta\dot{x}^*$ 的第 j 个分量 $(j=1,\ 2,\ \cdots,\ N)$ 可写为

$$[R_N^+FV_2P_N^+\boldsymbol{Z}]_j=\tilde{\boldsymbol{A}}_0(V_2P_N^+\boldsymbol{Z})(t_{N,j})+\sum_{i=1}^{m}\tilde{\boldsymbol{A}}_i(V_2P_N^+\boldsymbol{Z})(t_{N,j}-\tau_i),\quad j=1,\ 2,\ \cdots,\ N \tag{8.68}$$

进一步考虑到算子 V_2 的定义式 (8.20) 包含两个分段，在对式 (8.68) 作进一步推导时，需要首先判断 $t_{N,j}-\tau_i$ $(i=1,\ 2,\ \cdots,\ m)$ 的正负性。如果 $t_{N,j}-\tau_i$ $(i=1,\ 2,\ \cdots,\ m)$ 位于区间 $[-\tau_{\max},\ 0]$，则 $V_2P_N^+\boldsymbol{Z}=\boldsymbol{0}$。给定 $t_{N,j}$，可以利用式 (8.58) 确定使 $t_{N,j}-\tau_i<0$ 的最小的 i，并记为 $i(t_{N,j})$。如果 $t_{N,j}-\tau_i$ $(i=1,\ 2,\ \cdots,\ m)$ 位于区间 $[0,\ h]$，则利用区间上的离散点 $\boldsymbol{Z}_j$ 构造的拉格朗日插值多项式来估计 $V_2P_N^+\boldsymbol{Z}(t_{N,j}-\tau_i)$。于是，式 (8.68) 可写为

$$\begin{gathered}\left[R_N^+FV_2P_N^+\boldsymbol{Z}\right]_j=\sum_{k=1}^{N}\tilde{\boldsymbol{A}}_0\int_0^{t_{N,j}}\ell_{N,k}^+(t)\boldsymbol{Z}_k\mathrm{d}t+\sum_{k=1}^{N}\sum_{i=1}^{i(t_{N,j})-1}\tilde{\boldsymbol{A}}_i\int_0^{t_{N,j}-\tau_i}\ell_{N,k}^+(t)\boldsymbol{Z}_k\mathrm{d}t,\\ j=1,\ 2,\ \cdots,\ N;\ k=1,\ 2,\ \cdots,\ N\end{gathered} \tag{8.69}$$

由式 (8.69) 可以推导得到以 $\boldsymbol{Z}$ 为变量的 $R_N^+FV_2P_N^+\boldsymbol{Z}$ 的显式表达式，其系数就是矩阵 $\boldsymbol{\Sigma}_N\in\mathbb{R}^{Nn\times Nn}$：

$$\boldsymbol{\Sigma}_N=\begin{bmatrix}\boldsymbol{G}_{1,1} & \boldsymbol{G}_{1,2} & \cdots & \boldsymbol{G}_{1,N}\\ \boldsymbol{G}_{2,1} & \boldsymbol{G}_{2,2} & \cdots & \boldsymbol{G}_{2,N}\\ \vdots & \vdots & & \vdots\\ \boldsymbol{G}_{N,1} & \boldsymbol{G}_{N,2} & \cdots & \boldsymbol{G}_{N,N}\end{bmatrix} \tag{8.70}$$

式中，

$$\begin{aligned}\boldsymbol{G}_{j,k}=&\tilde{\boldsymbol{A}}_0\int_0^{t_{N,j}}\ell_{N,k}^+(t)\mathrm{d}t+\sum_{i=1}^{i(t_{N,j})-1}\tilde{\boldsymbol{A}}_i\int_0^{t_{N,j}-\tau_i}\ell_{N,k}^+(t)\mathrm{d}t,\\ &j=1,\ 2,\ \cdots,\ N;\ k=1,\ 2,\ \cdots,\ N\end{aligned} \tag{8.71}$$

式 (8.71) 中等号右边的两项表示使 $t_{N,j}$ 或 $t_{N,j}-\tau_i$ 落入第 1 个子区间 $[0,\ h]$ 的时滞常数 τ_i 对应的状态矩阵 $\tilde{\boldsymbol{A}}_i$，乘以与离散点 $t_{N,j}$ 或状态向量 $\boldsymbol{Z}_j$ 对应的拉格朗日插值系数的积分。从而可知，矩阵 $\boldsymbol{\Sigma}_N$ 为与系统矩阵 $\tilde{\boldsymbol{A}}_i$ $(i=0,\ 1,\ \cdots,\ m)$ 有关的稠密矩阵。其可以等价地变换为拉格朗日插值系数矩阵 $\boldsymbol{L}_N^i$ 与系统状态矩阵 $\tilde{\boldsymbol{A}}_i$ 的克罗内克积之和的形式，即

$$\boldsymbol{\Sigma}_N=\sum_{i=0}^{m}\boldsymbol{L}_N^i\otimes\tilde{\boldsymbol{A}}_i \tag{8.72}$$

式中，$\boldsymbol{L}_N^i\in\mathbb{R}^{N\times N}$，$i=0,\ 1,\ \cdots,\ m$，其元素通过对拉格朗日插值系数进行运算得到。

8.3 大规模系统特征值计算

8.3.1 坐标旋转预处理

由式 (4.51)、式 (4.53) 和式 (4.55) 可知，不精确坐标旋转变换只对系统状态矩阵 $\tilde{\boldsymbol{A}}_i$ $(i=0,\ 1,\ \cdots,\ m)$ 进行处理。由于 $\boldsymbol{L}_{M,N}^i$、$\boldsymbol{L}_N^i$、$\boldsymbol{U}_{M,N}$ 和 $\boldsymbol{U}_N$ 与 $\tilde{\boldsymbol{A}}_i$ $(i=0,\ 1,\ \cdots,\ m)$ 无关，它们在坐标旋转变换前后保持不变。考虑到 $\boldsymbol{\Sigma}_N$ 和 $\boldsymbol{\Sigma}_{M,N}$ 是 $\tilde{\boldsymbol{A}}_i$ $(i=0,\ 1,\ \cdots,\ m)$ 的函数，于是将它们分别用式 (4.53) 中的 $\tilde{\boldsymbol{A}}_i'$ $(i=0,\ 1,\ \cdots,\ m)$ 代替，得

$$\boldsymbol{\Sigma}_{M,N}'=\sum_{i=0}^{m}\boldsymbol{L}_{M,N}^i\otimes\tilde{\boldsymbol{A}}_i' \tag{8.73}$$

$$\boldsymbol{\Sigma}_N'=\sum_{i=0}^{m}\boldsymbol{L}_N^i\otimes\tilde{\boldsymbol{A}}_i' \tag{8.74}$$

相应地，解算子伪谱配置离散化矩阵 $\boldsymbol{T}_{M,N}$ 变为 $\boldsymbol{T}'_{M,N}$：

$$\boldsymbol{T}'_{M,N} = \boldsymbol{\Pi}_M + \boldsymbol{\Pi}_{M,N}(\boldsymbol{I}_{Nn} - \boldsymbol{\Sigma}'_N)^{-1}\boldsymbol{\Sigma}'_{M,N} \tag{8.75}$$

$\boldsymbol{T}'_{M,N}$ 的特征值 μ' 与 DCPPS 的特征值 λ' 之间的关系，参见式 (4.56)。

8.3.2 旋转-放大预处理

本节利用 4.4.2 节所述旋转-放大预处理的两种实现方法，分别构建解算子 $\mathcal{T}(h)$ 的伪谱配置离散化矩阵。

1. **第一种实现方法**

在旋转-放大预处理第一种实现方法中，τ_i $(i=1,\ 2,\ \cdots,\ m)$ 被变换为原来的 $1/\alpha$，$\tilde{\boldsymbol{A}}'_i$ $(i=0,\ 1,\ \cdots,\ m)$ 被变换为原来的 α 倍 $(\tilde{\boldsymbol{A}}''_i)$，$h$ 保持不变，如式 (4.63) 和式 (4.64) 所示。旋转-放大预处理后，可以通过如下步骤得到解算子的伪谱配置离散化矩阵。

首先，将空间 $\boldsymbol{X}$ 重新定义为 $\boldsymbol{X} := C([-\tau_{\max}/\alpha,\ 0],\ \mathbb{R}^{n\times 1})$。然后，将区间 $[-\tau_{\max}/\alpha,\ 0]$ 重新划分为长度等于 (或小于) h 的 Q' 个子区间。Q' 为大于或等于 $\tau_{\max}/(\alpha h)$ 的最小整数，即 $Q' = \lceil\tau_{\max}/(\alpha h)\rceil$。进而，利用 $Q'M+1$ 个离散点将空间 $\boldsymbol{X}$ 离散化为 $\boldsymbol{X}_M$。接着，将与空间 $\boldsymbol{X}_M$ 相关的矩阵 $\boldsymbol{\Pi}_M$、$\boldsymbol{U}'_M$、$\boldsymbol{U}_M$、$\boldsymbol{\Pi}_{M,N}$、$\boldsymbol{U}'_{M,N}$、$\boldsymbol{U}_{M,N}$、$\boldsymbol{\Sigma}_{M,N}$ 和 $\boldsymbol{L}^i_{M,N}$ 重新形成为 $\boldsymbol{\Pi}''_M$、$\boldsymbol{U}''_M$、$\tilde{\boldsymbol{U}}_M$、$\tilde{\boldsymbol{\Pi}}''_{M,N}$、$\tilde{\boldsymbol{U}}''_{M,N}$、$\tilde{\boldsymbol{U}}'_{M,N}$、$\tilde{\boldsymbol{\Sigma}}''_{M,N}$ 和 $(\tilde{\boldsymbol{L}}^i_{M,N})'$ $(i=0,\ 1,\ \cdots,\ m)$。此外，将式 (8.74) 中的 $\tilde{\boldsymbol{A}}'$ 替换为 $\tilde{\boldsymbol{A}}''$，可得 $\tilde{\boldsymbol{\Sigma}}''_N$。最后，构建解算子伪谱配置离散化矩阵 $\tilde{\boldsymbol{T}}''_{M,N} \in \mathbb{C}^{(Q'M+1)n\times(Q'M+1)n}$：

$$\tilde{\boldsymbol{T}}''_{M,N} = \boldsymbol{\Pi}''_M + \tilde{\boldsymbol{\Pi}}''_{M,N}(\boldsymbol{I}_{Nn} - \tilde{\boldsymbol{\Sigma}}''_N)^{-1}\tilde{\boldsymbol{\Sigma}}''_{M,N} \tag{8.76}$$

式中，$\boldsymbol{\Pi}''_M \in \mathbb{R}^{(Q'M+1)n\times(Q'M+1)n}$；$\tilde{\boldsymbol{\Pi}}''_{M,N} \in \mathbb{R}^{(Q'M+1)n\times Nn}$；$\tilde{\boldsymbol{\Sigma}}''_{M,N} \in \mathbb{C}^{Nn\times(Q'M+1)n}$；$\tilde{\boldsymbol{\Sigma}}''_N \in \mathbb{C}^{Nn\times Nn}$。它们分别通过更新式 (8.45)、式 (8.49)、式 (8.73) 和式 (8.74) 得到：

$$\boldsymbol{\Pi}''_M = \begin{bmatrix} \boldsymbol{1}^{M\times 1} & & \\ \boldsymbol{I}^{(Q'-2)M} & & \\ & \boldsymbol{U}''_M & \boldsymbol{0}^{(M+1)\times M} \end{bmatrix} \otimes \boldsymbol{I}_n = \tilde{\boldsymbol{U}}_M \otimes \boldsymbol{I}_n \tag{8.77}$$

$$\tilde{\boldsymbol{\Pi}}''_{M,N} = \begin{bmatrix} \tilde{\boldsymbol{U}}''_{M,N} \\ \boldsymbol{0}^{((Q'-1)M+1)\times N} \end{bmatrix} \otimes \boldsymbol{I}_n = \tilde{\boldsymbol{U}}'_{M,N} \otimes \boldsymbol{I}_n \tag{8.78}$$

$$\tilde{\boldsymbol{\Sigma}}''_{M,N} = \sum_{i=0}^{m} (\tilde{\boldsymbol{L}}^i_{M,N})' \otimes \tilde{\boldsymbol{A}}''_i \tag{8.79}$$

$$\tilde{\boldsymbol{\Sigma}}''_N = \sum_{i=0}^{m} \boldsymbol{L}^i_N \otimes \tilde{\boldsymbol{A}}''_i \tag{8.80}$$

2. 第二种实现方法

在旋转-放大预处理第二种实现方法中，τ_i $(i=1, 2, \cdots, m)$ 和 $\tilde{\boldsymbol{A}}_i'$ $(i=0, 1, \cdots, m)$ 保持不变，h 被变换原来的 α 倍。旋转–放大预处理后，可以通过如下步骤得到解算子的伪谱配置离散化矩阵。

首先，将区间 $[-\tau_{\max}, 0]$ 重新划分为长度等于 (或小于) αh 的 Q' 个子区间，$Q'=\lceil\tau_{\max}/(\alpha h)\rceil$，从而得到不同于第一种实现方法的离散化空间 $\boldsymbol{X}_M$。其次，将空间 $\boldsymbol{X}^+$ 重新定义为 $\boldsymbol{X}^+ := C([0, \alpha h], \mathbb{R}^{n\times 1})$。然后，利用区间 $[0, \alpha h]$ 的 N 个离散点将 $\boldsymbol{X}^+$ 离散化为 $\boldsymbol{X}_N^+$，进而与空间 $\boldsymbol{X}_N^+$ 相关的矩阵 $\boldsymbol{\Pi}_{M,N}$、$\boldsymbol{U}'_{M,N}$、$\boldsymbol{U}_{M,N}$、$\boldsymbol{\Sigma}'_{M,N}$、$\boldsymbol{L}^i_{M,N}$、$\boldsymbol{\Sigma}'_N$ 和 $\boldsymbol{L}^i_N$ 被分别更新为 $\boldsymbol{\Pi}''_{M,N}$、$\boldsymbol{U}''_{M,N}$、$\tilde{\boldsymbol{U}}_{M,N}$、$\boldsymbol{\Sigma}''_{M,N}$、$\tilde{\boldsymbol{L}}^i_{M,N}$、$\boldsymbol{\Sigma}''_N$ 和 $\tilde{\boldsymbol{L}}^i_N$ $(i=0, 1, \cdots, m)$。最后，形成的解算子伪谱配置离散化矩阵 $\boldsymbol{T}''_{M,N}\in\mathbb{C}^{(Q'M+1)n\times(Q'M+1)n}$ 可表示为

$$\boldsymbol{T}''_{M,N}=\boldsymbol{\Pi}''_M+\boldsymbol{\Pi}''_{M,N}(\boldsymbol{I}_{Nn}-\boldsymbol{\Sigma}''_N)^{-1}\boldsymbol{\Sigma}''_{M,N} \tag{8.81}$$

式中，$\boldsymbol{\Pi}''_{M,N}\in\mathbb{C}^{(Q'M+1)n\times Nn}$；$\boldsymbol{\Sigma}''_{M,N}\in\mathbb{C}^{Nn\times(Q'M+1)n}$；$\boldsymbol{\Sigma}''_N\in\mathbb{C}^{Nn\times Nn}$。它们可分别通过更新式 (8.45)、式 (8.73) 和式 (8.74) 得到：

$$\boldsymbol{\Pi}''_{M,N}=\tilde{\boldsymbol{U}}_{M,N}\otimes\boldsymbol{I}_n \tag{8.82}$$

$$\boldsymbol{\Sigma}''_{M,N}=\sum_{i=0}^{m}\tilde{\boldsymbol{L}}^i_{M,N}\otimes\tilde{\boldsymbol{A}}_i' \tag{8.83}$$

$$\boldsymbol{\Sigma}''_N=\sum_{i=0}^{m}\tilde{\boldsymbol{L}}^i_N\otimes\tilde{\boldsymbol{A}}_i' \tag{8.84}$$

综上所述，利用旋转-放大预处理的两种实现方法分别得到不同的解算子伪谱配置离散化矩阵 $\tilde{\boldsymbol{T}}''_{M,N}$ 和 $\boldsymbol{T}''_{M,N}$。然而，通过它们的特征值 μ'' 与电力系统特征值之间不同的映射关系式 (4.65) 和式 (4.66)，最终可以得到相同的特征值 λ。

此外，$\tilde{\boldsymbol{T}}''_{M,N}$ 和 $\boldsymbol{T}''_{M,N}$ 的维数相同，大约是 $\boldsymbol{T}'_{M,N}$ 和 $\boldsymbol{T}_{M,N}$ 维数的 $1/\alpha$。当放大倍数 $\alpha=1$ 时，$\tilde{\boldsymbol{T}}''_{M,N}$ 和 $\boldsymbol{T}''_{M,N}$ 就退化为 $\boldsymbol{T}'_{M,N}$。当坐标旋转角度 $\theta=0°$ 时，$\boldsymbol{T}'_{M,N}$ 进一步退化为 $\boldsymbol{T}_{M,N}$。

8.3.3 稀疏特征值计算

本节利用 IRA 算法从第二种实现方法得到的 $\boldsymbol{T}''_{M,N}$ (式 (8.81)) 中高效地计算得到解算子模值递减的部分近似特征值 μ''，进而根据映射关系式 (4.66)，计算得到电力系统阻尼比小于给定值的部分关键特征值 λ。利用相同的方法，也可以从式 (8.76) 出发并结合式 (4.66)，实现相同的目标。

1. IRA 算法的总体实现

在 IRA 算法中，计算量最大的操作就是形成 Krylov 向量过程中的 MVP 运算。设第 k 个 Krylov 向量为 $\boldsymbol{v}_k \in \mathbb{C}^{(Q'M+1)n\times 1}$，则第 $k+1$ 个向量 $\boldsymbol{v}_{k+1}$ 可由矩阵 $\boldsymbol{T}''_{M,N}$ 与向量 $\boldsymbol{v}_k$ 的乘积运算得到：

$$\boldsymbol{v}_{k+1} = \boldsymbol{T}''_{M,N}\boldsymbol{v}_k = \boldsymbol{\Pi}''_M\boldsymbol{v}_k + \boldsymbol{\Pi}''_{M,N}(\boldsymbol{I}_{Nn} - \boldsymbol{\Sigma}''_N)^{-1}\boldsymbol{\Sigma}''_{M,N}\boldsymbol{v}_k \tag{8.85}$$

式 (8.85) 可以进一步分解为三个 MVP 运算：

$$\boldsymbol{p}_k = \boldsymbol{\Sigma}''_{M,N}\boldsymbol{v}_k \tag{8.86}$$

$$\boldsymbol{q}_k = (\boldsymbol{I}_{Nn} - \boldsymbol{\Sigma}''_N)^{-1}\boldsymbol{p}_k \tag{8.87}$$

$$\boldsymbol{v}_{k+1} = \boldsymbol{\Pi}''_M\boldsymbol{v}_k + \boldsymbol{\Pi}''_{M,N}\boldsymbol{q}_k \tag{8.88}$$

式中，$\boldsymbol{p}_k \in \mathbb{C}^{Nn\times 1}$ 和 $\boldsymbol{q}_k \in \mathbb{C}^{Nn\times 1}$ 为中间向量。

2. 式 (8.86) 的稀疏实现

首先，从列的方向上将向量 $\boldsymbol{v}_k$ 压缩为矩阵 $\boldsymbol{V} = [\tilde{\boldsymbol{v}}_1,\ \tilde{\boldsymbol{v}}_2,\ \cdots,\ \tilde{\boldsymbol{v}}_{Q'M+1}] \in \mathbb{C}^{n\times(Q'M+1)}$，其中 $\tilde{\boldsymbol{v}}_j \in \mathbb{C}^{n\times 1}$，$j = 1,\ 2,\ \cdots,\ Q'M+1$。然后，将式 (8.83) 代入式 (8.86) 中，进而利用式 (4.85) 所示的克罗内克积的性质，得

$$\begin{aligned}
\boldsymbol{p}_k &= \boldsymbol{\Sigma}''_{M,N}\boldsymbol{v}_k \\
&= \left(\sum_{i=0}^{m} \tilde{\boldsymbol{L}}^i_{M,N} \otimes \tilde{\boldsymbol{A}}'_i\right)\mathrm{vec}(\boldsymbol{V}) \\
&= \mathrm{vec}\left(\sum_{i=0}^{m} \tilde{\boldsymbol{A}}'_i\boldsymbol{V}\left(\tilde{\boldsymbol{L}}^i_{M,N}\right)^{\mathrm{T}}\right) \\
&= \mathrm{vec}\left(\sum_{i=0}^{m}\left[\tilde{\boldsymbol{A}}'_i\tilde{\boldsymbol{v}}_1,\ \tilde{\boldsymbol{A}}'_i\tilde{\boldsymbol{v}}_2,\ \cdots,\ \tilde{\boldsymbol{A}}'_i\tilde{\boldsymbol{v}}_{Q'M+1}\right]\left(\tilde{\boldsymbol{L}}^i_{M,N}\right)^{\mathrm{T}}\right)
\end{aligned} \tag{8.89}$$

为了减少复数运算，可将式 (4.53) 代入式 (8.89)，从而可得

$$\boldsymbol{p}_k = \mathrm{e}^{-\mathrm{j}\theta}\cdot\mathrm{vec}\left(\sum_{i=0}^{m}\left[\tilde{\boldsymbol{A}}_i\tilde{\boldsymbol{v}}_1,\ \tilde{\boldsymbol{A}}_i\tilde{\boldsymbol{v}}_2,\ \cdots,\ \tilde{\boldsymbol{A}}_i\tilde{\boldsymbol{v}}_{Q'M+1}\right]\left(\tilde{\boldsymbol{L}}_{M,N}\right)^{\mathrm{T}}\right) \tag{8.90}$$

因为 $\tilde{\boldsymbol{A}}_i$ $(i = 1,\ 2,\ \cdots, m)$ 是高度稀疏的时滞状态矩阵，所以式 (8.89) 的计算量集中表现为稠密矩阵 - 向量乘积 $\tilde{\boldsymbol{A}}_0\tilde{\boldsymbol{v}}_j$ $(j = 1,\ 2,\ \cdots,\ Q'M+1)$。基于 4.5.3 节的思想，充分利用系统增广状态矩阵 $\boldsymbol{A}_0$、$\boldsymbol{B}_0$、$\boldsymbol{C}_0$ 和 $\boldsymbol{D}_0$ 的稀疏特性，可以极大地降低 $\boldsymbol{p}_k$ 的计算量，提高计算效率。

3. 式 (8.87) 的稀疏实现

式 (8.87) 是一个 MIVP 计算问题。其困难在于：一方面，$\boldsymbol{\Sigma}''_N$ 是克罗内克积之和，由于 $\boldsymbol{I}_{Nn}-\boldsymbol{\Sigma}''_N$ 不具有特殊的分块结构，$\left(\boldsymbol{I}_{Nn}-\boldsymbol{\Sigma}''_N\right)^{-1}$ 没有解析表达形式 [163]，其不能显式地表达为系统状态矩阵 $\tilde{\boldsymbol{A}}'_i$ $(i=0,1,\cdots,m)$ 的函数；另一方面，$\boldsymbol{I}_{Nn}-\boldsymbol{\Sigma}''_N$ 的维数是 $\tilde{\boldsymbol{A}}'_i$ 的维数的 N 倍，对于大规模电力系统，其维数巨大，因此难以应用传统的 LU 分解或 Gauss 消元法直接求得 $\left(\boldsymbol{I}_{Nn}-\boldsymbol{\Sigma}''_N\right)^{-1}$。

类似于 IIGD 方法，可以采用 IDR (s) 算法求解式 (8.87)，直至收敛：

$$\left(\boldsymbol{I}_{Nn}-\boldsymbol{\Sigma}''_N\right)\boldsymbol{q}_k^{(\ell)}=\boldsymbol{p}_k \tag{8.91}$$

式中，$\boldsymbol{q}_k^{(\ell)}\in\mathbb{C}^{Nn\times 1}$ 为第 ℓ 次迭代以后 $\boldsymbol{q}_k$ 的近似解。

为了高效地计算式 (8.91) 等号左边，首先从列的方向上，将向量 $\boldsymbol{q}_k^{(\ell)}$ 压缩为矩阵 $\boldsymbol{Q}=[\tilde{\boldsymbol{q}}_1,\tilde{\boldsymbol{q}}_2,\cdots,\tilde{\boldsymbol{q}}_N]\in\mathbb{C}^{n\times N}$，$\tilde{\boldsymbol{q}}_j\in\mathbb{C}^{n\times 1}$ $(j=1,2,\cdots,N)$。然后，将式 (8.84) 代入式 (8.91) 中，得

$$\begin{aligned}\left(\boldsymbol{I}_{Nn}-\boldsymbol{\Sigma}''_N\right)\boldsymbol{q}_k^{(\ell)}&=\boldsymbol{q}_k^{(\ell)}-\operatorname{vec}\left(\sum_{i=0}^{m}\tilde{\boldsymbol{A}}'_i\boldsymbol{Q}\left(\tilde{\boldsymbol{L}}_N^i\right)^{\mathrm{T}}\right)\\&=\boldsymbol{q}_k^{(\ell)}-\operatorname{vec}\left(\sum_{i=0}^{m}\left[\tilde{\boldsymbol{A}}'_i\tilde{\boldsymbol{q}}_1,\tilde{\boldsymbol{A}}'_i\tilde{\boldsymbol{q}}_2,\cdots,\tilde{\boldsymbol{A}}'_i\tilde{\boldsymbol{q}}_N\right]\left(\tilde{\boldsymbol{L}}_N^i\right)^{\mathrm{T}}\right)\\&=\boldsymbol{q}_k^{(\ell)}-\mathrm{e}^{-\mathrm{j}\theta}\cdot\operatorname{vec}\left(\sum_{i=0}^{m}\left[\tilde{\boldsymbol{A}}_i\tilde{\boldsymbol{q}}_1,\tilde{\boldsymbol{A}}_i\tilde{\boldsymbol{q}}_2,\cdots,\tilde{\boldsymbol{A}}_i\tilde{\boldsymbol{q}}_N\right]\left(\tilde{\boldsymbol{L}}_N^i\right)^{\mathrm{T}}\right)\end{aligned} \tag{8.92}$$

类似于式 (8.89)，可以充分利用系统增广状态矩阵 $\boldsymbol{A}_0$、$\boldsymbol{B}_0$、$\boldsymbol{C}_0$ 和 $\boldsymbol{D}_0$ 的稀疏特性，高效地计算稠密矩阵–向量乘积 $\tilde{\boldsymbol{A}}'_0\tilde{\boldsymbol{q}}_j$ $(j=1,2,\cdots,N)$。

4. 式 (8.88) 的高效实现

将式 (8.77) 和式 (8.82) 代入式 (8.88) 中，得

$$\begin{aligned}\boldsymbol{v}_{k+1}&=\boldsymbol{\Pi}''_M\boldsymbol{v}_k+\boldsymbol{\Pi}''_{M,N}\boldsymbol{q}_k\\&=\left(\tilde{\boldsymbol{U}}_M\otimes\boldsymbol{I}_n\right)\operatorname{vec}(\boldsymbol{V})+\left(\tilde{\boldsymbol{U}}_{M,N}\otimes\boldsymbol{I}_n\right)\operatorname{vec}(\boldsymbol{Q})\\&=\operatorname{vec}\left(\boldsymbol{V}\tilde{\boldsymbol{U}}_M^{\mathrm{T}}\right)+\operatorname{vec}\left(\boldsymbol{Q}\tilde{\boldsymbol{U}}_{M,N}^{\mathrm{T}}\right)\\&=\operatorname{vec}\Bigg(\Big[\underbrace{\tilde{\boldsymbol{v}}_1,\cdots,\tilde{\boldsymbol{v}}_1}_{M},\tilde{\boldsymbol{v}}_1,\tilde{\boldsymbol{v}}_2,\cdots,\tilde{\boldsymbol{v}}_{(Q'-2)M},\Big[\tilde{\boldsymbol{v}}_{(Q'-2)M+1},\cdots,\\&\qquad\tilde{\boldsymbol{v}}_{(Q'-1)M+1}\Big]\left(\boldsymbol{U}''_M\right)^{\mathrm{T}}\Big]\Bigg)+\operatorname{vec}\left(\left[\boldsymbol{Q}\left(\boldsymbol{U}''_{M,N}\right)^{\mathrm{T}},\ \boldsymbol{0}^{n\times((Q'-1)M+1)}\right]\right)\end{aligned} \tag{8.93}$$

从而两个 $(Q'M+1)n$ 维的 MVP 运算，被分别转化为 $n\times(M+1)$ 维与 $(M+1)\times(M+1)$ 维的矩阵乘法 $\left[\tilde{\boldsymbol{v}}_{(Q-2)M+1},\ \tilde{\boldsymbol{v}}_{(Q-2)M+2},\ \cdots,\ \tilde{\boldsymbol{v}}_{(Q-1)M+1}\right](\boldsymbol{U}''_M)^{\mathrm{T}}$，以及 $n\times N$ 维与 $N\times M$ 维的矩阵乘法 $\boldsymbol{Q}\left(\boldsymbol{U}''_{M,N}\right)^{\mathrm{T}}$。由于 $M,N\ll n$，通过式 (8.93) 的处理，$\boldsymbol{v}_{k+1}$ 的计算量大大降低。

5. 计算复杂性分析

由于 $M,\ N\ll n$，第 $k+1$ 个 Krylov 向量 $\boldsymbol{v}_{k+1}$ 的计算量大体上可以用稠密系统状态矩阵 $\tilde{\boldsymbol{A}}_0$ 与向量乘积的次数来度量。假设在求解 $\boldsymbol{q}_k$ 时，IDR(s) 算法需要 N_{IDR} 次迭代才能收敛，则求解 $\boldsymbol{v}_{k+1}$ 总共需要 $Q'M+N_{\mathrm{IDR}}N+1$ 次系统状态矩阵 $\tilde{\boldsymbol{A}}_0$ 与向量的乘积运算。

因此，在计算相同数量特征值的情况下，SOD-PS 方法进行一次 IRA 迭代的计算量，大致相当于传统无时滞电力系统关键特征值计算方法计算量的 $Q'M+N_{\mathrm{IDR}}N+1$ 倍。

6. 牛顿校验

设由 IRA 算法计算得到 $\boldsymbol{T}''_{M,N}$ 的特征值为 μ''，则由式 (4.66) 可以解得 DCPPS 的特征值的估计值 $\hat{\lambda}$：

$$\hat{\lambda}=\frac{1}{\alpha}\mathrm{e}^{\mathrm{j}\theta}\lambda''=\frac{1}{\alpha h}\mathrm{e}^{\mathrm{j}\theta}\ln\mu'' \tag{8.94}$$

此外，与 μ'' 对应的 Krylov 向量的前 n 个分量 $\hat{\boldsymbol{v}}$ 是特征向量 $\boldsymbol{v}$ 的良好的估计和近似。将 $\hat{\lambda}$ 和 $\hat{\boldsymbol{v}}$ 作为 4.6 节给出的牛顿法的初始值，通过迭代校正，可以得到 DCPPS 的精确特征值 λ 和特征向量 $\boldsymbol{v}$。

一旦计算得到 λ，一方面可以进行模态分析和控制器设计，以镇定系统；另一方面可以快速判别 DCPPS 的小干扰稳定性。

8.3.4 算法流程及特性分析

1. 算法流程

为了便于对大规模 DCPPS 进行小干扰稳定性分析和控制，以第二种实现方法为例，将 SOD-PS 方法的主要步骤总结如下。

(1) 参数赋值。谱离散化参数，包括切比雪夫多项式阶数 M、N，转移步长 h；预处理参数，包括坐标旋转角度 θ (或阻尼比 $\zeta=\sin(\theta)$)，放大倍数 α；IRA 算法、IDR(s) 算法和牛顿法参数，包括要求计算的特征值个数 r、收敛精度 ε 以及最大允许迭代次数等。

(2) 系统建模。建立 DCPPS 的小干扰稳定性分析模型，包括系统增广状态矩阵 $\boldsymbol{A}_i$、$\boldsymbol{B}_i$、$\boldsymbol{C}_0$、$\boldsymbol{D}_0$ 和时滞常数 τ_i，$i=0,\ 1,\ \cdots,\ m$。

(3) 形成旋转-放大预处理之后解算子的伪谱配置离散化子矩阵，包括 $\boldsymbol{U}''_M$、$\boldsymbol{U}''_{M,N}$、$\tilde{\boldsymbol{L}}^i_{M,N}$、$\tilde{\boldsymbol{L}}^i_N$，$i=0,\ 1,\ \cdots,\ m$。

(4) 利用 IRA 算法计算 $\boldsymbol{T}''_{M,N}$ 的特征值 μ''。具体地，利用式 (8.90) 计算 $\boldsymbol{p}_k$，利用式 (8.92) 迭代计算 $\boldsymbol{q}_k$，利用式 (8.93) 计算 $\boldsymbol{v}_{k+1}$。

(5) 利用式 (8.94) 计算 DCPPS 特征值的估计值 $\hat{\lambda}$。

(6) 利用牛顿法，计算得到 DCPPS 的精确特征值 λ。

2. 特性分析

下面通过与 EIGD 方法的对比，分析 SOD-PS 方法的特性。

(1) SOD-PS 方法借助于旋转-放大预处理能够通过一次计算得到阻尼比小于给定值的系统关键特征值，用于快速判断系统的稳定性。此外，通过增加求解特征值的个数，还可以计算系统的全部机电振荡模式，进而设计阻尼控制器以镇定系统。

(2) SOD-PS 方法中每个 Krylov 向量的计算量大致相当于幂法计算量的 $Q'M+N_{\mathrm{IDR}}N+1$ 倍，远大于 EIGD 方法 (一次 MVP 和 MIVP 计算量之和)。此外，考虑到通常情况下，SOD-PS 方法达到收敛所需的迭代次数多于 EIGD 方法。因此，即使考虑到 EIGD 方法在特征值扫描时特征值的重合，在计算相同数量的特征值的情况下，SOD-PS 方法的计算量依然大于 EIGD 方法。

第 9 章　基于 SOD-LMS 的特征值计算方法

本章首先阐述 SOD-LMS 方法 [137, 138] 的基本理论，详细地推导时滞系统解算子的线性多步离散化矩阵；然后，基于时滞独立稳定性的充分性定理，提出离散化参数选择的启发式方法和一般性原则；最后，利用基于谱离散化的时滞特征值计算方法的框架对 SOD-LMS 方法进行改进，使之能够高效地计算大规模 DCPPS 阻尼比小于给定值的部分关键特征值 [99]。

9.1　SOD-LMS 方法

9.1.1　LMS 离散化方案

1. 离散状态空间 $\boldsymbol{X}_N$

对于给定转移步长 $h\,(<\tau_{\max})$，首先利用等间距的 $Q+1$ 个离散点 $\theta_j=-jh\ (j=0,\ 1,\ \cdots,\ Q)$ 对区间 $[-\tau_{\max},\ 0]$ 进行离散化。其中，$Q=\lceil\tau_{\max}/h\rceil$，表示大于或等于 $\tau_{\max}/h$ 的最小整数，也即 $Q=\min\{q|qh\geqslant\tau_{\max},\ q\in\mathbb{N}\}$。然后，在 $t=-Qh$ 左侧外插 $k+s_--1$ 个等间距离散点 $\theta_j=-jh\ (j=Q+1,\ Q+2,\ \cdots,\ Q+k+s_--1)$。令 $N=Q+k+s_-$，则由 N 个等间距离散点形成的集合可表示为 $\Omega_N:=\{\theta_j|\theta_j=-jh,\ j=0,\ 1,\ \cdots,\ N-1\}$，如图 9.1 所示。

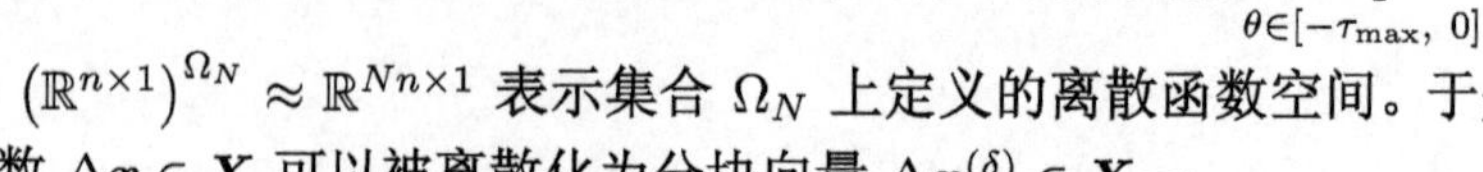

图 9.1　离散点集合 Ω_N

设状态空间 $\boldsymbol{X}:=C\left([-\tau_{\max},\ 0],\ \mathbb{R}^{n\times 1}\right)$ 是由区间 $[-(N-1)h,\ 0]$ 到 n 维实数空间 $\mathbb{R}^{n\times 1}$ 映射的连续函数构成的巴拿赫空间，并赋有上确界范数 $\sup\limits_{\theta\in[-\tau_{\max},\ 0]}|\Delta\boldsymbol{x}(\theta)|$。设 $\boldsymbol{X}_N=\left(\mathbb{R}^{n\times 1}\right)^{\Omega_N}\approx\mathbb{R}^{Nn\times 1}$ 表示集合 Ω_N 上定义的离散函数空间。于是，任意的连续函数 $\Delta\boldsymbol{x}\in\boldsymbol{X}$ 可以被离散化为分块向量 $\Delta\boldsymbol{x}^{(\delta)}\in\boldsymbol{X}_N$：

$$\Delta\boldsymbol{x}^{(\delta)}=\left[\left(\Delta\boldsymbol{x}_0^{(\delta)}\right)^{\mathrm{T}},\ \left(\Delta\boldsymbol{x}_1^{(\delta)}\right)^{\mathrm{T}},\ \cdots,\ \left(\Delta\boldsymbol{x}_{N-1}^{(\delta)}\right)^{\mathrm{T}}\right]^{\mathrm{T}},\quad\delta=0,\ 1\tag{9.1}$$

式中，$\Delta\boldsymbol{x}_j^{(\delta)}$ 为 $\Delta\boldsymbol{x}$ 在 $\delta h+\theta_j$ 处的近似值，$\Delta\boldsymbol{x}_j^{(\delta)}\approx\Delta\boldsymbol{x}(\delta h+\theta_j)$，$\delta=0,\ 1;\ j=0,\ 1,\ \cdots,\ N-1$。

总体上说，SOD-LMS 方法包含如下两个步骤：首先，在集合 Ω_N 的各个离散点处对解算子 $\mathcal{T}(h)$ 的分段函数表达式 (4.9) 进行估值；然后，建立描述 $\Delta\boldsymbol{x}^{(1)}$ 与 $\Delta\boldsymbol{x}^{(0)}$ 之间转移关系的显式表达式，其系数矩阵就是解算子 $\mathcal{T}(h)$ 的线性多步离散化近似矩阵。

2. $\mathcal{T}(h)$ 第二个解分段的离散化

在过去时刻 $t=\theta_j$ $(j=1,\ 2,\ \cdots,\ N-1)$，通过直接估计 $\Delta\boldsymbol{x}(t+h)$ 即可得到式 (4.9) 所示解算子 $\mathcal{T}(h)$ 的第二个分段 (转移) 的离散化形式：

$$\Delta\boldsymbol{x}_h(t)=\Delta\boldsymbol{x}_h(\theta_j)=\Delta\boldsymbol{x}_j^{(1)}=\Delta\boldsymbol{x}_{j-1}^{(0)},\quad j=1,\ 2,\ \cdots,\ N-1 \tag{9.2}$$

3. $\mathcal{T}(h)$ 第一个解分段的离散化

在当前时刻 $t=\theta_0$，式 (4.9) 所示解算子 $\mathcal{T}(h)$ 的第一个分段的离散化形式通过采用 LMS 法求解关于 $\Delta\boldsymbol{x}_h$ 的常微分方程的初值问题得到：

$$\boldsymbol{f}(t,\ \Delta\boldsymbol{x}_h)=\Delta\dot{\boldsymbol{x}}_h(t)=\tilde{\boldsymbol{A}}_0\Delta\boldsymbol{x}_h(t)+\sum_{i=1}^{m}\tilde{\boldsymbol{A}}_i\Delta\boldsymbol{x}_h(t-\tau_i),\ t\in[-h,\ 0] \tag{9.3}$$

由于 $t+h-\tau_i<0$ $(i=1,\ 2,\ \cdots,\ m)$，式 (9.3) 等号右边第二项中的 $\Delta\boldsymbol{x}_h(t-\tau_i)$ 实际上是式 (3.1) 所示时滞系统的初始条件，即 $\Delta\boldsymbol{x}_h(t-\tau_i)=\Delta\boldsymbol{x}(t+h-\tau_i)=\boldsymbol{\varphi}(t+h-\tau_i)$。所以，式 (9.3) 本质上是一个非齐次常微分方程。

对式 (9.3) 应用步长为 h 的线性 k 步法式 (3.58)，得

$$\sum_{j=0}^{k}\alpha_j\Delta\boldsymbol{x}_{k-j}^{(1)}=h\sum_{j=0}^{k}\beta_j\boldsymbol{f}_{k-j} \tag{9.4}$$

式中，α_j、β_j $(j=0,\ 1,\ \cdots,\ k)$ 为线性 k 步法的系数；$\boldsymbol{f}_{k-j}$ 为式 (9.3) 的离散化形式：

$$\boldsymbol{f}_{k-j}=\tilde{\boldsymbol{A}}_0\Delta\boldsymbol{x}_{k-j}^{(1)}+\sum_{i=1}^{m}\tilde{\boldsymbol{A}}_i\Delta\boldsymbol{x}(\theta_{k-j}+h-\tau_i) \tag{9.5}$$

将式 (9.5) 代入式 (9.4) 中得

$$\sum_{j=0}^{k}\alpha_j\Delta\boldsymbol{x}_{k-j}^{(1)}=h\sum_{j=0}^{k}\beta_j\left(\tilde{\boldsymbol{A}}_0\Delta\boldsymbol{x}_{k-j}^{(1)}+\sum_{i=1}^{m}\tilde{\boldsymbol{A}}_i\Delta\boldsymbol{x}(\theta_{k-j-1}-\tau_i)\right) \tag{9.6}$$

利用 Nordsieck 插值 [137] 来估计式 (9.6) 中的时滞项 $\Delta\boldsymbol{x}(\theta_{k-j-1}-\tau_i)$，得

$$\sum_{j=0}^{k}\alpha_j\Delta\boldsymbol{x}_{k-j}^{(1)}=h\sum_{j=0}^{k}\beta_j\left(\tilde{\boldsymbol{A}}_0\Delta\boldsymbol{x}_{k-j}^{(1)}+\sum_{i=1}^{m}\tilde{\boldsymbol{A}}_i\sum_{l=-s_-}^{s_+}\ell_l(\varepsilon_i)\Delta\boldsymbol{x}_{\gamma_i+k-j-l-1}^{(0)}\right) \tag{9.7}$$

式中，$\gamma_i = \lceil \tau_i/h \rceil$；$\varepsilon_i = \gamma_i - \tau_i/h \in [0,1)$，$i = 1, 2, \cdots, m$；$\ell_l$ ($l = -s_-, -s_- + 1, \cdots, s_+$) 为拉格朗日插值的基函数，其中 $s_- \leqslant s_+ \leqslant s_- + 2$：

$$\ell_l(\varepsilon_i) = \prod_{o=-s_-,\ o\neq l}^{s_+} \frac{\varepsilon_i - o}{l - o}, \quad \varepsilon_i \in [0,\ 1) \tag{9.8}$$

此外，为了避免用未来时刻的系统状态估计过去时刻的系统状态，式 (9.7) 中 $\Delta\boldsymbol{x}_{\gamma_i+k-j-l-1}^{(0)}$ 的下标须满足：$\gamma_i > s_+$，即

$$\tau_i > (s_+ - \varepsilon_i)h, \quad i = 1, 2, \cdots, m \tag{9.9}$$

对式 (9.7) 进行整理，得

$$\begin{aligned}\Delta\boldsymbol{x}_0^{(1)} = \left(\alpha_k \boldsymbol{I}_n - h\beta_k \tilde{\boldsymbol{A}}_0\right)^{-1} & \left(\sum_{j=0}^{k-1} \left(-\alpha_j \boldsymbol{I}_n + h\beta_j \tilde{\boldsymbol{A}}_0\right) \Delta\boldsymbol{x}_{k-j}^{(1)}\right. \\ & \left. + h\sum_{j=0}^{k} \beta_j \sum_{i=1}^{m} \tilde{\boldsymbol{A}}_i \sum_{l=-s_-}^{s^+} \ell_l(\varepsilon_i) \boldsymbol{x}_{\gamma_i+k-j-l-1}^{(0)}\right)\end{aligned} \tag{9.10}$$

对式 (9.10) 中的 $\Delta\boldsymbol{x}_{k-j}^{(1)}$ ($j = 0, 1, \cdots, k-1$) 应用转移特性，得

$$\Delta\boldsymbol{x}_{k-j}^{(1)} = \Delta\boldsymbol{x}_{k-j-1}^{(0)}, \quad j = 0, 1, \cdots, k-1 \tag{9.11}$$

将式 (9.11) 代入式 (9.10) 得

$$\begin{aligned}\Delta\boldsymbol{x}_0^{(1)} = \left(\alpha_k \boldsymbol{I}_n - h\beta_k \tilde{\boldsymbol{A}}_0\right)^{-1} & \left(\sum_{j=0}^{k-1} \left(-\alpha_j \boldsymbol{I}_n + h\beta_j \tilde{\boldsymbol{A}}_0\right) \Delta\boldsymbol{x}_{k-j-1}^{(0)}\right. \\ & \left. + h\sum_{j=0}^{k} \beta_j \sum_{i=1}^{m} \tilde{\boldsymbol{A}}_i \sum_{l=-s_-}^{s_+} \ell_l(\varepsilon_i) \Delta\boldsymbol{x}_{\gamma_i+k-j-l-1}^{(0)}\right)\end{aligned} \tag{9.12}$$

4. *克罗内克积变换*

将式 (9.12) 等号右边的两个括号项分别定义为 $\boldsymbol{R}_N \in \mathbb{R}^{n\times n}$ 和 $\boldsymbol{\Sigma}_N \in \mathbb{R}^{n\times Nn}$。尤其地，$\boldsymbol{\Sigma}_N$ 将第二个括号项等价地变换为常数向量 $\boldsymbol{\ell}_i$ ($i = 0, 1, \cdots, m$) 与系统状态矩阵 $\tilde{\boldsymbol{A}}_i$ 的克罗内克积之和的形式，其由拉格朗日插值系数 ℓ_l ($l = -s_-, -s_- + 1, \cdots, s^+$)，线性 k 步法系数 α_j、β_j ($j = 0, 1, \cdots, k$) 和转移步长 h 决定。于是，式 (9.12) 可写为

$$\Delta\boldsymbol{x}_0^{(1)} = \boldsymbol{R}_N^{-1} \boldsymbol{\Sigma}_N \Delta\boldsymbol{x}^{(0)} \tag{9.13}$$

式中，

$$\boldsymbol{R}_N = \alpha_k \boldsymbol{I}_n - h\beta_k \tilde{\boldsymbol{A}}_0 \in \mathbb{R}^{n\times n} \tag{9.14}$$

$$\boldsymbol{\Sigma}_N = \boldsymbol{\ell}_{m+1}^{\mathrm{T}} \otimes \boldsymbol{I}_n + \sum_{i=0}^{m} \boldsymbol{\ell}_i^{\mathrm{T}} \otimes \tilde{\boldsymbol{A}}_i \in \mathbb{R}^{n\times Nn} \tag{9.15}$$

5. $\mathcal{T}(h)$ 的线性多步离散化矩阵

结合式 (9.2) 和式 (9.12)，可以推导得到 $\Delta\boldsymbol{x}^{(1)}$ 与 $\Delta\boldsymbol{x}^{(0)}$ 之间的关系式：

$$\begin{bmatrix} \Delta\boldsymbol{x}_0^{(1)} \\ \Delta\boldsymbol{x}_1^{(1)} \\ \vdots \\ \Delta\boldsymbol{x}_{Q+k+s_--1}^{(1)} \end{bmatrix} = \boldsymbol{T}_N \begin{bmatrix} \Delta\boldsymbol{x}_0^{(0)} \\ \Delta\boldsymbol{x}_1^{(0)} \\ \vdots \\ \Delta\boldsymbol{x}_{Q+k+s_--1}^{(0)} \end{bmatrix} \tag{9.16}$$

式中，$Q=\gamma_m$；$\boldsymbol{T}_N:\boldsymbol{X}_N\to\boldsymbol{X}_N$ 为解算子的离散化矩阵：

$$\boldsymbol{T}_N = \begin{bmatrix} & \boldsymbol{R}_N^{-1}\boldsymbol{\Sigma}_N & \\ \hdashline \boldsymbol{I}_n & & \boldsymbol{0} \\ & \ddots & \vdots \\ & \boldsymbol{I}_n & \boldsymbol{0} \end{bmatrix} \in \mathbb{R}^{Nn\times Nn} \tag{9.17}$$

特别地，当系统仅含有单个时滞 ($m=1$) 时，$Q=\lceil\tau_1/h\rceil$。因为解算子的离散化过程中不再涉及拉格朗日插值，所以 $N=Q+k$。此时 $\boldsymbol{\Sigma}_N$ 可显式地表示如下：

$$\boldsymbol{\Sigma}_N=[\boldsymbol{\Sigma}_0,\ \boldsymbol{0}_{n\times(Q-k-1)n},\ \boldsymbol{\Sigma}_1]\in\mathbb{R}^{n\times Nn} \tag{9.18}$$

式中，

$$\boldsymbol{\Sigma}_0=-(\alpha_{k-1},\ \alpha_{k-2},\ \cdots,\ \alpha_0)\otimes\boldsymbol{I}_n+h(\beta_{k-1},\ \beta_{k-2},\ \cdots,\ \beta_0)\otimes\tilde{\boldsymbol{A}}_0\in\mathbb{R}^{n\times kn} \tag{9.19}$$

$$\boldsymbol{\Sigma}_1=h(\beta_k,\ \beta_{k-1},\ \cdots,\ \beta_0)\otimes\tilde{\boldsymbol{A}}_1\in\mathbb{R}^{n\times(k+1)n} \tag{9.20}$$

至此，求解无穷维解算子 $\mathcal{T}(h)$ 的特征值问题转化为求解近似矩阵 $\boldsymbol{T}_N$ 的特征值问题。

9.1.2 时滞独立稳定性定理

根据文献 [137]，本节将分析 LMS 法的绝对稳定性与时滞系统独立稳定性之间的联系，包括 LMS 法能够保证时滞系统独立稳定性的充分条件和 SOD-LMS 方法计算时滞系统最右侧特征值的收敛精度，从而为选择 LMS 法、步数 k 和步长 h 奠定理论基础。

1. 线性 k 步离散化方程的特征方程

线性 k 步离散化方程式 (9.7) 对应的特征方程为

$$\det\left(\left(\sum_{j=0}^{k}\alpha_j\mu^{j-k}\right)\boldsymbol{I}_n-h\left(\sum_{j=0}^{k}\beta_j\mu^{j-k}\right)\left(\tilde{\boldsymbol{A}}_0+\sum_{i=1}^{m}\tilde{\boldsymbol{A}}_i\sum_{l=-s_-}^{s_+}\ell_l(\varepsilon_i)\mu^{l-\gamma_i}\right)\right)=0 \tag{9.21}$$

式中，$\sum\limits_{j=0}^{k}\alpha_j\mu^j$ 和 $\sum\limits_{j=0}^{k}\beta_j\mu^j$ 不可约。于是，式 (9.21) 可等价表示为

$$\det\left(\frac{1}{h}\cdot\frac{\sum\limits_{j=0}^{k}\alpha_j\mu^j}{\sum\limits_{j=0}^{k}\beta_j\mu^j}\boldsymbol{I}_n-\left(\tilde{\boldsymbol{A}}_0+\sum_{i=1}^{m}\tilde{\boldsymbol{A}}_i\sum_{l=-s_-}^{s_+}\ell_l(\varepsilon_i)\mu^{l-\gamma_i}\right)\right)=0 \tag{9.22}$$

将 $\mu=\mathrm{e}^{\lambda h}$ 代入式 (9.22)，得

$$\det\left(\frac{1}{h}\cdot\frac{\sum\limits_{j=0}^{k}\alpha_j\mathrm{e}^{\lambda hj}}{\sum\limits_{j=0}^{k}\beta_j\mathrm{e}^{\lambda hj}}\boldsymbol{I}_n-\left(\tilde{\boldsymbol{A}}_0+\sum_{i=1}^{m}\tilde{\boldsymbol{A}}_i\sum_{l=-s_-}^{s_+}\ell_l(\varepsilon_i)\mathrm{e}^{-\lambda(\gamma_i-l)h}\right)\right)=0 \tag{9.23}$$

2. 右 (左) 半复闭 (开) 平面

为了便于后续分析，引入一些符号。

令 $\mathbb{C}_0^+$ 和 $\mathbb{C}^+$ 分别表示右半复开平面和右半复闭平面，即

$$\mathbb{C}_0^+=\{\lambda\in\mathbb{C}|\mathrm{Re}(\lambda)>0\},\quad \mathbb{C}^+=\{\lambda\in\mathbb{C}|\mathrm{Re}(\lambda)\geqslant 0\} \tag{9.24}$$

类似地，令 $\mathbb{C}_0^-$ 和 $\mathbb{C}^-$ 分别表示左半复开平面和左半复闭平面，即

$$\mathbb{C}_0^-=\{\lambda\in\mathbb{C}|\mathrm{Re}(\lambda)<0\},\quad \mathbb{C}^-=\{\lambda\in\mathbb{C}|\mathrm{Re}(\lambda)\leqslant 0\} \tag{9.25}$$

3. 集值函数

根据 DCPPS 的特征方程式 (3.4) 的左侧，定义依赖于时滞 τ_i $(i=1,\ 2,\ \cdots,\ m)$ 的集值函数 (set-valued function)$\varSigma_\tau(\cdot)$ 为

$$\varSigma_\tau(C)=\bigcup_{\lambda\in C}\sigma\left(\tilde{\boldsymbol{A}}_0+\sum_{i=1}^{m}\tilde{\boldsymbol{A}}_i\mathrm{e}^{-\lambda\tau_i}\right) \tag{9.26}$$

式中，$C\subset\mathbb{C}$。

为了研究系统的时滞独立稳定性，定义与时滞无关的集值函数 $\varSigma(\cdot)$ 为

$$\varSigma(C)=\bigcup_{(\lambda_1,\ \lambda_2,\ \cdots,\ \lambda_m)\in C\times C\times\cdots\times C}\sigma\left(\tilde{\boldsymbol{A}}_0+\sum_{i=1}^{m}\tilde{\boldsymbol{A}}_i\mathrm{e}^{-\lambda_i}\right) \tag{9.27}$$

对于 $\varSigma_\tau(\cdot)$ 和 $\varSigma(\cdot)$，有如下关系：

$$\varSigma_\tau(\mathbb{C}^+)\subseteq\varSigma(\mathbb{C}^+) \tag{9.28}$$

式中，等号只有在系统仅存在单个时滞 ($m=1$) 时成立。

例如，含有单个时滞常数的简单 4 阶时滞系统的状态矩阵如式 (9.29) 所示。右半复平面向 $\Sigma(\cdot)$ 的映射，即 $\Sigma(\mathbb{C}^+)$，如图 9.2 阴影部分所示。映射的边界对应 $\Sigma(\mathrm{j}\xi|\xi\in\mathbb{R})$。考虑到 $\mathrm{e}^{\mathrm{j}\xi}$ 是周期函数，则 $\Sigma(\mathrm{j}\xi|\xi\in\mathbb{R})=\Sigma(\mathrm{j}\xi|\xi\in[0,\ 2\pi])$。

$$\tilde{\boldsymbol{A}}_0=\begin{bmatrix}-1 & 2 & 0 & 0\\ -2 & -1 & 0 & 0\\ 0 & 0 & 2 & 0\\ 0 & 0 & 0 & -6\end{bmatrix},\quad \tilde{\boldsymbol{A}}_1=\begin{bmatrix}2 & 2 & 2 & 0\\ -2 & -1 & 0 & 0\\ 0 & 0 & -0.5 & 0\\ 1 & 1 & 1 & 1\end{bmatrix} \tag{9.29}$$

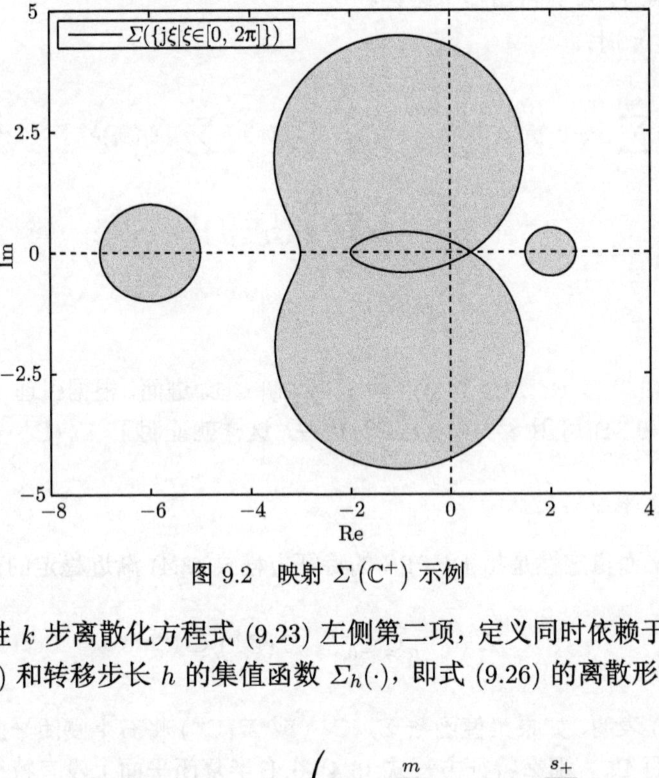

图 9.2 映射 $\Sigma\left(\mathbb{C}^+\right)$ 示例

根据线性 k 步离散化方程式 (9.23) 左侧第二项，定义同时依赖于时滞 τ_i ($i=1,\ 2,\ \cdots,\ m$) 和转移步长 h 的集值函数 $\Sigma_h(\cdot)$，即式 (9.26) 的离散形式：

$$\Sigma_h(C)=\bigcup_{(\lambda_1,\ \lambda_2,\ \cdots,\ \lambda_m)\in C\times C\times\cdots\times C}\sigma\left(\tilde{\boldsymbol{A}}_0+\sum_{i=1}^{m}\tilde{\boldsymbol{A}}_i\mathrm{e}^{-\lambda\tau_i}\sum_{l=-s_-}^{s_+}\ell_l(\varepsilon_i)\mathrm{e}^{\lambda(l-\varepsilon_i)h}\right) \tag{9.30}$$

$\Sigma(\cdot)$ 和 $\Sigma_h(\cdot)$ 有如下关系：

$$\Sigma_h\left(\mathbb{C}^+\right)\subseteq\Sigma\left(\mathbb{C}^+\right) \tag{9.31}$$

为了证明式 (9.31)，首先给出如下引理。

引理 1　z 的多项式：

$$\sum_{l=-s_-}^{s_+} \ell_l(\varepsilon) z^{s_+ - l} \tag{9.32}$$

将单位圆映射到它本身，其中 $\varepsilon \in [0,\ 1]$，$s_- \leqslant s_+ \leqslant s_- + 2$。用数学表达式表示：

$$|z| \leqslant 1 \Rightarrow \left| \sum_{l=-s_-}^{s_+} \ell_l(\varepsilon) z^{s_+ - l} \right| \leqslant 1 \tag{9.33}$$

根据引理 1，可以得出如下结论。

当 $\lambda \in \mathbb{C}^+$ 时，

$$\begin{aligned} \mathrm{e}^{-\lambda\tau_i} \sum_{l=-s_-}^{s_+} \ell_l(\varepsilon_i) \mathrm{e}^{\lambda(l-\varepsilon_i)h} &= \mathrm{e}^{\lambda(-\tau_i - \varepsilon_i h + s_+ h)} \sum_{l=-s_-}^{s_+} \ell_l(\varepsilon_i) \mathrm{e}^{-\lambda(s_+ - l)h} \\ &= z_1 \sum_{l=-s_-}^{s_+} \ell_l(\varepsilon_i) z_2^{s_+ - l} \\ &= z_1 z_3 \end{aligned} \tag{9.34}$$

根据式 (9.9) 和 $\mathrm{Re}(\lambda) \geqslant 0$，有 $|z_1| \leqslant 1$，$|z_2| \leqslant 1$。进而，根据引理 1 可知，$|z_3| \leqslant 1$。所以，式 (9.34) 可用 $\mathrm{e}^{-\lambda\tau_i}$，$\lambda \in \mathbb{C}^+$ 代替，这样就证明了 $\Sigma_h(\mathbb{C}^+) \subseteq \Sigma(\mathbb{C}^+)$。

4. *右半复平面稳定性*

右半复平面稳定性是指 DCPPS 的特征方程式 (3.4) 渐近稳定的充分条件，即

$$\Sigma_\tau(\mathbb{C}^+) \subseteq \mathbb{C}_0^-, \quad \Sigma(\mathbb{C}^+) \subseteq \mathbb{C}_0^- \tag{9.35}$$

式 (9.35) 表明，如果集值函数 $\Sigma_\tau(\mathbb{C}^+)$ 或 $\Sigma(\mathbb{C}^+)$ 将右半复闭平面 $\mathbb{C}^+$ 映射到左半复开平面 $\mathbb{C}_0^-$，那么特征方程式 (3.4) 在右半复闭平面上没有特征值，进而可判定系统对于任意的时滞 $\boldsymbol{\tau} = (\tau_1,\ \tau_2,\ \cdots,\ \tau_m) > 0$ 是稳定的，即系统是时滞独立稳定的。

类似地，如果：

$$\Sigma_\tau(\mathbb{C}^+) \subseteq \mathbb{C}_0^+, \quad \Sigma(\mathbb{C}^+) \subseteq \mathbb{C}_0^+ \tag{9.36}$$

则系统是时滞独立不稳定的。

此外，$\varSigma(\mathbb{C}^+)$ 是有界的，即

$$\begin{aligned}\lambda\in\varSigma\left(\mathbb{C}^+\right)&\Rightarrow|\lambda|\leqslant\left\|\tilde{\boldsymbol{A}}_0+\sum_{i=1}^{m}\tilde{\boldsymbol{A}}_i\mathrm{e}^{-\lambda_i}\right\|,\ \mathrm{Re}(\lambda_i)\geqslant0\\&\Rightarrow|\lambda|\leqslant\left\|\tilde{\boldsymbol{A}}_0\right\|+\sum_{i=1}^{m}\left\|\tilde{\boldsymbol{A}}_i\right\|\left|\mathrm{e}^{-\lambda_i}\right|,\ \mathrm{Re}(\lambda_i)\geqslant0\\&\Rightarrow|\lambda|\leqslant\sum_{i=0}^{m}\left\|\tilde{\boldsymbol{A}}_i\right\|\end{aligned}\tag{9.37}$$

这表明 $\varSigma(\mathbb{C}^+)$ 分布在以坐标原点为圆心，以 $\sum\limits_{i=0}^{m}\|\tilde{\boldsymbol{A}}_i\|$ 为半径的圆内。

5. 线性多步离散化方程的右半复平面的稳定性

定理 1 给出了式 (3.58) 所示线性多步映射 LMS(λ) 的稳定性与集值函数 $\varSigma_\tau(\cdot)$ 右半复平面稳定性之间的关系。

定理 2 假设线性 k 步法是不可约的，且 $\mathrm{LMS}(\mathbb{C}^+)\cap\mathrm{LMS}\left(\mathbb{C}_0^-\right)=\varnothing$。Nordsieck 插值满足 $s_-\leqslant s_+\leqslant s_-+2$。如果通过选择合适的转移步长 $h\in(0,\ h^*]$，则线性多步映射 $\dfrac{1}{h}\mathrm{LMS}(\cdot)$ 可以逼近集值函数对右半复闭平面映射 $\varSigma_h(\mathbb{C}^+)$ 的稳定性，进而也逼近了电力系统的时滞独立稳定性。

(1) 如果 LMS 法的绝对稳定域 $\dfrac{1}{h}\mathrm{LMS}\left(\mathbb{C}_0^-\right)$ 能够包含 $\varSigma_h(\mathbb{C}^+)$，即

$$\varSigma_h\left(\mathbb{C}^+\right)\subset\frac{1}{h}\left(\mathbb{C}\setminus\mathrm{LMS}\left(\mathbb{C}^+\right)\right)=\frac{1}{h}\mathrm{LMS}\left(\mathbb{C}_0^-\right)\tag{9.38}$$

则对于所有时滞 $\boldsymbol{\tau}\geqslant0$，线性多步离散化方程式 (9.7)/式 (9.23) 是时滞独立稳定的。

(2) 如果线性多步映射 $\dfrac{1}{h}\mathrm{LMS}\left(\mathbb{C}^+\right)$ 能够包含 $\varSigma_h(\mathbb{C}^+)$，即

$$\varSigma_h\left(\mathbb{C}^+\right)\subset\frac{1}{h}\mathrm{LMS}\left(\mathbb{C}^+\right)\tag{9.39}$$

则对于所有时滞 $\boldsymbol{\tau}\geqslant0$，线性多步离散化方程式 (9.7)/式 (9.23) 是时滞独立不稳定的。

如果 LMS 法具有 A 稳定性，对于任意转移步长 h，线性多步映射 $\dfrac{1}{h}\mathrm{LMS}(\cdot)$ 均能有效地逼近电力系统的时滞独立稳定性，即式 (9.38) 和式 (9.39) 总是成立的。3.2.2 节已经阐明，具有 A 稳定性的 LMS 法必须是隐式的，而且其最高阶数为 2 阶。

6. SOD-LMS 方法的收敛精度

定理 3 对于时滞系统的 v 重特征值 λ，LMS 法的特征多项式式 (9.23) (解算子线性多步离散化矩阵 $\boldsymbol{T}_N$) 的 v 个特征值 $\lambda_{h,i}$ $(i=1,\ 2,\ \cdots,\ v)$ 逼近 λ 的精

度为

$$\max_{1 \leqslant i \leqslant v} |\lambda - \lambda_{h,i}| = \mathcal{O}\left(h^{\frac{1}{v}\min\{p,\ s_- + s_+ + 1\}}\right) \tag{9.40}$$

式中，$h \in (0,\ h^*]$, $h^* > 0$；p 为 LMS 法的阶数；s_- 和 s_+ 为拉格朗日插值参数 (式 (9.8))。详细证明可参考文献 [137]。

9.1.3 参数选择方法

采用不同的 LMS 法、步数 k 和步长 h 对解算子进行离散化，都会影响矩阵 $\boldsymbol{T}_N$ 逼近 $\mathcal{T}(h)$ 的精度。根据定理 1 和定理 2，下面给出选择这些参数的启发式方法和一般原则。

1. 步长 h

较小的转移步长 h 能够保证 LMS 法有较好的精度。然而，此时 k, $s_- \ll Q$，$N = Q + k + s_- \approx \lceil \tau_{\max}/h \rceil$。从而可知，较小的 h 将增加解算子线性多步离散化矩阵 $\boldsymbol{T}_N$ 的维数，加大后续特征值的计算量。在大规模 DCPPS 的特征值分析中，需要为 SOD-LMS 方法选取合适的转移步长，在保证原 DCPPS 的时滞独立稳定性的同时，降低特征值的计算量。

设 ε 为一个非常小的数，安全半径 $\rho_{\mathrm{LMS},\varepsilon}$ 表示复平面上一个位于原点的圆盘的半径，其定义为

$$\rho_{\mathrm{LMS},\varepsilon} = \min\left\{\rho^-_{\mathrm{LMS},\varepsilon},\ \rho^+_{\mathrm{LMS},\varepsilon}\right\} \tag{9.41}$$

式中，

$$\rho^-_{\mathrm{LMS},\varepsilon} = \sup\left\{\rho > \varepsilon \mid |\mathrm{LMS}(\lambda)| < \rho,\ \mathrm{Re}(\mathrm{LMS}(\lambda)) < -\varepsilon \Rightarrow \mathrm{Re}(\lambda) < 0\right\} \tag{9.42}$$

$$\rho^+_{\mathrm{LMS},\varepsilon} = \sup\left\{\rho > \varepsilon \mid |\mathrm{LMS}(\lambda)| < \rho,\ \mathrm{Re}(\mathrm{LMS}(\lambda)) > \varepsilon \Rightarrow \mathrm{Re}(\lambda) > 0\right\} \tag{9.43}$$

安全半径 $\rho_{\mathrm{LMS},\varepsilon}$ 的意义为：在以 $\rho_{\mathrm{LMS},\varepsilon}$ 为半径的圆中，LMS 法的稳定域以精度 ε 逼近整个复平面 (除了在虚轴附近 2ε 的区域内)。

以式 (9.29) 所示的单时滞系统为例，当 $\varepsilon = 0.1$ 时，按照式 (9.41) 求得的安全半径就对应图 9.3 中虚线圆的半径。图 9.3 中，$\mathrm{LMS}(\cdot)$ 表示集合 $\{\mathrm{j}\xi|\xi \in [0,\ 2\pi]\}$ 向 BDF ($k = 2$) 方法的映射，$\odot\ (0,\ 0,\ \rho_{\mathrm{LMS},0.1})$ 表示以原点为圆心、以 $\rho_{\mathrm{LMS},0.1}$ 为半径的圆。

如果步长 h 满足

$$h \leqslant \frac{0.9\rho_{\mathrm{LMS},\varepsilon}}{\sum\limits_{i=0}^{m}\left\|\tilde{\boldsymbol{A}}_i\right\|} \tag{9.44}$$

则 LMS 法能够逼近系统的时滞独立稳定性到一定的精度 ε。其中，0.9 为安全系数。

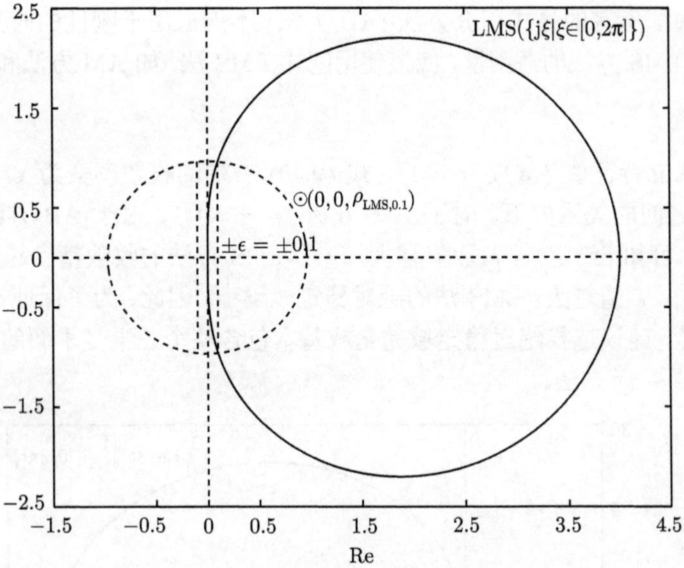

图 9.3 安全半径 $\rho_{\mathrm{LMS},\varepsilon}$ 示例

按照式 (9.44) 选择 h 后，有如下情况。

(1) 如果满足

$$\Sigma_h\left(\mathbb{C}^+\right)\cap\left(\mathbb{C}^- - \frac{\varepsilon}{h}\right)\subset\frac{1}{h}\mathrm{LMS}\left(\mathbb{C}_0^-\right) \tag{9.45}$$

则系统是时滞独立稳定的。

(2) 如果满足

$$\Sigma_h\left(\mathbb{C}^+\right)\cap\left(\mathbb{C}^+ + \frac{\varepsilon}{h}\right)\subset\frac{1}{h}\mathrm{LMS}\left(\mathbb{C}_0^+\right) \tag{9.46}$$

则系统是时滞独立不稳定的。

对于式 (9.29) 所示的单时滞系统状态矩阵，按照式 (9.44) 选择 h 以后，由图 9.4 可见，$\sum\limits_{i=0}^{m}\left\|\tilde{\boldsymbol{A}}_i\right\| < \rho_{\mathrm{LMS},\varepsilon}/h$。进一步地，结合式 (9.37) 可知：$|\lambda| \leqslant \sum\limits_{i=0}^{m}\left\|\tilde{\boldsymbol{A}}_i\right\| < \rho_{\mathrm{LMS},\varepsilon}/h$。

电力系统广域阻尼控制回路的时滞通常不超过 1s[164]。在实际应用中，取 $N \geqslant 10$ 或 $h \leqslant 0.1$s，就能够保证 SOD-LMS 方法准确地计算得到 DCPPS 的部分关键特征值。

2. 显式/隐式 LMS 法

通过观察 DCPPS 特征值的实部可知，它们的时间尺度相差很大。这表明，DCPPS 是一个典型的刚性系统。实际上，系统的刚性与时滞大小无关 [137]。由文

献 [91] 可知，所有的显式积分方法 (AB 方法) 不能适用于刚性的时滞系统。为了保证 SOD-LMS 方法的适用性，应该使用隐式 LMS 法，如 AM 方法和 BDF 方法。

3. 步数 k

对于孤立特征值 (重数 $v=1$)，式 (9.40) 右端的收敛率变为 $\mathcal{O}(h^p)$。阶数 p 与步数 k 之间的关系如下。对于 AM 方法，$p=k+1$，对于 AB 方法和 BDF 方法，$p=k$。可知，给定 h，k 取值越大，SOD-LMS 方法的收敛精度越好。然而，由 3.2.2 节可知，k 值越大，LMS 法的绝对稳定域越小。因此，为了保证 SOD-LMS 方法的适用性，建议选择绝对稳定域完全或基本包含整个左半复平面的 LMS 法，即 BDF ($k=2\sim4$) 方法。

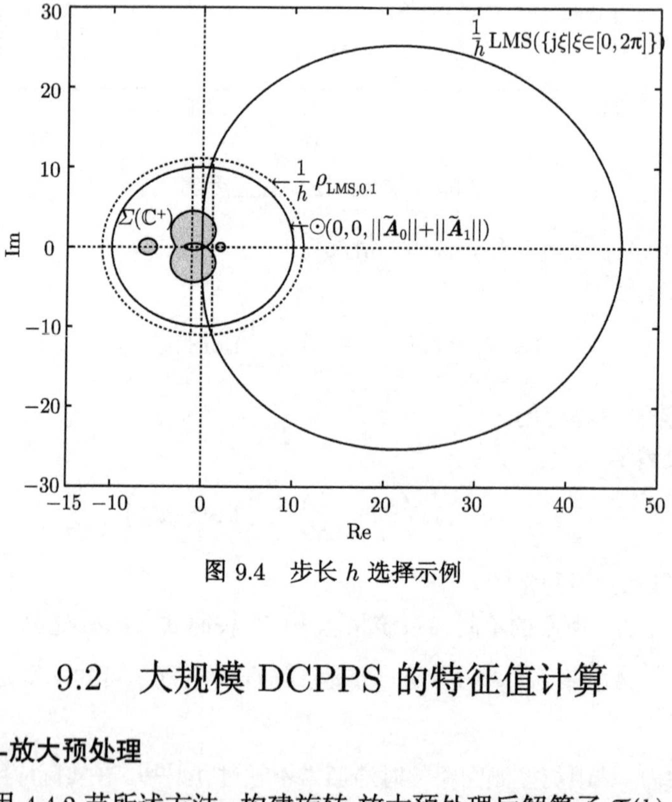

图 9.4 步长 h 选择示例

9.2 大规模 DCPPS 的特征值计算

9.2.1 旋转-放大预处理

本节利用 4.4.2 节所述方法，构建旋转-放大预处理后解算子 $\mathcal{T}(h)$ 的线性多步离散化矩阵。考虑到利用旋转-放大预处理的两种实现方法可以形成完全相同的解算子离散化矩阵，下面仅以第二种实现方法为例来说明解算子线性多步离散化矩阵的形成过程及显式表达式。

在旋转-放大预处理第二种实现方法中，τ_i ($i=1, 2, \cdots, m$) 保持不变，$\tilde{\boldsymbol{A}}_i$ ($i=0, 1, \cdots, m$) 变换为 $\tilde{\boldsymbol{A}}_i'$，转移步长 h 变换为原来的 α 倍，即 αh。区间 $[-\tau_{\max}, 0]$

被重新划分为长度等于 (或小于) αh 的 Q' 个子区间，$Q' = \lceil \tau_{\max}/(\alpha h) \rceil$。然后，在 $t = -Q'h$ 左侧外插 $k+s_- - 1$ 个长度为 αh 的子区间。N 变为 $N' = Q'+k+s_-$，$\boldsymbol{\ell}_i$ ($i = 0, 1, \cdots, m+1$) 重新形成为 $\boldsymbol{\ell}_i'' \in \mathbb{R}^{N' \times 1}$。最终，$\boldsymbol{T}_N$ 变为 $\boldsymbol{T}_{N'}$：

$$\boldsymbol{T}_{N'} = \begin{bmatrix} & \boldsymbol{\Gamma}_{N'} & \\ \hdashline \boldsymbol{I}_{N'} & & \boldsymbol{0} \\ & \ddots & \vdots \\ & \boldsymbol{I}_{N'} & \boldsymbol{0} \end{bmatrix} \in \mathbb{C}^{N'n \times N'n} \tag{9.47}$$

式中，

$$\boldsymbol{\Gamma}_{N'} = \boldsymbol{R}_{N'}^{-1} \boldsymbol{\Sigma}_{N'} \in \mathbb{C}^{N'n \times N'n} \tag{9.48}$$

$$\boldsymbol{R}_{N'} = \alpha_k \boldsymbol{I}_n - \alpha h \beta_k \tilde{\boldsymbol{A}}_0' \in \mathbb{C}^{n \times n} \tag{9.49}$$

$$\boldsymbol{\Sigma}_{N'} = \left(\boldsymbol{\ell}_{m+1}'\right)^{\mathrm{T}} \otimes \boldsymbol{I}_n + \sum_{i=0}^{m} \left(\boldsymbol{\ell}_i'\right)^{\mathrm{T}} \otimes \tilde{\boldsymbol{A}}_i' \in \mathbb{C}^{n \times N'n} \tag{9.50}$$

9.2.2 稀疏特征值计算

本节利用 IRA 算法从 $\boldsymbol{T}_{N'}$ 中高效地计算得到解算子模值最大的部分的近似特征值 μ''，进而根据映射关系式 (4.65) 计算得到 DCPPS 阻尼比小于给定值的部分关键特征值 λ。

1. IRA 算法的总体实现

在 IRA 算法中，最关键的操作就是在形成 Krylov 向量过程中的 MVP 运算。设第 j 个 Krylov 向量表示为 $\boldsymbol{q}_j \in \mathbb{C}^{N'n \times 1}$，则第 $j+1$ 个向量 $\boldsymbol{q}_{j+1}$ 可由矩阵 $\boldsymbol{T}_{N'}$ 与向量 $\boldsymbol{q}_j$ 的乘积运算得到：

$$\boldsymbol{q}_{j+1} = \boldsymbol{T}_{N'} \boldsymbol{q}_j = \boldsymbol{R}_{N'}^{-1} \boldsymbol{\Sigma}_{N'} \boldsymbol{q}_j \tag{9.51}$$

考虑到 $\boldsymbol{T}_{N'}$ 所具有的特殊逻辑结构，$\boldsymbol{q}_{j+1}$ 的第 $n+1 : N'n$ 个分量等于 $\boldsymbol{q}_j$ 的第 $1 : (N'-1)n$ 个分量，即 $\boldsymbol{q}_{j+1}(n+1 : N'n,\ 1) = \boldsymbol{q}_j\ (1 : (N'-1)n,\ 1)$。$\boldsymbol{q}_{j+1}$ 的第 $1 : n$ 个分量 $\boldsymbol{q}_{j+1}(1 : n,\ 1)$，可以进一步分解为两个 MVP 运算：

$$\boldsymbol{z} = \boldsymbol{\Sigma}_{N'} \boldsymbol{q}_j \tag{9.52}$$

$$\boldsymbol{q}_{j+1}(1 : n, 1) = \boldsymbol{R}_{N'}^{-1} \boldsymbol{z} \tag{9.53}$$

式中，$\boldsymbol{z} \in \mathbb{C}^{n \times 1}$ 为中间向量。

接下来，本节将重点分析式 (9.52) 和式 (9.53) 的稀疏实现方法。

2. 式 (9.52) 的稀疏实现

首先，从列的方向上将向量 $\boldsymbol{q}_k$ 压缩为矩阵 $\boldsymbol{Q} \in \mathbb{C}^{n\times N'}$，即 $\boldsymbol{q}_k = \mathrm{vec}(\boldsymbol{Q})$。然后，将式 (9.50) 代入式 (9.52) 中，进而利用式 (4.85) 所示的克罗内克积的性质，得

$$\begin{aligned}\boldsymbol{z} = \boldsymbol{\Sigma}_{N'} \cdot \boldsymbol{q}_j &= \left(\left(\boldsymbol{\ell}'_{m+1}\right)^{\mathrm{T}} \otimes \boldsymbol{I}_n + \sum_{i=0}^{m}\left(\boldsymbol{\ell}'_i\right)^{\mathrm{T}} \otimes \tilde{\boldsymbol{A}}'_i\right) \cdot \mathrm{vec}(\boldsymbol{Q}) \\ &= \boldsymbol{Q}\boldsymbol{\ell}'_{m+1} + \tilde{\boldsymbol{A}}'_0\left(\boldsymbol{Q}\boldsymbol{\ell}'_0\right) + \sum_{i=1}^{m}\tilde{\boldsymbol{A}}'_i\left(\boldsymbol{Q}\boldsymbol{\ell}'_i\right)\end{aligned} \tag{9.54}$$

式 (9.54) 中，$\boldsymbol{z}$ 的计算量主要由稠密矩阵-向量乘积 $\tilde{\boldsymbol{A}}'_0\left(\boldsymbol{Q}\boldsymbol{\ell}'_0\right)$ 决定。为了减少复数运算，将式 (4.53) 代入，则其可以改写为 $\tilde{\boldsymbol{A}}'_0\left(\boldsymbol{Q}\boldsymbol{\ell}'_0\right) = \mathrm{e}^{-\mathrm{j}\theta}\boldsymbol{z}_0$，其中 $\boldsymbol{z}_0 = \tilde{\boldsymbol{A}}_0\left(\boldsymbol{Q}\boldsymbol{\ell}'_0\right)$。基于 4.5.3 节的思想，充分利用系统增广状态矩阵 $\boldsymbol{A}_0$、$\boldsymbol{B}_0$、$\boldsymbol{C}_0$ 和 $\boldsymbol{D}_0$ 的稀疏特性，$\boldsymbol{z}_0$ 可以高效地计算如下：

$$\begin{bmatrix}\boldsymbol{z}_0 \\ \boldsymbol{0}\end{bmatrix} = \begin{bmatrix}\boldsymbol{A}_0 & \boldsymbol{B}_0 \\ \boldsymbol{C}_0 & \boldsymbol{D}_0\end{bmatrix}\begin{bmatrix}\boldsymbol{Q}\boldsymbol{\ell}'_0 \\ \boldsymbol{w}\end{bmatrix} \tag{9.55}$$

3. 式 (9.53) 的稀疏实现

将式 (4.53) 和式 (3.2) 代入式 (9.49) 中，可得

$$\boldsymbol{R}_{N'} = \boldsymbol{A}'_0 - \boldsymbol{B}'_0\boldsymbol{D}_0^{-1}\boldsymbol{C}_0 \tag{9.56}$$

式中，$\boldsymbol{A}'_0 \in \mathbb{C}^{n\times n}$，$\boldsymbol{B}'_0 \in \mathbb{C}^{n\times l}$ 与 $\boldsymbol{A}_0$，$\boldsymbol{B}_0$ 具有完全相同的稀疏特性。

$$\boldsymbol{A}'_0 = \alpha_k\boldsymbol{I}_n - h\beta_k\alpha\boldsymbol{A}_0\mathrm{e}^{-\mathrm{j}\theta} \tag{9.57}$$

$$\boldsymbol{B}'_0 = -h\beta_k\alpha\boldsymbol{B}_0\mathrm{e}^{-\mathrm{j}\theta} \tag{9.58}$$

基于 4.5.3 节的思想，充分利用系统增广状态矩阵 $\boldsymbol{A}_0$、$\boldsymbol{B}_0$、$\boldsymbol{C}_0$ 和 $\boldsymbol{D}_0$ 的稀疏特性，可以极大地减少求解 $\boldsymbol{q}_{j+1}(1:n,\ 1)$ 的计算量，提高计算效率：

$$\begin{bmatrix}\boldsymbol{A}'_0 & \boldsymbol{B}'_0 \\ \boldsymbol{C}_0 & \boldsymbol{D}_0\end{bmatrix}\begin{bmatrix}\boldsymbol{q}_{j+1}(1:n,\ 1) \\ \boldsymbol{w}\end{bmatrix} = \begin{bmatrix}\boldsymbol{z} \\ \boldsymbol{0}\end{bmatrix} \tag{9.59}$$

4. 计算复杂性分析

由以上分析可知，在计算相同数量特征值的情况下，SOD-LMS 方法进行一次 IRA 迭代的计算量，大致相当于利用幂法和反幂法进行传统特征值计算时的计算量之和。

5. 牛顿校正

设由 IRA 算法计算得到 $\boldsymbol{T}_{N'}$ 的特征值为 μ'，则由式 (4.65) 的反变换，可以解得 DCPPS 特征值的估计值 $\hat{\lambda}$：

$$\hat{\lambda} = \frac{1}{\alpha}\mathrm{e}^{\mathrm{j}\theta}\lambda' = \frac{1}{\alpha h}\mathrm{e}^{\mathrm{j}\theta}\ln\mu' \tag{9.60}$$

此外，与 μ' 对应的 Krylov 向量的前 n 个分量 $\hat{\boldsymbol{v}}$ 能较好地估计特征向量 $\boldsymbol{v}$。将 $\hat{\lambda}$ 和 $\hat{\boldsymbol{v}}$ 作为 4.6 节给出的牛顿法的初始值，通过迭代，可以得到 DCPPS 精确特征值 λ 和特征向量 $\boldsymbol{v}$。

9.2.3 特性分析

下面通过与 EIGD 方法的对比，分析得到 SOD-LMS 方法的特性。

1. 结构化与稀疏性

解算子的线性多步离散化矩阵 $\boldsymbol{T}_N$ (以及旋转-放大预处理之后的 $\boldsymbol{T}_{N'}$) 具有特殊的逻辑结构。它们的非零元素位于第一个块行和次对角分块上。它们的元素总个数为 $(N+1)^2n^2$，而非零元素个数少于 $Nn^2+(N-1)n$。对于大规模电力系统，由于 $N \ll n$，它们均为高度稀疏的矩阵。

2. 子矩阵 $\boldsymbol{R}_N$ 的显式表达特性

线性 k 步法只需要通过一次估计就可以得到 $\Delta\boldsymbol{x}_0^{(1)}$，因此 $\boldsymbol{T}_N$ 的子矩阵 $\boldsymbol{R}_N$ (以及旋转-放大预处理之后的 $\boldsymbol{R}_{N'}$)，不涉及克罗内克积运算。更为重要的是，它们可以由系统的增广状态矩阵 $\boldsymbol{A}_0$、$\boldsymbol{B}_0$、$\boldsymbol{C}_0$ 和 $\boldsymbol{D}_0$ 显式表达，如 $\boldsymbol{R}_{N'}$ 可以重新表达为式 (9.56)。这为利用直接法高效地求解 $\boldsymbol{R}_{N'}^{-1}$ 与向量的乘积提供了可能。

3. 计算量较低

在所有的 IGD 类方法中，EIGD 方法的计算量最小、效率最高。SOD-LMS 方法形成一个 Krylov 向量的计算量与 EIGD 方法大致相同，相当于利用幂法和反幂法进行传统特征值计算时计算量之和，呈现出很低的计算量。一般地，SOD-LMS 方法进行 IRA 迭代所需的收敛次数大于 EIGD 方法。在计算相同数量的特征值的情况下，SOD-LMS 方法的计算量会大于带单个位移点的 EIGD 方法。

第 10 章　基于 SOD-IRK 的特征值计算方法

本章首先阐述文献 [106] 和文献 [139] 提出的解算子隐式龙格-库塔的 Radau IIA 离散化方案的基本理论；然后，详细地推导其他 IRK 离散化方案下解算子的离散化矩阵的表达式；最后，利用基于谱离散化的时滞特征值计算方法的框架对 SOD-IRK 类方法进行改进，使之能够高效地计算大规模 DCPPS 阻尼比小于给定值的部分关键特征值 [99]。

10.1　SOD-IRK 方法

10.1.1　离散状态空间 $\boldsymbol{X}_{Ns}$

首先，将时滞区间 $[-\tau_{\max},\ 0]$ 划分为长度为 h 的 N 个子区间，即 $h=\tau_{\max}/N$。然后，利用 p 阶 s 级 IRK 法 $(\boldsymbol{A},\ \boldsymbol{b},\ \boldsymbol{c})$ 的 s 个横坐标 $c_1,\ c_2,\ \cdots,\ c_s$ 对每个子区间进行离散化，从而得到具有 Ns 个元素的集合 Ω_{Ns}，如图 10.1 所示：

$$\begin{cases}\Omega_{Ns}=\{\theta_j+c_q h,\quad j=1,\ 2,\ \cdots,\ N;\ q=1,\ 2,\ \cdots,\ s\}\\ \theta_j=-jh,\quad j=1,\ 2,\ \cdots,\ N\\ 0\leqslant c_1<\cdots<c_s\leqslant 1\end{cases}\tag{10.1}$$

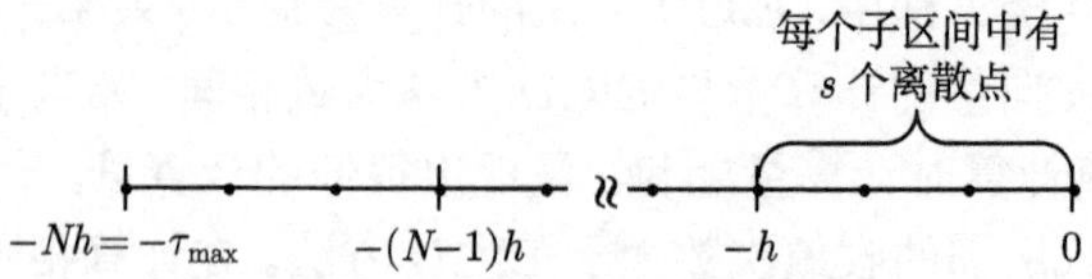

图 10.1　离散点集合 Ω_{Ns}

将时滞区间 $[-\tau_{\max},\ 0]$ 用集合 Ω_{Ns} 代替，从而连续空间 $\boldsymbol{X}=C([-\tau_{\max},\ 0],\ \mathbb{R}^n)$ 被转化为离散空间 $\boldsymbol{X}_{Ns}$，即 $\boldsymbol{X}_{Ns}=(\mathbb{R}^n)^{\Omega_{Ns}}\approx\mathbb{R}^{Nsn}$。

令 $t=\delta h+\theta_j+c_q h\,(\delta=0,\ 1;\ j=1,\ 2,\ \cdots,\ N;\ q=1,\ 2,\ \cdots,\ s)$ 处 DCPPS 的状态变量 $\Delta\boldsymbol{x}(t)$ 的近似值为 $\Delta\boldsymbol{x}_{j,q}^{(\delta)}\in\mathbb{R}^{n\times 1}$，则 $\boldsymbol{X}_{Ns}$ 上 DCPPS 的状态变量可表示为 $\Delta\boldsymbol{x}^{(\delta)}$。$\Delta\boldsymbol{x}^{(0)}$ 和 $\Delta\boldsymbol{x}^{(1)}$ 分别表示在区间 $[-\tau_{\max},\ 0]$ 和 $[h-\tau_{\max},\ h]$ 上的

DCPPS 的状态：

$$\begin{cases}\Delta \boldsymbol{x}^{(\delta)}=\left[\left(\Delta \boldsymbol{x}_1^{(\delta)}\right)^{\mathrm{T}},\left(\Delta \boldsymbol{x}_2^{(\delta)}\right)^{\mathrm{T}},\ \cdots,\ \left(\Delta \boldsymbol{x}_N^{(\delta)}\right)^{\mathrm{T}}\right]^{\mathrm{T}}\in\mathbb{R}^{Nsn\times 1},\ \ \delta=0,\ 1\\ \Delta \boldsymbol{x}_j^{(\delta)}=\left[\left(\Delta \boldsymbol{x}_{j,1}^{(\delta)}\right)^{\mathrm{T}},\left(\Delta \boldsymbol{x}_{j,2}^{(\delta)}\right)^{\mathrm{T}},\ \cdots,\ \left(\Delta \boldsymbol{x}_{j,s}^{(\delta)}\right)^{\mathrm{T}}\right]^{\mathrm{T}}\in\mathbb{R}^{sn\times 1}\end{cases}\tag{10.2}$$

10.1.2 方法的基本思路

SOD-IRK 方法的基本原理就是在集合 Ω_{Ns} 的各个离散点处对解算子 $\mathcal{T}(h)$ 进行估值，从而建立描述 $\Delta\boldsymbol{x}^{(1)}$ 与 $\Delta\boldsymbol{x}^{(0)}$ 之间转移关系的显式表达式，其系数矩阵就是解算子 $\mathcal{T}(h)$ 的 IRK 离散化近似矩阵。由 4.1.1 节式 (4.9) 可知，$\Delta\boldsymbol{x}_h(t)$ 是一个分段函数。因此，在各个离散点处对解算子 $\mathcal{T}(h)$ 的估值就可以分为两个部分。

(1) 若 $t\in[-\tau_{\max},\ -h]$，$\Delta\boldsymbol{x}_h(t)$ 为初始状态 $\boldsymbol{\varphi}$。利用解算子的转移特性，可以得到 $t=-jh+c_qh$ $(q=1,\ 2,\ \cdots,\ s;\ j=2,\ 3,\ \cdots,\ N)$ 处 $\Delta\boldsymbol{x}_h(t)$ 的估计值为

$$\Delta\boldsymbol{x}_h(t)=\Delta\boldsymbol{x}(h-jh+c_qh)=\Delta\boldsymbol{x}_{j,q}^{(1)}=\Delta\boldsymbol{x}_{j-1,q}^{(0)}\tag{10.3}$$

将式 (10.3) 写成向量形式，得

$$\Delta\boldsymbol{x}_j^{(1)}=\Delta\boldsymbol{x}_{j-1}^{(0)},\ \ j=2,\ 3,\ \cdots,\ N\tag{10.4}$$

(2) 若 $t\in[-h,\ 0]$，$t+h-\tau_i<0$，$i=1,\ 2,\ \cdots,\ m$，$\Delta\boldsymbol{x}_h(t)$ 是以下常微分方程的解：

$$\boldsymbol{f}(t,\ \Delta\boldsymbol{x}_h)=\Delta\dot{\boldsymbol{x}}_h(t)=\tilde{A}_0\Delta\boldsymbol{x}_h(t)+\sum_{i=1}^{m}\tilde{\boldsymbol{A}}_i\Delta\boldsymbol{x}_h(t-\tau_i),\ \ t\in[-h,\ 0]\tag{10.5}$$

其对应的离散化形式为

$$\boldsymbol{f}(-h+c_qh,\ \Delta\boldsymbol{x}_h)=\tilde{\boldsymbol{A}}_0\Delta\boldsymbol{x}(c_qh)+\sum_{i=1}^{m}\tilde{\boldsymbol{A}}_i\Delta\boldsymbol{x}(c_qh-\tau_i),\ \ q=1,\ 2,\ \cdots,\ s\tag{10.6}$$

SOD-IRK 方法的基本思想就是利用各种 IRK 法求解初值问题式 (10.5)，得到 $t=-h+c_qh$ $(q=1,\ 2,\ \cdots,\ s)$ 处 $\Delta\boldsymbol{x}_h(t)$ 的估计值 $\Delta\boldsymbol{x}_{1,q}^{(1)}$ $(q=1,\ 2,\ \cdots,\ s)$，进而推导得到 $\Delta\boldsymbol{x}^{(1)}$ 与 $\Delta\boldsymbol{x}^{(0)}$ 之间的显式表达式。

采用不同的 IRK 离散化方案得到的解算子离散化矩阵 $\boldsymbol{T}_{Ns}$ 是不同的。借鉴 9.1.2 节中时滞独立稳定性定理的思路，考虑到所有的 IRK 法的绝对稳定域都完全包含整个左半复平面 (3.2.3 节)，从而可知所有的解算子 IRK 离散化方案都适用于求解时滞系统的部分关键特征值。

下面，首先以 Radau ⅡA 方法为例，详细推导解算子的 IRK 离散化矩阵 $\boldsymbol{T}_{Ns}$ 的表达式；然后给出其他 IRK 离散化方案及相应的解算子离散化矩阵。

10.1.3　Radau IIA 离散化方案

本节介绍文献 [139] 提出的解算子 Radau IIA 离散化方案。Radau IIA 方法递推公式的系数 ($\boldsymbol{A}$, $\boldsymbol{b}$, $\boldsymbol{c}$) 具有如下特点：① $\boldsymbol{A}$ 可逆；② $0 < c_1 < \cdots < c_s = 1$；③ $\boldsymbol{b}^{\mathrm{T}} = (a_{s,1},\ a_{s,2},\ \cdots,\ a_{s,s})$。

1. **拉格朗日插值**

利用 Radau IIA 方法求解式 (10.5)，必须首先计算得到 $\Delta\boldsymbol{x}(c_q h - \tau_i)$ ($i = 1,\ 2,\ \cdots,\ m-1$; $q = 1,\ 2,\ \cdots,\ s$)。然而，在通常情况下，点集 $c_q h - \tau_i$ 并不属于离散集合 Ω_{Ns} 或 $h + \Omega_{Ns}$。因此，需要利用 $c_q h - \tau_i$ 附近的 $p+1$ 个点 $\theta_{\gamma_i - r}$ ($r = 1 - \lceil p/2 \rceil,\ 2 - \lceil p/2 \rceil,\ \cdots,\ \lceil p/2 \rceil$) 处 $\Delta\boldsymbol{x}$ 的近似解进行中间拉格朗日插值，从而计算得到 $\Delta\boldsymbol{x}(c_q h - \tau_i)$ 的近似值。其中，$\lceil p/2 \rceil$ 表示大于或等于 $p/2$ 的最小整数，γ_i 为正整数且满足不等式：

$$\theta_{\gamma_i} \leqslant c_q h - \tau_i < \theta_{\gamma_i - 1} \tag{10.7}$$

值得注意的是，当 h 太大或 τ_i ($i = 1,\ 2,\ \cdots,\ m-1$) 距离 0 或 $\tau_{\max}$ 太近时，按照式 (10.7) 得出的 γ_i 无法在 $[-\tau_{\max}, 0]$ 范围内得到进行拉格朗日插值计算所需的 $p+1$ 个点。因此，需要对 γ_i 作出相应的改变，以合理地选择得到 $[-\tau_{\max},\ 0]$ 范围内 $p+1$ 个最近的点处 $\Delta\boldsymbol{x}$ 的近似解。

令 $\boldsymbol{z}_{i,q}$ 表示由拉格朗日插值得到的 $\Delta\boldsymbol{x}(c_q h - \tau_i)$ ($i = 1,\ 2,\ \cdots,\ m-1$; $q = 1,\ 2,\ \cdots,\ s$) 的近似值。由于 $\theta_{\gamma_i - r} = -(\gamma_i - r)h = -(\gamma_i - r + 1)h + h = 0 \times h + \theta_{\gamma_i - r + 1} + c_s h$，从而可得

$$\boldsymbol{z}_{i,q} = \sum_{r=1-\lceil p/2 \rceil}^{\lceil p/2 \rceil} \ell_r(c_q h - \tau_i) \Delta\boldsymbol{x}_{\gamma_i - r + 1, s}^{(0)},\quad q = 1,\ 2,\ \cdots,\ s \tag{10.8}$$

式中，$\ell_r(\cdot)$ 为由 $c_q h - \tau_i$ 附近 $p+1$ 个点 $\theta_{\gamma_i - r}$ ($r = 1 - \lceil p/2 \rceil,\ 2 - \lceil p/2 \rceil,\ \cdots,\ \lceil p/2 \rceil$) 对应的拉格朗日插值系数。

令 $\boldsymbol{z}_i \in \mathbb{R}^{sn \times 1}$ ($i = 1,\ 2,\ \cdots,\ m-1$)：

$$\boldsymbol{z}_i = \left[\boldsymbol{z}_{i,1}^{\mathrm{T}},\ \boldsymbol{z}_{i,2}^{\mathrm{T}},\ \cdots,\ \boldsymbol{z}_{i,s}^{\mathrm{T}}\right]^{\mathrm{T}} \triangleq \left(\boldsymbol{L}_i^{\mathrm{T}} \otimes \boldsymbol{I}_n\right) \Delta\boldsymbol{x}^{(0)} \tag{10.9}$$

式中，$\boldsymbol{L}_i \in \mathbb{R}^{Ns \times s}$ ($i = 1,\ 2,\ \cdots,\ m-1$) 为由拉格朗日插值系数决定的常数矩阵：

$$\boldsymbol{L}_i^{\mathrm{T}} = \begin{bmatrix} 0 & \cdots & l_{1-\lceil p/2 \rceil}(c_1 h - \tau_i) & \cdots & l_{\lceil p/2 \rceil}(c_1 h - \tau_i) & \cdots & 0 \\ 0 & \cdots & l_{1-\lceil p/2 \rceil}(c_2 h - \tau_i) & \cdots & l_{\lceil p/2 \rceil}(c_2 h - \tau_i) & \cdots & 0 \\ \vdots & & \vdots & & \vdots & & \vdots \\ 0 & \cdots & l_{1-\lceil p/2 \rceil}(c_s h - \tau_i) & \cdots & l_{\lceil p/2 \rceil}(c_s h - \tau_i) & \cdots & 0 \end{bmatrix} \tag{10.10}$$

实际上，式 (10.10) 中 $l_{1-\lceil p/2\rceil}(c_jh-\tau_i)$, $l_{2-\lceil p/2\rceil}(c_jh-\tau_i)$, $\cdots$, $l_{\lceil p/2\rceil}(c_jh-\tau_i)$ $(j=1,\ 2,\ \cdots,\ s)$ 所在列不一定相同，由 c_jh $(j=1,\ 2,\ \cdots,\ s)$ 与 τ_i $(i=1,\ 2,\ \cdots,\ m)$ 的关系决定。

2. $\mathcal{T}(h)$ 第一个解分段的离散化

将式 (10.8) 代入式 (10.6)，用 $\boldsymbol{z}_{i,q}$ 代替 $\Delta\boldsymbol{x}(c_qh-\tau_i)$ $(i=1,\ 2,\ \cdots,\ m-1;\ q=1,\ 2,\ \cdots,\ s)$，然后利用 IRK 法可以计算得到 $\Delta\boldsymbol{x}_{1,q}^{(1)}$ $(q=1,\ 2,\ \cdots,\ s)$。具体地，在 IRK 法的递推公式 (3.66) 中，t_n 取为 $-h$ 时刻，y_n 对应 $\Delta\boldsymbol{x}_{2,s}^{(1)}$，$y_{n+1}$ 对应 $\Delta\boldsymbol{x}_{1,q}^{(1)}$，即

$$\begin{cases}\Delta\boldsymbol{x}_{1,q}^{(1)}=\Delta\boldsymbol{x}_{2,s}^{(1)}+h\sum\limits_{k=1}^{s}a_{q,k}\boldsymbol{f}_k\\ \boldsymbol{f}_k=\boldsymbol{f}\left(-h+c_kh,\ \Delta\boldsymbol{x}_{2,s}^{(1)}+h\sum\limits_{j=1}^{s}a_{k,j}\boldsymbol{f}_j\right),\quad k=1,\ 2,\ \cdots,\ s\end{cases}\tag{10.11}$$

将式 (10.6) 代入式 (10.11)，得

$$\begin{aligned}\Delta\boldsymbol{x}_{1,q}^{(1)}=&\ \Delta\boldsymbol{x}_{2,s}^{(1)}+h\tilde{\boldsymbol{A}}_0\sum_{k=1}^{s}a_{q,k}\Delta\boldsymbol{x}_{1,k}^{(1)}+h\sum_{i=1}^{m-1}\tilde{\boldsymbol{A}}_i\sum_{k=1}^{s}a_{q,k}\boldsymbol{z}_{i,k}\\&+h\tilde{\boldsymbol{A}}_m\sum_{k=1}^{s}a_{q,k}\Delta\boldsymbol{x}_{N,k}^{(0)},\quad q=1,\ 2,\ \cdots,\ s\end{aligned}\tag{10.12}$$

将式 (10.12) 写成向量形式，得

$$\begin{aligned}\Delta\boldsymbol{x}_1^{(1)}=&\left(\boldsymbol{I}_{sn}-h\boldsymbol{A}\otimes\tilde{\boldsymbol{A}}_0\right)^{-1}\left[(\boldsymbol{E}\otimes\boldsymbol{I}_n)\,\Delta\boldsymbol{x}_1^{(0)}+h\sum_{i=1}^{m-1}\left(\boldsymbol{A}\otimes\tilde{\boldsymbol{A}}_i\right)\boldsymbol{z}_i\right.\\&\left.+h\left(\boldsymbol{A}\otimes\tilde{\boldsymbol{A}}_m\right)\Delta\boldsymbol{x}_N^{(0)}\right]\end{aligned}\tag{10.13}$$

式中，$\boldsymbol{E}=\mathbf{1}_s\mathbf{e}_s^{\mathrm{T}}\in\mathbb{R}^{s\times s}$ 为常系数矩阵，$\mathbf{e}_s=[0,\ 0,\ \cdots,\ 0,\ 1]^{\mathrm{T}}\in\mathbb{R}^{s\times1}$，$\mathbf{1}_s=[1,\ 1,\ \cdots,\ 1]^{\mathrm{T}}\in\mathbb{R}^{s\times1}$；$\boldsymbol{I}_{sn}\in\mathbb{R}^{sn\times sn}$ 为单位阵；$\boldsymbol{A}\in\mathbb{R}^{s\times s}$ 为 p 阶 s 级 IRK 法的系数矩阵。

式 (10.13) 的详细推导过程如下。首先，对式 (10.12) 进行移项，并结合式 (10.4)，可得

$$\begin{aligned}\Delta\boldsymbol{x}_{1,q}^{(1)}-h\tilde{\boldsymbol{A}}_0\sum_{k=1}^{s}a_{q,k}\Delta\boldsymbol{x}_{1,k}^{(1)}=&\ \Delta\boldsymbol{x}_{1,s}^{(0)}+h\sum_{i=1}^{m-1}\tilde{\boldsymbol{A}}_i\sum_{k=1}^{s}a_{q,k}\boldsymbol{z}_{i,k}\\&+h\tilde{\boldsymbol{A}}_m\sum_{k=1}^{s}a_{q,k}\Delta\boldsymbol{x}_{N,k}^{(0)},\quad q=1,\ 2,\ \cdots,\ s\end{aligned}\tag{10.14}$$

其次，将式 (10.14) 左边写成矩阵形式，得

$$
\begin{aligned}
&\Delta \boldsymbol{x}_{1,q}^{(1)} - h\tilde{\boldsymbol{A}}_0 \sum_{k=1}^{s} a_{q,k} \Delta \boldsymbol{x}_{1,k}^{(1)}, \quad q=1,\ 2,\ \cdots,\ s \\
&= \begin{bmatrix} \Delta \boldsymbol{x}_{1,1}^{(1)} \\ \Delta \boldsymbol{x}_{1,2}^{(1)} \\ \vdots \\ \Delta \boldsymbol{x}_{1,s}^{(1)} \end{bmatrix} - h \begin{bmatrix} \tilde{\boldsymbol{A}}_0 a_{1,1} & \tilde{\boldsymbol{A}}_0 a_{1,2} & \cdots & \tilde{\boldsymbol{A}}_0 a_{1,s} \\ \tilde{\boldsymbol{A}}_0 a_{2,1} & \tilde{\boldsymbol{A}}_0 a_{2,2} & \cdots & \tilde{\boldsymbol{A}}_0 a_{2,s} \\ \vdots & \vdots & & \vdots \\ \tilde{\boldsymbol{A}}_0 a_{s,1} & \tilde{\boldsymbol{A}}_0 a_{s,2} & \cdots & \tilde{\boldsymbol{A}}_0 a_{s,s} \end{bmatrix} \begin{bmatrix} \Delta \boldsymbol{x}_{1,1}^{(1)} \\ \Delta \boldsymbol{x}_{1,2}^{(1)} \\ \vdots \\ \Delta \boldsymbol{x}_{1,s}^{(1)} \end{bmatrix} \\
&= \boldsymbol{I}_{sn} \Delta \boldsymbol{x}_1^{(1)} - h\boldsymbol{A} \otimes \tilde{\boldsymbol{A}}_0 \Delta \boldsymbol{x}_1^{(1)} \\
&= \left(\boldsymbol{I}_{sn} - h\boldsymbol{A} \otimes \tilde{\boldsymbol{A}}_0\right) \Delta \boldsymbol{x}_1^{(1)}
\end{aligned} \tag{10.15}
$$

再次，将式 (10.14) 右边写成矩阵形式，得

$$
\begin{aligned}
&\Delta \boldsymbol{x}_{1,s}^{(0)} + h \sum_{i=1}^{m-1} \tilde{\boldsymbol{A}}_i \sum_{k=1}^{s} a_{q,k} \boldsymbol{z}_{i,k} + h\tilde{\boldsymbol{A}}_m \sum_{k=1}^{s} a_{q,k} \Delta \boldsymbol{x}_{N,k}^{(0)}, \quad q=1,\ 2,\ \cdots,\ s \\
&= \begin{bmatrix} \Delta \boldsymbol{x}_{1,s}^{(0)} \\ \Delta \boldsymbol{x}_{1,s}^{(0)} \\ \vdots \\ \Delta \boldsymbol{x}_{1,s}^{(0)} \end{bmatrix} + h \sum_{i=1}^{m-1} \begin{bmatrix} \tilde{\boldsymbol{A}}_i a_{1,1} & \tilde{\boldsymbol{A}}_i a_{1,2} & \cdots & \tilde{\boldsymbol{A}}_i a_{1,s} \\ \tilde{\boldsymbol{A}}_i a_{2,1} & \tilde{\boldsymbol{A}}_i a_{2,2} & \cdots & \tilde{\boldsymbol{A}}_i a_{2,s} \\ \vdots & \vdots & & \vdots \\ \tilde{\boldsymbol{A}}_i a_{s,1} & \tilde{\boldsymbol{A}}_i a_{s,2} & \cdots & \tilde{\boldsymbol{A}}_i a_{s,s} \end{bmatrix} \begin{bmatrix} \boldsymbol{z}_{i,1} \\ \boldsymbol{z}_{i,2} \\ \vdots \\ \boldsymbol{z}_{i,s} \end{bmatrix} \\
&\quad + h \begin{bmatrix} \tilde{\boldsymbol{A}}_m a_{1,1} & \tilde{\boldsymbol{A}}_m a_{1,2} & \cdots & \tilde{\boldsymbol{A}}_m a_{1,s} \\ \tilde{\boldsymbol{A}}_m a_{2,1} & \tilde{\boldsymbol{A}}_m a_{2,2} & \cdots & \tilde{\boldsymbol{A}}_m a_{2,s} \\ \vdots & \vdots & & \vdots \\ \tilde{\boldsymbol{A}}_m a_{s,1} & \tilde{\boldsymbol{A}}_m a_{s,2} & \cdots & \tilde{\boldsymbol{A}}_m a_{s,s} \end{bmatrix} \begin{bmatrix} \Delta \boldsymbol{x}_{N,1}^{(0)} \\ \Delta \boldsymbol{x}_{N,2}^{(0)} \\ \vdots \\ \Delta \boldsymbol{x}_{N,s}^{(0)} \end{bmatrix} \\
&= \begin{bmatrix} \boldsymbol{0}_n & \boldsymbol{0}_n & \cdots & \boldsymbol{I}_n \\ \boldsymbol{0}_n & \boldsymbol{0}_n & \cdots & \boldsymbol{I}_n \\ \vdots & \vdots & & \vdots \\ \boldsymbol{0}_n & \boldsymbol{0}_n & \cdots & \boldsymbol{I}_n \end{bmatrix} \begin{bmatrix} \Delta \boldsymbol{x}_{1,1}^{(0)} \\ \Delta \boldsymbol{x}_{1,2}^{(0)} \\ \vdots \\ \Delta \boldsymbol{x}_{1,s}^{(0)} \end{bmatrix} + h \sum_{i=1}^{m-1} \left(\boldsymbol{A} \otimes \tilde{\boldsymbol{A}}_i\right) \boldsymbol{z}_i + h \left(\boldsymbol{A} \otimes \tilde{\boldsymbol{A}}_m\right) \Delta \boldsymbol{x}_N^{(0)} \\
&= (\boldsymbol{E} \otimes \boldsymbol{I}_n) \Delta \boldsymbol{x}_1^{(0)} + h \sum_{i=1}^{m-1} \left(\boldsymbol{A} \otimes \tilde{\boldsymbol{A}}_i\right) \boldsymbol{z}_i + h \left(\boldsymbol{A} \otimes \tilde{\boldsymbol{A}}_m\right) \Delta \boldsymbol{x}_N^{(0)}
\end{aligned} \tag{10.16}
$$

式中，

$$
\boldsymbol{A} = \begin{bmatrix} a_{1,1} & a_{1,2} & \cdots & a_{1,s} \\ a_{2,1} & a_{2,2} & \cdots & a_{2,s} \\ \vdots & \vdots & & \vdots \\ a_{s,1} & a_{s,2} & \cdots & a_{s,s} \end{bmatrix}, \quad \boldsymbol{E} = \begin{bmatrix} 0 & 0 & \cdots & 1 \\ 0 & 0 & \cdots & 1 \\ \vdots & \vdots & & \vdots \\ 0 & 0 & \cdots & 1 \end{bmatrix} \tag{10.17}
$$

最后，联立式 (10.15) 和式 (10.16)，即得式 (10.13)。

3. 克罗内克积变换

将式 (10.9) 代入式 (10.13)，并利用式 (4.74) 表示的克罗内克积的性质，得

$$\Delta \boldsymbol{x}_1^{(1)} = \left(\boldsymbol{I}_{sn} - h\boldsymbol{A} \otimes \tilde{\boldsymbol{A}}_0\right)^{-1} \left((\boldsymbol{E} \otimes \boldsymbol{I}_n)\Delta \boldsymbol{x}_1^{(0)} + h\sum_{i=1}^{m-1}\left(\boldsymbol{A}\boldsymbol{L}_i^{\mathrm{T}} \otimes \tilde{\boldsymbol{A}}_i\right)\Delta \boldsymbol{x}^{(0)} \right.$$
$$\left. + h\left(\boldsymbol{A} \otimes \tilde{\boldsymbol{A}}_m\right)\Delta \boldsymbol{x}_N^{(0)}\right) \tag{10.18}$$

等号右边的两个括号项可以分别写为矩阵 $\boldsymbol{R}_{Ns} \in \mathbb{R}^{sn\times sn}$ 和 $\boldsymbol{\Sigma}_{Ns} \in \mathbb{R}^{sn\times Nsn}$，并将它们写为常数矩阵与系统状态矩阵 $\tilde{\boldsymbol{A}}_i$ $(i = 0,\ 1,\ \cdots,\ m)$ 的克罗内克积之和:

$$\Delta \boldsymbol{x}_1^{(1)} = \boldsymbol{R}_{Ns}^{-1}\boldsymbol{\Sigma}_{Ns}\Delta \boldsymbol{x}^{(0)} \tag{10.19}$$

$$\boldsymbol{R}_{Ns} = \boldsymbol{I}_{sn} - h\boldsymbol{A} \otimes \tilde{\boldsymbol{A}}_0 \in \mathbb{R}^{sn\times sn} \tag{10.20}$$

$$\boldsymbol{\Sigma}_{Ns} = \boldsymbol{L}_0^{\mathrm{T}} \otimes \boldsymbol{I}_n + h\sum_{i=1}^{m}(\boldsymbol{A}\boldsymbol{L}_i^{\mathrm{T}}) \otimes \tilde{\boldsymbol{A}}_i \in \mathbb{R}^{sn\times Nsn} \tag{10.21}$$

式中，$\boldsymbol{L}_0$, $\boldsymbol{L}_m \in \mathbb{R}^{Ns\times s}$ 且

$$\boldsymbol{L}_0^{\mathrm{T}} = [\boldsymbol{E},\ \boldsymbol{0},\ \cdots,\ \boldsymbol{0}] \tag{10.22}$$

$$\boldsymbol{L}_m^{\mathrm{T}} = [\boldsymbol{0},\ \cdots,\ \boldsymbol{0},\ \boldsymbol{I}_s] \tag{10.23}$$

4. $\mathcal{T}(h)$ 的龙格-库塔离散化矩阵

结合式 (10.4) 和式 (10.13)，可以推导得到 $\Delta \boldsymbol{x}^{(1)}$ 与 $\Delta \boldsymbol{x}^{(0)}$ 之间的关系式:

$$\begin{bmatrix} \Delta \boldsymbol{x}_1^{(1)} \\ \Delta \boldsymbol{x}_2^{(1)} \\ \vdots \\ \Delta \boldsymbol{x}_N^{(1)} \end{bmatrix} = \boldsymbol{T}_{Ns} \begin{bmatrix} \Delta \boldsymbol{x}_1^{(0)} \\ \Delta \boldsymbol{x}_2^{(0)} \\ \vdots \\ \Delta \boldsymbol{x}_N^{(0)} \end{bmatrix} \tag{10.24}$$

式中，$\boldsymbol{T}_{Ns} : \boldsymbol{X}_{Ns} \to \boldsymbol{X}_{Ns}$ 为 SOD-IRK 的离散化矩阵

$$\boldsymbol{T}_{Ns} = \begin{bmatrix} \multicolumn{3}{c}{\boldsymbol{R}_{Ns}^{-1}\boldsymbol{\Sigma}_{Ns}} \\ \hdashline \boldsymbol{I}_{sn} & & \boldsymbol{0} \\ & \ddots & \vdots \\ & \boldsymbol{I}_{sn} & \boldsymbol{0} \end{bmatrix} \in \mathbb{R}^{Nsn\times Nsn} \tag{10.25}$$

特别地，当系统仅含有单个时滞 ($m=1$) 时，SOD-IRK 过程中不再涉及拉格朗日插值，则式 (10.12) 等号右边第三项将不存在。于是，$\boldsymbol{\Sigma}_{Ns}$ 可显式地表示如下：

$$\boldsymbol{\Sigma}_{Ns}=\left[\boldsymbol{\Sigma}_0,\ \boldsymbol{0}_{sn\times(N-2)sn},\ \boldsymbol{\Sigma}_1\right]\in\mathbb{R}^{sn\times Nsn} \tag{10.26}$$

$$\boldsymbol{\Sigma}_0=\boldsymbol{E}\otimes\boldsymbol{I}_n\in\mathbb{R}^{sn\times sn} \tag{10.27}$$

$$\boldsymbol{\Sigma}_1=h\boldsymbol{A}\otimes\tilde{\boldsymbol{A}}_m\in\mathbb{R}^{sn\times sn} \tag{10.28}$$

10.1.4 其他 IRK 离散化方案

1. 概述

其他 IRK 法与 Radau ⅡA 方法的不同之处可总结为以下两点。

(1) 当 $c_s\neq 1$ 时，无法直接得到每个子区间最右侧端点处 DCPPS 状态变量的近似值。这类 IRK 法包括 Gauss-Legendre、Hammer、SDIRK 和 Radau ⅠA。

应用这些 IRK 法对解算子进行离散化时，需要作如下处理。首先，当 $c_1\neq 0$ 时，每个子区间的最右侧都需要增加一个离散点 $c_{s+1}=1$；当 $c_1=0$ 时，只需要在第一个子区间的最右侧增加一个离散点 $c_{s+1}=1$。经过上述处理后，这些方法的 Butcher 表变为

$$\begin{array}{c|c}\bar{\boldsymbol{c}} & \bar{A}\\ \hline & \bar{\boldsymbol{b}}^{\mathrm{T}}\end{array}=\begin{array}{c|cc}\boldsymbol{c} & \boldsymbol{A} & \boldsymbol{0}\\ 1 & \boldsymbol{b}^{\mathrm{T}} & 0\\ \hline & \boldsymbol{b}^{\mathrm{T}} & 0\end{array} \tag{10.29}$$

然后，利用 IRK 法递推公式 (3.66) 的第一式计算第一个子区间的最右侧端点，即 $t=h+\theta_1+c_{s+1}h$ 处 $\Delta\boldsymbol{x}(t)$ 的近似值 $\Delta\boldsymbol{x}_{1,s+1}^{(1)}$。

(2) 当 $c_1=0$, $c_s=1$ 或 $c_{s+1}=1$ 时，第 $j-1$ 个区间的左端点与第 j 个子区间的右端点重合，即

$$\theta_{j-1}+c_1h=\theta_j+c_sh,\quad j=2,\ 3,\ \cdots,\ N \tag{10.30}$$

$$\theta_{j-1}+c_1h=\theta_j+c_{s+1}h,\quad j=2,\ 3,\ \cdots,\ N \tag{10.31}$$

这类 IRK 法包括 Radau ⅠA、Lobatto ⅢA/B/C 和 Butcher′s Lobatto。应用这些 IRK 法离散化解算子时，需要在集合 Ω_{Ns} 中去除那些重复的离散点。

下面给出各种 IRK 法的离散化矩阵的表达式。

2. Gauss-Legendre、Hammer 和 SDIRK

这些方法的系数 ($\boldsymbol{A}$, $\boldsymbol{b}$, $\boldsymbol{c}$) 有如下特点：① $0<c_1<\cdots<c_s<1$；② $\boldsymbol{b}^{\mathrm{T}}=(a_{s,1},\ a_{s,2},\ \cdots,\ a_{s,s})$。在应用这些方法对解算子进行离散化时，需要在每一个子区

间增加离散点 $c_{s+1}=1$。最终，集合 Ω_{Ns} 中共有 $N(s+1)$ 个离散点。在 IRK 法的递推公式 (3.66) 中，t_n 取为 $-h$ 时刻，y_n 对应 $\Delta\boldsymbol{x}_{2,s+1}^{(1)}$，$y_{n+1}$ 对应 $\Delta\boldsymbol{x}_{1,s+1}^{(1)}$：

$$\left\{\begin{aligned}&\Delta\boldsymbol{x}_{1,q}^{(1)}=\Delta\boldsymbol{x}_{2,s+1}^{(1)}+h\sum_{k=1}^{s+1}a_{q,k}\boldsymbol{f}_k,\quad q=1,\ 2,\ \cdots,\ s\\&\Delta\boldsymbol{x}_{1,s+1}^{(1)}=\Delta\boldsymbol{x}_{2,s+1}^{(1)}+h\sum_{k=1}^{s+1}b_k\boldsymbol{f}_k\\&\boldsymbol{f}_k=\boldsymbol{f}\left(-h+c_kh,\ \Delta\boldsymbol{x}_{2,s+1}^{(1)}+h\sum_{j=1}^{s+1}a_{k,j}\boldsymbol{f}_j\right)\end{aligned}\right.\tag{10.32}$$

定义 $\delta h+\Omega_{Ns}$ 上系统的状态向量为

$$\left\{\begin{aligned}&\Delta\boldsymbol{x}^{(\delta)}=\left[\left(\Delta\boldsymbol{x}_1^{(\delta)}\right)^{\mathrm{T}},\ \left(\Delta\boldsymbol{x}_2^{(\delta)}\right)^{\mathrm{T}},\ \cdots,\ \left(\Delta\boldsymbol{x}_N^{(\delta)}\right)^{\mathrm{T}}\right]^{\mathrm{T}}\in\mathbb{R}^{N(s+1)n\times1}\\&\Delta\boldsymbol{x}_j^{(\delta)}=\left[\left(\Delta\boldsymbol{x}_{j,1}^{(\delta)}\right)^{\mathrm{T}},\ \left(\Delta\boldsymbol{x}_{j,2}^{(\delta)}\right)^{\mathrm{T}},\ \cdots,\ \left(\Delta\boldsymbol{x}_{j,s}^{(\delta)}\right)^{\mathrm{T}},\ \left(\Delta\boldsymbol{x}_{j,s+1}^{(\delta)}\right)^{\mathrm{T}}\right]^{\mathrm{T}}\in\mathbb{R}^{(s+1)n\times1}\\&\qquad\delta=0,\ 1;\ j=1,\ 2,\ \cdots,\ N\end{aligned}\right.\tag{10.33}$$

将式 (10.6) 代入式 (10.32)，得

$$\left\{\begin{aligned}\Delta\boldsymbol{x}_{1,q}^{(1)}=&\Delta\boldsymbol{x}_{2,s+1}^{(1)}+h\tilde{\boldsymbol{A}}_0\sum_{k=1}^{s+1}a_{q,k}\Delta\boldsymbol{x}_{1,k}^{(1)}+h\sum_{i=1}^{m-1}\tilde{\boldsymbol{A}}_i\sum_{k=1}^{s+1}a_{q,k}\boldsymbol{z}_{i,k}\\&+h\tilde{\boldsymbol{A}}_m\sum_{k=1}^{s+1}a_{q,k}\Delta\boldsymbol{x}_{N,k}^{(0)},\quad q=1,\ 2,\ \cdots,\ s\\\Delta\boldsymbol{x}_{1,s+1}^{(1)}=&\Delta\boldsymbol{x}_{2,s+1}^{(1)}+h\tilde{\boldsymbol{A}}_0\sum_{k=1}^{s+1}b_k\Delta\boldsymbol{x}_{1,k}^{(1)}+h\sum_{i=1}^{m-1}\tilde{\boldsymbol{A}}_i\sum_{k=1}^{s+1}b_k\boldsymbol{z}_{i,k}\\&+h\tilde{\boldsymbol{A}}_m\sum_{k=1}^{s+1}b_k\Delta\boldsymbol{x}_{N,k}^{(0)}\end{aligned}\right.\tag{10.34}$$

式中，$\boldsymbol{z}_{i,k}$ 为由拉格朗日插值得到的 $\Delta\boldsymbol{x}(c_kh-\tau_i)$ $(i=1,\ 2,\ \cdots,\ m-1;\ k=1,\ 2,\ \cdots,\ s+1)$ 的近似值。由于 $\theta_{\gamma_i-r}=-(\gamma_i-r)h=-(\gamma_i-r+1)h+h=0\times h+\theta_{\gamma_i-r+1}+c_{s+1}h$，从而可得

$$\boldsymbol{z}_{i,k}=\sum_{r=1-\lceil p/2\rceil}^{\lceil p/2\rceil}\ell_r(c_kh-\tau_i)\Delta\boldsymbol{x}_{\gamma_i-r+2,s+1}^{(1)}=\sum_{r=1-\lceil p/2\rceil}^{\lceil p/2\rceil}\ell_r(c_kh-\tau_i)\Delta\boldsymbol{x}_{\gamma_i-r+1,s+1}^{(0)}\tag{10.35}$$

式中，$\ell_r(\cdot)$ 为由点 $c_kh-\tau_i$ 附近 $p+1$ 个点 θ_{γ_i-r} ($r=1-\lceil p/2\rceil,\ 2-\lceil p/2\rceil,\ \cdots,\ \lceil p/2\rceil$) 计算得到的第 r 个拉格朗日系数。

定义 $\boldsymbol{z}_i\in\mathbb{R}^{(s+1)n\times 1}$ ($i=1,\ 2,\ \cdots,\ m-1$)：

$$\boldsymbol{z}_i=\left[\boldsymbol{z}_{i,1}^{\mathrm{T}},\ \boldsymbol{z}_{i,2}^{\mathrm{T}},\ \cdots,\ \boldsymbol{z}_{i,s+1}^{\mathrm{T}}\right]^{\mathrm{T}}\triangleq\left(\boldsymbol{L}_i^{\mathrm{T}}\otimes\boldsymbol{I}_n\right)\Delta\boldsymbol{x}^{(0)} \tag{10.36}$$

式中，$\boldsymbol{L}_i\in\mathbb{R}^{N(s+1)\times(s+1)}$ ($i=1,\ 2,\ \cdots,\ m-1$) 为由拉格朗日插值系数决定的常数矩阵。

将式 (10.34) 写成向量形式，得 $\Delta\boldsymbol{x}_1^{(1)}$：

$$\begin{aligned}\Delta\boldsymbol{x}_1^{(1)}=&\left(\boldsymbol{I}_{(s+1)n}-h\bar{\boldsymbol{A}}\otimes\tilde{\boldsymbol{A}}_0\right)^{-1}\Bigg((\boldsymbol{E}\otimes\boldsymbol{I}_n)\Delta\boldsymbol{x}_1^{(0)}+h\sum_{i=1}^{m-1}(\bar{\boldsymbol{A}}\otimes\tilde{\boldsymbol{A}}_i)\boldsymbol{z}_i\\&+h(\bar{\boldsymbol{A}}\otimes\tilde{\boldsymbol{A}}_m)\Delta\boldsymbol{x}_N^{(0)}\Bigg)\end{aligned} \tag{10.37}$$

式中，$\boldsymbol{E}=\mathbf{1}_{s+1}\mathbf{e}_{s+1}^{\mathrm{T}}\in\mathbb{R}^{(s+1)\times(s+1)}$ 为常系数矩阵，$\mathbf{e}_{s+1}=[0,\ 0,\ \cdots,\ 0,\ 1]^{\mathrm{T}}\in\mathbb{R}^{(s+1)\times 1}$，$\mathbf{1}_{s+1}=[1,\ 1,\ \cdots,\ 1]^{\mathrm{T}}\in\mathbb{R}^{(s+1)\times 1}$；$\bar{\boldsymbol{A}}\in\mathbb{R}^{(s+1)\times(s+1)}$：

$$\bar{\boldsymbol{A}}=\left[\begin{array}{c|c}\boldsymbol{A}&\boldsymbol{0}_{s\times 1}\\\hline\boldsymbol{b}^{\mathrm{T}}&0\end{array}\right]=\left[\begin{array}{cccc|c}a_{1,1}&a_{1,2}&\cdots&a_{1,s}&0\\a_{2,1}&a_{2,2}&\cdots&a_{2,s}&0\\\vdots&\vdots&&\vdots&\vdots\\a_{s,1}&a_{s,2}&\cdots&a_{s,s}&0\\\hline b_1&b_2&\cdots&b_s&0\end{array}\right] \tag{10.38}$$

式 (10.37) 的详细推导如下。首先，对式 (10.34) 进行移项，并结合式 (10.4)，得

$$\begin{cases}\Delta\boldsymbol{x}_{1,q}^{(1)}-h\tilde{\boldsymbol{A}}_0\displaystyle\sum_{k=1}^{s+1}a_{q,k}\Delta\boldsymbol{x}_{1,k}^{(1)}=\Delta\boldsymbol{x}_{1,s+1}^{(0)}+h\sum_{i=1}^{m-1}\tilde{\boldsymbol{A}}_i\sum_{k=1}^{s+1}a_{q,k}\boldsymbol{z}_{i,k}\\\qquad\qquad+h\tilde{\boldsymbol{A}}_m\displaystyle\sum_{k=1}^{s+1}a_{q,k}\Delta\boldsymbol{x}_{N,k}^{(0)},\quad q=1,\ 2,\ \cdots,\ s\\\Delta\boldsymbol{x}_{1,s+1}^{(1)}-h\tilde{\boldsymbol{A}}_0\displaystyle\sum_{k=1}^{s+1}b_k\Delta\boldsymbol{x}_{1,k}^{(1)}=\Delta\boldsymbol{x}_{1,s+1}^{(0)}+h\sum_{i=1}^{m-1}\tilde{\boldsymbol{A}}_i\sum_{k=1}^{s+1}b_k\boldsymbol{z}_{i,k}\\\qquad\qquad+h\tilde{\boldsymbol{A}}_m\displaystyle\sum_{k=1}^{s+1}b_k\Delta\boldsymbol{x}_{N,k}^{(0)}\end{cases} \tag{10.39}$$

其次，将式 (10.39) 左边写成矩阵形式，得

$$\begin{bmatrix} \Delta \boldsymbol{x}_{1,q}^{(1)} - h\tilde{\boldsymbol{A}}_0 \sum_{k=1}^{s+1} a_{q,k} \Delta \boldsymbol{x}_{1,k}^{(1)}, \quad q = 1, 2, \cdots, s \\ \Delta \boldsymbol{x}_{1,s+1}^{(1)} - h\tilde{\boldsymbol{A}}_0 \sum_{k=1}^{s+1} b_k \Delta \boldsymbol{x}_{1,k}^{(1)} \end{bmatrix}$$

$$= \begin{bmatrix} \Delta \boldsymbol{x}_{1,1}^{(1)} \\ \Delta \boldsymbol{x}_{1,2}^{(1)} \\ \vdots \\ \Delta \boldsymbol{x}_{1,s}^{(1)} \\ \Delta \boldsymbol{x}_{1,s+1}^{(1)} \end{bmatrix} - h \begin{bmatrix} \tilde{\boldsymbol{A}}_0 a_{1,1} & \tilde{\boldsymbol{A}}_0 a_{1,2} & \cdots & \tilde{\boldsymbol{A}}_0 a_{1,s} & \tilde{\boldsymbol{A}}_0 a_{1,s+1} \\ \tilde{\boldsymbol{A}}_0 a_{2,1} & \tilde{\boldsymbol{A}}_0 a_{2,2} & \cdots & \tilde{\boldsymbol{A}}_0 a_{2,s} & \tilde{\boldsymbol{A}}_0 a_{2,s+1} \\ \vdots & \vdots & & \vdots & \vdots \\ \tilde{\boldsymbol{A}}_0 a_{s,1} & \tilde{\boldsymbol{A}}_0 a_{s,2} & \cdots & \tilde{\boldsymbol{A}}_0 a_{s,s} & \tilde{\boldsymbol{A}}_0 a_{s,s+1} \\ \tilde{\boldsymbol{A}}_0 b_1 & \tilde{\boldsymbol{A}}_0 b_2 & \cdots & \tilde{\boldsymbol{A}}_0 b_s & \tilde{\boldsymbol{A}}_0 b_{s+1} \end{bmatrix} \begin{bmatrix} \Delta \boldsymbol{x}_{1,1}^{(1)} \\ \Delta \boldsymbol{x}_{1,2}^{(1)} \\ \vdots \\ \Delta \boldsymbol{x}_{1,s}^{(1)} \\ \Delta \boldsymbol{x}_{1,s+1}^{(1)} \end{bmatrix}$$

$$= \boldsymbol{I}_{(s+1)n} \Delta \boldsymbol{x}_1^{(1)} - h\bar{\boldsymbol{A}} \otimes \tilde{\boldsymbol{A}}_0 \Delta \boldsymbol{x}_1^{(1)}$$

$$= \left(\boldsymbol{I}_{(s+1)n} - h\bar{\boldsymbol{A}} \otimes \tilde{\boldsymbol{A}}_0 \right) \Delta \boldsymbol{x}_1^{(1)} \tag{10.40}$$

再次，将式 (10.39) 右边写成矩阵形式，得

$$\begin{bmatrix} \Delta \boldsymbol{x}_{1,s+1}^{(0)} + h \sum_{i=1}^{m-1} \tilde{\boldsymbol{A}}_i \sum_{k=1}^{s+1} a_{q,k} \boldsymbol{z}_{i,k} + h\tilde{\boldsymbol{A}}_m \sum_{k=1}^{s+1} a_{q,k} \Delta \boldsymbol{x}_{N,k}^{(0)}, \ q = 1, 2, \cdots, s \\ \Delta \boldsymbol{x}_{1,s+1}^{(0)} + h \sum_{i=1}^{m-1} \tilde{\boldsymbol{A}}_i \sum_{k=1}^{s+1} b_k \boldsymbol{z}_{i,k} + h\tilde{\boldsymbol{A}}_m \sum_{k=1}^{s+1} b_k \Delta \boldsymbol{x}_{N,k}^{(0)} \end{bmatrix}$$

$$= \begin{bmatrix} \Delta \boldsymbol{x}_{1,s+1}^{(0)} \\ \Delta \boldsymbol{x}_{1,s+1}^{(0)} \\ \vdots \\ \Delta \boldsymbol{x}_{1,s+1}^{(0)} \\ \Delta \boldsymbol{x}_{1,s+1}^{(0)} \end{bmatrix} + h \sum_{i=1}^{m-1} \begin{bmatrix} \tilde{\boldsymbol{A}}_i a_{1,1} & \tilde{\boldsymbol{A}}_i a_{1,2} & \cdots & \tilde{\boldsymbol{A}}_i a_{1,s} & \tilde{\boldsymbol{A}}_i a_{1,s+1} \\ \tilde{\boldsymbol{A}}_i a_{2,1} & \tilde{\boldsymbol{A}}_i a_{2,2} & \cdots & \tilde{\boldsymbol{A}}_i a_{2,s} & \tilde{\boldsymbol{A}}_i a_{2,s+1} \\ \vdots & \vdots & & \vdots & \vdots \\ \tilde{\boldsymbol{A}}_i a_{s,1} & \tilde{\boldsymbol{A}}_i a_{s,2} & \cdots & \tilde{\boldsymbol{A}}_i a_{s,s} & \tilde{\boldsymbol{A}}_i a_{s,s+1} \\ \tilde{\boldsymbol{A}}_i b_1 & \tilde{\boldsymbol{A}}_i b_2 & \cdots & \tilde{\boldsymbol{A}}_i b_s & \tilde{\boldsymbol{A}}_i b_{s+1} \end{bmatrix} \begin{bmatrix} \boldsymbol{z}_{i,1} \\ \boldsymbol{z}_{i,2} \\ \vdots \\ \boldsymbol{z}_{i,s} \\ \boldsymbol{z}_{i,s+1} \end{bmatrix}$$

$$+ h \begin{bmatrix} \tilde{\boldsymbol{A}}_m a_{1,1} & \tilde{\boldsymbol{A}}_m a_{1,2} & \cdots & \tilde{\boldsymbol{A}}_m a_{1,s} & \tilde{\boldsymbol{A}}_m a_{1,s+1} \\ \tilde{\boldsymbol{A}}_m a_{2,1} & \tilde{\boldsymbol{A}}_m a_{2,2} & \cdots & \tilde{\boldsymbol{A}}_m a_{2,s} & \tilde{\boldsymbol{A}}_m a_{2,s+1} \\ \vdots & \vdots & & \vdots & \vdots \\ \tilde{\boldsymbol{A}}_m a_{s,1} & \tilde{\boldsymbol{A}}_m a_{s,2} & \cdots & \tilde{\boldsymbol{A}}_m a_{s,s} & \tilde{\boldsymbol{A}}_m a_{s,s+1} \\ \tilde{\boldsymbol{A}}_m b_1 & \tilde{\boldsymbol{A}}_m b_2 & \cdots & \tilde{\boldsymbol{A}}_m b_s & \tilde{\boldsymbol{A}}_m b_{s+1} \end{bmatrix} \begin{bmatrix} \Delta \boldsymbol{x}_{N,1}^{(0)} \\ \Delta \boldsymbol{x}_{N,2}^{(0)} \\ \vdots \\ \Delta \boldsymbol{x}_{N,s}^{(0)} \\ \Delta \boldsymbol{x}_{N,s+1}^{(0)} \end{bmatrix}$$

$$
=\begin{bmatrix}\mathbf{0}_n & \mathbf{0}_n & \cdots & \boldsymbol{I}_n\\ \mathbf{0}_n & \mathbf{0}_n & \cdots & \boldsymbol{I}_n\\ \vdots & \vdots & & \vdots\\ \mathbf{0}_n & \mathbf{0}_n & \cdots & \boldsymbol{I}_n\end{bmatrix}\begin{bmatrix}\Delta\boldsymbol{x}_{1,1}^{(0)}\\ \Delta\boldsymbol{x}_{1,2}^{(0)}\\ \vdots\\ \Delta\boldsymbol{x}_{1,s}^{(0)}\\ \Delta\boldsymbol{x}_{1,s+1}^{(0)}\end{bmatrix}+h\sum_{i=1}^{m-1}\left(\bar{\boldsymbol{A}}\otimes\tilde{\boldsymbol{A}}_i\right)\boldsymbol{z}_i+h\left(\bar{\boldsymbol{A}}\otimes\tilde{\boldsymbol{A}}_m\right)\Delta\boldsymbol{x}_N^{(0)}
$$

$$
=(\boldsymbol{E}\otimes\boldsymbol{I}_n)\,\Delta\boldsymbol{x}_1^{(0)}+h\sum_{i=1}^{m-1}\left(\bar{\boldsymbol{A}}\otimes\tilde{\boldsymbol{A}}_i\right)\boldsymbol{z}_i+h\left(\bar{\boldsymbol{A}}\otimes\tilde{\boldsymbol{A}}_m\right)\Delta\boldsymbol{x}_N^{(0)} \tag{10.41}
$$

最后，联立式 (10.40) 和式 (10.41)，即得式 (10.37)。

结合式 (10.37) 和解算子位移部分的离散化，可得各种 SOD-IRK 矩阵 $\boldsymbol{T}_{Ns}\in\mathbb{R}^{N(s+1)n\times N(s+1)n}$。它们可以统一写成如下形式：

$$
\boldsymbol{T}_{Ns}=\left[\begin{array}{ccc}\multicolumn{3}{c}{\boldsymbol{R}_{Ns}^{-1}\boldsymbol{\Sigma}_{Ns}}\\ \hdashline \boldsymbol{I}_{(s+1)n} & & \mathbf{0}_{(s+1)n}\\ & \ddots & \vdots\\ & \boldsymbol{I}_{(s+1)n} & \mathbf{0}_{(s+1)n}\end{array}\right] \tag{10.42}
$$

式中，$\boldsymbol{R}_{Ns}\in\mathbb{R}^{(s+1)n\times(s+1)n}$ 和 $\boldsymbol{\Sigma}_{Ns}\in\mathbb{R}^{(s+1)n\times N(s+1)n}$ 的具体表达式为

$$
\boldsymbol{R}_{Ns}=\boldsymbol{I}_{(s+1)n}-h\bar{\boldsymbol{A}}\otimes\tilde{\boldsymbol{A}}_0 \tag{10.43}
$$

$$
\boldsymbol{\Sigma}_{Ns}=\boldsymbol{L}_0^{\mathrm{T}}\otimes\boldsymbol{I}_n+h\sum_{i=1}^{m}\left(\bar{\boldsymbol{A}}\boldsymbol{L}_i^{\mathrm{T}}\right)\otimes\tilde{\boldsymbol{A}}_i \tag{10.44}
$$

式中，$\boldsymbol{L}_0^{\mathrm{T}}=[\boldsymbol{E},\ \mathbf{0},\ \cdots,\ \mathbf{0}]\in\mathbb{R}^{N(s+1)\times(s+1)}$，$\boldsymbol{L}_m^{\mathrm{T}}=[\mathbf{0},\ \cdots,\ \mathbf{0},\ \boldsymbol{I}_{s+1}]\in\mathbb{R}^{N(s+1)\times(s+1)}$。

特别地，当系统仅含有单个时滞 ($m=1$) 时，$\boldsymbol{\Sigma}_{Ns}$ 可显式地表达为以下形式：

$$
\boldsymbol{\Sigma}_{Ns}=\left[\boldsymbol{\Sigma}_0,\ \mathbf{0}_{(s+1)n\times(N-2)(s+1)n},\ \boldsymbol{\Sigma}_1\right] \tag{10.45}
$$

$$
\boldsymbol{\Sigma}_0=\boldsymbol{E}\otimes\boldsymbol{I}_n\in\mathbb{R}^{(s+1)n\times(s+1)n} \tag{10.46}
$$

$$
\boldsymbol{\Sigma}_1=h\bar{\boldsymbol{A}}\otimes\tilde{\boldsymbol{A}}_m\in\mathbb{R}^{(s+1)n\times(s+1)n} \tag{10.47}
$$

3. Radau IA

Radau IA 方法的系数 ($\boldsymbol{A}$, $\boldsymbol{b}$, $\boldsymbol{c}$) 有如下特点：① $0=c_1<\cdots<c_s<1$；② $\boldsymbol{b}^{\mathrm{T}}\neq(a_{s,1},\ a_{s,2},\ \cdots,\ a_{s,s})$。在应用该方法对解算子进行离散化时，需要在每一个子区间增加离散点 $c_{s+1}=1$。最终，集合 Ω_{Ns} 中共有 $Ns+1$ 个离散点。在 IRK 法的递推公式 (3.66) 中，t_n 取为 $-h$ 时刻，y_n 对应 $\Delta\boldsymbol{x}_{2,s+1}^{(1)}=\Delta\boldsymbol{x}_{1,1}^{(1)}$，$y_{n+1}$ 对应

$\Delta \boldsymbol{x}_{1,s+1}^{(1)}$:

$$\begin{cases} \Delta \boldsymbol{x}_{1,q}^{(1)} = \Delta \boldsymbol{x}_{2,s+1}^{(1)} + h \sum\limits_{k=1}^{s} a_{q,k} \boldsymbol{f}_k, \quad q = 1,\ 2,\ \cdots,\ s \\ \Delta \boldsymbol{x}_{1,s+1}^{(1)} = \Delta \boldsymbol{x}_{2,s+1}^{(1)} + h \sum\limits_{k=1}^{s} b_k \boldsymbol{f}_k \\ \boldsymbol{f}_k = \boldsymbol{f}\left(-h + c_k h,\ \Delta \boldsymbol{x}_{2,s+1}^{(1)} + h \sum\limits_{j=1}^{s} a_{k,j} \boldsymbol{f}_j\right) \end{cases} \tag{10.48}$$

由于第 $j-1$ 个区间的左端点与第 j 个区间的右端点重合，即 $\theta_{j-1} + c_1 h = \theta_j + c_{s+1} h\ (j = 2,\ 3,\ \cdots,\ N)$，$\Delta \boldsymbol{x}_{j-1,1}^{(\delta)} = \Delta \boldsymbol{x}_{j,s+1}^{(\delta)}\ (j = 2,\ 3,\ \cdots,\ N)$。合并重合的离散点以后，集合 Ω_{Ns} 中共有 $Ns+1$ 个离散点。于是，定义 $\delta h + \Omega_{Ns}$ 上系统的状态向量为

$$\begin{cases} \Delta \boldsymbol{x}^{(\delta)} = \left[\left(\Delta \boldsymbol{x}_1^{(\delta)}\right)^{\mathrm{T}},\ \left(\Delta \boldsymbol{x}_2^{(\delta)}\right)^{\mathrm{T}},\ \cdots,\ \left(\Delta \boldsymbol{x}_N^{(\delta)}\right)^{\mathrm{T}}\right]^{\mathrm{T}} \in \mathbb{R}^{(Ns+1)n\times 1} \\ \Delta \boldsymbol{x}_1^{(\delta)} = \left[\left(\Delta \boldsymbol{x}_{1,1}^{(\delta)}\right)^{\mathrm{T}},\ \left(\Delta \boldsymbol{x}_{1,2}^{(\delta)}\right)^{\mathrm{T}},\ \cdots,\ \left(\Delta \boldsymbol{x}_{1,s}^{(\delta)}\right)^{\mathrm{T}},\ \left(\Delta \boldsymbol{x}_{1,s+1}^{(\delta)}\right)^{\mathrm{T}}\right]^{\mathrm{T}} \in \mathbb{R}^{(s+1)n\times 1} \\ \Delta \boldsymbol{x}_j^{(\delta)} = \left[\left(\Delta \boldsymbol{x}_{j,1}^{(\delta)}\right)^{\mathrm{T}},\ \left(\Delta \boldsymbol{x}_{j,2}^{(\delta)}\right)^{\mathrm{T}},\ \cdots,\ \left(\Delta \boldsymbol{x}_{j,s}^{(\delta)}\right)^{\mathrm{T}}\right]^{\mathrm{T}} \in \mathbb{R}^{sn\times 1}, \\ \qquad \delta = 0,\ 1;\ j = 2,\ 3,\ \cdots,\ N \end{cases} \tag{10.49}$$

将式 (10.6) 代入式 (10.48)，得

$$\begin{cases} \Delta \boldsymbol{x}_{1,q}^{(1)} = \Delta \boldsymbol{x}_{2,s+1}^{(1)} + h\tilde{\boldsymbol{A}}_0 \sum\limits_{k=1}^{s} a_{q,k} \Delta \boldsymbol{x}_{1,k}^{(1)} + h \sum\limits_{i=1}^{m-1} \tilde{\boldsymbol{A}}_i \sum\limits_{k=1}^{s} a_{q,k} \boldsymbol{z}_{i,k} \\ \qquad + h\tilde{\boldsymbol{A}}_m \sum\limits_{k=1}^{s} a_{q,k} \Delta \boldsymbol{x}_{N,k}^{(0)}, \quad q = 1,\ 2,\ \cdots,\ s \\ \Delta \boldsymbol{x}_{1,s+1}^{(1)} = \Delta \boldsymbol{x}_{2,s+1}^{(1)} + h\tilde{\boldsymbol{A}}_0 \sum\limits_{k=1}^{s} b_k \Delta \boldsymbol{x}_{1,k}^{(1)} + h \sum\limits_{i=1}^{m-1} \tilde{\boldsymbol{A}}_i \sum\limits_{k=1}^{s} b_k \boldsymbol{z}_{i,k} \\ \qquad + h\tilde{\boldsymbol{A}}_m \sum\limits_{k=1}^{s} b_k \Delta \boldsymbol{x}_{N,k}^{(0)} \end{cases} \tag{10.50}$$

式中，$\boldsymbol{z}_{i,k}$ 为由拉格朗日插值得到的 $\Delta \boldsymbol{x}(c_k h - \tau_i)\ (i = 1,\ 2,\ \cdots,\ m-1;\ k = 1,\ 2,\ \cdots,\ s)$ 的近似值：

$$\boldsymbol{z}_{i,k} = \sum_{r=1-\lceil p/2 \rceil}^{\lceil p/2 \rceil} \ell_r\left(c_k h - \tau_i\right) \Delta \boldsymbol{x}_{\gamma_i - r + 2, s+1}^{(1)} = \sum_{r=1-\lceil p/2 \rceil}^{\lceil p/2 \rceil} \ell_r\left(c_k h - \tau_i\right) \Delta \boldsymbol{x}_{\gamma_i - r + 1, s+1}^{(0)} \tag{10.51}$$

式中，$\ell_r(\cdot)$ 为由点 $c_k h-\tau_i$ 附近 $p+1$ 个点 θ_{γ_i-r} $(r=1-\lceil p/2\rceil,\ 2-\lceil p/2\rceil,\ \cdots,\ \lceil p/2\rceil)$ 计算得到的第 r 个拉格朗日系数。

定义 $\boldsymbol{z}_i\in\mathbb{R}^{sn\times 1}$ $(i=1,\ 2,\ \cdots,\ m-1)$：

$$\boldsymbol{z}_i=\left[\boldsymbol{z}_{i,1}^{\mathrm{T}},\ \boldsymbol{z}_{i,2}^{\mathrm{T}},\ \cdots,\ \boldsymbol{z}_{i,s}^{\mathrm{T}}\right]^{\mathrm{T}}\triangleq\left(\boldsymbol{L}_i^{\mathrm{T}}\otimes\boldsymbol{I}_n\right)\Delta\boldsymbol{x}^{(0)}\tag{10.52}$$

式中，$\boldsymbol{L}_i\in\mathbb{R}^{(Ns+1)\times s}$ $(i=1,\ 2,\ \cdots,\ m-1)$ 为由拉格朗日插值系数决定的常数矩阵。

将式 (10.50) 写成向量形式，得 $\Delta\boldsymbol{x}_1^{(1)}$：

$$\begin{aligned}\Delta\boldsymbol{x}_1^{(1)}=&\left(\boldsymbol{I}_{(s+1)n}-h\bar{\boldsymbol{A}}_2\otimes\tilde{\boldsymbol{A}}_0\right)^{-1}\left((\boldsymbol{E}\otimes\boldsymbol{I}_n)\Delta\boldsymbol{x}_1^{(0)}+h\sum_{i=1}^{m-1}\left(\bar{\boldsymbol{A}}_1\otimes\tilde{\boldsymbol{A}}_i\right)\boldsymbol{z}_i\right.\\&\left.+h\left(\bar{\boldsymbol{A}}_1\otimes\tilde{\boldsymbol{A}}_m\right)\Delta\boldsymbol{x}_N^{(0)}\right)\end{aligned}\tag{10.53}$$

式中，$\boldsymbol{E}=\mathbf{1}_{s+1}\mathbf{e}_{s+1}^{\mathrm{T}}\in\mathbb{R}^{(s+1)\times(s+1)}$ 为常系数矩阵，$\mathbf{e}_{s+1}=[0,\ 0,\ \cdots,\ 0,\ 1]^{\mathrm{T}}\in\mathbb{R}^{(s+1)\times 1}$，$\mathbf{1}_{s+1}=[1,\ 1,\ \cdots,\ 1]^{\mathrm{T}}\in\mathbb{R}^{(s+1)\times 1}$；$\bar{\boldsymbol{A}}_1\in\mathbb{R}^{(s+1)\times s}$；$\bar{\boldsymbol{A}}_2\in\mathbb{R}^{(s+1)\times(s+1)}$：

$$\bar{\boldsymbol{A}}_1=\left[\begin{array}{c}\boldsymbol{A}\\\hline\boldsymbol{b}^{\mathrm{T}}\end{array}\right],\quad\bar{\boldsymbol{A}}_2=\left[\begin{array}{c|c}\boldsymbol{A}&\mathbf{0}_{s\times 1}\\\hline\boldsymbol{b}^{\mathrm{T}}&0\end{array}\right]=\left[\bar{\boldsymbol{A}}_1\ \ \mathbf{0}_{(s+1)\times 1}\right]\tag{10.54}$$

式 (10.53) 的详细推导如下。首先，对式 (10.50) 进行移项，并结合式 (10.4)，得

$$\left\{\begin{aligned}\Delta\boldsymbol{x}_{1,q}^{(1)}-h\tilde{\boldsymbol{A}}_0\sum_{k=1}^{s}a_{q,k}\Delta\boldsymbol{x}_{1,k}^{(1)}=&\Delta\boldsymbol{x}_{1,s+1}^{(0)}+h\sum_{i=1}^{m-1}\tilde{\boldsymbol{A}}_i\sum_{k=1}^{s}a_{q,k}\boldsymbol{z}_{i,k}\\&+h\tilde{\boldsymbol{A}}_m\sum_{k=1}^{s}a_{q,k}\Delta\boldsymbol{x}_{N,k}^{(0)},\quad q=1,\ 2,\ \cdots,\ s\\\Delta\boldsymbol{x}_{1,s+1}^{(1)}-h\tilde{\boldsymbol{A}}_0\sum_{k=1}^{s}b_k\Delta\boldsymbol{x}_{1,k}^{(1)}=&\Delta\boldsymbol{x}_{1,s+1}^{(0)}+h\sum_{i=1}^{m-1}\tilde{\boldsymbol{A}}_i\sum_{k=1}^{s}b_k\boldsymbol{z}_{i,k}\\&+h\tilde{\boldsymbol{A}}_m\sum_{k=1}^{s}b_k\Delta\boldsymbol{x}_{N,k}^{(0)}\end{aligned}\right.\tag{10.55}$$

其次，将式 (10.55) 左边写成矩阵形式，得

$$
\begin{bmatrix}
\Delta \boldsymbol{x}_{1,q}^{(1)} - h\tilde{\boldsymbol{A}}_0 \sum_{k=1}^{s} a_{q,k} \Delta \boldsymbol{x}_{1,k}^{(1)}, \quad q=1,\ 2,\ \cdots,\ s \\
\Delta \boldsymbol{x}_{1,s+1}^{(1)} - h\tilde{\boldsymbol{A}}_0 \sum_{k=1}^{s} b_k \Delta \boldsymbol{x}_{1,k}^{(1)}
\end{bmatrix}
$$

$$
\begin{aligned}
&= \begin{bmatrix} \Delta \boldsymbol{x}_{1,1}^{(1)} \\ \Delta \boldsymbol{x}_{1,2}^{(1)} \\ \vdots \\ \Delta \boldsymbol{x}_{1,s}^{(1)} \\ \Delta \boldsymbol{x}_{1,s+1}^{(1)} \end{bmatrix} - h \begin{bmatrix} \tilde{\boldsymbol{A}}_0 a_{1,1} & \tilde{\boldsymbol{A}}_0 a_{1,2} & \cdots & \tilde{\boldsymbol{A}}_0 a_{1,s} & \boldsymbol{0}_n \\ \tilde{\boldsymbol{A}}_0 a_{2,1} & \tilde{\boldsymbol{A}}_0 a_{2,2} & \cdots & \tilde{\boldsymbol{A}}_0 a_{2,s} & \boldsymbol{0}_n \\ \vdots & \vdots & & \vdots & \vdots \\ \tilde{\boldsymbol{A}}_0 a_{s,1} & \tilde{\boldsymbol{A}}_0 a_{s,2} & \cdots & \tilde{\boldsymbol{A}}_0 a_{s,s} & \boldsymbol{0}_n \\ \tilde{\boldsymbol{A}}_0 b_1 & \tilde{\boldsymbol{A}}_0 b_2 & \cdots & \tilde{\boldsymbol{A}}_0 b_s & \boldsymbol{0}_n \end{bmatrix} \begin{bmatrix} \Delta \boldsymbol{x}_{1,1}^{(1)} \\ \Delta \boldsymbol{x}_{1,2}^{(1)} \\ \vdots \\ \Delta \boldsymbol{x}_{1,s}^{(1)} \\ \Delta \boldsymbol{x}_{1,s+1}^{(1)} \end{bmatrix} \\
&= \boldsymbol{I}_{(s+1)n} \Delta \boldsymbol{x}_1^{(1)} - h\bar{\boldsymbol{A}}_2 \otimes \tilde{\boldsymbol{A}}_0 \Delta \boldsymbol{x}_1^{(1)} \\
&= \left(\boldsymbol{I}_{(s+1)n} - h\bar{\boldsymbol{A}}_2 \otimes \tilde{\boldsymbol{A}}_0 \right) \Delta \boldsymbol{x}_1^{(1)}
\end{aligned} \tag{10.56}
$$

再次，将式 (10.55) 右边写成矩阵形式，得

$$
\begin{bmatrix}
\Delta \boldsymbol{x}_{1,s+1}^{(0)} + h \sum_{i=1}^{m-1} \tilde{\boldsymbol{A}}_i \sum_{k=1}^{s} a_{q,k} \boldsymbol{z}_{i,k} + h\tilde{\boldsymbol{A}}_m \sum_{k=1}^{s} a_{q,k} \Delta \boldsymbol{x}_{N,k}^{(0)} \\
\Delta \boldsymbol{x}_{1,s+1}^{(0)} + h \sum_{i=1}^{m-1} \tilde{\boldsymbol{A}}_i \sum_{k=1}^{s} b_k \boldsymbol{z}_{i,k} + h\tilde{\boldsymbol{A}}_m \sum_{k=1}^{s} b_k \Delta \boldsymbol{x}_{N,k}^{(0)}
\end{bmatrix}
$$

$$
\begin{aligned}
&= \begin{bmatrix} \Delta \boldsymbol{x}_{1,s+1}^{(0)} \\ \Delta \boldsymbol{x}_{1,s+1}^{(0)} \\ \vdots \\ \Delta \boldsymbol{x}_{1,s+1}^{(0)} \\ \Delta \boldsymbol{x}_{1,s+1}^{(0)} \end{bmatrix} + h \sum_{i=1}^{m-1} \begin{bmatrix} \tilde{\boldsymbol{A}}_i a_{1,1} & \tilde{\boldsymbol{A}}_i a_{1,2} & \cdots & \tilde{\boldsymbol{A}}_i a_{1,s} \\ \tilde{\boldsymbol{A}}_i a_{2,1} & \tilde{\boldsymbol{A}}_i a_{2,2} & \cdots & \tilde{\boldsymbol{A}}_i a_{2,s} \\ \vdots & \vdots & & \vdots \\ \tilde{\boldsymbol{A}}_i a_{s,1} & \tilde{\boldsymbol{A}}_i a_{s,2} & \cdots & \tilde{\boldsymbol{A}}_i a_{s,s} \\ \tilde{\boldsymbol{A}}_i b_1 & \tilde{\boldsymbol{A}}_i b_2 & \cdots & \tilde{\boldsymbol{A}}_i b_s \end{bmatrix} \begin{bmatrix} \boldsymbol{z}_{i,1} \\ \boldsymbol{z}_{i,2} \\ \vdots \\ \boldsymbol{z}_{i,s} \end{bmatrix} \\
&\quad + h \begin{bmatrix} \tilde{\boldsymbol{A}}_m a_{1,1} & \tilde{\boldsymbol{A}}_m a_{1,2} & \cdots & \tilde{\boldsymbol{A}}_m a_{1,s} \\ \tilde{\boldsymbol{A}}_m a_{2,1} & \tilde{\boldsymbol{A}}_m a_{2,2} & \cdots & \tilde{\boldsymbol{A}}_m a_{2,s} \\ \vdots & \vdots & & \vdots \\ \tilde{\boldsymbol{A}}_m a_{s,1} & \tilde{\boldsymbol{A}}_m a_{s,2} & \cdots & \tilde{\boldsymbol{A}}_m a_{s,s} \\ \tilde{\boldsymbol{A}}_m b_1 & \tilde{\boldsymbol{A}}_m b_2 & \cdots & \tilde{\boldsymbol{A}}_m b_s \end{bmatrix} \begin{bmatrix} \Delta \boldsymbol{x}_{N,1}^{(0)} \\ \Delta \boldsymbol{x}_{N,2}^{(0)} \\ \vdots \\ \Delta \boldsymbol{x}_{N,s}^{(0)} \end{bmatrix}
\end{aligned}
$$

$$
=\begin{bmatrix} \mathbf{0}_n & \mathbf{0}_n & \cdots & \boldsymbol{I}_n \\ \mathbf{0}_n & \mathbf{0}_n & \cdots & \boldsymbol{I}_n \\ \vdots & \vdots & & \vdots \\ \mathbf{0}_n & \mathbf{0}_n & \cdots & \boldsymbol{I}_n \end{bmatrix} \begin{bmatrix} \Delta \boldsymbol{x}_{1,1}^{(0)} \\ \Delta \boldsymbol{x}_{1,2}^{(0)} \\ \vdots \\ \Delta \boldsymbol{x}_{1,s}^{(0)} \\ \Delta \boldsymbol{x}_{1,s+1}^{(0)} \end{bmatrix} + h\sum_{i=1}^{m-1}\left(\bar{\boldsymbol{A}}_1 \otimes \tilde{\boldsymbol{A}}_i\right)\boldsymbol{z}_i + h\left(\bar{\boldsymbol{A}}_1 \otimes \tilde{\boldsymbol{A}}_m\right)\Delta \boldsymbol{x}_N^{(0)}
$$

$$
=(\boldsymbol{E}\otimes \boldsymbol{I}_n)\Delta \boldsymbol{x}_1^{(0)} + h\sum_{i=1}^{m-1}\left(\bar{\boldsymbol{A}}_1 \otimes \tilde{\boldsymbol{A}}_i\right)\boldsymbol{z}_i + h\left(\bar{\boldsymbol{A}}_1 \otimes \tilde{\boldsymbol{A}}_m\right)\Delta \boldsymbol{x}_N^{(0)} \tag{10.57}
$$

最后，联立式 (10.56) 和式 (10.57)，即得式 (10.53)。

结合式 (10.53) 和解算子位移部分的离散化，可得解算子 Radau IA 离散化矩阵 $\boldsymbol{T}_{Ns} \in \mathbb{R}^{(Ns+1)n\times(Ns+1)n}$ 的表达式：

$$
\boldsymbol{T}_{Ns} = \left[\begin{array}{cccc} & \boldsymbol{R}_{Ns}^{-1}\boldsymbol{\Sigma}_{Ns} & & \\ \hdashline \boldsymbol{I}_{sn} \ \ \mathbf{0}_{sn\times n} & & & \\ & \boldsymbol{I}_{sn} & & \\ & & \ddots & \\ & & & \boldsymbol{I}_{sn} \ \ \mathbf{0}_{sn} \end{array}\right] \tag{10.58}
$$

式中，$\boldsymbol{R}_{Ns} \in \mathbb{R}^{(s+1)n\times(s+1)n}$ 和 $\boldsymbol{\Sigma}_{Ns} \in \mathbb{R}^{(s+1)n\times(Ns+1)n}$ 的具体表达式为

$$
\boldsymbol{R}_{Ns} = \boldsymbol{I}_{(s+1)n} - h\bar{\boldsymbol{A}}_2 \otimes \tilde{\boldsymbol{A}}_0 \tag{10.59}
$$

$$
\boldsymbol{\Sigma}_{Ns} = \boldsymbol{L}_0^{\mathrm{T}} \otimes \boldsymbol{I}_n + h\sum_{i=1}^{m}\left(\bar{\boldsymbol{A}}_1\boldsymbol{L}_i^{\mathrm{T}}\right)\otimes \tilde{\boldsymbol{A}}_i \tag{10.60}
$$

式中，$\boldsymbol{L}_0^{\mathrm{T}} = [\boldsymbol{E},\ \mathbf{0}_{s+1},\ \mathbf{0}_{s+1},\ \cdots,\ \mathbf{0}_{s+1}] \in \mathbb{R}^{(s+1)\times(Ns+1)}$；$\boldsymbol{L}_m^{\mathrm{T}} = [\mathbf{0},\ \mathbf{0},\ \cdots,\ \mathbf{0},\ \boldsymbol{I}_s] \in \mathbb{R}^{s\times(Ns+1)}$。

特别地，当系统仅含有单个时滞 ($m=1$) 时，$\boldsymbol{\Sigma}_{Ns}$ 可显式地表达为以下形式：

$$
\boldsymbol{\Sigma}_{Ns} = \left[\boldsymbol{\Sigma}_0,\ \mathbf{0}_{sn\times(N-2)sn},\ \boldsymbol{\Sigma}_1\right] \tag{10.61}
$$

$$
\boldsymbol{\Sigma}_0 = \boldsymbol{E}\otimes \boldsymbol{I}_n \in \mathbb{R}^{(s+1)n\times(s+1)n} \tag{10.62}
$$

$$
\boldsymbol{\Sigma}_1 = h\bar{\boldsymbol{A}}_1 \otimes \tilde{\boldsymbol{A}}_m \in \mathbb{R}^{(s+1)n\times(s+1)n} \tag{10.63}
$$

4. Lobatto ⅢA/C

Lobatto ⅢA/C 方法的系数 ($\boldsymbol{A}$, $\boldsymbol{b}$, $\boldsymbol{c}$) 有如下特点：① $0=c_1<\cdots<c_s=1$；② $\boldsymbol{b}^{\mathrm{T}} = (a_{s,1},\ a_{s,2},\ \cdots,\ a_{s,s})$。在 IRK 法的递推公式 (3.66) 中，$t_n$ 取为 $-h$ 时

刻，y_n 对应 $\Delta \boldsymbol{x}_{2,s}^{(1)}$，$y_{n+1}$ 对应 $\Delta \boldsymbol{x}_{1,s}^{(1)}$，即

$$\begin{cases} \Delta \boldsymbol{x}_{1,q}^{(1)} = \Delta \boldsymbol{x}_{2,s}^{(1)} + h\sum_{k=1}^{s} a_{q,k}\boldsymbol{f}_k, \quad q=1,\ 2,\ \cdots,\ s \\ \boldsymbol{f}_k = \boldsymbol{f}\left(-h+c_k h,\ \Delta \boldsymbol{x}_{2,s}^{(1)} + h\sum_{j=1}^{s} a_{k,j}\boldsymbol{f}_j\right) \end{cases} \tag{10.64}$$

由于第 $j-1$ 个区间的左端点与第 j 个区间的右端点重合，即 $\theta_{j-1}+c_1h=\theta_j+c_sh$ $(j=2,\ 3,\ \cdots,\ N)$，则 $\Delta \boldsymbol{x}_{j-1,1}^{(\delta)} = \Delta \boldsymbol{x}_{j,s}^{(\delta)}$ $(j=2,\ 3,\ \cdots,\ N)$。合并重合的离散点以后，集合 Ω_{Ns} 中共有 $Ns-N+1$ 个离散点。定义 $\delta h+\Omega_{Ns}$ 上系统的状态向量为

$$\begin{cases} \Delta \boldsymbol{x}^{(\delta)} = \left[\left(\Delta \boldsymbol{x}_1^{(\delta)}\right)^{\mathrm{T}},\ \left(\Delta \boldsymbol{x}_2^{(\delta)}\right)^{\mathrm{T}},\ \cdots,\ \left(\Delta \boldsymbol{x}_N^{(\delta)}\right)^{\mathrm{T}}\right]^{\mathrm{T}} \in \mathbb{R}^{(Ns-N+1)n\times 1} \\ \Delta \boldsymbol{x}_1^{(\delta)} = \left[\left(\Delta \boldsymbol{x}_{1,1}^{(\delta)}\right)^{\mathrm{T}},\ \left(\Delta \boldsymbol{x}_{1,2}^{(\delta)}\right)^{\mathrm{T}},\ \cdots,\ \left(\Delta \boldsymbol{x}_{1,s}^{(\delta)}\right)^{\mathrm{T}}\right]^{\mathrm{T}} \in \mathbb{R}^{sn\times 1} \\ \Delta \boldsymbol{x}_j^{(\delta)} = \left[\left(\Delta \boldsymbol{x}_{j,1}^{(\delta)}\right)^{\mathrm{T}},\ \left(\Delta \boldsymbol{x}_{j,2}^{(\delta)}\right)^{\mathrm{T}},\ \cdots,\ \left(\Delta \boldsymbol{x}_{j,s-1}^{(\delta)}\right)^{\mathrm{T}}\right]^{\mathrm{T}} \in \mathbb{R}^{(s-1)n\times 1}, \\ \qquad \delta=0,\ 1;\ j=2,\ 3,\ \cdots,\ N \end{cases} \tag{10.65}$$

将式 (10.6) 代入式 (10.64)，得

$$\begin{aligned} \Delta \boldsymbol{x}_{1,q}^{(1)} = {} & \Delta \boldsymbol{x}_{2,s}^{(1)} + h\tilde{\boldsymbol{A}}_0\sum_{k=1}^{s} a_{q,k}\Delta \boldsymbol{x}_{1,k}^{(1)} + h\sum_{i=1}^{m-1}\tilde{\boldsymbol{A}}_i\sum_{k=1}^{s} a_{q,k}\boldsymbol{z}_{i,k} \\ & + h\tilde{\boldsymbol{A}}_m\sum_{k=1}^{s} a_{q,k}\Delta \boldsymbol{x}_{N,k}^{(0)},\quad q=1,\ 2,\ \cdots,\ s \end{aligned} \tag{10.66}$$

式中，$\boldsymbol{z}_{i,k}$ 为由拉格朗日插值得到的 $\Delta \boldsymbol{x}(c_kh-\tau_i)$ $(i=1,\ 2,\ \cdots,\ m-1;\ k=1,\ 2,\ \cdots,\ s)$ 的近似值：

$$\boldsymbol{z}_{i,k} = \sum_{r=1-\lceil p/2\rceil}^{\lceil p/2\rceil} \ell_r(c_kh-\tau_i)\Delta \boldsymbol{x}_{\gamma_i-r+2,s-1}^{(1)} = \sum_{r=1-\lceil p/2\rceil}^{\lceil p/2\rceil} \ell_r(c_kh-\tau_i)\Delta \boldsymbol{x}_{\gamma_i-r+1,s-1}^{(0)} \tag{10.67}$$

式中，$\ell_r(\cdot)$ 为由点 $c_kh-\tau_i$ 附近 $p+1$ 个点 θ_{γ_i-r} $(r=1-\lceil p/2\rceil,\ 2-\lceil p/2\rceil,\ \cdots,\ \lceil p/2\rceil)$ 计算得到的第 r 个拉格朗日系数。

定义 $\boldsymbol{z}_i,\ \boldsymbol{z}_i' \in \mathbb{R}^{(s-1)n\times 1}$ $(i=1,\ 2,\ \cdots,\ m-1)$：

$$\boldsymbol{z}_i = \left[\boldsymbol{z}_{i,1}^{\mathrm{T}},\ \boldsymbol{z}_{i,2}^{\mathrm{T}},\ \cdots,\ \boldsymbol{z}_{i,s-1}^{\mathrm{T}}\right]^{\mathrm{T}} \triangleq \left(\boldsymbol{L}_i^{\mathrm{T}}\otimes \boldsymbol{I}_n\right)\Delta \boldsymbol{x}^{(0)} \in \mathbb{R}^{(s-1)n\times 1} \tag{10.68}$$

$$\boldsymbol{z}_i' = \left[\left(\boldsymbol{z}_{i,1}'\right)^{\mathrm{T}},\ \left(\boldsymbol{z}_{i,2}'\right)^{\mathrm{T}},\ \cdots,\ \left(\boldsymbol{z}_{i,s-1}'\right)^{\mathrm{T}}\right]^{\mathrm{T}} \triangleq \left(\tilde{\boldsymbol{L}}_i^{\mathrm{T}}\otimes \boldsymbol{I}_n\right)\Delta \boldsymbol{x}^{(0)} \in \mathbb{R}^{(s-1)n\times 1} \tag{10.69}$$

式中，$\boldsymbol{L}_i \in \mathbb{R}^{(Ns-N+1)\times(s-1)}$，$\tilde{\boldsymbol{L}}_i \in \mathbb{R}^{(Ns-N+1)\times(s-1)}$ $(i=1,\ 2,\ \cdots,\ m-1)$ 为由拉格朗日插值系数决定的常数矩阵；$\boldsymbol{z}'_{i,k}$ 为由拉格朗日插值得到的 $\Delta\boldsymbol{x}(c_k h+h-\tau_i)$ $(i=1,\ 2,\ \cdots,\ m-1;\ k=1,\ 2,\ \cdots,\ s-1)$ 的近似值。可知，$\boldsymbol{z}_{i,s}=\boldsymbol{z}'_{i,1}$，$i=1,\ 2,\ \cdots,\ m-1$。

将式 (10.66) 写成向量形式，得 $\Delta\boldsymbol{x}_1^{(1)}$：

$$\Delta\boldsymbol{x}_1^{(1)}=\left(\boldsymbol{I}_{sn}-h\boldsymbol{A}\otimes\tilde{\boldsymbol{A}}_0\right)^{-1}\left((\boldsymbol{E}\otimes\boldsymbol{I}_n)\Delta\boldsymbol{x}_1^{(0)}+h\sum_{i=1}^{m-1}\left(\left(\bar{\boldsymbol{A}}_3\otimes\tilde{\boldsymbol{A}}_i\right)\boldsymbol{z}_i+\left(\bar{\boldsymbol{A}}_4\otimes\tilde{\boldsymbol{A}}_i\right)\boldsymbol{z}'_i\right)\right.$$
$$\left.+h\left(\left(\bar{\boldsymbol{A}}_3\otimes\tilde{\boldsymbol{A}}_m\right)\Delta\boldsymbol{x}_N^{(0)}+\left(\bar{\boldsymbol{A}}_4\otimes\tilde{\boldsymbol{A}}_m\right)\Delta\boldsymbol{x}_{N-1}^{(0)}\right)\right) \tag{10.70}$$

式中，$\boldsymbol{E}=\mathbf{1}_s\mathbf{e}_s^{\mathrm{T}}\in\mathbb{R}^{s\times s}$ 为常系数矩阵，$\mathbf{e}_s=[0,\ 0,\ \cdots,\ 0,\ 1]^{\mathrm{T}}\in\mathbb{R}^{s\times 1}$，$\mathbf{1}_s=[1,\ 1,\ \cdots,\ 1]^{\mathrm{T}}\in\mathbb{R}^{s\times 1}$；$\bar{\boldsymbol{A}}_3\in\mathbb{R}^{s\times(s-1)}$；$\bar{\boldsymbol{A}}_4\in\mathbb{R}^{s\times(s-1)}$：

$$\boldsymbol{A}=\left[\begin{array}{ccc:c} a_{1,1} & a_{1,2} & \cdots & a_{1,s}\\ a_{2,1} & a_{2,2} & \cdots & a_{2,s}\\ \vdots & \vdots & & \vdots\\ a_{s,1} & a_{s,2} & \cdots & a_{s,s}\end{array}\right]=\left[\begin{array}{c:c}\bar{\boldsymbol{A}}_3 & \bar{\boldsymbol{A}}_4(:,1)\end{array}\right]$$

$$\bar{\boldsymbol{A}}_3=\begin{bmatrix} a_{1,1} & a_{1,2} & \cdots & a_{1,s-1}\\ a_{2,1} & a_{2,2} & \cdots & a_{2,s-1}\\ \vdots & \vdots & & \vdots\\ a_{s,1} & a_{s,2} & \cdots & a_{s,s-1}\end{bmatrix},\quad \bar{\boldsymbol{A}}_4=\begin{bmatrix} a_{1,s} & 0 & \cdots & 0\\ a_{2,s} & 0 & \cdots & 0\\ \vdots & \vdots & & \vdots\\ a_{s,s} & 0 & \cdots & 0\end{bmatrix}$$

式 (10.70) 的详细推导如下。首先，对式 (10.66) 进行移项，并结合式 (10.4)，得

$$\Delta\boldsymbol{x}_{1,q}^{(1)}-h\tilde{\boldsymbol{A}}_0\sum_{k=1}^{s}a_{q,k}\Delta\boldsymbol{x}_{1,k}^{(1)}=\Delta\boldsymbol{x}_{1,s}^{(0)}+h\sum_{i=1}^{m-1}\tilde{\boldsymbol{A}}_i\sum_{k=1}^{s}a_{q,k}\boldsymbol{z}_{i,k}$$
$$+h\tilde{\boldsymbol{A}}_m\sum_{k=1}^{s}a_{q,k}\Delta\boldsymbol{x}_{N,k}^{(0)},\quad q=1,\ 2,\ \cdots,\ s \tag{10.71}$$

其次，将式 (10.71) 左边写成矩阵形式，得

$$\Delta\boldsymbol{x}_{1,q}^{(1)}-h\tilde{\boldsymbol{A}}_0\sum_{k=1}^{s}a_{q,k}\Delta\boldsymbol{x}_{1,k}^{(1)},\quad q=1,\ 2,\ \cdots,\ s$$

$$
\begin{aligned}
&=\begin{bmatrix}\Delta\boldsymbol{x}_{1,1}^{(1)}\\ \Delta\boldsymbol{x}_{1,2}^{(1)}\\ \vdots\\ \Delta\boldsymbol{x}_{1,s}^{(1)}\end{bmatrix}-h\begin{bmatrix}\tilde{\boldsymbol{A}}_0a_{1,1} & \tilde{\boldsymbol{A}}_0a_{1,2} & \cdots & \tilde{\boldsymbol{A}}_0a_{1,s}\\ \tilde{\boldsymbol{A}}_0a_{2,1} & \tilde{\boldsymbol{A}}_0a_{2,2} & \cdots & \tilde{\boldsymbol{A}}_0a_{2,s}\\ \vdots & \vdots & & \vdots\\ \tilde{\boldsymbol{A}}_0a_{s,1} & \tilde{\boldsymbol{A}}_0a_{s,2} & \cdots & \tilde{\boldsymbol{A}}_0a_{s,s}\end{bmatrix}\begin{bmatrix}\Delta\boldsymbol{x}_{1,1}^{(1)}\\ \Delta\boldsymbol{x}_{1,2}^{(1)}\\ \vdots\\ \Delta\boldsymbol{x}_{1,s}^{(1)}\end{bmatrix}\\
&=\boldsymbol{I}_{sn}\Delta\boldsymbol{x}_1^{(1)}-h\boldsymbol{A}\otimes\tilde{\boldsymbol{A}}_0\Delta\boldsymbol{x}_1^{(1)}\\
&=\left(\boldsymbol{I}_{sn}-h\boldsymbol{A}\otimes\tilde{\boldsymbol{A}}_0\right)\Delta\boldsymbol{x}_1^{(1)}
\end{aligned}\tag{10.72}
$$

再次，将式 (10.71) 右边写成矩阵形式:

$$
\Delta\boldsymbol{x}_{1,s}^{(0)}+h\sum_{i=1}^{m-1}\tilde{\boldsymbol{A}}_i\sum_{k=1}^{s}a_{q,k}\boldsymbol{z}_{i,k}+h\tilde{\boldsymbol{A}}_m\sum_{k=1}^{s}a_{q,k}\Delta\boldsymbol{x}_{N,k}^{(0)},\quad q=1,\ 2,\ \cdots,\ s
$$

$$
\begin{aligned}
&=\begin{bmatrix}\Delta\boldsymbol{x}_{1,s}^{(0)}\\ \Delta\boldsymbol{x}_{1,s}^{(0)}\\ \vdots\\ \Delta\boldsymbol{x}_{1,s}^{(0)}\end{bmatrix}+h\sum_{i=1}^{m-1}\begin{bmatrix}\tilde{\boldsymbol{A}}_ia_{1,1} & \tilde{\boldsymbol{A}}_ia_{1,2} & \cdots & \tilde{\boldsymbol{A}}_ia_{1,s}\\ \tilde{\boldsymbol{A}}_ia_{2,1} & \tilde{\boldsymbol{A}}_ia_{2,2} & \cdots & \tilde{\boldsymbol{A}}_ia_{2,s}\\ \vdots & \vdots & & \vdots\\ \tilde{\boldsymbol{A}}_ia_{s,1} & \tilde{\boldsymbol{A}}_ia_{s,2} & \cdots & \tilde{\boldsymbol{A}}_ia_{s,s}\end{bmatrix}\begin{bmatrix}\boldsymbol{z}_{i,1}\\ \boldsymbol{z}_{i,2}\\ \vdots\\ \boldsymbol{z}_{i,s}\end{bmatrix}\\
&\quad+h\begin{bmatrix}\tilde{\boldsymbol{A}}_ma_{1,1} & \tilde{\boldsymbol{A}}_ma_{1,2} & \cdots & \tilde{\boldsymbol{A}}_ma_{1,s}\\ \tilde{\boldsymbol{A}}_ma_{2,1} & \tilde{\boldsymbol{A}}_ma_{2,2} & \cdots & \tilde{\boldsymbol{A}}_ma_{2,s}\\ \vdots & \vdots & & \vdots\\ \tilde{\boldsymbol{A}}_ma_{s,1} & \tilde{\boldsymbol{A}}_ma_{s,2} & \cdots & \tilde{\boldsymbol{A}}_ma_{s,s}\end{bmatrix}\begin{bmatrix}\Delta\boldsymbol{x}_{N,1}^{(0)}\\ \Delta\boldsymbol{x}_{N,2}^{(0)}\\ \vdots\\ \Delta\boldsymbol{x}_{N,s}^{(0)}\end{bmatrix}\\
&=\begin{bmatrix}\Delta\boldsymbol{x}_{1,s}^{(0)}\\ \Delta\boldsymbol{x}_{1,s}^{(0)}\\ \vdots\\ \Delta\boldsymbol{x}_{1,s}^{(0)}\end{bmatrix}+h\sum_{i=1}^{m-1}\begin{bmatrix}\tilde{\boldsymbol{A}}_ia_{1,1} & \tilde{\boldsymbol{A}}_ia_{1,2} & \cdots & \tilde{\boldsymbol{A}}_ia_{1,s-1}\\ \tilde{\boldsymbol{A}}_ia_{2,1} & \tilde{\boldsymbol{A}}_ia_{2,2} & \cdots & \tilde{\boldsymbol{A}}_ia_{2,s-1}\\ \vdots & \vdots & & \vdots\\ \tilde{\boldsymbol{A}}_ia_{s,1} & \tilde{\boldsymbol{A}}_ia_{s,2} & \cdots & \tilde{\boldsymbol{A}}_ia_{s,s-1}\end{bmatrix}\begin{bmatrix}\boldsymbol{z}_{i,1}\\ \boldsymbol{z}_{i,2}\\ \vdots\\ \boldsymbol{z}_{i,s-1}\end{bmatrix}\\
&\quad+h\sum_{i=1}^{m-1}\begin{bmatrix}\tilde{\boldsymbol{A}}_ia_{1,s} & \boldsymbol{0}_n & \cdots & \boldsymbol{0}_n\\ \tilde{\boldsymbol{A}}_ia_{2,s} & \boldsymbol{0}_n & \cdots & \boldsymbol{0}_n\\ \vdots & \vdots & & \vdots\\ \tilde{\boldsymbol{A}}_ia_{s,s} & \boldsymbol{0}_n & \cdots & \boldsymbol{0}_n\end{bmatrix}\begin{bmatrix}\boldsymbol{z}'_{i,1}\\ \boldsymbol{z}'_{i,2}\\ \vdots\\ \boldsymbol{z}'_{i,s-1}\end{bmatrix}\\
&\quad+h\begin{bmatrix}\tilde{\boldsymbol{A}}_ma_{1,1} & \tilde{\boldsymbol{A}}_ma_{1,2} & \cdots & \tilde{\boldsymbol{A}}_ma_{1,s-1}\\ \tilde{\boldsymbol{A}}_ma_{2,1} & \tilde{\boldsymbol{A}}_ma_{2,2} & \cdots & \tilde{\boldsymbol{A}}_ma_{2,s-1}\\ \vdots & \vdots & & \vdots\\ \tilde{\boldsymbol{A}}_ma_{s,1} & \tilde{\boldsymbol{A}}_ma_{s,2} & \cdots & \tilde{\boldsymbol{A}}_ma_{s,s-1}\end{bmatrix}\begin{bmatrix}\Delta\boldsymbol{x}_{N,1}^{(0)}\\ \Delta\boldsymbol{x}_{N,2}^{(0)}\\ \vdots\\ \Delta\boldsymbol{x}_{N,s-1}^{(0)}\end{bmatrix}
\end{aligned}
$$

$$+h\begin{bmatrix}\tilde{\boldsymbol{A}}_m a_{1,s} & \boldsymbol{0}_n & \cdots & \boldsymbol{0}_n\\ \tilde{\boldsymbol{A}}_m a_{2,s} & \boldsymbol{0}_n & \cdots & \boldsymbol{0}_n\\ \vdots & \vdots & & \vdots\\ \tilde{\boldsymbol{A}}_m a_{s,s} & \boldsymbol{0}_n & \cdots & \boldsymbol{0}_n\end{bmatrix}\begin{bmatrix}\Delta\boldsymbol{x}_{N-1,1}^{(0)}\\ \Delta\boldsymbol{x}_{N-1,2}^{(0)}\\ \vdots\\ \Delta\boldsymbol{x}_{N-1,s-1}^{(0)}\end{bmatrix}$$

$$=\begin{bmatrix}\boldsymbol{0}_n & \boldsymbol{0}_n & \cdots & \boldsymbol{I}_n\\ \boldsymbol{0}_n & \boldsymbol{0}_n & \cdots & \boldsymbol{I}_n\\ \vdots & \vdots & & \vdots\\ \boldsymbol{0}_n & \boldsymbol{0}_n & \cdots & \boldsymbol{I}_n\end{bmatrix}\begin{bmatrix}\Delta\boldsymbol{x}_{1,1}^{(0)}\\ \Delta\boldsymbol{x}_{1,2}^{(0)}\\ \vdots\\ \Delta\boldsymbol{x}_{1,s}^{(0)}\end{bmatrix}+h\sum_{i=1}^{m-1}\left(\bar{\boldsymbol{A}}_3\otimes\tilde{\boldsymbol{A}}_i\right)\boldsymbol{z}_i+h\sum_{i=1}^{m-1}\left(\bar{\boldsymbol{A}}_4\otimes\tilde{\boldsymbol{A}}_i\right)\boldsymbol{z}_i'$$

$$+h\left(\bar{\boldsymbol{A}}_3\otimes\tilde{\boldsymbol{A}}_m\right)\Delta\boldsymbol{x}_N^{(0)}+h\left(\bar{\boldsymbol{A}}_4\otimes\tilde{\boldsymbol{A}}_m\right)\Delta\boldsymbol{x}_{N-1}^{(0)}$$

$$=(\boldsymbol{E}\otimes\boldsymbol{I}_n)\Delta\boldsymbol{x}_3^{(0)}+h\sum_{i=1}^{m-1}\left(\bar{\boldsymbol{A}}_3\otimes\tilde{\boldsymbol{A}}_i\right)\boldsymbol{z}_i+h\sum_{i=1}^{m-1}\left(\bar{\boldsymbol{A}}_4\otimes\tilde{\boldsymbol{A}}_i\right)\boldsymbol{z}_i'$$

$$+h\left(\bar{\boldsymbol{A}}_3\otimes\tilde{\boldsymbol{A}}_m\right)\Delta\boldsymbol{x}_N^{(0)}+h\left(\bar{\boldsymbol{A}}_4\otimes\tilde{\boldsymbol{A}}_m\right)\Delta\boldsymbol{x}_{N-1}^{(0)} \tag{10.73}$$

最后，联立式 (10.72) 和式 (10.73)，即得式 (10.70)。

结合式 (10.70) 和解算子位移部分的离散化，可得各种 SOD-IRK 矩阵 $\boldsymbol{T}_{Ns}\in\mathbb{R}^{(Ns-N+1)n\times(Ns-N+1)n}$ 的表达式。它们可以统一写成如下形式：

$$\boldsymbol{T}_{Ns}=\left[\begin{array}{cccc}\multicolumn{4}{c}{\boldsymbol{R}_{Ns}^{-1}\boldsymbol{\Sigma}_{Ns}}\\ \hdashline \boldsymbol{I}_{(s-1)n}\quad\boldsymbol{0}_{(s-1)n\times n} & & & \\ & \boldsymbol{I}_{(s-1)n} & & \\ & & \ddots & \\ & & & \boldsymbol{I}_{(s-1)n}\quad\boldsymbol{0}_{(s-1)n}\end{array}\right] \tag{10.74}$$

式中，$\boldsymbol{R}_{Ns}\in\mathbb{R}^{sn\times sn}$ 和 $\boldsymbol{\Sigma}_{Ns}\in\mathbb{R}^{sn\times(Ns-N+1)n}$ 的具体表达式为

$$\boldsymbol{R}_{Ns}=\boldsymbol{I}_{sn}-h\boldsymbol{A}\otimes\tilde{\boldsymbol{A}}_0 \tag{10.75}$$

$$\boldsymbol{\Sigma}_{Ns}=\boldsymbol{L}_0^{\mathrm{T}}\otimes\boldsymbol{I}_n+h\sum_{i=1}^{m}\left(\bar{\boldsymbol{A}}_3\boldsymbol{L}_i^{\mathrm{T}}\right)\otimes\tilde{\boldsymbol{A}}_i+h\sum_{i=1}^{m}\left(\bar{\boldsymbol{A}}_4\tilde{\boldsymbol{L}}_i^{\mathrm{T}}\right)\otimes\tilde{\boldsymbol{A}}_i \tag{10.76}$$

式中，$\boldsymbol{L}_0^{\mathrm{T}}=[\boldsymbol{E},\ \boldsymbol{0}_s,\ \cdots,\ \boldsymbol{0}_s]\in\mathbb{R}^{s\times(Ns-N+1)}$；$\boldsymbol{L}_m$，$\tilde{\boldsymbol{L}}_m\in\mathbb{R}^{(Ns-N+1)\times(s-1)}$：

$$\boldsymbol{L}_m^{\mathrm{T}}=[\boldsymbol{0}_{s-1},\ \boldsymbol{0}_{s-1},\ \cdots,\ \boldsymbol{0}_{s-1},\ \boldsymbol{I}_{s-1}] \tag{10.77}$$

$$\tilde{\boldsymbol{L}}_m^{\mathrm{T}}=[\boldsymbol{0}_{s-1},\ \boldsymbol{0}_{s-1},\ \cdots,\ \boldsymbol{0}_{s-1},\ \boldsymbol{I}_{s-1},\ \boldsymbol{0}_{s-1}] \tag{10.78}$$

特别地，当系统仅含有单个时滞 ($m=1$) 时，$\boldsymbol{\Sigma}_{Ns}$ 可显式地表达为以下形式：

$$\boldsymbol{\Sigma}_{Ns}=[\boldsymbol{\Sigma}_0,\ \boldsymbol{0}_{sn\times(N-3)(s-1)n},\ \boldsymbol{\Sigma}_2,\ \boldsymbol{\Sigma}_1] \tag{10.79}$$

$$\boldsymbol{\Sigma}_0=\boldsymbol{E}\otimes\boldsymbol{I}_n\in\mathbb{R}^{sn\times sn} \tag{10.80}$$

$$\boldsymbol{\Sigma}_1=h\bar{\boldsymbol{A}}_3\otimes\tilde{\boldsymbol{A}}_m\in\mathbb{R}^{sn\times(s-1)n} \tag{10.81}$$

$$\boldsymbol{\Sigma}_2=h\bar{\boldsymbol{A}}_4\otimes\tilde{\boldsymbol{A}}_m\in\mathbb{R}^{sn\times(s-1)n} \tag{10.82}$$

5. Lobatto ⅢB 和 Butcher′s Lobatto

Lobatto ⅢB 和 Butcher′s Lobatto 方法的系数 ($\boldsymbol{A}$, $\boldsymbol{b}$, $\boldsymbol{c}$) 有如下特点：① $0=c_1<\cdots<c_s=1$；② $\boldsymbol{b}^{\mathrm{T}}\neq(a_{s,1},\ a_{s,2},\ \cdots,\ a_{s,s})$。应用这些方法时，需要将系数矩阵 $\boldsymbol{A}$ 的最后一行系数替换为 $\boldsymbol{b}^{\mathrm{T}}$，剩下的公式推导和 Lobatto ⅢA/C 方法是一致的。

10.2 大规模 DCPPS 的特征值计算

10.2.1 旋转-放大预处理

本节利用 4.4.2 节所述方法，构建旋转-放大预处理后解算子 $\mathcal{T}(h)$ 的 IRK 矩阵。下面仅以 Radau IIA 离散化方案为例，说明基于 IRK 的解算子离散化矩阵的形成过程及显式表达式。

在旋转-放大预处理第一种实现方法中，τ_i ($i=1,\ 2,\ \cdots,\ m$) 被变换为原来的 $1/\alpha$，$\tilde{\boldsymbol{A}}_i$ ($i=0,\ 1,\ \cdots,\ m$) 被变换为 $\tilde{\boldsymbol{A}}_i''$，$h$ 保持不变，如式 (4.63) 和式 (4.64) 所示。相应地，区间 $[-\tau_{\max}/\alpha,\ 0]$ 重新划分为长度等于 h 的 N' 个子区间，$N'=\lceil\tau_{\max}/(\alpha h)\rceil$，$\boldsymbol{L}_i$ ($i=0,\ 1,\ \cdots,\ m$) 重新形成为 $\boldsymbol{L}_i'\in\mathbb{R}^{N's\times s}$。最终，解算子的 IRK 离散化矩阵 $\boldsymbol{T}_{Ns}$ 变为 $\boldsymbol{T}_{N's}$：

$$\boldsymbol{T}_{N's}=\left[\begin{array}{ccc}\multicolumn{3}{c}{\boldsymbol{\Gamma}_{N's}}\\ \hdashline \boldsymbol{I}_{sn} & & \boldsymbol{0}\\ & \ddots & \vdots\\ & \boldsymbol{I}_{sn} & \boldsymbol{0}\end{array}\right]\in\mathbb{C}^{N'sn\times N'sn} \tag{10.83}$$

式中，

$$\boldsymbol{\Gamma}_{N's}=\boldsymbol{R}_{N's}^{-1}\boldsymbol{\Sigma}_{N's}\in\mathbb{C}^{N'sn\times N'sn} \tag{10.84}$$

$$\boldsymbol{R}_{N's}=\boldsymbol{I}_{sn}-h\boldsymbol{A}\otimes\tilde{\boldsymbol{A}}_0''\in\mathbb{C}^{sn\times sn} \tag{10.85}$$

$$\boldsymbol{\Sigma}_{N's}=\left(\boldsymbol{L}_0'\right)^{\mathrm{T}}\otimes\boldsymbol{I}_n+h\sum_{i=1}^{m}\left(\boldsymbol{A}\left(\boldsymbol{L}_i'\right)^{\mathrm{T}}\right)\otimes\tilde{\boldsymbol{A}}_i''\in\mathbb{C}^{sn\times N'sn} \tag{10.86}$$

10.2.2　稀疏特征值计算

本节利用 IRA 算法从 $\boldsymbol{T}_{N's}$ 中高效地计算得到解算子模值最大的部分的近似特征值 μ''，进而根据映射关系式 (4.65) 计算得到电力系统阻尼比小于给定值的部分关键特征值 λ。

1. IRA 算法的总体实现

在 IRA 算法中，最关键的操作就是在形成 Krylov 向量过程中的 MVP 运算。设第 j 个 Krylov 向量表示为 $\boldsymbol{q}_j \in \mathbb{C}^{N'sn\times 1}$，则第 $j+1$ 个向量 $\boldsymbol{q}_{j+1}$ 可由矩阵 $\boldsymbol{T}_{N's}$ 与向量 $\boldsymbol{q}_j$ 的乘积运算得到：

$$\boldsymbol{q}_{j+1} = \boldsymbol{T}_{N's}\boldsymbol{q}_j = \boldsymbol{R}_{N's}^{-1}\boldsymbol{\Sigma}_{N's}\boldsymbol{q}_j \tag{10.87}$$

由 $\boldsymbol{T}_{N's}$ 具有的特殊逻辑结构可知，$\boldsymbol{q}_{j+1}$ 的第 $sn+1:N'sn$ 个分量等于 $\boldsymbol{q}_j$ 的第 $1:(N'-1)sn$ 个分量，即 $\boldsymbol{q}_{j+1}(sn+1:N'sn,\ 1) = \boldsymbol{q}_j(1:(N'-1)sn,\ 1)$。$\boldsymbol{q}_{j+1}$ 的第 $1:sn$ 个分量 $\boldsymbol{q}_{j+1}(1:sn,\ 1)$，可以进一步分解为两个 MVP 运算：

$$\boldsymbol{z} = \boldsymbol{\Sigma}_{N's}\boldsymbol{q}_j \tag{10.88}$$

$$\boldsymbol{q}_{j+1}(1:sn,\ 1) = \boldsymbol{R}_{N's}^{-1}\boldsymbol{z} \tag{10.89}$$

式中，$\boldsymbol{z} \in \mathbb{C}^{sn\times 1}$ 为中间向量。

下面将重点分析式 (10.88) 和式 (10.89) 的稀疏实现方法。

2. 式 (10.88) 的稀疏实现

首先，从列的方向上将向量 $\boldsymbol{q}_j$ 压缩为矩阵 $\boldsymbol{Q} \in \mathbb{C}^{n\times N's}$，即 $\boldsymbol{q}_j = \mathrm{vec}(\boldsymbol{Q})$。然后，将式 (10.86) 代入式 (10.88) 中，进而利用式 (4.85) 所示的克罗内克积的性质得

$$\begin{aligned}\boldsymbol{z} = \boldsymbol{\Sigma}_{N's}\boldsymbol{q}_j &= \left(\left(\boldsymbol{L}_0'\right)^{\mathrm{T}} \otimes \boldsymbol{I}_n + h\sum_{i=1}^{m}\left(\boldsymbol{A}\left(\boldsymbol{L}_i'\right)^{\mathrm{T}}\right) \otimes \tilde{\boldsymbol{A}}_i''\right)\mathrm{vec}(\boldsymbol{Q}) \\ &= \mathrm{vec}\left(\boldsymbol{Q}\boldsymbol{L}_0'\right) + h\sum_{i=1}^{m}\mathrm{vec}\left(\tilde{\boldsymbol{A}}_i''\boldsymbol{Q}\boldsymbol{L}_i'\boldsymbol{A}^{\mathrm{T}}\right)\end{aligned} \tag{10.90}$$

式 (10.90) 等号右端第一项为 $n\times N's$ 维矩阵 $\boldsymbol{Q}$ 与 $N's\times s$ 维矩阵 $\boldsymbol{L}_0'$ 的乘积，等号右端第二项为 $n\times n$ 维稀疏矩阵 $\tilde{\boldsymbol{A}}_i''$ $(i=1,\ 2,\ \cdots,\ m)$ 与矩阵 $\boldsymbol{Q}\boldsymbol{L}_i'\boldsymbol{A}^{\mathrm{T}} \in \mathbb{C}^{n\times s}$ 的乘积。由于 s 和 N' 都远小于 n, $\boldsymbol{z}$ 的计算量很小。

3. 式 (10.89) 的稀疏实现

如式 (10.85) 所示，$\boldsymbol{R}_{N's}$ 本质上是两个克罗内克积之和，由于其不具有特殊的分块结构，$\boldsymbol{R}_{N's}^{-1}$ 没有解析表达形式 [163]。所以，只能采用迭代方法 (如 IDR(s) 算

法 [159]) 求解式 (10.89) 直至收敛:

$$\boldsymbol{R}_{N's}\boldsymbol{q}_{j+1}^{(k)}(1:sn,\ 1)=\boldsymbol{z} \tag{10.91}$$

式中，$\boldsymbol{q}_{j+1}^{(k)}(1:sn,\ 1)$ 为第 k 次迭代后 $\boldsymbol{q}_{j+1}(1:sn,\ 1)$ 的近似值。

从列的方向上将向量 $\boldsymbol{q}_{j+1}(1:sn,\ 1)$ 压缩为矩阵 $\boldsymbol{Q}^{(k)}\in\mathbb{C}^{n\times s}$，即 $\boldsymbol{q}_{j+1}^{(k)}(1:sn,\ 1)=\mathrm{vec}(\boldsymbol{Q}^{(k)})$，则式 (10.91) 等号左端可以重写为

$$\begin{aligned}&\boldsymbol{R}_{N's}\boldsymbol{q}_{j+1}^{(k)}(1:sn,\ 1)\\&=\left(\boldsymbol{I}_{sn}-h\boldsymbol{A}\otimes\tilde{\boldsymbol{A}}_0''\right)\boldsymbol{q}_{j+1}^{(k)}(1:sn,\ 1)\\&=\boldsymbol{q}_{j+1}^{(k)}(1:sn,\ 1)-h\mathrm{vec}\left(\tilde{\boldsymbol{A}}_0''(\boldsymbol{Q}^{(k)}\boldsymbol{A}^{\mathrm{T}})\right)\end{aligned} \tag{10.92}$$

式 (10.92) 中，令 $\tilde{\boldsymbol{A}}_0''\boldsymbol{Q}^{(k)}\boldsymbol{A}^{\mathrm{T}}\triangleq\alpha\mathrm{e}^{-\mathrm{j}\theta}\tilde{\boldsymbol{A}}_0[\tilde{\boldsymbol{q}}_1,\ \tilde{\boldsymbol{q}}_2,\ \cdots,\ \tilde{\boldsymbol{q}}_s]$，$\tilde{\boldsymbol{q}}_i\in\mathbb{C}^{n\times 1}$，$i=1,\ 2,\ \cdots,s$。基于 4.5.3 节的思想，充分利用系统增广状态矩阵 $\boldsymbol{A}_0$、$\boldsymbol{B}_0$、$\boldsymbol{C}_0$ 和 $\boldsymbol{D}_0$ 的稀疏特性，MVP 运算 $\boldsymbol{p}_i\triangleq\tilde{\boldsymbol{A}}_0\tilde{\boldsymbol{q}}_i$ $(i=1,\ 2,\ \cdots,\ s)$ 可以高效地计算如下:

$$\begin{bmatrix}\boldsymbol{p}_i\\\boldsymbol{0}\end{bmatrix}=\begin{bmatrix}\boldsymbol{A}_0&\boldsymbol{B}_0\\\boldsymbol{C}_0&\boldsymbol{D}_0\end{bmatrix}\begin{bmatrix}\tilde{\boldsymbol{q}}_i\\\boldsymbol{w}\end{bmatrix} \tag{10.93}$$

4. 计算复杂性分析

计算第 $k+1$ 个 Krylov 向量 $\boldsymbol{v}_{k+1}$ 的关键在于求解式 (10.89)，大体上可以用稠密系统状态矩阵 $\tilde{\boldsymbol{A}}_0$ 与向量乘积的次数来度量。假设在求解时，迭代算法需要 L 次迭代才能收敛，则求解 $\boldsymbol{q}_{j+1}(1:sn,\ 1)$ 总共需要 Ls 次系统状态矩阵 $\tilde{\boldsymbol{A}}_0$ 与向量的乘积运算。

因此，在计算相同数量特征值的情况下，SOD-IRK 方法进行一次 IRA 迭代的计算量，大致相当于传统无时滞电力系统关键特征值计算方法计算量的 Ls 倍。

5. 牛顿校正

设由 IRA 算法计算得到 $\boldsymbol{T}_{N's}$ 的特征值为 μ''，则由式 (4.65) 的反变换，可以解得 DCPPS 特征值的估计值 $\hat{\lambda}$:

$$\hat{\lambda}=\frac{1}{\alpha}\mathrm{e}^{\mathrm{j}\theta}\lambda''=\frac{1}{\alpha h}\mathrm{e}^{\mathrm{j}\theta}\ln\mu'' \tag{10.94}$$

此外，与 μ'' 对应的 Krylov 向量的前 n 个分量 $\hat{\boldsymbol{v}}$ 可作为特征向量 $\boldsymbol{v}$ 的估计值。将 $\hat{\lambda}$ 和 $\hat{\boldsymbol{v}}$ 作为 4.6 节给出的牛顿法的初始值，通过迭代校正，可以得到 DCPPS 的精确特征值 λ 和特征向量 $\boldsymbol{v}$。

10.2.3 特性分析

下面通过与 SOD-LMS/PS 方法的对比，分析得到 SOD-IRK 方法的特性。

1. 结构化与稀疏性

SOD-IRK 方法和 SOD-LMS 方法生成的解算子离散化矩阵具有相同的逻辑结构。它们的非零元素位于第一个块行和次对角分块上。对于 SOD-IRK 方法，离散化矩阵 $\boldsymbol{T}_{Ns}$ (以及旋转-放大预处理之后的 $\boldsymbol{T}_{N's}$) 的元素总个数为 $N^2s^2n^2$，而非零元素个数少于 $N^2n^2+(N-1)sn$。对于大规模电力系统，由于 $s, N \ll n$，$\boldsymbol{T}_{Ns}$ 和 $\boldsymbol{T}_{N's}$ 均为高度稀疏的矩阵。

2. 逆矩阵 $\boldsymbol{R}_{N's}^{-1}$ 的不可解析性

IRK 法需要 s 次估计以计算 $\Delta\boldsymbol{x}_1^{(1)}$，这导致 $\boldsymbol{T}_{Ns}$ 的子矩阵 $\boldsymbol{R}_{Ns}$ (以及旋转-放大预处理之后的 $\boldsymbol{R}_{N's}$) 实质上是两个克罗内克积的和。由于其不具有特殊的分块结构，$\boldsymbol{R}_{N's}^{-1}$ 没有解析表达形式。这是 SOD-IRK 方法与 SOD-LMS 方法的最大区别。由于 SOD-IRK 方法只能采用迭代方法求解 $\boldsymbol{R}_{N's}^{-1}$ 与向量的乘积运算，其计算量远大于 SOD-LMS 方法。

3. 离散化矩阵 $\boldsymbol{T}_{Ns}$ 逼近 $\mathcal{T}(h)$ 的精度高

由于所有的配置方法实际上都是 IRK 法，在理论上 SOD-IRK 方法与 SOD-PS 方法具有相近的谱精度，而且优于 SOD-LMS 方法。所以，SOD-IRK 方法生成的解算子离散化矩阵 $\boldsymbol{T}_{Ns}$ 能以较高的精度逼近 $\mathcal{T}(h)$。

测　试　篇

第 11 章　谱离散化方法性能对比分析

11.1　理 论 对 比

表 11.1 总结了第 5 章 ~ 第 10 章所述各种 IGD 类和 SOD 类方法中的主要参数、典型取值和性能指标。表 11.1 中，n 为系统状态变量的维数，m 为时滞常数总数。R 为求解式 (4.102) 和式 (4.103) 的计算量的比值，其随着代数变量的维数 l 的增加而增加。针对 11.2 节中的前三个算例，R 的测试值分别为 2.80、8.30 和 56.44 (表 4.2)。L 为利用 IDR(s) 算法求解 Krylov 向量的总迭代次数，$L \gg 10$。测度指标 N_{MVP} 为表示求解单个 Krylov 向量过程中 $\tilde{\boldsymbol{A}}_0\boldsymbol{v}$ 的次数。

表 11.1　谱离散化方法特性对比

方法	预处理参数	离散化参数	维数	方法性质	$\boldsymbol{N}_{\mathrm{MVP}}$	文献
IIGD	$s = \mathrm{j}7/\mathrm{j}13$	$N = 20$	$(N+1)n$	迭代法	L	[97]
IGD-LMS		$N = 20, k \leqslant 6$	$(Nm+1)n$	迭代法	L	
IGD-IRK		$N = 20, s \leqslant 4$	$(Nms+1)n$	迭代法	L	
EIGD		$N = 20$	$(N+1)n$	显式法	$R+1$	[95]
SOD-PS	$\alpha = 2$, $\zeta = 3\%/15\%/30\%$, $\theta = 2.86°/8.63°/17.46°$	$h,\ Q = \lceil \tau_{\max}/\alpha h \rceil$ $M = 3,\ N = 3$	$(QM+1)n$	迭代法	$QM + LN + 1$	[98]
SOD-IRK		$h,\ s,\ N = \tau_{\max}/\alpha h$	Nsn	迭代法	Ls	[99]
SOD-LMS		$h,\ N = \lceil \tau_{\max}/\alpha h \rceil$ $s_- = 1,\ s_+ = 1,\ k = 2$	$(N+k+s_-)n$	显式法	$R+1$	[99]

对比各种方法的性能指标，得到如下结论。

(1) EIGD 方法形成的无穷小生成元离散化矩阵、SOD-LMS 方法形成的解算子离散化矩阵的子矩阵存在直接逆，并可以显式地表示成常数向量与系统状态矩阵的克罗内克积。由于可以直接求解得到 Krylov 向量，这两种方法又被认为是显式的谱离散化方法。其余方法都是迭代性质的谱离散化方法。

(2) 利用 EIGD 方法和 SOD-LMS 方法求解大规模 DCPPS 的特征值时，迭代求解 Krylov 向量的计算量大约等于稀疏计算 $\tilde{\boldsymbol{A}}_0\boldsymbol{v}$ 和 $\tilde{\boldsymbol{A}}_0^{-1}\boldsymbol{v}$ 的计算量之和。它们的计算量在所有谱离散化方法中最小。在计算相同数量特征值前提下，SOD 类方法的 IRA 算法迭代次数大于 IGD 类方法。因此，EIGD 方法的总体计算量小于 SOD-LMS 方法，是效率最高的谱离散化特征值计算方法。

(3) 在三种迭代 IGD 方法中，IGD-IRK 方法生成的无穷小生成元离散化矩阵的维数最高，其次是 IGD-LMS 方法，最后是 IIGD 方法。然而，IGD-LMS/IRK 方法得到的离散化矩阵的稀疏性优于 IIGD 方法。即使假设迭代求解 Krylov 向量时的 MVP 次数均为 L，IIGD 方法所用的计算时间也最多，IGD-IRK 方法次之，IGD-LMS 方法耗时最少。在两种迭代 SOD 方法中，由 N_{MVP} 指标可知，SOD-PS 方法的计算量高于 SOD-IRK 方法。

(4) 由于所有的配置方法实际上都是 IRK 法，在理论上 IRK 和伪谱类谱离散化方法具有相近的谱精度，而且优于 LMS 类谱离散化方法。

11.2 算例系统

所有的分析均在 Intel Core i5 4×3.4GHz 8GB RAM 个人计算机上的 MATLAB 中进行。在 IRA 算法中，假设要求计算的特征值个数为 r，守卫向量数为 $r+3$，迭代收敛精度为 10^{-6}。在牛顿法中，最大允许的迭代次数为 20，收敛精度为 10^{-6}。

11.2.1 四机两区域系统

系统的单线图如图 11.1 所示。在基本运行方式下，区域 1 向区域 2 输送的功率为 400MW。所有发电机装设高增益晶闸管励磁系统，并附加以转速偏差 $\Delta\omega$ 为输入的 PSS。系统数据详见文献 [86]。

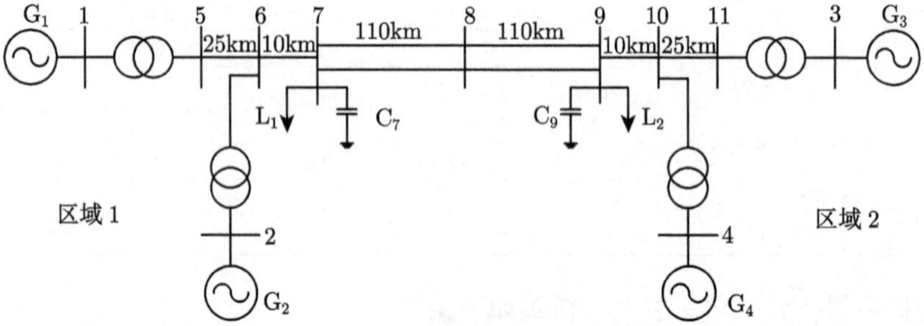

图 11.1 四机两区域系统单线图

为了进一步提高对区域间低频振荡模式的阻尼，考虑在发电机 G_1 上装设与 PSS 相同的超前-滞后结构的广域阻尼控制器，如图 11.2 所示。其传递函数可表示为

$$f_{\mathrm{WADC}}(s)=K_{\mathrm{s}}\frac{T_{\mathrm{w}}s}{1+T_{\mathrm{w}}s}\left(\frac{1+T_1 s}{1+T_2 s}\right)\left(\frac{1+T_3 s}{1+T_4 s}\right) \tag{11.1}$$

广域反馈信号为 G_1 和 G_3 之间的相对转速差 $\Delta\omega_3-\Delta\omega_1$。广域阻尼控制器的参数为：$K_{\mathrm{s}}=20$，$T_{\mathrm{w}}=5\mathrm{s}$，$T_1=0.0824\mathrm{s}$，$T_2=0.0303\mathrm{s}$，$T_3=0.0824\mathrm{s}$，$T_4=0.0303\mathrm{s}$。设广域阻尼控制器的反馈时滞和控制时滞分别为 $\tau_{\mathrm{f}}=120\mathrm{ms}$ 和 $\tau_{\mathrm{c}}=100\mathrm{ms}$。系统状态变量和代数变量的维数分别为 $n=56$ 和 $l=22$。IDR(s) 算法中的参数 s 选择为 4。IRA 算法、IDR(s) 算法和牛顿法的收敛精度均为 10^{-6}。

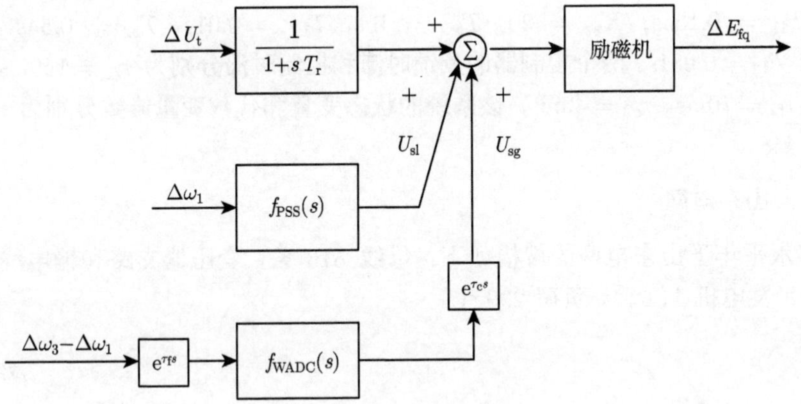

图 11.2 广域阻尼控制器结构

11.2.2 16 机 68 节点系统

系统单线图如图 11.3 所示。系统详细数据可参考文献 [165]。所有发电机均采用 6 阶模型。发电机 $G_1 \sim G_{12}$ 上均安装 IEEE DC1 励磁机和 PSS。

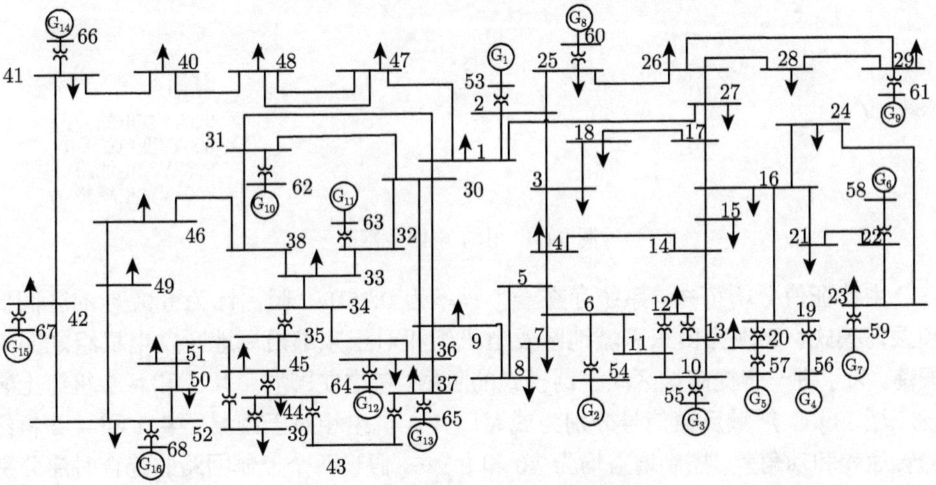

图 11.3 16 机 68 节点系统单线图

特征值分析表明，系统存在两个弱阻尼区间低频振荡模式，其频率分别为 0.43 Hz 和 0.65 Hz，阻尼比分别为 0.08% 和 1.21%。这两个模式分别表现为 $G_1 \sim G_{13}$ 相对于 $G_{12} \sim G_{16}$ 之间的振荡、$G_1 \sim G_9$ 相对于 $G_{10} \sim G_{13}$ 之间的振荡。为增强模式阻尼，分别在发电机 G_2 和 G_5 上安装广域阻尼控制器。控制器结构如图 11.2 所示。反馈信号分别取为 G_2 和 G_{15} 的相对转速、G_5 和 G_{13} 的相对转速。控制器参数分别为 $K_{s1} = 20$，$T_{w1} = 10$s，$T_{11} = 0.411$s，$T_{21} = 0.479$s，$T_{31} =$

1.0s，$T_{41} = 0.155$s；$K_{s2} = 20$，$T_{w2} = 10$s，$T_{12} = 0.01$s，$T_{22} = 0.54$s，$T_{32} = 0.707$s，$T_{42} = 0.081$s。两个控制器的反馈时滞和控制时滞分别为 $\tau_{f1} = 150$ms、$\tau_{c1} = 90$ms，$\tau_{f2} = 70$ms、$\tau_{c2} = 40$ms。该系统的状态变量和代数变量维数分别为 $n = 200$ 和 $l = 448$。

11.2.3　山东电网

某水平年下山东电网的规模如下：母线 516 条，变压器支路和输电线路 936 条，同步发电机 114 台，负荷 299 个。

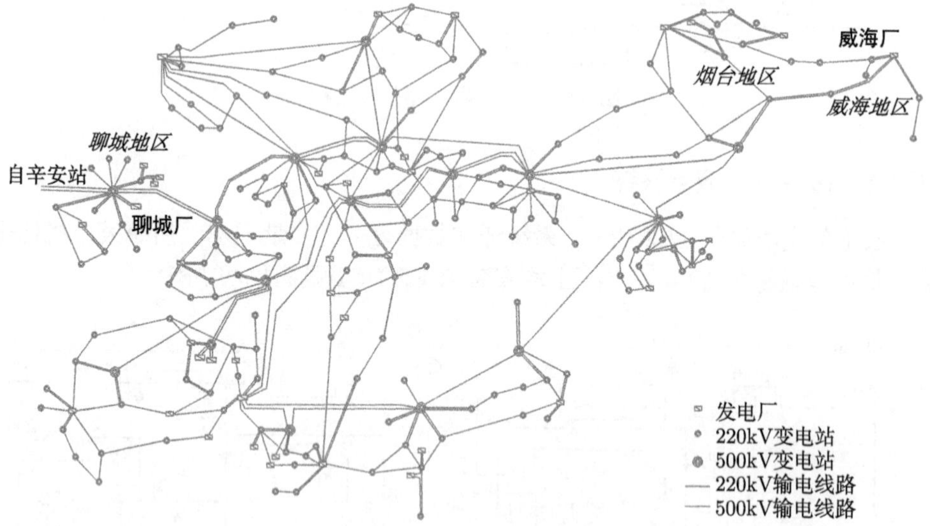

图 11.4　山东电网主网架

由特征值分析可知，系统存在一个频率为 0.78Hz、阻尼比为 6.97% 的区间低频振荡模式，表现为山东聊城地区发电机组相对于东部沿海地区发电机组之间的振荡。为了进一步提高该区间振荡模式的阻尼，考虑在聊城厂＃ 1 和＃ 2 机组上装设广域 LQR。广域反馈信号分别为威海厂＃ 3 机组相对于聊城厂＃ 1 和＃ 2 机组的转速差和功角差，控制增益均为 40 和 0.125。假设两个控制回路的综合时滞分别为 90ms 和 100ms。系统状态变量和代数变量的维数分别为 $n = 1128$ 和 $l = 5765$。

11.2.4　华北-华中特高压互联电网

图 11.5 所示的某水平年下华北-华中特高压互联电网有 33028 个节点、2405 台同步发电机和 16 条高压直流输电线路。

系统存在两个与华北电网机组强相关的弱阻尼区间振荡模式。对于模式 1，$\lambda_1 = -0.10319 + \mathrm{j}4.855$，其振荡频率和阻尼比分别为 0.7727Hz 和 2.12%。对于模式 2，$\lambda_2 = -0.088954 + \mathrm{j}2.976221$，其振荡频率和阻尼比分别为 0.4737Hz 和 2.99%。为

了进一步提升它们的阻尼水平，考虑在蒙西电网的岱海＃ 1 机组和山东电网的东海＃ 7 机组上装设两个广域阻尼控制器。控制器结构如图 11.2 所示。第一个广域阻尼控制器的反馈信号为岱海＃ 1 相对于京-津-冀北电网高二＃ 1 机组的相对转速偏差，参数分别为 $K_{s1}=20$，$T_{w1}=10s$，$T_{11}=0.9979s$，$T_{21}=0.5391s$，$T_{31}=0.9152s$，$T_{41}=0.5270s$。第二个广域阻尼控制器的反馈信号为东海＃ 7 相对于山西电网河曲＃ 2 机组之间的相对转速偏差，参数分别为 $K_{s2}=19.9779$，$T_{w2}=10s$，$T_{12}=0.5047s$，$T_{22}=0.3882s$，$T_{32}=0.6413s$，$T_{42}=0.4366s$。两个控制回路的反馈时滞和控制时滞分别为 $\tau_{f1}=120ms$，$\tau_{c1}=100ms$；$\tau_{f2}=100ms$，$\tau_{c2}=80ms$。系统状态变量和代数变量的维数分别为 $n=80577$ 和 $l=162718$。

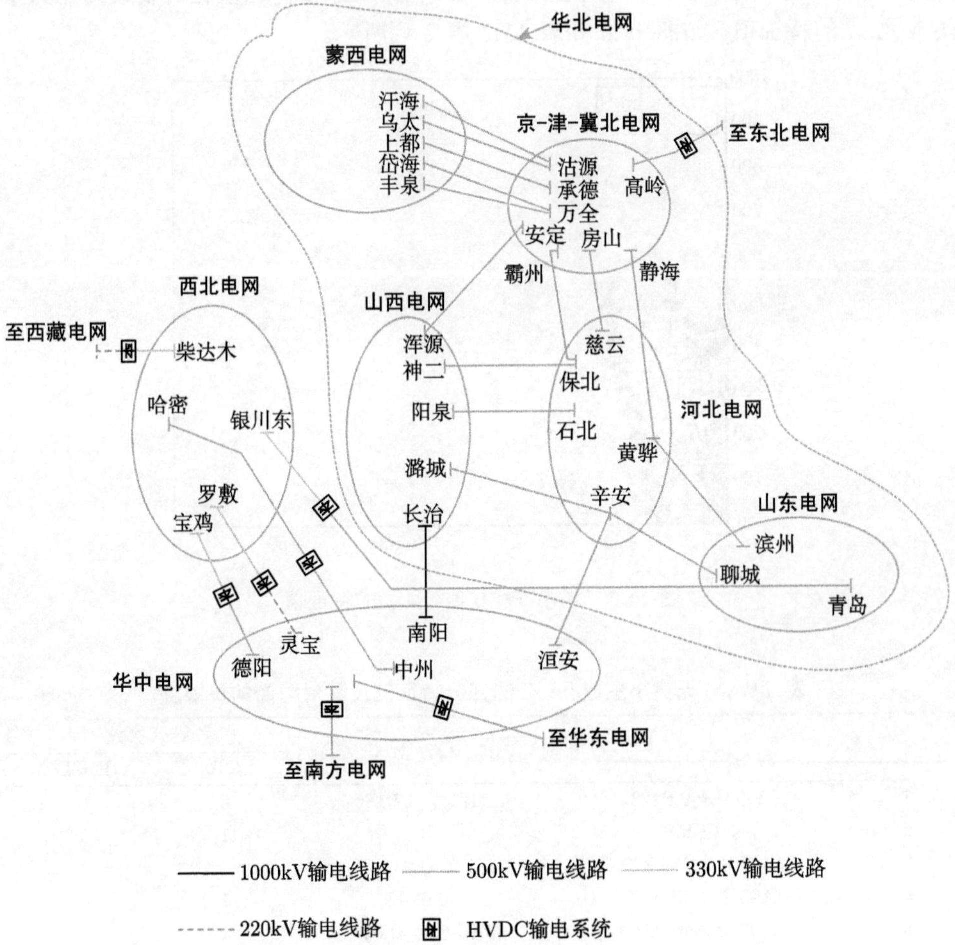

图 11.5 华北-华中特高压互联电网示意图

11.3　EIGD 方法

1. $\mathcal{A}_N$ 对 $\mathcal{A}$ 的逼近能力分析

构建无穷小生成元离散化矩阵 $\mathcal{A}_N$ 是 EIGD 方法的基础，因此非常有必要验证 $\mathcal{A}_N$ 逼近无穷小生成元 $\mathcal{A}$ 的能力。因此，在四机两区域系统上，计算和比较 $\mathcal{A}_N$ 和 $\mathcal{A}$ 的最右侧的关键特征值。取 $N=50$，$\mathcal{A}_N$ 的阶数为 $(N+1)n=2856$。

首先，利用 QR 算法 [166, 41] 计算得到 $\mathcal{A}_N$ 的全部特征值；然后，以这些特征值为牛顿法的初始值进行迭代校验；最后，$\mathcal{A}_N$ 的一部分特征值能够收敛为无穷小生成元 $\mathcal{A}$ 的特征值，如图 11.6 和表 11.2 第 2 列所示。

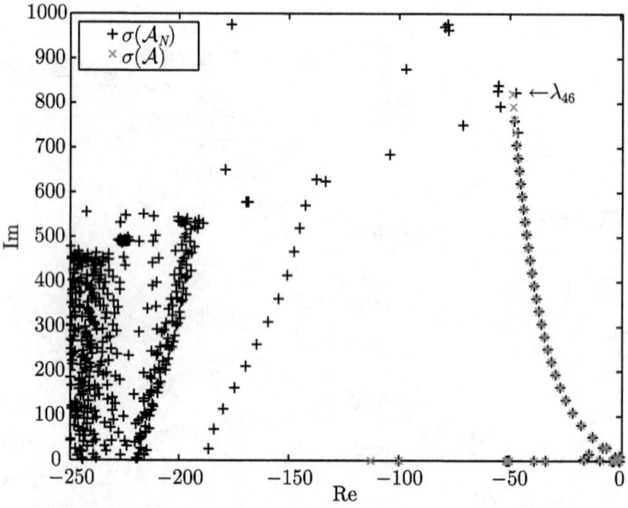

图 11.6　当 $N=50$ 时，$\mathcal{A}_N$ 的特征值

表 11.2　无穷小生成元 $\mathcal{A}$ 的部分特征值及其对时滞的灵敏度

i	λ_i	$\partial\lambda_i/\partial\tau$	迭代次数	
			QR	EIGD
1	$0.08050\pm \mathrm{j}9.83237$	$4.2871\mp \mathrm{j}17.1867$	0	0
2	-0.05458	0	1	1
3	$-0.19161\pm \mathrm{j}0.02203$	0	2	1
4	$-0.19319\pm \mathrm{j}0.01298$	-0.0002	1	2
5	$-0.19342\pm \mathrm{j}0.02126$	$-0.0004\mp \mathrm{j}0.0001$	1	1
6	-0.20000	0	0	0
7	$-0.78888\pm \mathrm{j}4.02094$	$0.4615\pm \mathrm{j}1.5736$	1	0
8	$-1.93616\pm \mathrm{j}8.64020$	$0.0307\pm \mathrm{j}0.0526$	0	0

续表

i	λ_i	$\partial\lambda_i/\partial\tau$	迭代次数	
			QR	EIGD
9	-2.66454	0.0008	0	0
10	-3.27535	-0.0407	0	0
11	-3.39866	-0.1866	0	0
12	$-5.86950 \pm j30.10290$	$-6.2871 \mp j121.8437$	0	2
13	$-7.58264 \pm j29.88100$	$53.2527 \pm j29.0406$	0	0
14	$-8.94727 \pm j1.81282$	$3.8360 \mp j35.5715$	0	0
15	$-12.18168 \pm j53.06187$	$100.9119 \mp j207.0969$	0	2
16	$-13.86612 \pm j15.52311$	$-2.5214 \mp j4.4732$	0	2
17	$-16.14307 \pm j3.35572$	$0.0034 \pm j0.0063$	0	2
18	$-17.38583 \pm j79.84739$	$132.9250 \mp j336.0173$	0	2
19	$-21.32808 \pm j107.59562$	$154.3991 \mp j467.5712$	0	2
20	$-24.43720 \pm j135.72620$	$170.2070 \mp j599.1163$	1	2
21	$-26.98770 \pm j164.03156$	$182.7046 \mp j730.3461$	0	2
22	$-29.14462 \pm j192.42718$	$193.0453 \mp j861.2860$	1	2
23	$-31.01116 \pm j220.87376$	$201.8691 \mp j991.9941$	1	3
24	$-32.65530 \pm j249.35106$	$209.5682 \mp j1122.5206$	1	—
25	-33.55651	0	0	—
26	$-34.12391 \pm j277.84778$	$216.4001 \mp j1252.9044$	2	—
27	$-35.45063 \pm j306.35727$	$222.5428 \mp j1383.1748$	2	—
28	$-36.66031 \pm j334.87538$	$228.1245 \mp j1513.3541$	2	—
29	$-37.77188 \pm j363.39946$	$233.2406 \mp j1643.4592$	2	—
30	-38.74571	-0.0003	1	—
31	$-38.80002 \pm j391.92775$	$237.9639 \mp j1773.5032$	2	—
32	$-39.75636 \pm j420.45905$	$242.3514 \mp j1903.4965$	2	—
33	$-40.65028 \pm j448.99251$	$246.4485 \mp j2033.4469$	2	—
34	$-41.48944 \pm j477.52755$	$250.2917 \mp j2163.3611$	2	—
35	$-42.28018 \pm j506.06374$	$253.9114 \mp j2293.2443$	2	—
36	$-43.02778 \pm j534.60076$	$257.3326 \mp j2423.1006$	2	—
37	$-43.73673 \pm j563.13840$	$260.5764 \mp j2552.9338$	2	—
38	$-44.41084 \pm j591.67647$	$263.6606 \mp j2682.7466$	2	—
39	$-45.05339 \pm j620.21486$	$266.6005 \mp j2812.5416$	3	—
40	$-45.66723 \pm j648.75345$	$269.4094 \mp j2942.3208$	3	—
41	$-46.25483 \pm j677.29218$	$272.0988 \mp j3072.0861$	3	—
42	$-46.81835 \pm j705.83099$	$274.6787 \mp j3201.8389$	4	—
43	$-47.35970 \pm j734.36985$	$277.1578 \mp j3331.5805$	4	—
44	$-47.88058 \pm j762.90870$	$279.5441 \mp j3461.3120$	5	—
45	$-48.38250 \pm j791.44755$	$281.8445 \mp j3591.0346$	6	—
46	$-48.86680 \pm j819.98635$	$284.0651 \mp j3720.7489$	5	—
47	-49.96897	0.0002	0	—
48	-50.73487	-0.0003	0	—
49	-51.43520	0	1	1
50	-100.00000	0	1	—
51	-112.70021	0	3	—

“—” 表示不存在此项数据。

由图 11.6 可知，在 $\mathrm{Re} \in [-46, 0]$、$\mathrm{Im} \in [0, 677]$ 的区域内以及点 $(-100, 0)$ 附近，$\mathcal{A}_N$ 和 $\mathcal{A}$ 的特征值能较好地吻合。$\mathcal{A}_N$ 的剩余特征值在牛顿迭代后不能收敛为 $\mathcal{A}$ 的相应的特征值。然而，它们均位于已经收敛的那部分特征值的左侧。通过上述分析可知，$\mathcal{A}_N$ 能准确地逼近 $\mathcal{A}$ 最右侧的部分特征值。如图 11.7 所示，这部分特征值对于电力系统小干扰稳定性分析而言已经足够精确。

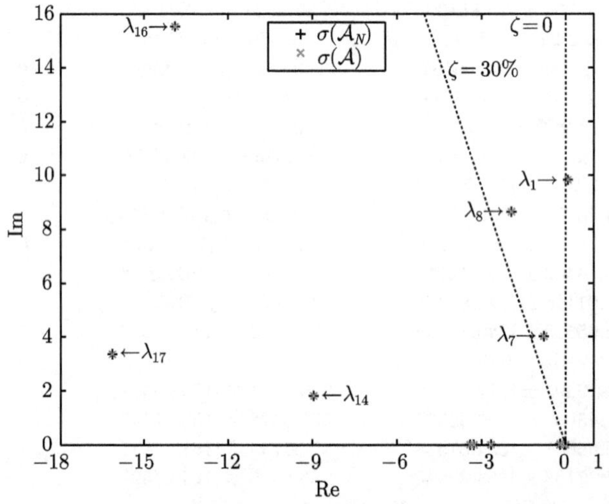

图 11.7 系统机电振荡模式对应的特征值 (图 11.6 局部放大)

经过牛顿校正后能够收敛的部分特征值的准确性，还可以通过它们的迭代次数进行度量。如表 11.2 第四列所示，这些特征值经过少于 10 次迭代即能收敛到它们各自的精确值。与特征值 $\lambda_1 \sim \lambda_{17}$ 相比，特征值 $\lambda_{18} \sim \lambda_{51}$ 需要较多的迭代次数。它们的振荡频率也远远超出电力系统机电振荡模式的频率范围。此外，如表 11.2 第三列所示，它们对时滞的灵敏度也异常大。因此，可以综合判定它们与时滞和过去的系统状态是强相关的。

下面分析 $\mathcal{A}_N$ 的逼近精度与集合 Ω_N 中离散点个数 N 之间的关系。如图 11.8 所示，当 N 分别取值为 20 和 40 时，$\mathcal{A}_N$ 可以较为准确地估计得到频率最高的特征值分别为 λ_{26} 和 λ_{38}。由此可知，当 $N = 20$ 时，$\mathcal{A}_N$ 已经能够精确地逼近和估计 $\mathcal{A}$。当 N 由 50 增加到 60 时，$\mathcal{A}_N$ 可以较为准确地估计得到频率比 λ_{46} 更高的 6 个特征值。显然，通过增加 N，$\mathcal{A}_N$ 可以估计得到 $\mathcal{A}$ 的更多的特征值。由于它们均是与时滞有关的特征值，这部分特征值并不能提供与系统小干扰稳定性相关的更多信息。

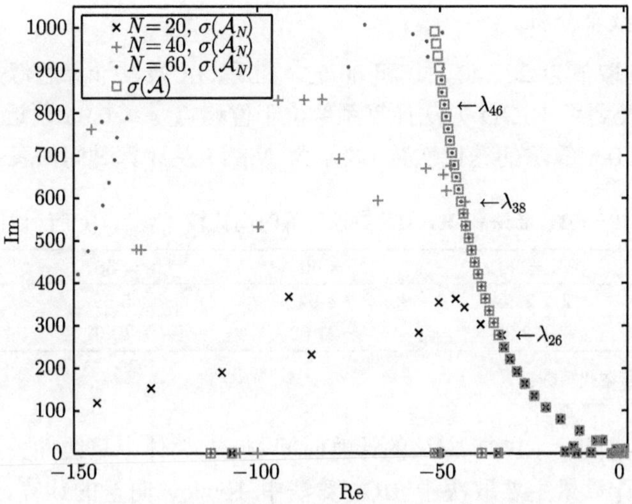

图 11.8 $N = 20$、40 和 60 时，$\mathcal{A}_N$ 的特征值

2. 算法的准确性分析

考虑到系统的规模较小，为了计算系统最右侧的部分特征值，将位移点选择为 $s = 0.05$，并设置较大的 $r = 200$。当 $N = 50$ 时，利用 IRA 算法计算得到位移点附近的特征值，如图 11.9 所示。经过至多 3 次迭代，其中部分特征值能够收敛到 $\mathcal{A}$ 的特征值 $\lambda_1 \sim \lambda_{23}$，如表 11.2 第五列所示。与 QR 算法相比，两者所需要的迭代次数基本相同。

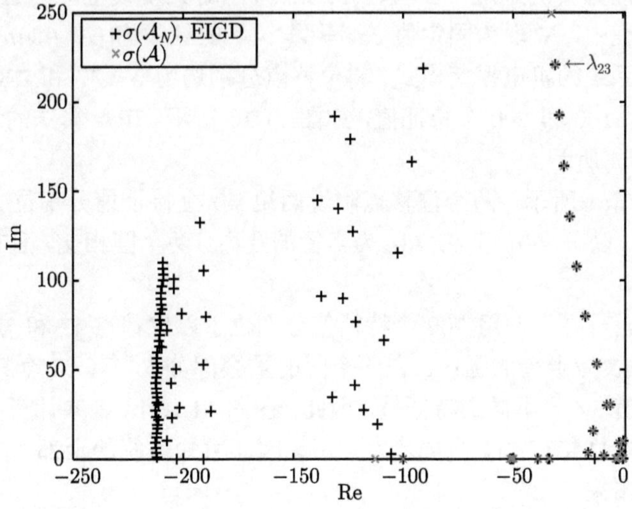

图 11.9 当 $N = 50$ 时，由 EIGD 方法计算得到系统特征值的估计值

3. 算法的效率分析

当 N 分别取值为 20、40、50 和 60 时，利用 QR 算法计算近似矩阵 $\mathcal{A}_N$ 的全部特征值，以及利用 EIGD 方法计算系统位于位移点 $s = 0.05$ 附近 $r = 200$ 个特征值，所需的 IRA 算法的迭代次数 (表示为 N_{IRA}) 及计算时间如表 11.3 所示。

表 11.3　QR 算法和 EIGD 方法计算时间比较 (N_{IRA}/(CPU 时间/s))

方法	$N = 20$	$N = 40$	$N = 50$	$N = 60$
EIGD	2 / 2.88	2 / 4.92	2 / 5.69	2 / 6.92
QR	– / 3.37	– / 21.62	– / 40.62	– / 65.16

“–”表示不存在此项数据。

如表 11.3 所示，EIGD 方法的计算时间与 N 大体上呈线性关系。这是因为 EIGD 方法的计算量主要取决于 IRA 算法中 Krylov 向量的计算 (MVP)，其与 $N+1$ 成正比。相比较而言，当 N 增加时，QR 算法的计算量急剧增加。当 N 取值为 40、50 和 60 时，EIGD 方法所用的计算时间明显少于 QR 算法。

注意到，当 $N = 20$ 时，QR 算法计算了 $\mathcal{A}_N$ 的全部特征值，与 EIGD 方法计算位移点附近 200 个特征值所用的时间相差不大。但是该方法只对系统规模较小时的低阶稠密矩阵具有有效性和鲁棒性，当 N 增加时，可以发现 EIGD 方法的计算效率明显优于 QR 算法。

4. 对大规模系统的适用性分析

以山东电网为实例来进一步验证 EIGD 方法对大规模电网的适用性。在时滞特征值计算过程中，N 取为固定值 25。矩阵 $\mathcal{A}_N$ 的维数为 $(N+1)n = 25038$。

为了计算系统的机电振荡模式，将位移点分别选为 $s = \text{j}7$ 和 j13，进而计算其附近的 $r = 50$、100 和 200 个特征值，如图 11.10 所示。IRA 算法的迭代次数及计算时间如表 11.4 所示。

如图 11.10(a) 所示，两个位移点附近两组 50 个特征值分别位于以位移点 j7 和 j13 为圆心、以 3.5501 和 2.7781 为半径的圆内。两个圆相交，且在重叠部分仅有一个特征值。

在图 11.10(b) 中，两组 100 个特征值分别位于以位移点 j7 和 j13 为圆心、以 4.7569 和 4.6845 为半径的圆内。在两个圆的重叠部分内，有 83 个特征值，在上、下圆内均另外有 17 个不同的特征值。因此，在图 11.10(b) 中共计有 117 个不同的特征值。系统中总共有 114 台同步发电机，因此可知系统的全部 113 个机电振荡模式已被计算出来。

在图 11.10(c) 中，两组 200 个特征值分别位于以位移点 j7 和 j13 为圆心、以 6.6525 和 12.5892 为半径的圆内。在两个圆的重叠部分内，有 195 个特征值，在上、下圆内均另外有 5 个不同的特征值。因此，在图 11.10(c) 中共计有 205 个不同的特征值。

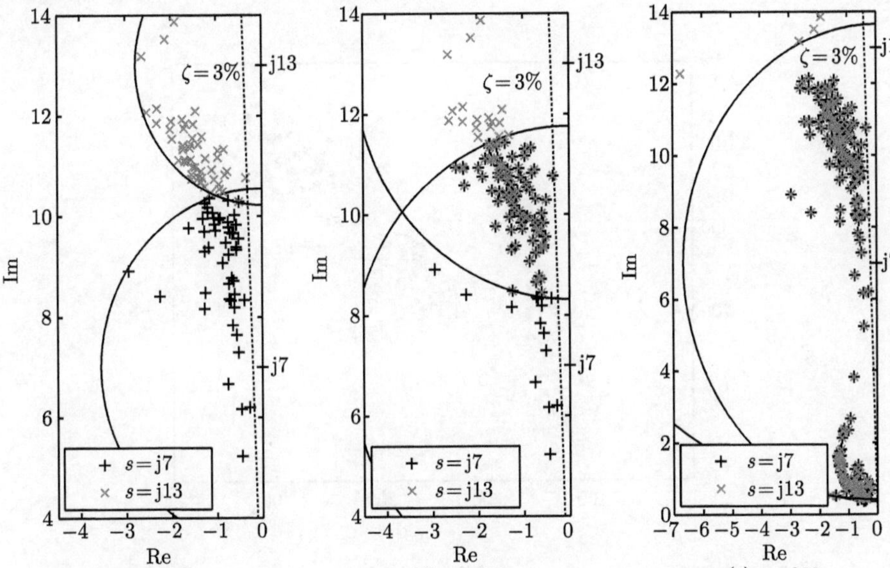

(a) $r=50$ (b) $r=100$ (c) $r=200$

图 11.10 当 $s=$ j7 和 j13时，稀疏近似矩阵 $\mathcal{A}_N$ 的特征值

表 11.4 EIGD 方法计算时间 (N_{IRA}/(CPU 时间/s))

s	r		
	50	100	200
j7	7 / 19.42	2 / 29.96	6 / 231.00
j13	4 / 13.39	2 / 26.61	11 / 393.21

图 11.10 中所有特征值均具有良好的精度。若以它们为牛顿校验的初始值，可以发现式 (4.111) 右侧增广形式特征方程的不平衡量 $\boldsymbol{f}$ 的范数均小于收敛精度 10^{-6}。因此，这些特征值无须牛顿法迭代校验而直接成为无穷小生成元 $\mathcal{A}$ 的特征值。此外，在所有的特征值中，特征值灵敏度的最大值为 $2.8119 \mp \mathrm{j}0.7498$，相应的特征值为 $\lambda = -0.34979 \pm \mathrm{j}10.76631$。其余的特征值几乎不受时滞的影响。

与 EIGD 方法相比，QR 算法不能计算出系统的任何特征值。这是因为 $\mathcal{A}_N$ 的维数为 25038，远远超出了 QR 算法的处理能力。

5. 时滞不确定性分析

在实际广域测量系统中，广域通信时滞是不确定的。通常情况下，不确定时滞可以视为电力系统的随机变量 [19, 20]。为了研究不确定时滞对系统小干扰稳定性的影响，本节进行了 1000 次 Monte Carlo 模拟。两个广域阻尼控制器中的时滞 τ_1

和 τ_2 被建模为均值为 250ms、方差为 70ms、相关系数为 0.9 的两个随机变量，如图 11.11 所示。在每次 Monte Carlo 模拟中，系统阻尼比最弱的特征值如图 11.12 所示。

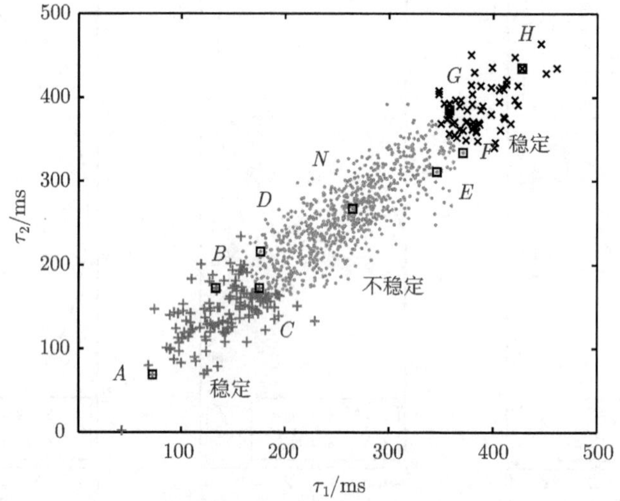

图 11.11　随机时滞分布

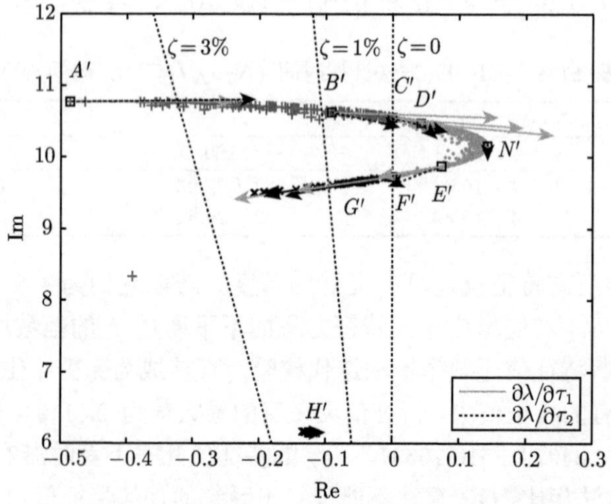

图 11.12　随机时滞下，系统阻尼比最弱的特征值

如图 11.11 所示，整个时滞空间可以分为三个区域，对应图 11.12 关键特征值轨迹的三个部分。在左下区域中，随着 τ_1 和 τ_2 的增加，系统的稳定性变差。在中间的区域中，由于关键特征值的阻尼比为负，系统表现为小干扰不稳定。当系统时滞继续增大而进入右上区域时，系统由不稳定变为稳定。出现上述现象的根本原因

在于 DCPPS 的特征方程中的指数项可以表示为三角函数，导致特征方程在本质上具有周期性。

对图 11.11 和图 11.12 进一步解释如下。当图 11.11 中的时滞按照 $A \to B \to C$ ($\tau_1 = 175\text{ms}$, $\tau_2 = 172\text{ms}$) $\to D \to N$ ($\tau_1 = 265\text{ms}$, $\tau_2 = 267\text{ms}$) $\to E \to F$ ($\tau_1 = 371\text{ms}$, $\tau_2 = 334\text{ms}$) $\to G \to H$ 增加时，相应地，图 11.12 中的关键特征值的轨迹为 $A' \to B' \to C'$ (j10.5514) $\to D' \to N'$ (0.1420+j10.1571) $\to E' \to F'$ (j9.7254) $\to G' \to H'$。

在图 11.12 中，关键特征值 $A' \sim H'$ 对时滞 τ_1 和 τ_2 的灵敏度，分别用实线和虚线的箭头表示。需要说明的是，为了清晰和美观，所有的特征值灵敏度均除以 10。由图 11.12 可知，特征值灵敏度与特征值随时滞变化的轨迹大体一致。

11.4 SOD-PS 方法

1. 无预处理时算法的准确性分析

SOD-PS 方法的基础是构建解算子的解算子伪谱离散化矩阵 $\boldsymbol{T}_{M,N}$，因此验证其对 $\mathcal{T}(h)$ 的近似准确性尤为关键。为此，在 16 机 68 节点算例系统上，计算 $\boldsymbol{T}_{M,N}$ 的特征值并与 $\mathcal{T}(h)$ 的特征值进行对比。

选取参数 $M = N = 3$ 和 $h = 0.0153\text{s}$，可得 $Q = \lceil \tau_{\max}/h \rceil = 10$。$\boldsymbol{T}_{M,N}$ 的维数为 $(QM+1)n = 6200$。这里采用 QR 算法计算得到 $\boldsymbol{T}_{M,N}$ 的全部特征值。然后，由 $\hat{\lambda} = \ln \hat{\mu}/h$ 计算得到 DCPPS 特征值的估计值。通过牛顿法校验，其中一部分特征值收敛为系统的准确特征值 λ，如图 11.13 所示。从图 11.13 中可以看到，在区间 $\text{Re} \in [-57.44,\ 0]$、$\text{Im} \in [0,\ 199.60]$ 内，$\hat{\lambda}$ 和 λ 几乎完全一致。其余特征值不收敛并位于收敛特征值的左侧。也就是说，$\mathcal{T}(h)$ 的模值大于 0.5196 的关键特征

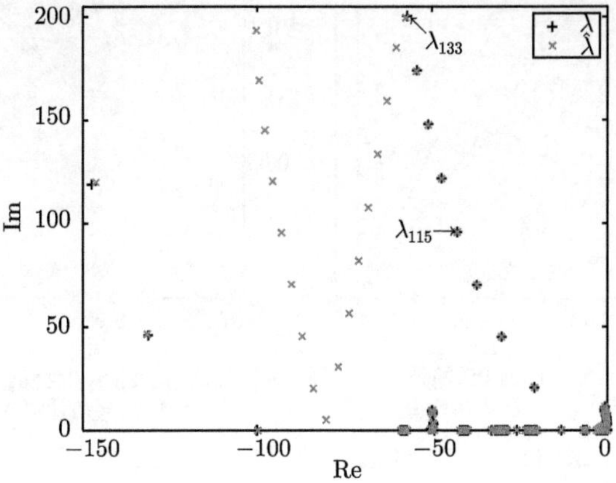

图 11.13 当 $M = N = 3$ 和 $h = 0.0153\text{s}$ 时，DCPPS 的准确特征值 λ 及其估计值 $\hat{\lambda}$

值 μ 可由 $\hat{\mu}$ 准确估计，如图 11.14 中环形区域所示。根据其模值最大的特征值为 $\mu_1 = 0.9997 + \mathrm{j}0.0003$ 可判断 DCPPS 是稳定的，将图 11.13 和图 11.14 分别放大得到的图 11.15(a) 和图 11.15(b) 也清楚地说明了这一点。

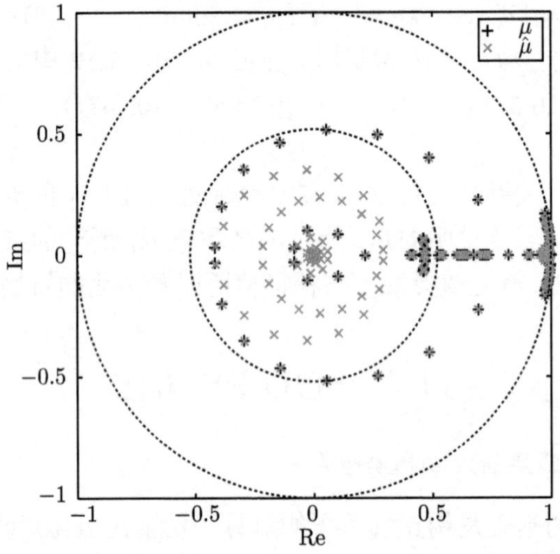

图 11.14　当 $M = N = 3$ 和 $h = 0.0153\mathrm{s}$ 时，$\mathcal{T}(h)$ 的准确特征值 μ 及其离散化矩阵 $\boldsymbol{T}_{M,N}$ 特征值的估计值 $\hat{\mu}$

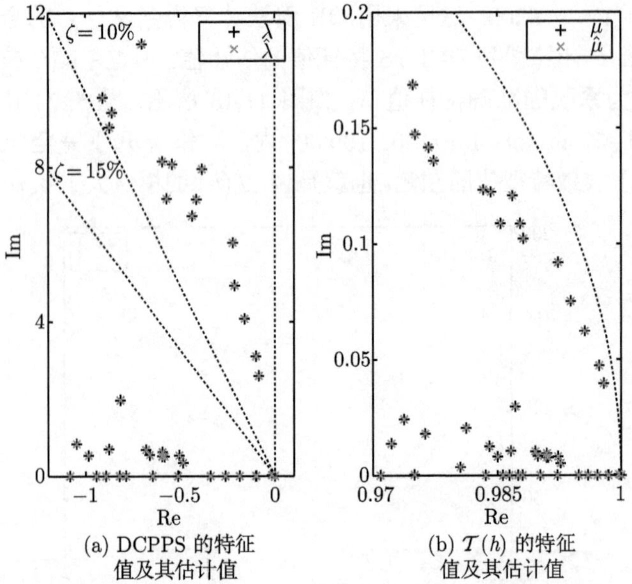

图 11.15　图 11.13 和图 11.14 的局部放大图

2. 预处理后算法的准确性分析

下面进一步研究采用旋转-放大预处理后 SOD-PS 方法的准确性。令 $M = 6$，$N = 3$，$h = 0.0153\text{s}$ 和 $\alpha = 2$。图 11.16 给出了两个不同旋转角度 $\theta = 5.74°$ 和 $8.63°$ (分别对应 $\zeta = 10\%$ 和 15%) 下，根据 IRA 算法计算 $\boldsymbol{T}''_{M,N}$ 的特征值得到的 $\hat{\lambda}$。因为旋转后的复数时滞由实数值近似，与时滞强相关的特征值 λ_2、λ_{16}、λ_{25}、λ_{29}、λ_{30}、λ_{33} 和它们各自的准确值之间有微小的偏差。在 $\theta = 0°$ 的特殊情况下，只对 $\boldsymbol{T}_{M,N}$ 采用放大预处理，该变换是准确变换，不存在简化。如图 11.16 所示，SOD-PS 方法优先计算出了实部最大而不是阻尼比最小的 $r = 15$ 个准确特征值。

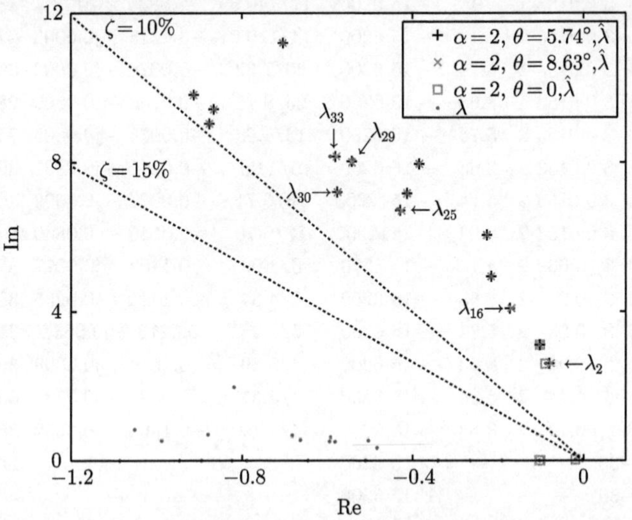

图 11.16 不同预处理条件下，DCPPS 的准确特征值 λ 及其估计值 $\hat{\lambda}$

3. 算法的效率分析

旋转-放大预处理对特征值计算效率的改善作用可以通过比较和分析表 11.5 中所列测试 1 ~ 测试 8 所需的 IRA 算法迭代次数和计算时间得到。

测试 1 没有应用预处理技术。测试 2 ~ 测试 6 分别应用了多种不同的预处理技术，包括特征值放大、坐标旋转和旋转-放大。测试 7、测试 8 通过将测试 5、测试 6 的 M 加倍，以验证在 $\boldsymbol{T}''_{M,N}$ 维数较大时旋转-放大预处理的有效性。需要指出的是，在测试 1 和测试 2 中计算得到的 15 个特征值是实部最大 (最右侧) 特征值。测试 3 ~ 测试 8 计算得到的是阻尼比小于 10% 或 15% 的机电振荡模式。

通过比较和分析在解算子离散化矩阵维数相同情况下 (测试 1 ~ 测试 6) 的结果，可以得到以下结论：① 坐标旋转对于 SOD-PS 方法来说必不可少，由测试 1 和测试 2 可知，如果不采用坐标旋转，IRA 算法难以收敛，需要较多的迭代次数和计算时间；② 通过比较测试 3 和测试 5，测试 4 和测试 6 的结果可知，采用特征值放大预处理后，N_{IRA} 和计算时间大大减少；③ 采用旋转-放大预处理的测试 5 和测试 6 的计算效率最高，其次是采用坐标旋转的测试 3 和测试 4；④ 对比测试 5 和测试 6 可知，采用更大的旋转角度 $\theta = 8.63°$ 时，所需的迭代次数和计算时间较少。因此，为了实现对 DCPPS 的高效分析，建议采用旋转-放大预处理。

表 11.5　四机两区域系统下，SOD-PS 方法的计算时间

测试编号	τ_{f1} /s	τ_{f2} /s	M	N	h /s	α	θ /(°)	s	r	维数	SOD-PS N_{IRA} /(Time/s)	SOD-PS $\Delta\lambda_{\max}$	QR Time /s	EIGD N_{IRA} /(Time/s)
1	0.15	0.07	3	3	0.0153	1	0	—	15	6200	717/140.69	7.5835×10^{-6}	18.37	—
2	0.15	0.07	6	3	0.0153	2	0	—	15	6200	614/119.01	−0.0015 + j0.0003	22.26	—
3	0.15	0.07	3	3	0.0153	1	5.74	—	15	6200	20/7.32	−0.0078 − j0.0602	30.82	—
4	0.15	0.07	3	3	0.0153	1	8.63	—	15	6200	25/8.16	−0.0140 − j0.0860	28.32	—
5	0.15	0.07	6	3	0.0153	2	5.74	—	15	6200	13/4.69	−0.0078 − j0.0603	35.12	—
6	0.15	0.07	6	3	0.0153	2	8.63	—	15	6200	9/4.06	−0.0140 − j0.0861	39.14	—
7	0.15	0.07	12	3	0.0153	2	5.74	—	15	12200	13/6.71	−0.0077 − j0.0602	282.72	—
8	0.15	0.07	12	3	0.0153	2	8.63	—	15	12200	12/6.70	−0.0140 − j0.0860	278.58	—
9	0.56	0.55	6	3	0.06	2	5.74	—	15	6200	6/4.09	−0.1103 + j0.0077	39.12	—
10	0.56	0.55	6	3	0.06	2	8.63	—	15	6200	7/4.34	−0.1424 + j0.0255	38.27	—
11	0.57	0.73	6	3	0.08	2	5.74	—	15	6200	5/3.94	0.1219 + j0.0637	35.20	—
12	0.57	0.73	6	3	0.08	2	8.63	—	15	6200	4/3.39	−0.1514 + j0.0399	35.21	—
13	1.14	1.34	6	3	0.14	2	5.74	—	15	6200	4/4.51	−0.0585 − j0.3739	39.49	—
14	1.14	1.34	6	3	0.14	2	8.63	—	15	6200	4/4.19	−0.1358 − j0.3552	38.19	—
15	0.15	0.07	—	30	—	—	—	j7	15	6200	—	—	391.39	2/0.24
16	0.15	0.07	—	30	—	—	—	j13	15	6200	—	—	399.84	4/0.40
17	0.15	0.07	—	60	—	—	—	j7	15	12200	—	—	2668.88	2/0.48
18	0.15	0.07	—	60	—	—	—	j13	15	12200	—	—	2785.17	5/0.90
19	0.56	0.55	—	30	—	—	—	j7	15	6200	—	—	404.29	2/0.25
20	0.56	0.55	—	30	—	—	—	j13	15	6200	—	—	408.05	4/0.55
21	0.57	0.73	—	30	—	—	—	j7	15	6200	—	—	397.44	2/0.22
22	0.57	0.73	—	30	—	—	—	j13	15	6200	—	—	409.35	3/0.38
23	1.14	1.34	—	30	—	—	—	j7	15	6200	—	—	391.50	2/0.24
24	1.14	1.34	—	30	—	—	—	j13	15	6200	—	—	402.50	4/0.41

4. 大时滞和不稳定情况下算法的有效性分析

下面进一步研究在大时滞和不稳定情况下 SOD-PS 方法的有效性。在测试 9 ~ 测试 14 中，通过调整 h 保证 $\boldsymbol{T}''_{M,N}$ 的维数与测试 1 ~ 测试 6 相同。

在测试 9、测试 10 中，两个广域控制器的反馈时滞分别设为 $\tau_{\mathrm{f1}} = 0.56\mathrm{s}$ 和 $\tau_{\mathrm{f2}} = 0.55\mathrm{s}$。解算子离散化矩阵特征值的最大模值为 $|\mu_1| = 0.9986$，表明系统在小干扰下稳定。在测试 11 和测试 12 中，两个反馈时滞分别增至 0.57s 和 0.73s。解

算子离散化矩阵特征值的最大模值变为 $|\mu_1| = 1.0016$，系统失去小干扰稳定性。此时系统的最关键特征值为 $0.0199 + \mathrm{j}4.1202$，如图 11.17(a) 所示。以上算例表明：即使在时滞达到 730ms 时，SOD-PS 方法仍可得到 DCPPS 特征值的准确估计值。

测试 13 和测试 14 中假设了较大的广域反馈时滞，即 $\tau_{\mathrm{f1}} = 1.14\mathrm{s}$ 和 $\tau_{\mathrm{f2}} = 1.34\mathrm{s}$。需要说明的是，这种情况在实际系统中一般不会出现。因为这些时滞已经远远超出各种通信线路的时滞置信度 [21]。解算子离散化矩阵特征值的最大模值为 $|\mu_1| = 0.9996$，表明系统重新获得小干扰稳定性。从图 11.17(b) 可以看出，系统阻尼比最小的特征值为 $-0.0005 + \mathrm{j}2.7874$。实际上，这与 11.3 节中针对山东电网的测试结果类似。从图 11.17(b) 中也可以看出 SOD-PS 方法不能准确得到特征值 λ_{18} 和 λ_{46}。以特征值 λ_{46} 为例，其估计值更加接近 λ_{43} 而不是 λ_{46}。因此，特征值 λ_{43} 周围有两个较为接近的估计值，可以从图 11.17(b) 中的左上圆看到。由于牛顿法的准确性在很大程度上取决于初始值，估计值 $\hat{\lambda}_{46}$ 会收敛到 λ_{43} 而不是 λ_{46}。总体来说，对于 16 机 68 节点系统，在两个反馈时滞 τ_{f1} 和 τ_{f2} 分别不超过 0.57s 和 0.73s 时，SOD-PS 方法可以得到系统的准确特征值。

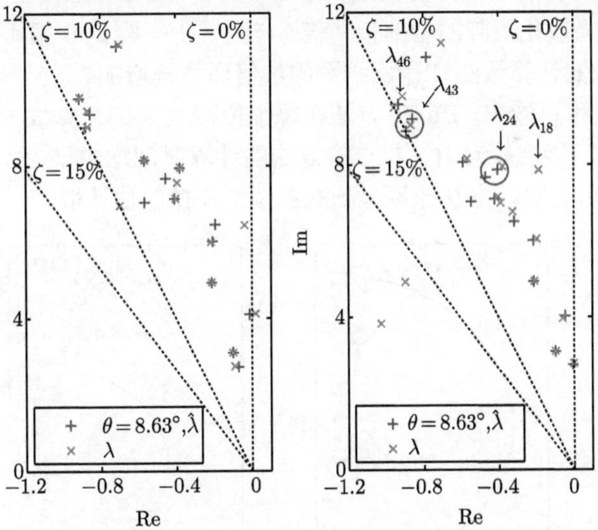

(a) τ_{f1}=0.57s, τ_{f2}=0.73s　　(b) τ_{f1}=1.14s, τ_{f2}=1.34s

图 11.17　大时滞情况下 SOD-PS 方法计算得到的 $r = 15$ 个特征值估计值 $\hat{\lambda}$

5. 时滞近似对 SOD-PS 方法准确性的影响分析

下面通过分析 SOD-PS 方法得到的特征值的最大误差，即 $|\Delta\lambda_{\max}| = \max\limits_{i=1\sim15}\{|\hat{\lambda}_i - \lambda_i|\}$，研究坐标旋转时的时滞近似的影响，如表 11.5 第 13 列所示。

在测试 1 和测试 2 中，不采用坐标旋转预处理，$\Delta\lambda_{\max}$ 的量级分别为 10^{-6} 和 10^{-3}。在测试 3 ~ 测试 8 中，$\Delta\lambda_{\max}$ 几乎由旋转角度决定。当 $\theta = 5.74°$ 和 $8.63°$

时，$\Delta\lambda_{\max}$ 分别约为 $-0.0078-\mathrm{j}0.0602$ 和 $-0.0140-\mathrm{j}0.0860$。可以看出 $\Delta\lambda_{\max}$ 主要由其虚部决定，并随旋转角度 θ 的增大而增大。

与测试 3 ~ 测试 8 不同，在测试 9 ~ 测试 12 中，反馈时滞较大，$\Delta\lambda_{\max}$ 的主项变为特征值 λ 的实部。这是因为除了时滞增加，$\Delta\lambda_{\max}$ 还受特征值对时滞灵敏度的影响。在测试 13 和测试 14 中，最大时滞为 1.34s，$\Delta\lambda_{\max}$ 虚部达到 0.3739。此外，特征值 λ_{18} 和 λ_{46} 的估计值不收敛，如图 11.17(b) 所示。

综上，坐标旋转预处理的时滞近似确实会导致在特征值估计时产生一定的偏差。该偏差随时滞和旋转角度的增大而增大。此外，其还受特征值对时滞灵敏度的影响。

6. *算法的效率分析*

下面对比分析 SOD-PS 方法与 QR 算法和 EIGD 方法的计算效率，如表 11.5 第 14、第 15 列所示。

测试 5 ~ 测试 12 中，由于采用了旋转-放大预处理，SOD-PS 方法能在 7s 内计算得到系统所有的机电振荡模式。相比较而言，QR 算法需要 9 ~ 40 倍的时间以计算解算子离散化矩阵的全部特征值。与测试 1 ~ 测试 6 相比，在测试 7、测试 8 中，QR 算法的计算量随 $\boldsymbol{T}''_{M,N}$ 维数的加倍而急剧增加。

由表 11.5 可以看出，EIGD 方法在每个位移点 s 的计算效率高于 SOD-PS 方法。在测试 15 ~ 测试 24 中，EIGD 方法的计算时间均少于 2s。图 11.18 给出了 SOD-PS 方法和 EIGD 方法计算得到的系统特征值的估计值。

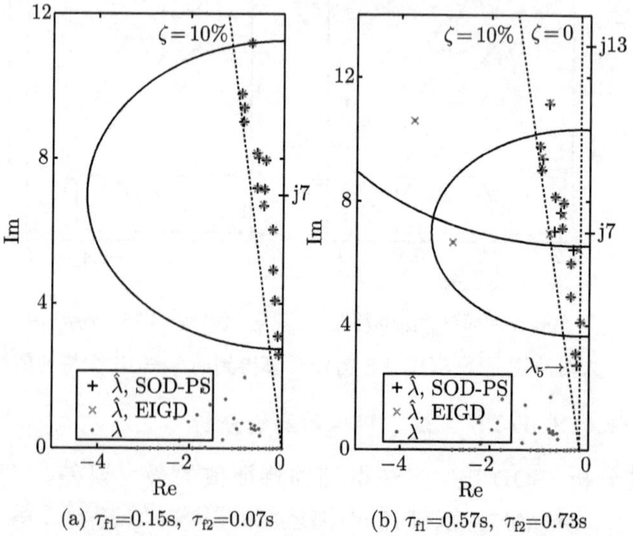

(a) τ_{f1}=0.15s，τ_{f2}=0.07s　　(b) τ_{f1}=0.57s，τ_{f2}=0.73s

图 11.18 SOD-PS 方法 ($\theta=5.74°$) 和 EIGD ($s=\mathrm{j}7$) 方法计算得到的特征值估计值 $\hat{\lambda}$

在时滞较小的测试 15 ~ 测试 19 中，EIGD 方法可以通过一次计算得到系统的全部 15 个机电振荡模式。如图 11.18(a) 所示，+ 和×分别表示当 $\tau_{f1}=0.15\text{s}$、$\tau_{f2}=0.07\text{s}$ 时，测试 5 和测试 15 中 SOD-PS 方法和 EIGD 方法计算得到的系统特征值的估计值。

然而，在时滞较大的测试 21 ~ 测试 24 中，EIGD 方法经过两次特征值扫描仍然不能得到全部的机电振荡模式。如图 11.18(b) 所示，+ 和 × 分别表示当 $\tau_{f1}=0.57\text{s}$、$\tau_{f2}=0.73\text{s}$ 时，测试 11 和测试 21、测试 22 中 SOD-PS 方法与 EIGD 方法计算得到的系统特征值的估计值。由图 11.18(b) 可知，在测试 21 和测试 22 中，EIGD 方法不能计算得到 λ_5。

7. 虚假特征值问题

针对实际的山东电网，下面重点研究 SOD-PS 方法是否存在漏根和虚假特征值。两个广域阻尼控制回路的综合时滞分别取为 $\tau_1=0.09\text{s}$ 和 $\tau_2=0.10\text{s}$。令 $M=3$，$N=3$，$h=0.011\text{s}$，则 $Q=\lceil\tau_2/h\rceil=10$。$\boldsymbol{T}_{M,N}$ 的维数为 $(QM+1)n=34968$。

首先，当 $\theta=17.46°$ 和 $\alpha=2$ 时，用 SOD-PS 方法计算 $r=100$ 和 $r=120$ 个特征值，如图 11.19 所示。为便于比较，图 11.19 中还给出了 EIGD 方法在两个位移点 $s=\text{j}7$ 和 j13 附近分别计算得到的 $r=50$ 和 $r=80$ 个特征值。

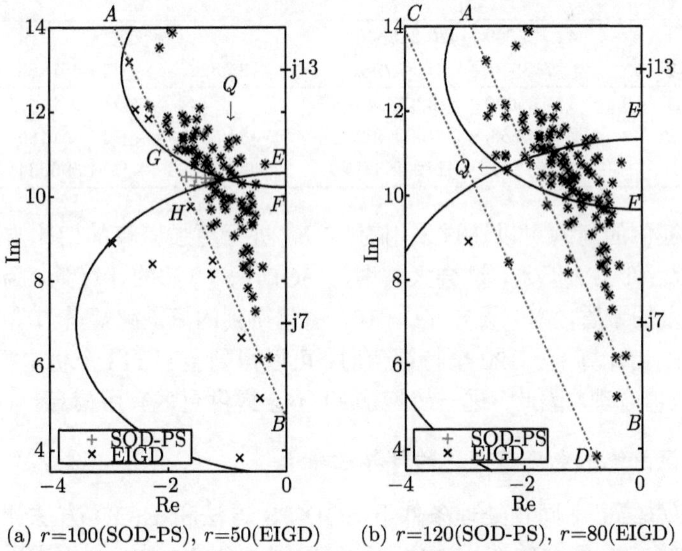

(a) r=100(SOD-PS), r=50(EIGD)　(b) r=120(SOD-PS), r=80(EIGD)

图 11.19 SOD-PS ($\theta=17.46°$) 和 EIGD ($s=\text{j}7$ 和 j13) 计算得到的特征值的估计值

图 11.19(a) 给出了测试 16 中 SOD-PS 方法计算得到的解算子离散化矩阵 $\boldsymbol{T}''_{M,N}$ 的 95 个特征值。经过不超过 3 次牛顿校验，它们可以准确地收敛于 DCPPS 特征值。这些特征值均位于虚线 AB 的右上角，阻尼比均小于 0.3。此外，图 11.19(a)

中还给出了经过两次特征值扫描 (测试 12 和测试 13)，EIGD 方法可以得到的两组 50 个特征值。它们有一个公共的特征值，位于封闭曲线 EFQ 范围内。在 SOD-PS 方法和 EIGD 方法分别计算得到的特征值中，共有 87 个公共特征值。如图 11.19(a) 所示，在封闭曲线 GHQ 内，共有 8 个 SOD-PS 方法能够计算得到而 EIGD 方法不能得到的特征值。

在图 11.19(b) 中，当 r 从 100 增加至 120 (测试 8) 时，SOD-PS 方法可以计算得到位于平行线 AB 和 CD 之间的 19 个特征值。这表明，系统的 113 个机电振荡模式已经被全部计算得到。相比之下，EIGD 方法需要经过两次特征值扫描 (测试 14 和测试 15)，每次至少计算 80 个特征值才能得到全部的机电振荡模式。从图 11.19(b) 可以看出，封闭曲线 EFQ 内共有 45 个特征值。

利用 SOD-PS 方法计算 $r = 100$ 个特征值时，除了能得到上述 95 个准确特征值，还能得到 5 个虚假的特征值。如表 11.6 所示，$\hat{\lambda}_1$ 不能收敛，$\hat{\lambda}_2$ 收敛至一个与时滞强相关的特征值且其虚部较大。为了更好地展示系统的机电振荡模式，这些虚假特征值并未在图 11.19 中画出。利用 SOD-PS 方法计算 $r = 120$ 个特征值时，可以得到另一个虚假特征值 $\hat{\lambda}_3$。经过 3 次牛顿迭代，其收敛至特征值 λ_3。

表 11.6　当 $\theta = 17.46°$ 时，SOD-PS 方法计算得到的虚假特征值

r	i	$\hat{\lambda}_i$	λ_i	重数
100	1	44.135099 − j76.313646	不收敛	2
	2	47.773566 − j110.837982	−35.632834 − j114.651489	3
120	1	44.135099 − j76.313646	不收敛	2
	2	47.773566 − j110.837982	−35.632834 − j114.651489	3
	3	−34.978801 + j112.458771	−35.660930 + j114.596664	1

虚假特征值的问题可以通过采用对 $T(h)$ 进行更加密集的切比雪夫离散化消除，即增大 Q 和 M。但是，这会大大增加 SOD-PS 方法的计算量。为了均衡计算精度和计算量的矛盾，本书设定 $Q = 10$，由此得到的离散化矩阵 $\boldsymbol{T}''_{M,N}$ 能够很好地近似 $T(h)$。当计算 $r = 120$ 个特征值时，可以得到全部 113 个机电振荡模式，说明 $Q = 10$ 取值合理。因此，进一步增加 Q 不会提供更多有用信息。

8. 大规模系统机电振荡模式的计算效率

表 11.7 总结了不同预处理条件下 SOD-PS 方法和 EIGD 方法计算山东电网部分特征值时 IRA 算法的迭代次数和计算时间。测试 1 中，由于未采用任何预处理，SOD-PS 方法不能正确计算出解算子的特征值。为了加快收敛速度，在测试 2 ~ 测试 5 中分别采用两种坐标旋转方案，$\theta = 17.46°$ 和 30°，对应 $\zeta = 30\%$ 和 50%。每种离散化方案下，分别计算 $r = 100$ 和 120 个特征值。由表 11.7 可知，在旋转角度较大 ($\theta = 30°$) 时，SOD-PS 方法的效率也更高。在测试 6 ~ 测试 9 中，采用旋

转-放大预处理技术，与测试 2 ~ 测试 5 相比，附加的放大处理 ($\alpha = 2$) 大大改善了 SOD-PS 方法的收敛特性，使其具有更高的计算效率。

表 11.7 SOD-PS 方法和 EIGD 方法计算山东电网部分特征值的效率比较
(N_{IRA}/(CPU 时间/s))

测试编号	τ_1/s	τ_2/s	M	N	h/s	s	α	θ/(°)	维数	r	SOD-PS	EIGD
1	0.09	0.10	3	3	0.011	—	1	0	34968	100	不收敛	—
2	0.09	0.10	3	3	0.011	—	1	17.46	34968	100	18/669.00	—
3	0.09	0.10	3	3	0.011	—	1	30	34968	100	16/526.23	—
4	0.09	0.10	3	3	0.011	—	1	17.46	34968	120	13/685.26	—
5	0.09	0.10	3	3	0.011	—	1	30	34968	120	12/585.34	—
6	0.09	0.10	6	3	0.011	—	2	17.46	34968	100	10/423.79	—
7	0.09	0.10	6	3	0.011	—	2	30	34968	100	9/384.13	—
8	0.09	0.10	6	3	0.011	—	2	17.46	34968	120	7/435.82	—
9	0.09	0.10	6	3	0.011	—	2	30	34968	120	7/429.86	—
10	0.09	0.10	6	3	0.011	—	2	1.72	34968	5	143/79.04	—
11	0.20	0.33	6	3	0.034	—	2	1.72	34968	5	49/41.98	—
12	0.09	0.10	—	30	0.011	j7	—	—	34968	50	—	7/206.31
13	0.09	0.10	–	30	0.011	j13	—	—	34968	50	—	4/165.27
14	0.09	0.10	–	30	0.011	j7	—	—	34968	80	—	4/260.63
15	0.09	0.10	—	30	0.011	j13	—	—	34968	80	—	2/201.39

从表 11.7 中测试 12 ~ 测试 15 的结果可以看出，EIGD 方法的效率高于 SOD-PS 方法。但是，为保证能够得到所有的机电振荡模式，EIGD 方法需要进行两次特征值扫描且每次计算的特征值个数应大于或等于 80 (测试 14 和测试 15)。这两次特征值计算总耗时为 462.02s，比测试 8 和测试 9 中 SOD-PS 方法多出约 30 s。

9. 大规模系统稳定性的快速判别

下面将展示如何利用 SOD-PS 方法计算大规模 DCPPS 的少量关键特征值，以快速、可靠地判断系统的小干扰稳定性。在表 11.7 所列测试 10 和测试 11 中，θ 和 r 分别设为 1.72° 和 5。利用 SOD-PS 方法分别计算得到的 4 个和 3 个特征值，如图 11.20 所示。由于旋转角度 θ 较小，IRA 算法需要进行较多次数的迭代(分别为 143 次和 49 次) 才能收敛。然而，利用这些特征值，可以快速、可靠地判别系统的小干扰稳定性。如图 11.20(a) 所示，所有 4 个特征值的阻尼比均大于 3% (= sin1.72°)。解算子模值最大的特征值为 $|\mu_1| = 0.9969$。因此，系统是稳定的。在图 11.20(b) 中，最右端特征值为 $0.0244 + \mathrm{j}10.2551$，其对应的解算子离散化矩阵特征值为 $|\mu_1| = 1.0008$。显然，此时系统是不稳定的。相比较而言，测试 11 中 IRA 算法收敛速度更快。这是因为当 $\tau_1 = 0.20\mathrm{s}$、$\tau_2 = 0.33\mathrm{s}$ 时，解算子的特征值分布更加分散，且模值最大的特征值 $|\mu_1|$ 的模值更大。

与 SOD-PS 方法相比，EIGD 方法难以迅速、可靠地判别系统的稳定性。一方面，采用 EIGD 方法高效、可靠地计算出图 11.20 中所示的少量关键特征值的前提是，预先知道特征值的分布范围并将位移点取在这些特征值的附近。要达到这一要求，需要进行额外的时域仿真和相关分析 [144]。另一方面，EIGD 方法即使能够准确地计算这些特征值，也不能确定计算得到了所有位于右半复平面的特征值。因此，其不能可靠地判断系统的小干扰稳定性。

相比于测试 1 ~ 测试 9 和测试 12 ~ 测试 15，测试 10、测试 11 只需花费很少的时间计算系统少量的关键特征值，便能可靠地判断系统的小干扰稳定性。

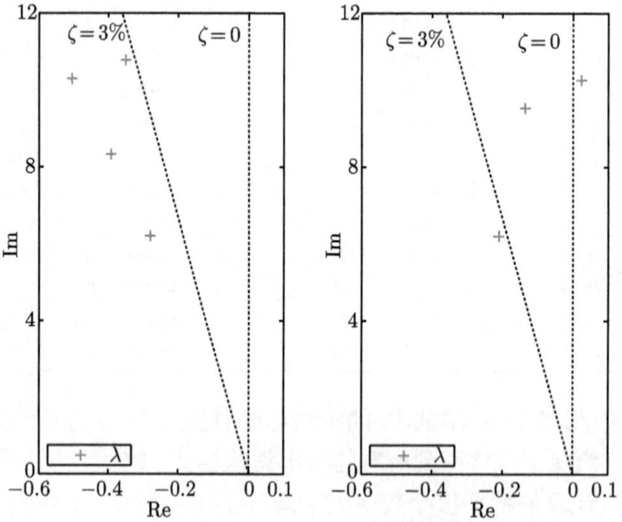

(a) τ_1=0.09s, τ_2=0.10s (b) τ_1=0.20s, τ_2=0.33s

图 11.20 当 $\theta = 1.72°$ 时，SOD-PS 方法计算 $r = 5$ 个关键特征值

11.5 IGD 类方法

1. 对 $\mathcal{A}$ 的逼近能力对比

本节针对四机两区域系统，对比分析 EIGD 方法、IIGD 方法、IGD-LMS/IRK 方法四种 IGD 类方法生成的无穷小生成元离散化矩阵 $\mathcal{A}_N$ ($\mathcal{A}_{Ns}$) 对无穷小生成元 $\mathcal{A}$ 的逼近能力。

当 $N = 50$ 时，首先利用 QR 算法分别计算四种方法生成的无穷小生成元离散化近似矩阵的全部特征值，即 $\sigma(\mathcal{A}_N)$ 或 $\sigma(\mathcal{A}_{Ns})$。然后，以 EIGD 方法计算的特征值为牛顿迭代的初始值，通过校验得到无穷小生成元 $\mathcal{A}$ 的精确特征值 $\sigma(\mathcal{A})$。最后，对比分析 $\sigma(\mathcal{A}_N)$、$\sigma(\mathcal{A}_{Ns})$ 和 $\sigma(\mathcal{A})$，得到不同的 IGD 类特征值计算方法对 $\mathcal{A}$

的逼近能力。其中，在 IGD-LMS 方法和 IGD-IRK 方法中，分别取 $k=2$ 和 $s=3$。

如图 11.21 所示，对于 IGD-LMS 方法，在 $\mathrm{Re}(\lambda)\in[-17,\ 0]$ 和 $\mathrm{Im}(\lambda)\in[0,\ 80]$ 范围内，$\mathcal{A}_N$ 与 $\mathcal{A}$ 的特征值基本吻合。对于 IGD-IRK 方法，在 $\mathrm{Re}(\lambda)\in[-48,\ 0]$ 和 $\mathrm{Im}(\lambda)\in[0,\ 734]$ 范围内，$\mathcal{A}_{Ns}$ 与 $\mathcal{A}$ 的特征值近似吻合。对于 IIGD 方法，在 $\mathrm{Re}(\lambda)\in[-48,\ 0]$ 和 $\mathrm{Im}(\lambda)\in[0,\ 734]$ 区域内，$\mathcal{A}_N$ 与 $\mathcal{A}$ 的特征值能较好地吻合。三种方法能准确估计得到的频率最高的特征值分别为 λ_{18}、λ_{43} 和 λ_{43}。通过上述分析可得，IIGD 方法生成的 $\mathcal{A}_N$ 和 IGD-IRK 方法生成的 $\mathcal{A}_{Ns}$ 对 $\mathcal{A}$ 的逼近能力相差不大，而且优于 IGD-LMS 方法。尽管如此，IGD-LMS 方法能够准确计算得到的精确特征值中虚部最大的特征值为 $\lambda_{18}=-17.39+\mathrm{j}79.85$。这对于分析系统的小干扰稳定性已经足够。将图 11.21 局部放大，得到图 11.22。由图 11.22 可知，系统的全部机电振荡模式，即 λ_1、λ_7 和 λ_8，已经被上述各种方法精确地计算得到。

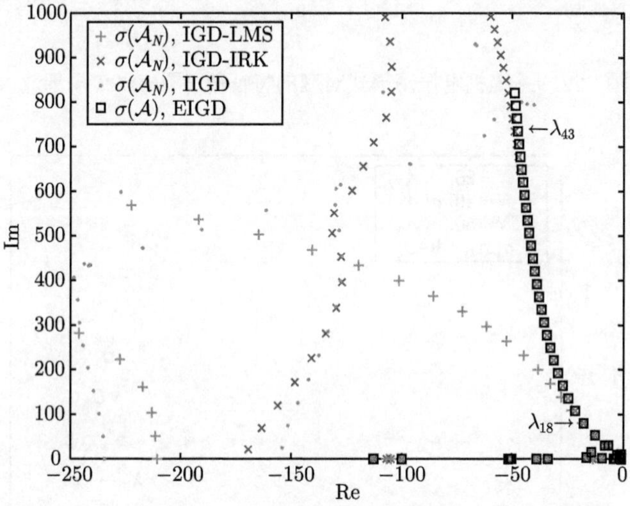

图 11.21 当 $N=50$、$k=2$ 和 $s=3$ 时，EIGD 方法、IIGD 方法和 IGD-LMS/IRK 方法计算得到的 $\mathcal{A}_N/\mathcal{A}_{Ns}$ 的特征值

针对 IGD-LMS 方法，下面分析 $\mathcal{A}_N$ 逼近 $\mathcal{A}$ 的能力与每个时滞子区间内离散点数 N 和步数 k 之间的关系。取 $N=20$、40 和 50，令 $k=2$，IGD-LMS 方法计算得到 $\mathcal{A}_N$ 的特征值如图 11.23 所示。当 $N=20$ 时，$\mathcal{A}_N$ 可以准确地计算得到的精确特征值为 $\lambda_{13}=-7.58+\mathrm{j}29.88$。当 N 由 20 增加到 40 和 50 时，IGD-LMS 方法可以估计得到频率比 λ_{13} 更高的两个和三个特征值。然后，令 $N=50$，比较不同的 k 值下，IGD-LMS 方法计算得到的 $\mathcal{A}_N$ 的特征值。由图 11.24 可知，随着 k 由 2 增加到 4，$\mathcal{A}_N$ 可以估计到 $\mathcal{A}$ 的频率最高的特征值由 λ_{18} 增加到 λ_{20}。显然，通过增加 N 值和 k 值，$\mathcal{A}_N$ 可以估计到 $\mathcal{A}$ 的更多特征值，$\mathcal{A}_N$ 逼近 $\mathcal{A}$ 的能力也越好。

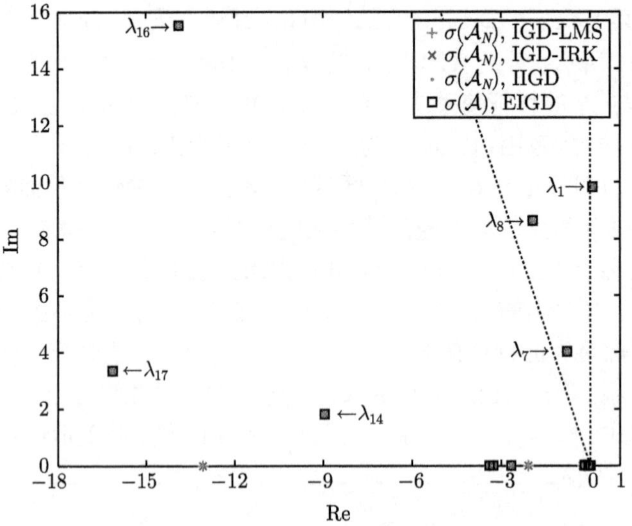

图 11.22　系统机电振荡模式对应的特征值 (图 11.22 局部放大)

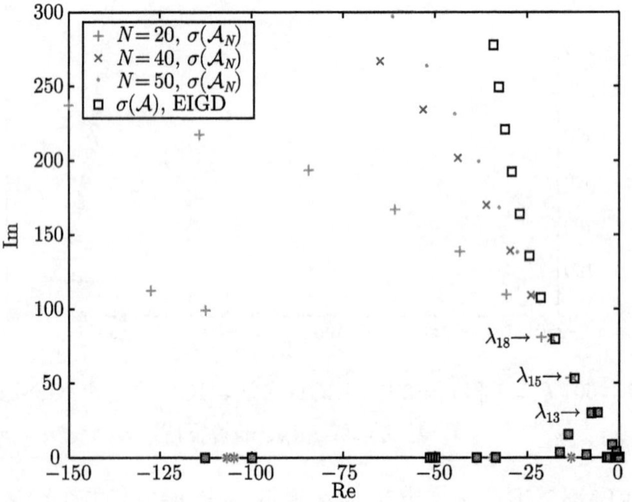

图 11.23　当 $k=2$，$N=20$、40 和 50 时，IGD-LMS 方法计算得到的 $\mathcal{A}_N$ 的特征值

针对 IGD-IRK 方法，下面分析 $\mathcal{A}_{Ns}$ 逼近 $\mathcal{A}$ 的能力与每个时滞子区间内离散点数 N 和级数 s 之间的关系。当 $s=3$、$N=20$ 时，IGD-IRK 方法能准确地计算得到的精确特征值为 $\lambda_{26}=-34.12+\mathrm{j}277.85$，$\mathcal{A}_{Ns}$ 对 $\mathcal{A}$ 的估计已经足够满足电力系统小干扰稳定性分析的要求。当 N 从 20 增加到 50 时，可以得到另外 13 个频率更高的特征值，如图 11.25 所示。令 $N=50$，当 $s=2$ 和 3 时，IGD-IRK 方法计算得到的 $\mathcal{A}_{Ns}$ 的特征值如图 11.26 所示。由图 11.26 可知，$s=3$ 时 IGD-IRK 方

法计算得到的频率最大的精确特征值为 λ_{43}，相比于 $s=2$ 时增加了 16 个。

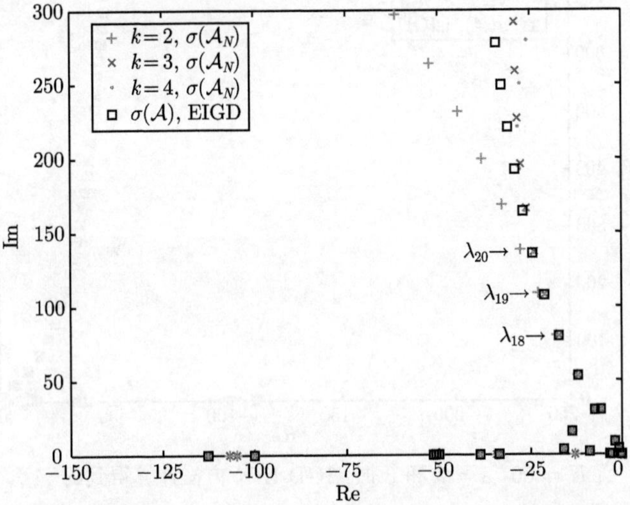

图 11.24　当 $N=50$，$k=2\sim4$ 时，IGD-LMS 方法计算得到的 $\mathcal{A}_N$ 的特征值

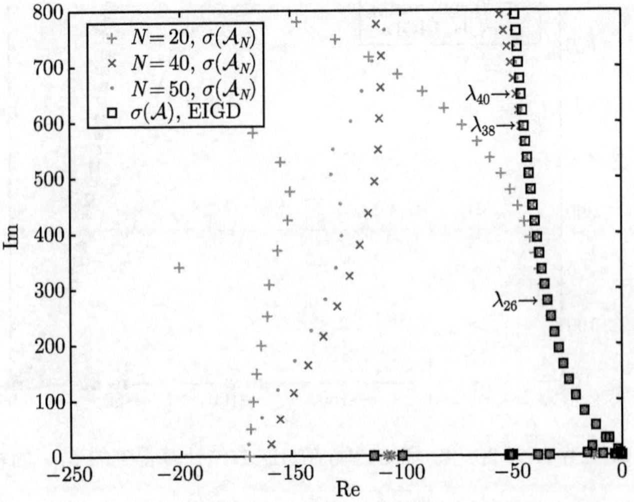

图 11.25　当 $s=3$，$N=20$、40 和 50 时，IGD-IRK 方法计算得到的 $\mathcal{A}_{Ns}$ 的特征值

最后，针对 IIGD 方法分析 $\mathcal{A}_N$ 逼近 $\mathcal{A}$ 的能力与离散点数 N 之间的关系。当 $N=20$ 时，IIGD 方法能准确地计算得到的精确特征值为 $\lambda_{23}=-31.01+\text{j}220.87$，$\mathcal{A}_N$ 对 $\mathcal{A}$ 的估计已经足够满足电力系统小干扰稳定性分析的要求。当 N 从 20 增加到 50 时，可以得到另外 11 个频率更高的特征值，如图 11.27 所示。

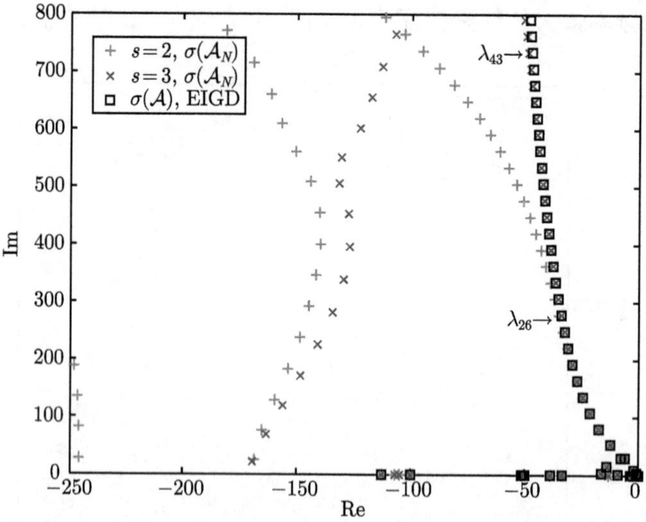

图 11.26 当 $N = 50$，$s = 2$ 和 3 时，IGD-IRK 方法计算得到的 $\mathcal{A}_{Ns}$ 的特征值

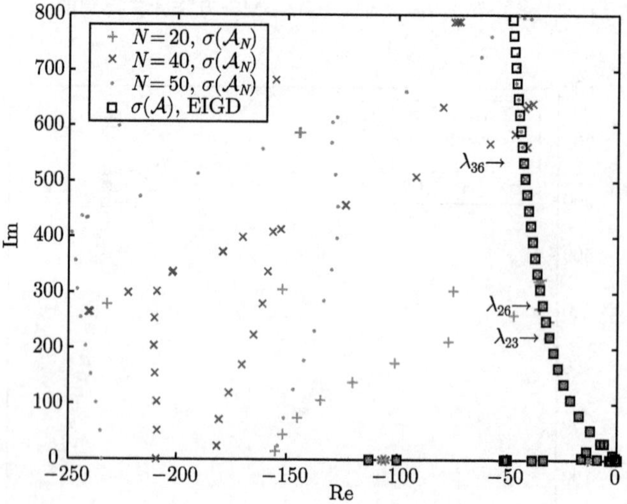

图 11.27 当 $N = 20$、40 和 50 时，IIGD 方法计算得到的 $\mathcal{A}_N$ 的特征值

2. 算法的效率对比

为了比较不同方法的效率，定义如下三个测度指标。

(1) N_{IRA} 为 IRA 算法的总迭代次数。

(2) N_{MIVP} 为 MIVP 运算的总迭代次数。

(3) N_{IDR} 为利用 IDR(s) 算法求解 MIVP 的总迭代次数。

利用 EIGD、IIGD、IGD-LMS/IRK 四种方法分别求解位移点 j10 周围的 $r = 20$

个特征值。对于 IGD-LMS 方法和 IGD-IRK 方法，考虑两类情况：① $N=50$ 保持不变时，分别取 $k=2\sim5$ 和 $s=2\sim4$；② 令 $k=2$、$s=2$，分别取 $N=20$、30、40 和 50。在各种测试下，四种方法的指标值如表 11.8 和表 11.9 所示。

表 11.8 当 $r=20$ 时，四种方法的测度指标和计算时间

算法	测试编号	k	s	N	维数	N_{IRA}	N_{MIVP}	N_{IDR}	时间/s
IGD-LMS (BDF)	1	2	—	50	2856	3	86	186583	63.58
	2	3	—	50	2856	3	86	262064	89.61
	3	4	—	50	2856	3	85	331669	114.60
	4	5	—	50	2856	3	86	481727	164.11
IGD-IRK (Radau ⅡA)	5	—	2	25	2856	3	85	196316	67.84
	6	—	2	50	5656	3	86	327584	169.71
	7	—	3	50	8456	3	85	506261	356.45
IIGD	8	—	—	50	2856	3	86	651201	256.46
EIGD	9	—	—	50	2856	3	—	—	0.27

表 11.9 当 $N=20$、30、40 和 50 时，四种方法的测度指标和计算时间

算法	测试	$N=20$	$N=30$	$N=40$	$N=50$
IGD-LMS (BDF)	维数	1176	1736	2296	2856
	N_{IDR}	108760	136253	160954	186583
	时间/s	21.53	32.44	44.83	63.58
IGD-IRK (Radau ⅡA)	维数	2296	3416	4536	5656
	N_{IDR}	170866	270848	275883	327584
	时间/s	47.97	101.81	126.11	169.71
IIGD	维数	1176	1736	2296	2856
	N_{IDR}	245108	384133	487457	651201
	时间/s	54.03	107.62	155.44	256.46
EIGD	维数	1176	1736	2296	2856
	时间/s	0.16	0.17	0.23	0.27

通过对比分析，可以得到如下结论。

(1) 总体来看，EIGD 方法的计算时间远小于 IIGD 方法和 IGD-LMS/IRK 方法。根本原因在于，这些方法生成的无穷小生成元离散化矩阵的逆矩阵不具有显式表达特性，只能采用迭代算法 (如 IDR(s) 算法) 计算其逆矩阵与向量的乘积运算。

(2) 当无穷小生成元离散化矩阵 $\mathcal{A}_N$ 或 $\mathcal{A}_{Ns}$ 的维数相同时，IIGD 方法的计算时间最长，IGD-LMS 方法的计算时间略少于 IGD-IRK 方法。这是因为 IGD-LMS 方法和 IGD-IRK 方法生成的离散化矩阵是高度稀疏的，而 IIGD 方法生成的离散化矩阵是稠密的。

(3) 对于 IGD-LMS 方法，随着 k 的增加，$\mathcal{A}_N$ 维数保持不变，但 IDR(s) 算法的

迭代次数 N_{IDR} 和总计算时间近似线性增加。对于固定的 k 和 s，由于 $k \ll N$，IGD-IRK 方法得到的 $\mathcal{A}_{Ns}$ 维数大约是 IGD-LMS 方法生成的 $\mathcal{A}_N$ 维数的 s 倍。当 $k=2$、$s=2$ 时，IGD-IRK 方法对应的 N_{IDR} 和计算时间约为 IGD-LMS 方法的 s 倍。

(4) 随着 N 的增加，IGD-LMS 方法、IGD-IRK 方法、IIGD 方法和 EIGD 方法的计算时间近似线性增加。当 $N=40$ 和 50 时，即使 IIGD 方法得到的 $\mathcal{A}_N$ 维数远小于 IGD-IRK 方法，其计算时间却大于 IGD-IRK 方法。

3. 对大规模系统的适用性对比

为了得到山东电网的机电振荡模式，利用 IGD-LMS/IRK 方法、IIGD 方法和 EIGD 方法分别计算位移点 j7 和 j13 附近 $r=50$ 和 100 个特征值，如图 11.28 所示。取 $N=25$，对于 IGD-LMS 方法和 IGD-IRK 方法，分别取 $k=2$ 和 $s=2$。

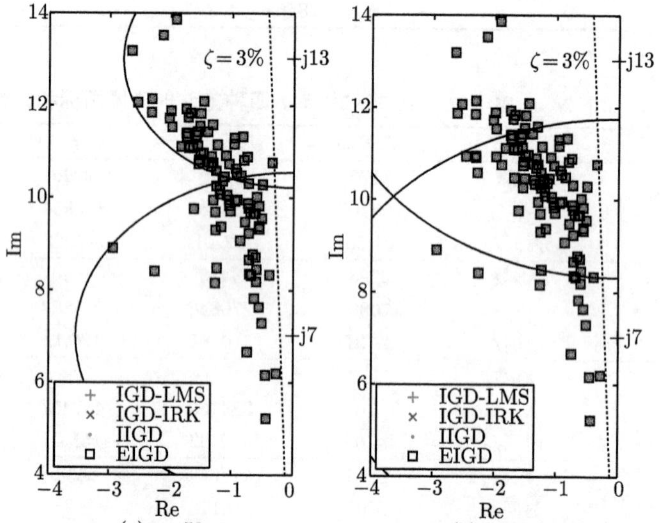

(a) $r=50$　　(b) $r=100$

图 11.28　IGD-LMS 方法和 EIGD 方法得到的 $\mathcal{A}$ 附近的 r 个特征值

通过深入的比较分析可知，IIGD 方法、IGD-LMS/IRK 方法计算得到的系统机电模式与 11.3 节给出 EIGD 方法的计算结果几乎完全一致，都具有良好的精度。各种方法计算得到的近似特征值中，有一半左右的特征值无须牛顿校验而直接成为 DCPPS 的特征值，剩余的特征值经过最多两次牛顿迭代即可收敛到其精确值。

表 11.10 总结了 EIGD、IIGD、IGD-LMS/IRK 四种方法在各种测试下的测度指标和计算时间。由于 90ms 和 100ms (11.2.3 节) 两个时滞间隔较小，当 $N=25$ 时，IGD-LMS 方法中 k 最大只能取 2。对于 IGD-IRK 方法，若取 $s=3$，则无穷小生成元离散化矩阵的维数巨大，计算时间较长。因此，这里只取 $s=2$。由表 11.10

可知，EIGD 方法用时最短，效率最高。在三种迭代无穷小生成元特征值计算方法中，IGD-LMS 方法的计算时间最少，计算效率明显优于 IGD-IRK 方法和 IIGD 方法。值得注意的是，采用不同的位移点对无穷小生成元离散化矩阵进行预处理后，矩阵的特征值分布差别较大。这导致同一种方法在不同位移点下的测度指标和计算时间也相差很大。

表 11.10 当 $N=25$ 时，四种方法的测度指标和计算时间

方法	测试编号	k	s	r	位移	维数	N_{IRA}	N_{MIVP}	N_{IDR}	时间/s
IGD-LMS (BDF)	1	2	—	50	j7	30456	7	224	663735	1416.04
	2	2	—	50	j13	30456	4	176	143263	320.53
	3	2	—	100	j7	30456	2	256	776085	1692.09
	4	2	—	100	j13	30456	2	241	198837	450.94
IGD-IRK (Radau ⅡA)	5	—	2	50	j7	59784	7	224	1850150	8457.28
	6	—	2	50	j13	59784	4	174	358391	1646.94
	7	—	2	100	j7	59784	2	259	2206689	9682.42
	8	—	2	100	j13	59784	2	241	514255	2373.91
IIGD	9	—	—	50	j7	29328	6	206	2958217	7051.16
	10	—	—	50	j13	29328	4	174	469726	1117.08
	11	—	—	100	j7	29328	2	256	3756336	8702.79
	12	—	—	100	j13	29328	2	241	664172	1563.18
EIGD	13	—	—	50	j7	29328	7	—	—	19.42
	14	—	—	50	j13	29328	4	—	—	13.39
	15	—	—	100	j7	29328	2	—	—	29.96
	16	—	—	100	j13	29328	2	—	—	26.61

11.6 SOD 类方法

1. 对 $\mathcal{T}(h)$ 的逼近能力对比

本节针对 16 机 68 节点系统，对比分析 SOD-PS、SOD-LMS 和 SOD-IRK 三种 SOD 类方法生成的解算子离散化矩阵 $\boldsymbol{T}_{M,N}$、$\boldsymbol{T}_N$ 和 $\boldsymbol{T}_{Ns}$ 对解算子 $\mathcal{T}(h)$ 的逼近能力。测试中使用的参数为 $h=0.0075\mathrm{s}$，$\alpha=1$，$\theta=0$。SOD-LMS/IRK 方法分别采用 BDF ($k=3$) 和 Radau ⅡA ($s=2$) 方案，取 $N=20$。为了便于表达，将 SOD-PS 方法中的 M、N 分别用 p、q 替换，并取 $p=q=3$。

图 11.29 中，$\hat{\mu}$ 表示解算子离散化矩阵 $\boldsymbol{T}_N$ 和 $\boldsymbol{T}_{Ns}$ 的特征值。$\mathcal{T}(h)$ 的精确值 μ 由 SOD-PS 方法计算并经牛顿校验得到。由图 11.29 可知，SOD-LMS 方法和 SOD-IRK 方法可以准确地计算出模值大于 0.8006 和 0.7249 的特征值 μ。精度较差的特征值和虚假的特征值的模值较小，它们位于精确特征值的内侧 (内圆)。根据最大模值 $|\mu_1|=0.9999$，可判定 DCPPS 是小干扰稳定的。DCPPS 特征值的估

计值可由 $\hat{\lambda} = \ln \hat{\mu}/h$ 计算得到。在图 11.30(a) 所绘的整个区域内，SOD-IRK 方法计算得到的近似特征值 $\hat{\lambda}$ 均能与精确特征值 λ 较好地吻合。相比之下，SOD-LMS 方法只能准确地计算得到位于 $\mathrm{Re}(\lambda) = -37.29$ 右侧的全部特征值。实际上，这部分额外的特征值并不能提供与 DCPPS 小干扰稳定性分析有关的更多信息。如图 11.30(b) 所示，系统的全部机电振荡模式已经完全被 SOD-LMS 方法计算得到。

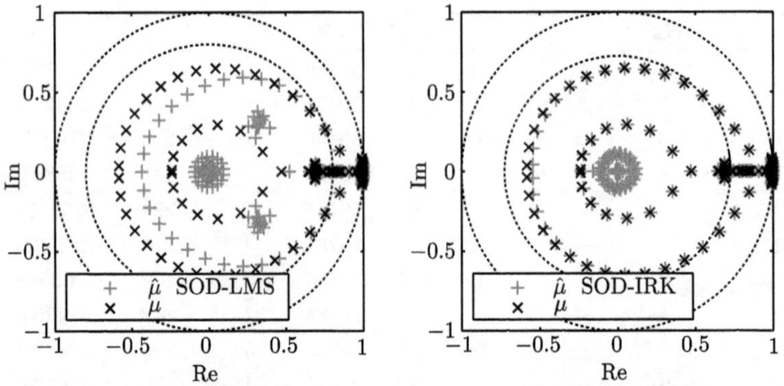

(a) SOD-LMS方法　　(b) SOD-IRK方法

图 11.29　SOD-LMS/IRK 方法计算得到 $\mathcal{T}(h)$ 特征值的估计值 $\hat{\mu}$

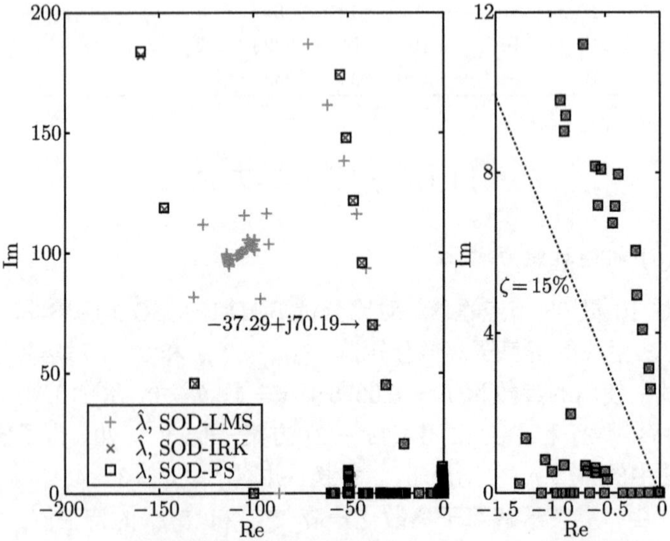

(a) 系统特征值λ的估计值$\hat{\lambda}$　　(b) 图(a)的放大图

图 11.30　SOD-LMS/IRK 方法计算得到系统特征值 λ 的估计值 $\hat{\lambda}$

然后，采用旋转-放大预处理，令 $\alpha = 2$，$\theta = 8.63°$。对比图 11.31 和图 11.30 可

知，预处理后的 SOD-LMS/IRK 方法能够优先计算得到系统所有的机电振荡模式，而非实部最大 (最右侧) 的部分特征值。因为坐标旋转操作对时滞进行了必要的近似处理 (式 (4.54))，所以时滞灵敏度较大的部分近似特征值 $\hat{\lambda}$ 与其精确值 λ 之间略有不同。它们之间的偏差可以通过牛顿法予以消除，从而使近似值收敛于相应的精确值。

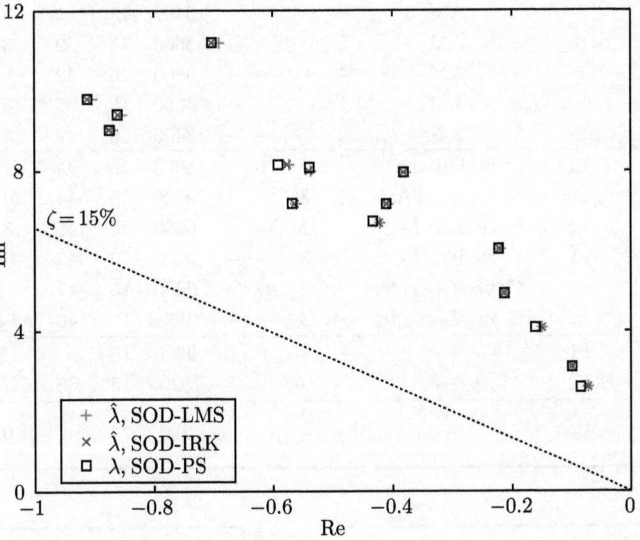

图 11.31 当 $\alpha = 2$ 和 $\theta = 8.63°$ 时，SOD-LMS/IRK 方法计算得到系统机电振荡模式的近似值 $\hat{\lambda}$

2. 算法的准确性和计算效率对比

下面研究不同的 LMS 和 IRK 离散化方案下 SOD 方法的性能。对于 SOD-LMS 方法，考察 AB、AM 和 BDF 三种离散化方案。对于 SOD-IRK 方法，考察 Radau ⅠA、Radau ⅡA 和 Gauss-Legendre 三种离散化方案。令 $N' = 15$，$h = 0.005$s，$\alpha = 2$ 和 $\theta = 8.63°$，要求计算的特征值个数为 $r = 15$。各种测试下的计算时间如表 11.11 所示。图 11.32 给出了测试 1、测试 2、测试 5、测试 6、测试 9 ~ 测试 15 下得到的 DCPPS 的特征值。由图 11.32(b) 可知，当 $k = 4$ 时，SOD-LMS (AB) 方法不能计算出系统的任何特征值。除此之外，其他 SOD-LMS/IRK 方法能够较为准确地得到系统机电振荡模式的估计值。

由于转移步长 h 取值较小，$\mathcal{T}(h)$ 的精确特征值 μ 在 z 平面单位圆附近密集地分布。这导致了特征值计算时，IRA 算法需要迭代 40 ~ 50 次才能收敛，如表 11.11 第 10 列所示。即便如此，在所有测试中，SOD-LMS 方法是计算效率最高的方法，其计算时间基本均小于 4s。原因有两个：首先，SOD-LMS 方法可以直接求

表 11.11 不同的 SOD-LMS/IRK/PS 方法的测度指标和计算时间

方法	测试编号	LMS/IRK 方法	k	s	p	q	维数	r	N_{IRA}	时间/s	单次时间/s
SOD-LMS	1	BDF	2	—	—	—	3400	15	55	4.27	0.078
	2	BDF	3	—	—	—	3600	15	47	3.81	0.081
	3	BDF	4	—	—	—	3800	15	43	3.80	0.088
	4	BDF	5	—	—	—	4000	15	41	3.64	0.089
	5	AM	2	—	—	—	3400	15	42	3.03	0.072
	6	AM	3	—	—	—	3600	15	39	3.02	0.077
	7	AM	4	—	—	—	3800	15	42	3.38	0.080
	8	AM	5	—	—	—	4000	15	39	3.39	0.087
	9	AB	2	—	—	—	3400	15	47	3.29	0.070
SOD-IRK	10	Radau ⅡA	—	2	—	—	6000	15	44	7.19	0.163
	11	Radau ⅡA	—	3	—	—	9000	15	44	10.38	0.236
	12	Radau ⅠA	—	2	—	—	6200	15	45	8.36	0.186
	13	Radau ⅠA	—	3	—	—	9200	15	42	10.22	0.243
	14	Gauss-Legendre	—	2	—	—	9000	15	47	10.86	0.231
	15	Gauss-Legendre	—	3	—	—	12000	15	46	14.17	0.308
SOD-PS	16	—	—	—	3	3	9200	15	39	15.38	0.394
	17	—	—	—	6	3	18200	15	35	25.58	0.731
Calyley-IRA (无时滞)	18	—	—	—	—	—	200	15	4	0.29	0.073

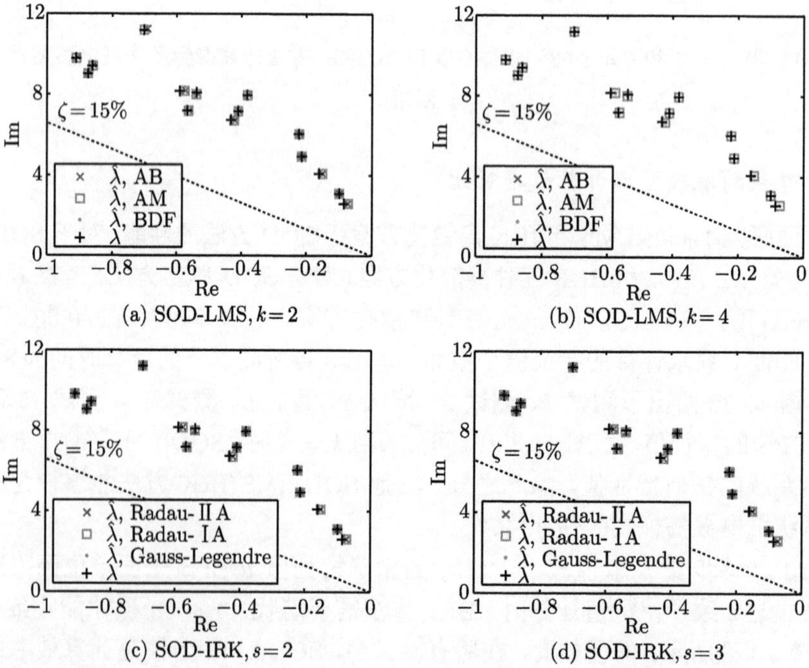

(a) SOD-LMS, $k=2$

(b) SOD-LMS, $k=4$

(c) SOD-IRK, $s=2$

(d) SOD-IRK, $s=3$

图 11.32 不同 SOD-LMS/IRK 方法计算得到系统机电振荡模式的近似值 $\hat{\lambda}$

解 IRA 迭代中的 MVP 运算，避免了 SOD-IRK 方法和 SOD-PS 方法中的迭代求解所带来的巨大计算量；其次，相对于另外两种方法，SOD-LMS 方法生成的解算子离散化矩阵 $\boldsymbol{T}_{N'}$ 的维数小很多，从而进一步减少了特征值求解的计算量。

作为对比，表 11.11 还给出了无时滞情况下，利用经过 Cayley 变换预处理的 IRA (Cayley-IRA) 算法 [124] 计算 $r=15$ 个阻尼比小于 15% 的特征值的计算时间。在原理上，Cayley 变换与 4.4.2 节中的旋转-放大预处理是类似的。由表 11.11 中测试 18 可知，Cayley-IRA 算法的计算时间小于 0.3 s。然而，该算法每次迭代的计算时间与 SOD-LMS 方法相差不大。这表明两种方法单次迭代的计算量基本相当。

综上所述，如果辅以牛顿校正，SOD-LMS 方法、SOD-IRK 方法和 SOD-PS 方法可以准确地计算出 $T(h)$ 的一组模值最大的特征值 μ。进而可以得到 DCPPS 阻尼比最小的部分特征值 λ。相比较而言，SOD-LMS 方法是其中效率最高的方法，但 SOD-IRK 方法和 SOD-PS 方法可以以较高的精度计算出更多频率较高的特征值。

3. 大规模系统适用性对比

下面利用山东电网来对比分析 SOD-PS 方法、SOD-LMS 方法和 SOD-IRK 方法对于大规模 DCPPS 的适用性。评判适用性的标准是，计算结果中不存在位于待求机电振荡模式右侧的虚假特征值。取 $h=0.005\text{s}$，$N'=10$，$\alpha=2$。在 SOD-PS 方法中，取 $p=q=3$ (表 11.12 中测试 19 和测试 21)。

测试结果表明，SOD-LMS (BDF, $k=2\sim4$) 方法以及所有的 SOD-IRK 方法都可以用来分析实际的大规模 DCPPS。图 11.33(a) 所示的是，当 $\theta=17.46°$ ($\zeta=30\%$)、$r=120$ 时，SOD-LMS (BDF, $k=2$) 方法和 SOD-IRK (Radau IIA, $s=2$) 方法计算得到的所有机电振荡模式 (表 11.12 中测试 1 和测试 7)。根据 SOD-PS、SOD-IRK 和 SOD-LMS 三种方法计算得到解算子离散化矩阵模值最小 (被最后计算出来) 的特征值可以求解得到 DCPPS 特征值，这些特征值分别位于图 11.33(a) 中从上到下的三条等阻尼比线 (虚线)。其中，SOD-LMS 方法对应的虚线与虚轴的截距最小，这是因为该方法能够计算得到靠近原点的 5 个特征值。相比之下，SOD-IRK 方法和 SOD-PS 方法分别计算得到 4 个和 5 个虚假特征值。由于这些特征值位于 $\text{Re}(\lambda)=-35$ 的左侧，这两种方法具有对大规模 DCPPS 的适用性。由图 11.33(b) 可知，当 $\theta=2.87°$、$r=12$ 时，测试 4 和测试 9 得到的等阻尼比线位于原点左侧，阻尼比小于 $\zeta=5\%$ 的所有特征值已被全部计算出来。利用这些少量特征值，就可以快速、可靠地判定系统的小干扰稳定性。图 11.33 中，近似特征值和准确特征值之间微小的偏差可以通过牛顿校正予以消除。

表 11.12　各种 SOD 方法的测度指标和计算时间

方法	测试	LMS/IRK 方法	k	s	p	q	维数	$\theta/(°)$	r	N_{IRA}	时间/s	单次时间/s
SOD-LMS	1	BDF	2	—	—	—	13536	17.46	120	19	210.35	11.071
	2	BDF	3	—	—	—	14664	17.46	120	15	190.87	12.725
	3	BDF	4	—	—	—	15792	17.46	120	18	235.65	13.092
	4	BDF	2	—	—	—	13536	2.87	12	776	100.21	0.129
	5	BDF	3	—	—	—	14664	2.87	12	867	118.03	0.136
	6	BDF	4	—	—	—	15792	2.87	12	346	31.97	0.092
SOD-IRK	7	Radau ⅡA	—	2	—	—	22560	17.46	120	17	350.99	20.646
	8	Radau ⅡA	—	3	—	—	33840	17.46	120	16	498.19	31.137
	9	Radau ⅡA	—	2	—	—	22560	2.87	12	810	278.90	0.344
	10	Radau ⅡA	—	3	—	—	33840	2.87	12	722	393.16	0.545
	11	Radau ⅠA	—	2	—	—	23688	17.46	120	17	383.49	22.558
	12	Radau ⅠA	—	3	—	—	34968	17.46	120	17	549.17	32.304
	13	Radau ⅠA	—	2	—	—	23688	2.87	12	717	279.60	0.390
	14	Radau ⅠA	—	3	—	—	34968	2.87	12	719	397.84	0.553
	15	Gauss-Legendre	—	2	—	—	33840	17.46	100	16	496.82	31.051
	16	Gauss-Legendre	—	3	—	—	45120	17.46	100	17	671.66	39.509
	17	Gauss-Legendre	—	2	—	—	33840	2.87	12	634	334.35	0.527
	18	Gauss-Legendre	—	3	—	—	45120	2.87	12	888	564.89	0.636
SOD-PS	19	—	—	—	3	3	34968	17.46	120	16	526.09	32.881
	20	—	—	—	6	3	68808	17.46	120	16	267.26	16.704
	21	—	—	—	3	3	34968	2.87	12	931	503.18	0.540
	22	—	—	—	6	3	68808	2.87	12	751	816.21	1.087
Calyley-IRA (无时滞)	23	—	—	—	—	—	1128	17.46	120	5	17.39	3.478
	24	—	—	—	—	—	1128	2.87	12	212	35.68	0.168

作为图 11.33 的对比，图 11.34 给出了 AB ($k=2$) 和 AM ($k=4$) 离散化方案下，利用 SOD-LMS 方法分别计算 $\boldsymbol{T}_N$ 的 120 个特征值的结果。可见，除了所需的机电振荡模式，SOD-LMS 方法也计算得到一些虚假特征值。因此，SOD-LMS (AB) 和 SOD-LMS (AM) 方法不适用于大规模 DCPPS 的小干扰稳定性分析。

通过比较表 11.12 所列各种测试所用的计算时间，可以发现 SOD-LMS 方法的计算效率最高。此外，当 $\theta=2.87°$、$\zeta=5\%$ 时，由于几个特征值位于负实轴附近 (图 11.33(b))，利用三种 SOD 方法进行计算时，IRA 算法需要进行较多次的迭代才能收敛。与无时滞情况下的测试 23 和测试 24 相比，SOD-LMS 方法每次迭代的计算时间是 Cayley-IRA 算法的 $1\sim4$ 倍。

下面利用华北-华中特高压互联电网进一步验证 SOD 类方法对超大规模 DCPPS 的适用性。

当 $\theta=2.87°$ ($\zeta=5\%$)、$r=20$ 时，采用 SOD-PS 方法、SOD-LMS (BDF, $k=3$) 方法和 SOD-IRK (Radau ⅡA, $s=2$) 方法分别计算系统阻尼比最小的部分特征值，

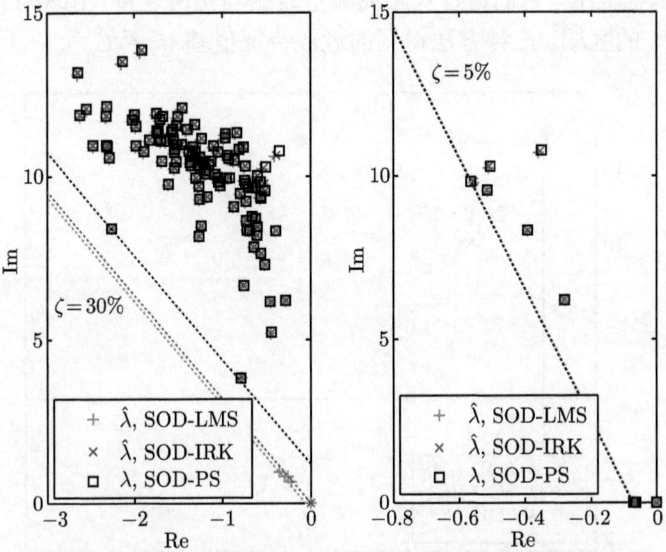

(a) θ=17.46°, r=120　(b) θ=2.87°, r=12

图 11.33　SOD-LMS (BDF, $k=2$) 方法和 SOD-IRK (Radau ⅡA, $s=2$) 方法计算得到的系统特征值的近似值 $\hat{\lambda}$

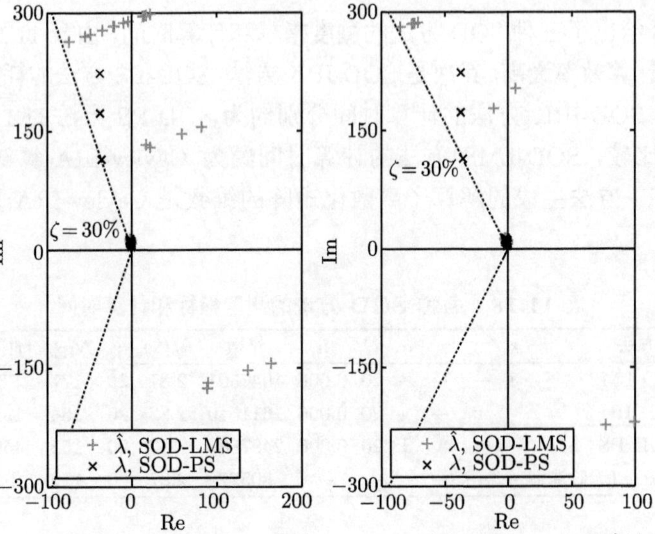

(a) SOD-LMS(AB, k=2)方法　(a) SOD-LMS(AB, k=4)方法

图 11.34　SOD-LMS (AB, $k=2$) 方法和 SOD-LMS (AM, $k=4$) 方法计算得到的系统特征值的近似值 $\hat{\lambda}$

如图 11.35 所示。在这些厂站模式和局部模式中，强相关机组主要是位于华中电网

鄂西北的小水电机组，它们通过长距离输电线路与主网连接。由图 11.35 可知，除了 $\mathrm{Im}(\hat{\lambda}) > 15$ 的区域，三种方法得到的近似特征值基本一致。

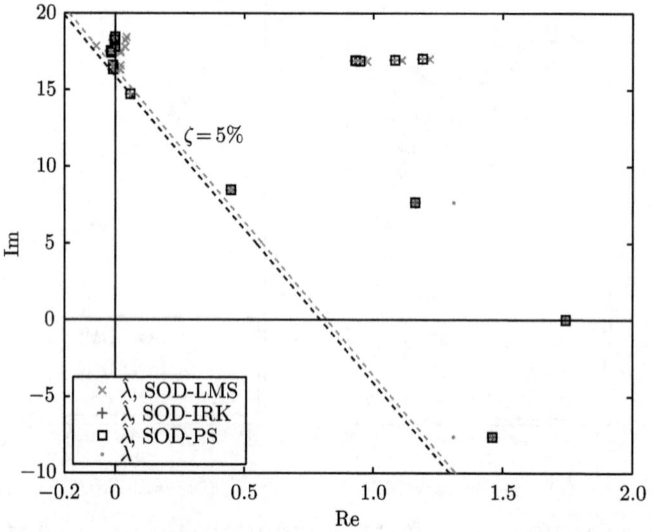

图 11.35　SOD-LMS (BDF) 方法、SOD-IRK (Radau IIA) 方法和 SOD-PS 方法分别计算系统阻尼比最小的部分特征值

表 11.13 给出了三种 SOD 方法的测度指标和计算时间。由表 11.13 可知，SOD-LMS 方法的计算效率最高，其次是 SOD-IRK 方法，SOD-PS 方法的耗时最长。SOD-LMS 方法和 SOD-IRK 方法的计算时间分别约为 SOD-PS 方法的 1/6 和 1/3。与无时滞系统比较，SOD-LMS 方法的计算时间约为 Cayley-IRA 算法的 5 倍。然而，SOD-LMS 方法生成的解算子离散化矩阵的维数是 Cayley-IRA 算法中矩阵维数的 13 倍。

表 11.13　各种 SOD 方法的测度指标和计算时间

测试	方法	k	s	p	q	N	h	维数	$\theta/(°)$	r	N_{IRA}	时间/s	单次时间/s
1	SOD-LMS	3	—	—	—	20	0.006	1047501	2.87	20	177	7359	41.58
2	SOD-IRK	—	2	—	—	20	0.006	1611540	2.87	20	164	19543	119.16
3	SOD-PS	—	—	3	3	20	0.006	2497887	2.87	20	155	45009	290.38
4	Cayley-IRA (无时滞)	—	—	—	—	—	—	80577	2.87	20	172	1416	8.23

第 12 章　与其他方法的性能对比分析

考虑时滞影响的电力系统稳定性分析方法各有其优缺点，有必要将基于谱离散化的特征值计算方法与其他稳定性分析方法进行对比研究。时滞依赖稳定性判据和 Padé 近似是研究中最常用的两种时滞系统稳定性分析方法。本章首先详细介绍单时滞和多重时滞稳定性依赖判据，以及利用 LMI 技术求解时滞稳定裕度的方法；然后，提出基于 Padé 近似的时滞系统特征值计算方法；最后，在四机两区域系统和实际山东电网中分别对时滞依赖稳定性判据、Padé 近似和 EIGD 方法进行对比研究。

12.1　时滞系统稳定性判据

12.1.1　单时滞情况

1. 单时滞依赖稳定性判据

下面介绍文献 [55] 提出的单时滞系统时滞依赖稳定性判据。这里引入松散项，有效地降低了判据的保守性。

当系统仅含有单个时滞 τ 时，式 (3.1) 变为

$$\begin{cases} \Delta\dot{\boldsymbol{x}}(t) = \tilde{\boldsymbol{A}}_0\Delta\boldsymbol{x}(t) + \tilde{\boldsymbol{A}}_1\Delta\boldsymbol{x}(t-\tau), & t > 0 \\ \Delta\dot{\boldsymbol{x}}(t) = \boldsymbol{\varphi}(t), & t \in [-\tau,\ 0] \end{cases} \tag{12.1}$$

式中，$\Delta\boldsymbol{x}(t) \in \mathbb{R}^{n\times 1}$ 为系统状态变量向量；$\tilde{A}_0$ 和 $\tilde{A}_1$ 分别为系统的状态矩阵和时滞状态矩阵；$\boldsymbol{\varphi}(t)$ 为系统初始条件。

定理 1　给定 $\tau > 0$ 和 $\mu < 1$，若存在对称正定矩阵 $\boldsymbol{P} = \boldsymbol{P}^{\mathrm{T}} > 0$，$\boldsymbol{Q} = \boldsymbol{Q}^{\mathrm{T}} > 0$，$\boldsymbol{Z} = \boldsymbol{Z}^{\mathrm{T}} > 0$，以及适当维数的矩阵 $\boldsymbol{Y}$ 和 $\boldsymbol{W}$，使如下 LMI 成立，则对于任意的固定时滞 τ $(0 < \tau \leqslant \bar{\tau})$，式 (12.1) 表示的单时滞电力系统是渐近稳定的：

$$\begin{bmatrix} \boldsymbol{\Phi}_{11} & \boldsymbol{\Phi}_{12} & -\bar{\tau}\boldsymbol{Y} & \bar{\tau}\tilde{\boldsymbol{A}}_0^{\mathrm{T}}\boldsymbol{Z} \\ \boldsymbol{\Phi}_{12}^{\mathrm{T}} & \boldsymbol{\Phi}_{22} & -\bar{\tau}\boldsymbol{W} & \bar{\tau}\tilde{\boldsymbol{A}}_1^{\mathrm{T}}\boldsymbol{Z} \\ -\bar{\tau}\boldsymbol{Y}^{\mathrm{T}} & -\bar{\tau}\boldsymbol{W}^{\mathrm{T}} & -\bar{\tau}\boldsymbol{Z} & \boldsymbol{0} \\ \bar{\tau}\boldsymbol{Z}\tilde{\boldsymbol{A}}_0 & \bar{\tau}\boldsymbol{Z}\tilde{\boldsymbol{A}}_1 & \boldsymbol{0} & -\bar{\tau}\boldsymbol{Z} \end{bmatrix} < 0 \tag{12.2}$$

式中，

$$\boldsymbol{\Phi}_{11} = \boldsymbol{P}\tilde{\boldsymbol{A}}_0 + \tilde{\boldsymbol{A}}_0^{\mathrm{T}}\boldsymbol{P} + \boldsymbol{Y} + \boldsymbol{Y}^{\mathrm{T}} + \boldsymbol{Q} \tag{12.3}$$

$$\boldsymbol{\Phi}_{12} = \boldsymbol{P}\tilde{\boldsymbol{A}}_1 - \boldsymbol{Y} + \boldsymbol{W}^{\mathrm{T}} \tag{12.4}$$

$$\boldsymbol{\Phi}_{22} = -\boldsymbol{Q} - \boldsymbol{W} - \boldsymbol{W}^{\mathrm{T}} \tag{12.5}$$

2. 时滞稳定性分析步骤

定理 1 给出了单时滞电力系统保持渐近稳定的充分性条件。借助于 MATLAB 的鲁棒控制工具箱提供的 LMI 处理方法以及 feasp 函数，通过检查定理中矩阵 $\boldsymbol{P}$、$\boldsymbol{Q}$、$\boldsymbol{Z}$、$\boldsymbol{Y}$ 和 $\boldsymbol{W}$ 的存在性，可以求解得到系统在保持渐近稳定性前提下能够承受的最大时滞，即时滞稳定裕度 τ_{d}[167]。具体步骤如下。

(1) 构建不含广域阻尼控制器的开环电力系统小干扰稳定性分析模型。

(2) 利用 MATLAB 提供的 schurmr 函数对系统模型进行降阶，通过对比降阶系统和原系统的频率响应曲线的一致程度来确定降阶系统的阶数。

(3) 建立广域阻尼控制器的状态空间表达式，然后与降阶系统模型进行连接，得到闭环 DCPPS 的小干扰稳定性分析模型。

(4) 利用 MATLAB 鲁棒控制工具箱提供的 feasp 函数，通过检验在给定时滞下稳定性判据的存在性，确定闭环 DCPPS 的渐近稳定性。

(5) 以手动方式小步长增大时滞 τ，然后重复步骤 (4)，直至得到系统的时滞稳定裕度 τ_{d}。

(6) 检验时滞稳定依赖判据的保守性。一方面，接步骤 (5)，选择一个稍大于 τ_{d} 的时滞 τ，然后利用时域仿真方法检验系统在该时滞下的稳定性。若系统稳定，即可证明时滞依赖稳定判据的保守性。另一方面，接步骤 (4)，以手动方式小步长增大时滞 τ，然后利用谱离散化方法计算系统最右侧的部分关键特征值，直至有特征值位于虚轴上。此时的时滞 τ 即准确的时滞稳定裕度 τ_{d}。对比步骤 (5) 和谱离散化方法得到的时滞稳定裕度计算结果，也可证明时滞依赖稳定性判据的保守性。

12.1.2 多重时滞情况

下面介绍文献 [66] 提出的基于自由权矩阵方法、保守性较小的多重时滞依赖稳定性判据。

1. 系统含有两个时滞

定理 2 在式 (3.1) 中，令 $m = 2$。对于给定的时滞常数 $\tau_i \geqslant 0$ $(i = 1,\ 2)$，如果存在正定对称矩阵 $\boldsymbol{P} = \boldsymbol{P}^{\mathrm{T}} > 0$，$\boldsymbol{Q}_i = \boldsymbol{Q}_i^{\mathrm{T}} \geqslant 0$ $(i = 1,\ 2)$，半正定对称矩阵 $\boldsymbol{W}_i = \boldsymbol{W}_i^{\mathrm{T}} \geqslant 0$，$\boldsymbol{X}_{i,i} = \boldsymbol{X}_{i,i}^{\mathrm{T}} \geqslant 0$，$\boldsymbol{Y}_{i,i} = \boldsymbol{Y}_{i,i}^{\mathrm{T}} \geqslant 0$，$\boldsymbol{Z}_{i,i} = \boldsymbol{Z}_{i,i}^{\mathrm{T}} \geqslant 0$ $(i = 1,\ 2,\ 3)$，适当维数的矩阵 $\boldsymbol{N}_i$、$\boldsymbol{S}_i$、$\boldsymbol{T}_i$ $(i = 1,\ 2,\ 3)$ 以及 $\boldsymbol{X}_{i,j}$、$\boldsymbol{Y}_{i,j}$、$\boldsymbol{Z}_{i,j}$ $(1 \leqslant i < j \leqslant 3)$，使下列 LMI 成立，则时滞系统是渐近稳定的：

$$\boldsymbol{\Phi} = \begin{bmatrix} \boldsymbol{\Phi}_{1,1} & \boldsymbol{\Phi}_{1,2} & \boldsymbol{\Phi}_{1,3} \\ \boldsymbol{\Phi}_{1,2}^{\mathrm{T}} & \boldsymbol{\Phi}_{2,2} & \boldsymbol{\Phi}_{2,3} \\ \boldsymbol{\Phi}_{1,3}^{\mathrm{T}} & \boldsymbol{\Phi}_{2,3}^{\mathrm{T}} & \boldsymbol{\Phi}_{3,3} \end{bmatrix} < 0 \tag{12.6}$$

$$\boldsymbol{\Psi}_1 = \begin{bmatrix} \boldsymbol{X}_{1,1} & \boldsymbol{X}_{1,2} & \boldsymbol{X}_{1,3} & \boldsymbol{N}_1 \\ \boldsymbol{X}_{1,2}^{\mathrm{T}} & \boldsymbol{X}_{2,2} & \boldsymbol{X}_{2,3} & \boldsymbol{N}_2 \\ \boldsymbol{X}_{1,3}^{\mathrm{T}} & \boldsymbol{X}_{2,3}^{\mathrm{T}} & \boldsymbol{X}_{3,3} & \boldsymbol{N}_3 \\ \boldsymbol{N}_1^{\mathrm{T}} & \boldsymbol{N}_2^{\mathrm{T}} & \boldsymbol{N}_3^{\mathrm{T}} & \boldsymbol{W}_1 \end{bmatrix} \geqslant 0 \tag{12.7}$$

$$\boldsymbol{\Psi}_2 = \begin{bmatrix} \boldsymbol{Y}_{1,1} & \boldsymbol{Y}_{1,2} & \boldsymbol{Y}_{1,3} & \boldsymbol{S}_1 \\ \boldsymbol{Y}_{1,2}^{\mathrm{T}} & \boldsymbol{Y}_{2,2} & \boldsymbol{Y}_{2,3} & \boldsymbol{S}_2 \\ \boldsymbol{Y}_{1,3}^{\mathrm{T}} & \boldsymbol{Y}_{2,3}^{\mathrm{T}} & \boldsymbol{Y}_{3,3} & \boldsymbol{S}_3 \\ \boldsymbol{S}_1^{\mathrm{T}} & \boldsymbol{S}_2^{\mathrm{T}} & \boldsymbol{S}_3^{\mathrm{T}} & \boldsymbol{W}_2 \end{bmatrix} \geqslant 0 \tag{12.8}$$

$$\boldsymbol{\Psi}_3 = \begin{bmatrix} \boldsymbol{Z}_{1,1} & \boldsymbol{Z}_{1,2} & \boldsymbol{Z}_{1,3} & k\boldsymbol{T}_1 \\ \boldsymbol{Z}_{1,2}^{\mathrm{T}} & \boldsymbol{Z}_{2,2} & \boldsymbol{Z}_{2,3} & k\boldsymbol{T}_2 \\ \boldsymbol{Z}_{1,3}^{\mathrm{T}} & \boldsymbol{Z}_{2,3}^{\mathrm{T}} & \boldsymbol{Z}_{3,3} & k\boldsymbol{T}_3 \\ k\boldsymbol{T}_1^{\mathrm{T}} & k\boldsymbol{T}_2^{\mathrm{T}} & k\boldsymbol{T}_3^{\mathrm{T}} & \boldsymbol{W}_3 \end{bmatrix} \geqslant 0 \tag{12.9}$$

式中,

$$k = \begin{cases} 1, & \tau_1 \geqslant \tau_2 \\ -1, & \tau_1 < \tau_2 \end{cases} \tag{12.10}$$

$$\begin{aligned} \boldsymbol{\Phi}_{1,1} =& \boldsymbol{P}\tilde{\boldsymbol{A}}_0 + \tilde{\boldsymbol{A}}_0^{\mathrm{T}}\boldsymbol{P} + \boldsymbol{Q}_1 + \boldsymbol{Q}_2 + \boldsymbol{N}_1 + \boldsymbol{N}_1^{\mathrm{T}} + \boldsymbol{S}_1 + \boldsymbol{S}_1^{\mathrm{T}} + \tilde{\boldsymbol{A}}_0^{\mathrm{T}}\boldsymbol{H}\tilde{\boldsymbol{A}}_0 + \tau_1\boldsymbol{X}_{1,1} \\ & + \tau_2\boldsymbol{Y}_{1,1} + |\tau_1 - \tau_2|\boldsymbol{Z}_{1,1} \end{aligned} \tag{12.11}$$

$$\boldsymbol{\Phi}_{1,2} = \boldsymbol{P}\tilde{\boldsymbol{A}}_1 - \boldsymbol{N}_1 + \boldsymbol{N}_2^{\mathrm{T}} + \boldsymbol{S}_2^{\mathrm{T}} - \boldsymbol{T}_1 + \tilde{\boldsymbol{A}}_0^{\mathrm{T}}\boldsymbol{H}\tilde{\boldsymbol{A}}_1 + \tau_1\boldsymbol{X}_{1,2} + h_2\boldsymbol{Y}_{1,2} + |\tau_1 - \tau_2|\boldsymbol{Z}_{1,2} \tag{12.12}$$

$$\boldsymbol{\Phi}_{1,3} = \boldsymbol{P}\tilde{\boldsymbol{A}}_2 + \boldsymbol{N}_3^{\mathrm{T}} + \boldsymbol{S}_3^{\mathrm{T}} - \boldsymbol{S}_1 + \boldsymbol{T}_1 + \tilde{\boldsymbol{A}}_0^{\mathrm{T}}\boldsymbol{H}\tilde{\boldsymbol{A}}_2 + \tau_1\boldsymbol{X}_{1,3} + h_2\boldsymbol{Y}_{1,3} + |\tau_1 - \tau_2|\boldsymbol{Z}_{1,3} \tag{12.13}$$

$$\boldsymbol{\Phi}_{2,2} = -\boldsymbol{Q}_1 - \boldsymbol{N}_2 - \boldsymbol{N}_2^{\mathrm{T}} - \boldsymbol{T}_2 - \boldsymbol{T}_2^{\mathrm{T}} + \tilde{\boldsymbol{A}}_1^{\mathrm{T}}\boldsymbol{H}\tilde{\boldsymbol{A}}_1 + \tau_1\boldsymbol{X}_{2,2} + h_2\boldsymbol{Y}_{2,2} + |\tau_1 - \tau_2|\boldsymbol{Z}_{2,2} \tag{12.14}$$

$$\boldsymbol{\Phi}_{2,3} = -\boldsymbol{N}_3 - \boldsymbol{S}_2 + \boldsymbol{T}_2 - \boldsymbol{T}_3^{\mathrm{T}} + \tilde{\boldsymbol{A}}_1^{\mathrm{T}}\boldsymbol{H}\tilde{\boldsymbol{A}}_2 + \tau_1\boldsymbol{X}_{2,3} + \tau_2\boldsymbol{Y}_{2,3} + |\tau_1 - \tau_2|\boldsymbol{Z}_{2,3} \tag{12.15}$$

$$\boldsymbol{\Phi}_{3,3} = -\boldsymbol{Q}_2 - \boldsymbol{S}_3 - \boldsymbol{S}_3^{\mathrm{T}} + \boldsymbol{T}_3 + \boldsymbol{T}_3^{\mathrm{T}} + \tilde{\boldsymbol{A}}_2^{\mathrm{T}}\boldsymbol{H}\tilde{\boldsymbol{A}}_2 + \tau_1\boldsymbol{X}_{3,3} + \tau_2\boldsymbol{Y}_{3,3} + |\tau_1 - \tau_2|\boldsymbol{Z}_{3,3} \tag{12.16}$$

$$\boldsymbol{H} = \tau_1\boldsymbol{W}_1 + \tau_2\boldsymbol{W}_2 + |\tau_1 - \tau_2|\boldsymbol{W}_3 \tag{12.17}$$

2. 系统含有多个时滞

定理 3　对于式 (3.1) 表示的时滞系统，给定时滞 $\tau_i \geqslant 0\ (i=1,\ 2,\ \cdots,\ m)$。不失一般性地，假设 $0 \leqslant \tau_1 \leqslant \tau_2 \leqslant \cdots \leqslant \tau_i \leqslant \cdots \leqslant \tau_m = \tau_{\max}$。如果存在正定对称矩阵 $\boldsymbol{P}=\boldsymbol{P}^{\mathrm{T}} \geqslant 0$，$\boldsymbol{Q}_i=\boldsymbol{Q}_i^{\mathrm{T}} \geqslant 0\ (i=1,\ 2,\ \cdots,\ m)$，半正定对称矩阵 $\boldsymbol{X}^{(i,j)}$：

$$\boldsymbol{X}^{(i,j)}=\begin{bmatrix} \boldsymbol{X}_{0,0}^{(i,j)} & \boldsymbol{X}_{0,1}^{(i,j)} & \cdots & \boldsymbol{X}_{0,m}^{(i,j)} \\ \left(\boldsymbol{X}_{0,1}^{(i,j)}\right)^{\mathrm{T}} & \boldsymbol{X}_{1,1}^{(i,j)} & \cdots & \boldsymbol{X}_{1,m}^{(i,j)} \\ \vdots & \vdots & & \vdots \\ \left(\boldsymbol{X}_{0,m}^{(i,j)}\right)^{\mathrm{T}} & \left(\boldsymbol{X}_{1,m}^{(i,j)}\right)^{\mathrm{T}} & \cdots & \boldsymbol{X}_{m,m}^{(i,j)} \end{bmatrix} \geqslant 0, \quad 0 \leqslant i < j \leqslant m \tag{12.18}$$

和 $\boldsymbol{W}^{(i,j)}=\left(\boldsymbol{W}^{(i,j)}\right)^{\mathrm{T}} \geqslant 0\ (0 \leqslant i < j \leqslant m)$，以及适当维数的矩阵 $\boldsymbol{N}^{(i,j)}\ (l=0,\ 1,\ \cdots,\ m;\ 0 \leqslant i < j \leqslant m)$，使下列 LMI 成立，则时滞系统是渐近稳定的：

$$\boldsymbol{\varXi}=\begin{bmatrix} \boldsymbol{\varXi}_{0,0} & \boldsymbol{\varXi}_{0,1} & \cdots & \boldsymbol{\varXi}_{0,m} \\ \boldsymbol{\varXi}_{0,1}^{\mathrm{T}} & \boldsymbol{\varXi}_{1,1} & \cdots & \boldsymbol{\varXi}_{1,m} \\ \vdots & \vdots & & \vdots \\ \boldsymbol{\varXi}_{0,m}^{\mathrm{T}} & \boldsymbol{\varXi}_{1,m}^{\mathrm{T}} & \cdots & \boldsymbol{\varXi}_{m,m} \end{bmatrix} < 0 \tag{12.19}$$

$$\boldsymbol{\varGamma}^{(i,j)}=\begin{bmatrix} \boldsymbol{X}_{0,0}^{(i,j)} & \boldsymbol{X}_{0,1}^{(i,j)} & \cdots & \boldsymbol{X}_{0,m}^{(i,j)} & \boldsymbol{N}_0^{(i,j)} \\ \left(\boldsymbol{X}_{0,1}^{(i,j)}\right)^{\mathrm{T}} & \boldsymbol{X}_{1,1}^{(i,j)} & \cdots & \boldsymbol{X}_{1,m}^{(i,j)} & \boldsymbol{N}_1^{(i,j)} \\ \vdots & \vdots & & \vdots & \vdots \\ \left(\boldsymbol{X}_{0,m}^{(i,j)}\right)^{\mathrm{T}} & \left(\boldsymbol{X}_{1,m}^{(i,j)}\right)^{\mathrm{T}} & \cdots & \boldsymbol{X}_{mm}^{(i,j)} & \boldsymbol{N}_m^{(i,j)} \\ \left(\boldsymbol{N}_0^{(i,j)}\right)^{\mathrm{T}} & \left(\boldsymbol{N}_1^{(i,j)}\right)^{\mathrm{T}} & \cdots & \left(\boldsymbol{N}_m^{(i,j)}\right)^{\mathrm{T}} & \boldsymbol{W}^{(i,j)} \end{bmatrix} \geqslant 0, \quad 0 \leqslant i < j \leqslant m \tag{12.20}$$

式中，

$$\begin{aligned} \boldsymbol{\varXi}_{0,0}=&\boldsymbol{P}\tilde{\boldsymbol{A}}_0+\tilde{\boldsymbol{A}}_0^{\mathrm{T}}\boldsymbol{P}+\sum_{i=1}^{m}\boldsymbol{Q}_i+\sum_{j=1}^{m}\left(\boldsymbol{N}_0^{(0,j)}+\left(\boldsymbol{N}_0^{(0,j)}\right)^{\mathrm{T}}\right) \\ &+\tilde{\boldsymbol{A}}_0^{\mathrm{T}}\boldsymbol{G}\tilde{\boldsymbol{A}}_0+\sum_{i=0}^{m}\sum_{j=i+1}^{m}(\tau_j-\tau_i)\boldsymbol{X}_{0,0}^{(i,j)} \end{aligned} \tag{12.21}$$

$$\begin{aligned} \boldsymbol{\varXi}_{0,k}=&\boldsymbol{P}\tilde{\boldsymbol{A}}_k-\sum_{i=0}^{k-1}\boldsymbol{N}_0^{(i,k)}+\sum_{i=1}^{m}\left(\boldsymbol{N}_k^{(0,i)}\right)^{\mathrm{T}}+\sum_{j=k+1}^{m}\boldsymbol{N}_0^{(k,j)}+\tilde{\boldsymbol{A}}_0^{\mathrm{T}}\boldsymbol{G}\tilde{\boldsymbol{A}}_k \\ &+\sum_{i=0}^{m}\sum_{j=i+1}^{m}(\tau_j-\tau_i)\boldsymbol{X}_{0,k}^{(i,j)}, \quad k=1,\ 2,\ \cdots,\ m \end{aligned} \tag{12.22}$$

$$\begin{aligned}\boldsymbol{\Xi}_{k,k}=&-\boldsymbol{Q}_k-\sum_{i=0}^{k-1}\left(\boldsymbol{N}_k^{(i,k)}+\left(\boldsymbol{N}_k^{(i,k)}\right)^{\mathrm{T}}\right)+\sum_{j=k+1}^{m}\left(\boldsymbol{N}_k^{(k,j)}+\left(\boldsymbol{N}_k^{(k,j)}\right)^{\mathrm{T}}\right)\\&+\tilde{\boldsymbol{A}}_k^{\mathrm{T}}\boldsymbol{G}\tilde{\boldsymbol{A}}_k+\sum_{i=0}^{m}\sum_{j=i+1}^{m}(\tau_j-\tau_i)\boldsymbol{X}_{k,k}^{(i,j)},\quad k=1,\ 2,\ \cdots,\ m\end{aligned}\tag{12.23}$$

$$\begin{aligned}\boldsymbol{\Xi}_{l,k}=&-\sum_{i=0}^{k-1}\boldsymbol{N}_l^{(i,k)}-\sum_{i=0}^{l-1}\left(\boldsymbol{N}_k^{(i,l)}\right)^{\mathrm{T}}+\sum_{j=k+1}^{m}\boldsymbol{N}_l^{(k,j)}+\sum_{j=l+1}^{m}\left(\boldsymbol{N}_k^{(l,j)}\right)^{\mathrm{T}}\\&+\tilde{\boldsymbol{A}}_l^{\mathrm{T}}\boldsymbol{G}\tilde{\boldsymbol{A}}_k+\sum_{i=0}^{m}\sum_{j=i+1}^{m}(\tau_j-\tau_i)\boldsymbol{X}_{l,k}^{(i,j)},\quad l=1,\ 2,\ \cdots,\ m;\ l<k\leqslant m\end{aligned}\tag{12.24}$$

$$\boldsymbol{G}=\sum_{i=0}^{m}\sum_{j=i+1}^{m}(\tau_j-\tau_i)\boldsymbol{W}^{(i,j)}\tag{12.25}$$

需要说明的是，文献 [56] 和文献 [61] 对上述定理进行了改进，减少了待求矩阵变量的个数，降低了多重时滞依赖稳定性判据的保守性，同时较大地提升了计算效率，这里不再赘述。

12.2 Padé 近似

12.2.1 Padé 近似

Padé 近似最初是数学上用有理多项式来逼近指数项的处理方法。时滞 τ 在频域可以表示成指数项 $\mathrm{e}^{-\tau s}$，因此 Padé 近似也被引入控制领域，用于简化时滞系统的分析。

对第 i 个时滞项 $\mathrm{e}^{-\tau_i s}$ 进行泰勒级数展开并忽略高阶项，可得如下 Padé 近似公式 [41, 168]：

$$\mathrm{e}^{-\tau_i s}\approx p^{[l,k]}(\tau_i s)=\sum_{j=0}^{l}\frac{(l+k-j)!l!(-\tau_i s)^j}{j!(l-j)!}\Bigg/\sum_{j=0}^{k}\frac{(l+k-j)!k!(\tau_i s)^j}{j!(k-j)!}\tag{12.26}$$

式中，l 和 k 分别为分子与分母的阶数；$s=\mathrm{j}\omega=\mathrm{j}2\pi f$。

Padé 近似有理多项式 $p(\tau_i s)$ 具有如下特性。

(1) 一般令阶数 $l=k$，使对于任意的 ω，都有 $|p(\omega)|=1$。因此，$p(\tau_i s)$ 和 $\mathrm{e}^{-\tau_i s}$ 具有相同的幅频特性。

(2) 在相频，$p(\tau_i s)$ 对 $\mathrm{e}^{-\tau_i s}$ 相位逼近的准确性与阶数 k、时滞 τ_i、频率 f 的范围 (频带) 都有关。当 τ_i 一定时，阶数 k 越大，$p(\tau_i s)$ 越接近于 $\mathrm{e}^{-\tau_i s}$；当 k 给定时，τ_i 越小，$p(\tau_i s)$ 与 $\mathrm{e}^{-\tau_i s}$ 相位一致的区间越大，即频带越宽。因此，在应用

Padé 近似有理多项式逼近广域通信时滞时，需要事先对时滞的大小和逼近的频带有充分的了解，以正确选择多项式的阶数。

例如，当 τ=0.15s 时，2~4 阶 $p(\tau_i s)$ 逼近 $e^{-\tau_i s}$ 相位的情况如图 12.1 所示。当 f=2.5Hz 时，相位逼近误差分别为 4.04、0.18 和 0.09 度。因此，为了保证对电力系统低频振荡频率 0.1~2.5Hz 范围内相位逼近的准确性，建议取 k 大于或等于 3。

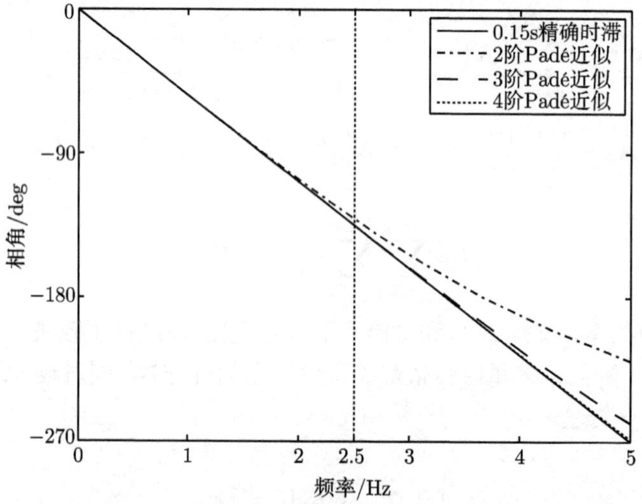

图 12.1　指数时滞项和 Padé 近似有理多项式 ($k = 2 \sim 4$) 的相频响应对比

又如，当 τ=0.5s 时，利用 4 阶、6 阶和 9 阶 $p(\tau_i s)$ 分别逼近 $e^{-\tau_i s}$ 的相位，如图 12.2 所示。当 f=2.5Hz 时，相位逼近误差分别为 32.35、4.24×10^{-4} 度。因此，为了保证对 $0.1 \sim 2.5$Hz 范围内相位逼近的准确性，建议取 k 大于或等于 6。

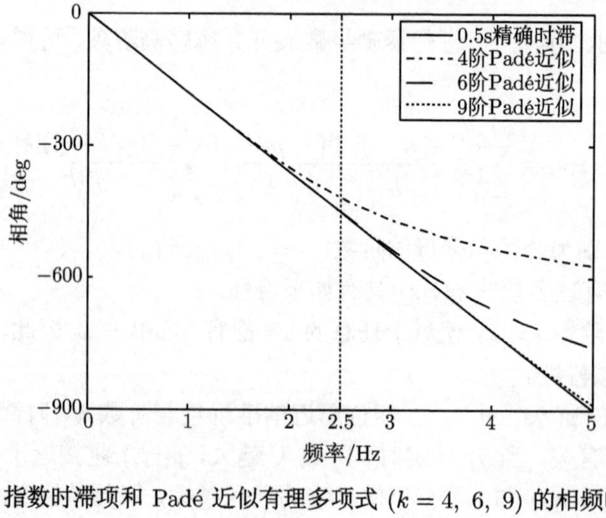

图 12.2　指数时滞项和 Padé 近似有理多项式 ($k = 4,\ 6,\ 9$) 的相频响应对比

(3) 在实际应用中应避免选择过高的阶数，如 $k > 10$。此时，Padé 近似有理多项式含有非常接近的极点簇 (clustered poles)，它们对参数的摄动非常敏感。

12.2.2 状态空间表达

将式 (12.26) 改写为

$$\mathrm{e}^{-\tau_i s} \approx p(\tau_i s) = \frac{N_l(s)}{N_k(s)} = \frac{b_0 + b_1\tau_i s + \cdots + b_l(\tau_i s)^l}{a_0 + a_1\tau_i s + \cdots + a_k(\tau_i s)^k} \tag{12.27}$$

式中，系数 a_j $(j = 0, 1, \cdots, k)$ 和 b_j $(j = 0, 1, \cdots, l)$ 可以由式 (12.28) 求出：

$$a_j = \frac{(l+k-j)!k!}{j(k-j)!}, \quad b_j = (-1)^j \frac{(l+k-j)!l!}{j!(l-j)!} \tag{12.28}$$

取 $l = k$，利用传递函数实现的一般性方法 [169]，可得 $p(\tau_i s)$ 的状态空间表达式：

$$\begin{cases} \Delta\dot{\boldsymbol{x}}_{\mathrm{df}i} = \tilde{\boldsymbol{A}}_{\mathrm{df}i}\Delta\boldsymbol{x}_{\mathrm{df}i} + \tilde{\boldsymbol{B}}_{\mathrm{df}i}\Delta y_{\mathrm{f}i} \\ \Delta y_{\mathrm{df}i} = \tilde{\boldsymbol{C}}_{\mathrm{df}i}\Delta\boldsymbol{x}_{\mathrm{df}i} + \tilde{D}_{\mathrm{df}i}\Delta y_{\mathrm{f}i} \end{cases} \tag{12.29}$$

式中，$\Delta\boldsymbol{x}_{\mathrm{df}i}$ 为第 i 个反馈时滞环节的状态变量，与式 (12.27) 中的各阶 s 对应；$\Delta y_{\mathrm{f}i}$ 为阻尼控制器的广域反馈信号；$\Delta y_{\mathrm{df}i}$ 为考虑时滞后的反馈信号 (图 2.7)。符合能控标准型的系数矩阵具体可表示为 [42]

$$\begin{cases} \tilde{\boldsymbol{A}}_{\mathrm{df}i} = \begin{bmatrix} 0 & 1 & 0 & \cdots & 0 \\ 0 & 0 & 1 & \cdots & 0 \\ \vdots & \vdots & \vdots & \ddots & \vdots \\ 0 & 0 & 0 & 0 & 1 \\ \frac{-a_0\tau_i{}^{-k}}{a_k} & \frac{-a_1\tau_i{}^{-k+1}}{a_k} & \frac{-a_2\tau_i{}^{-k+2}}{a_k} & \cdots & \frac{-a_{k-1}\tau_i{}^{-1}}{a_k} \end{bmatrix}, \quad \tilde{\boldsymbol{B}}_{\mathrm{df}i} = \begin{bmatrix} 0 \\ 0 \\ 0 \\ \vdots \\ 1 \end{bmatrix} \\ \tilde{\boldsymbol{C}}_{\mathrm{df}i} = \frac{1}{a_k^2}\left[(a_k b_0 - a_0 b_k)\tau_i^{-k}, \quad (a_k b_1 - a_1 b_k)\tau_i^{-k+1}, \ \cdots, \ (a_k b_{k-1} - a_{k-1}b_k)\tau_i^{-1}\right] \\ \tilde{D}_{\mathrm{df}i} = \frac{b_k}{a_k} \end{cases} \tag{12.30}$$

在时滞常数 τ_i 较小和阶数较高的情况下，$p(\tau_i s)$ 各变量的系数之间，以及 $\tilde{\boldsymbol{A}}_{\mathrm{df}i}$ 和 $\tilde{\boldsymbol{C}}_{\mathrm{df}i}$ 的非零元素之间，在数量级上相差很大。例如，当 $\tau_i = 0.2\mathrm{s}$ 和 $k = 5$ 时，$\tilde{\boldsymbol{A}}_{\mathrm{df}i}$ 第 k 行第 1 列元素 $-a_0\tau_i^{-k}/a_k = 9.45 \times 10^7$。在特征值计算过程中，这可能导致计算得到的特征值误差过大。考虑到从有理多项式转换得到的状态空间表达式是不唯一的，可以对时滞环节的状态空间表达式的系数矩阵进行平衡化处理，减小时滞系统特征值对舍入误差的敏感程度。由于数值计算导致的特征系统误差与矩阵的欧几里得范数成正比，矩阵平衡化处理的思想就是利用相似变换将矩阵对应的行和列的范数变得相接近 [89]。从而，在不改变特征值的前提下减小矩阵的总范数，降低特征值的计算误差。值得注意的是，平衡化处理后的系数矩阵仍然符合能控标准型：

$$\boldsymbol{A}_{\mathrm{df}i}=\boldsymbol{T}^{-1}\tilde{\boldsymbol{A}}_{\mathrm{df}i}\boldsymbol{T},\quad \boldsymbol{B}_{\mathrm{df}i}=\boldsymbol{T}^{-1}\tilde{\boldsymbol{B}}_{\mathrm{df}i},\quad \boldsymbol{C}_{\mathrm{df}i}=\tilde{\boldsymbol{C}}_{\mathrm{df}i}\boldsymbol{T},\quad D_{\mathrm{df}i}=\tilde{D}_{\mathrm{df}i} \tag{12.31}$$

式中，$\boldsymbol{T}$ 为对角变换矩阵。

12.2.3 闭环系统模型

第 2 章定理 3 已经表明，当反馈控制器为线性控制器时，控制回路中的时滞具有合并性质，可将反馈时滞和控制时滞合并为一个综合时滞进行考虑。因此，下面以控制回路仅存在反馈时滞这种情况为例，建立基于 Padé 近似的闭环 DCPPS 模型。

将第 i 个控制回路中，反馈时滞环节的状态变量 $\Delta\boldsymbol{x}_{\mathrm{df}i}$ 和控制器的状态变量 $\Delta\boldsymbol{x}_{\mathrm{c}i}$ 依次排列在开环电力系统状态变量 $\Delta\boldsymbol{x}$ 之后，从而得到闭环 DCPPS 的状态变量 $\Delta\boldsymbol{x}''$：

$$\Delta\boldsymbol{x}''=\left[\Delta\boldsymbol{x}^{\mathrm{T}}\;\vdots\;\cdots\;\vdots\;\Delta\boldsymbol{x}_{\mathrm{df}i}^{\mathrm{T}}\;\vdots\;\Delta\boldsymbol{x}_{\mathrm{c}i}^{\mathrm{T}}\;\vdots\;\cdots\right]^{\mathrm{T}} \tag{12.32}$$

将时滞环节模型式 (12.29) 和式 (12.31)、广域阻尼控制器模型式 (2.115) 以及无时滞电力系统模型式 (2.113) 相联结，可得基于 Padé 近似的闭环 DCPPS 小干扰稳定性分析模型：

$$\begin{cases}\Delta\dot{\boldsymbol{x}}''=\boldsymbol{A}''\Delta\boldsymbol{x}''+\boldsymbol{B}''\Delta\boldsymbol{y}\\ \boldsymbol{0}=\boldsymbol{C}''\Delta\boldsymbol{x}''+\boldsymbol{D}''\Delta\boldsymbol{y}\end{cases} \tag{12.33}$$

式中，

$$\boldsymbol{A}''=\left[\begin{array}{c|c|c|c|c}\boldsymbol{A}_0+\sum_{i=1}^{m}\boldsymbol{E}_i\boldsymbol{D}_{\mathrm{c}i}\boldsymbol{D}_{\mathrm{df}i}\boldsymbol{K}_{1i} & \cdots & \boldsymbol{E}_i\boldsymbol{D}_{\mathrm{c}i}\boldsymbol{C}_{\mathrm{df}i} & \boldsymbol{E}_i\boldsymbol{C}_{\mathrm{c}i} & \cdots\\ \hline \vdots & \ddots & \boldsymbol{0} & \boldsymbol{0} & \boldsymbol{0}\\ \hline \boldsymbol{B}_{\mathrm{df}i}\boldsymbol{K}_{1i} & \boldsymbol{0} & \boldsymbol{A}_{\mathrm{df}i} & \boldsymbol{0} & \boldsymbol{0}\\ \hline \boldsymbol{B}_{\mathrm{c}i}\boldsymbol{D}_{\mathrm{df}i}\boldsymbol{K}_{1i} & \boldsymbol{0} & \boldsymbol{B}_{\mathrm{c}i}\boldsymbol{C}_{\mathrm{df}i} & \boldsymbol{A}_{\mathrm{c}i} & \boldsymbol{0}\\ \hline \vdots & \boldsymbol{0} & \boldsymbol{0} & \boldsymbol{0} & \ddots\end{array}\right] \tag{12.34}$$

$$\boldsymbol{B}''=\left[\begin{array}{c}\boldsymbol{B}_0+\sum_{i=1}^{m}\boldsymbol{E}_i\boldsymbol{D}_{\mathrm{c}i}\boldsymbol{D}_{\mathrm{df}i}\boldsymbol{K}_{2i}\\ \hline \vdots\\ \hline \boldsymbol{B}_{\mathrm{df}i}\boldsymbol{K}_{2i}\\ \hline \boldsymbol{B}_{\mathrm{c}i}\boldsymbol{D}_{\mathrm{df}i}\boldsymbol{K}_{2i}\\ \hline \vdots\end{array}\right] \tag{12.35}$$

$$C'' = \left[C_0 \,\vdots\, \cdots \,\vdots\, \mathbf{0} \,\vdots\, \mathbf{0} \,\vdots\, \cdots \right] \tag{12.36}$$

$$D'' = D_0 \tag{12.37}$$

式中，E_i 由励磁调节器的放大环节确定，为稀疏矩阵。

12.2.4 特性分析

下面以具有超前-滞后环节的广域 PSS 为例，在考虑广域反馈时滞的情况下，分析基于 Padé 近似的闭环 DCPPS 线性化模型中各系数矩阵的特点。

(1) 若广域阻尼控制器中无直通环节，即 $D_{ci} = 0$，则 $E_iD_{ci}C_{dfi}$、$E_iD_{ci}D_{dfi}K_{1i}$、$E_iD_{ci}D_{dfi}K_{2i}$ 恒为零矩阵，E_iC_{ci} 中仅有一个非零元素。与 C_{ci} 和 D_{ci} 相同，C'' 和 D'' 均为分块稀疏矩阵。特别地，若采用 2.2.4 节中第二种形成 DAE 的方法，则 D'' 为 2×2 分块稀疏矩阵。

(2) A''、B'' 与 K_{1i}、K_{2i} 有关。例如，当广域反馈信号为两台发电机之间的相对转速偏差时，$B_{dfi}K_{1i}$ 中仅有两个非零元素，$B_{ci}D_{dfi}K_{1i}$ 中仅有两列非零元素，K_{2i} 为零矩阵，$B'' = [B^{\mathrm{T}}, 0, 0, \cdots, 0]^{\mathrm{T}}$。若广域反馈信号中涉及的两台发电机组所在节点的编号相邻，并将两台机组、时滞环节和广域阻尼控制器相关的状态变量的系数矩阵作为一个子块，则 A'' 仍然为分块对角阵。

当广域反馈信号为区域间联络线功率时，$B_{dfi}K_{2i}$ 中仅有四个非零元素，$B_{ci}D_{dfi}K_{2i}$ 中仅有四列非零元素，K_{1i} 为零矩阵。若将时滞环节和广域阻尼控制器相关的状态变量的系数矩阵作为一个子块或各作为一个子块，则 A'' 为分块对角阵。

综上可知，用 Padé 近似有理多项式逼近时滞环节以后，包含时滞环节的闭环电力系统的线性化 DAE 的系数矩阵 A''、B''、C''、D'' 与开环电力系统的线性化 DAE 的系数矩阵 A_0、B_0、C_0、D_0 具有完全相同的稀疏结构。因此，仍然可以利用稀疏特征值方法高效地计算系统的部分关键特征值。令 k_i 为第 $i\ (i = 1, 2, \cdots, m)$ 个时滞环节 Padé 近似有理多项式的阶数，则与开环电力系统相比，基于 Padé 近似的闭环 DCPPS 状态变量的维数增加了 $\sum\limits_{i=1}^{m} k_i$，即所有时滞环节的 Padé 近似有理多项式阶数之和。当 $\sum\limits_{i=1}^{m} k_i \leqslant n$ (n 为开环电力系统的状态变量维数) 时，基于 Padé 近似的特征值计算方法的计算量与常规特征值计算方法相当。

12.3 理论对比

下面从计算精度、多重时滞处理能力、大规模电力系统适应能力和计算量 4 个方面，对时滞依赖稳定性判据、基于 Padé 近似的特征值计算方法和基于谱离散化的特征值计算方法进行定性比较，如表 12.1 所示。

表 12.1　三种 DCPPS 稳定性分析方法的定性比较

测度指标	时域法	Padé 近似	谱离散化方法
计算精度	存在固有保守性，且受模型降阶影响	较精确，精度随阶数 k 的增大而提高	具有谱精度，精度随区间 $[-\tau_{\max}, 0]$ 上离散点数 N 的增大而提高
多重时滞处理能力	难，且目前方法较少	中等	容易
大系统适应能力	难，需要进行模型降阶	容易	容易
状态变量维数	不能超过 100 阶	$n+\sum\limits_{i=1}^{m}k_i$	约为 Nn
计算量	小	中等，$\sum\limits_{i=1}^{m}k_i \ll n$ 时，计算量与一次常规无时滞电力系统特征值计算相当	大，相当于多次常规无时滞电力系统特征值计算

(1) 计算精度。时域法得到的时滞依赖稳定性判据仅为系统渐近稳定的充分条件。利用该方法进行时滞稳定性判别和计算时滞稳定裕度往往偏保守。当分析大规模电力系统时，该方法需要与模型降阶相结合，其计算精度进一步受到影响。Padé 近似是对指数时滞项的最优估计，其精度随近似阶数的增大而提高。谱离散化方法不对时滞进行近似处理，也不对系统模型进行降阶。尤其地，当采用伪谱离散化方案对无穷小生成元和解算子进行离散化时，得到的 DCPPS 的特征值具有谱精度。此外，该方法对特征值的估计精度随区间 $[-\tau_{\max}, 0]$ 上离散点数 N 的增大而提高。

(2) 多重时滞处理能力。目前大部分时滞依赖稳定性判据仅适用于单时滞情况，适用于多重时滞情况的稳定性判据还很少。Padé 近似与谱离散化方法都可以处理多重时滞的情况。Padé 近似方法得到的闭环 DCPPS 状态矩阵的阶数与时滞个数和有理多项式阶数相关。谱离散化方法得到无穷小生成元和解算子离散化矩阵的维数与离散点个数有关，与时滞个数无关。

(3) 大规模系统适应能力。时滞依赖稳定性判据因计算量过高而无法直接处理大规模 DCPPS，因此必须对系统进行降阶至 100 阶左右。对于 Padé 近似方法得到的闭环 DCPPS 状态矩阵，可以利用其稀疏特性并应用位移-逆变换或 Cayley 变换，计算 DCPPS 的部分关键特征值。对于谱离散化方法，采用位移-逆变换或旋转-放大预处理，并利用谱离散化矩阵和电力系统状态矩阵的稀疏特性，可以高效地计算得到 DCPPS 的部分关键特征值。

(4) 状态变量维数。受限于鲁棒控制工具箱的处理能力，时滞依赖稳定性判据一般用于处理系统状态矩阵维数较小的情况。在基于 Padé 近似的特征值计算方法中，系统状态变量的维数为 $n+\sum\limits_{i=1}^{m}k_i$。令 N 为区间 $[-\tau_{\max}, 0]$ 上离散点个数，则谱离散化方法得到的无穷小生成元或解算子离散化矩阵阶数很高，约为 Nn。

(5) 计算量。时域法的计算量由 LMI 问题优化求解的计算量决定。由于降阶系统的状态变量的维数较小，时域法的计算量也较小。而基于 Padé 近似的特征值计算方法的计算量与有理多项式阶数和时滞个数有关。当 $\sum_{i=1}^{m} k_i \ll n$ 时，其计算量与一次常规无时滞电力系统特征值计算的计算量相当。谱离散化方法的计算量最大，是常规无时滞电力系统特征值计算量的数倍。

12.4 算例分析

12.4.1 时滞依赖稳定性判据的保守性

本节在 11.2.1 节所述四机两区域系统上验证多重时滞依赖稳定性判据的保守性。开环电力系统的阶数为 56 阶。受限于 MATLAB 鲁棒控制工具箱的处理能力，这里采用 Schur 降阶方法对开环系统进行模型降阶，并在 0.1~2.5Hz 范围内对比降阶前后系统的频率响应，如图 12.3 所示。

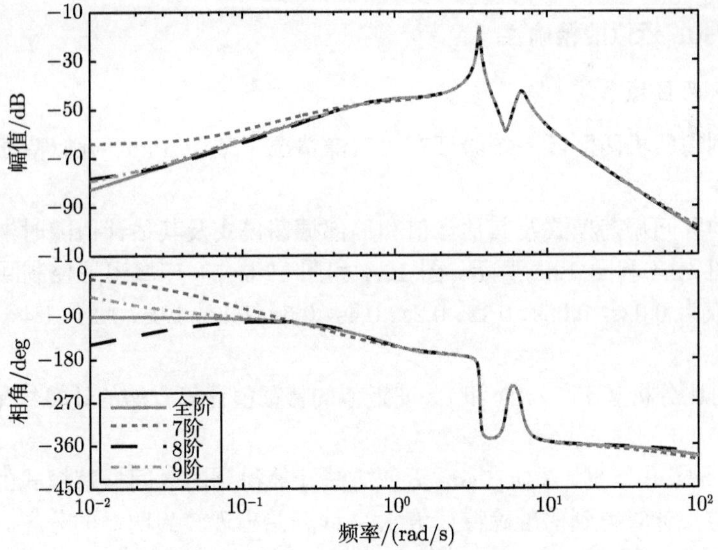

图 12.3 原始系统和降阶系统的频率响应

由图 12.3 可知，当阶数取为 7 时，降阶系统与原始系统的幅频响应偏差较大。当降阶系统的阶数取为 8 或 9 时，其与原始系统在 0.1~2.5Hz 范围内的频率响应基本一致。因此，将降阶系统的阶数选择为 8 阶。

考虑在发电机 G_1 上装设广域 PSS，其结构和参数详见 11.2.1 节。广域控制回路的反馈时滞和输出时滞分别表示为 τ_1 和 τ_2。利用时滞依赖稳定性判据和谱离散化方法分别求解时滞稳定裕度，如表 12.2 所示，其中 $\theta = \arctan(\tau_2/\tau_1)$。由表 12.2 可知，基于时滞依赖稳定性判据得到的时滞稳定裕度存在 3.86%~13.63% 的保守性。

表 12.2 系统时滞稳定裕度计算结果

θ/(°)	时滞依赖稳定性判据		谱离散化方法		误差/%
	τ_1/s	τ_2/s	τ_1/s	τ_2/s	
0	0.2092	0	0.2176	0	3.86
10	0.1632	0.0287	0.1850	0.0326	11.78
20	0.1381	0.0503	0.1595	0.0581	13.42
30	0.1191	0.0688	0.1379	0.0796	13.63
40	0.1032	0.0866	0.1183	0.0993	12.76
50	0.0880	0.1049	0.0993	0.1183	11.39
60	0.0717	0.1242	0.0796	0.1379	9.92
70	0.0528	0.1451	0.0580	0.1594	8.97
80	0.0303	0.1718	0.0326	0.1849	7.06
90	0	0.2086	0	0.2176	4.14

12.4.2 Padé 近似的精确性

1. *四机两区域系统*

本节利用四机两区域系统验证在大时滞情况下基于 Padé 近似特征值计算方法的准确性。

系统的区间振荡模式及其估计值和局部振荡模式及其估计值随时滞变化的轨迹分别如图 12.4 和图 12.5 所示。图 12.4 和图 12.5 中，广域阻尼控制回路中的时滞 τ 依次取为 0.02s、0.05s、0.1s、0.2s、0.4s、0.6s、0.8s、1.0s、1.2s、1.4s、1.6s、1.8s 和 2.0s。

通过对比分析基于 EIGD 和 Padé 近似的特征值计算方法的计算结果，可得如下两点。

(1) 当 $\tau > 0.8$s 时，3 阶 Padé 近似方法计算得到的区间振荡模式的估计值 $\hat{\lambda}$ 与 EIGD 方法计算得到的准确特征值 λ 之间开始出现较为明显的分歧。相比较而言，当 τ 在 0~2s 范围内变化时，利用 5 阶 Padé 近似方法和 10 阶 Padé 近似方法计算得到的估计值 $\hat{\lambda}$ 与相应的精确值 λ 完全吻合。

(2) 3 阶 Padé 近似方法和 5 阶 Padé 近似方法计算得到的局部振荡模式的估计值 $\hat{\lambda}$ 与 EIGD 方法计算得到的准确特征值 λ 之间开始出现较为明显的分歧时，对应的 τ 分别为 0.2s 和 0.6s。在上述全部 13 个时滞取值下，利用 10 阶 Padé 近似方法计算得到的估计值 $\hat{\lambda}$ 与相应的精确值 λ 基本吻合。

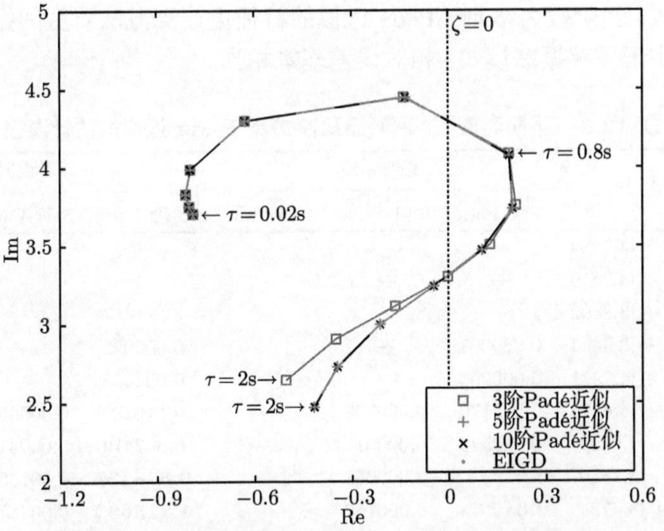

图 12.4 区间振荡模式及其估计值随时滞的变化轨迹

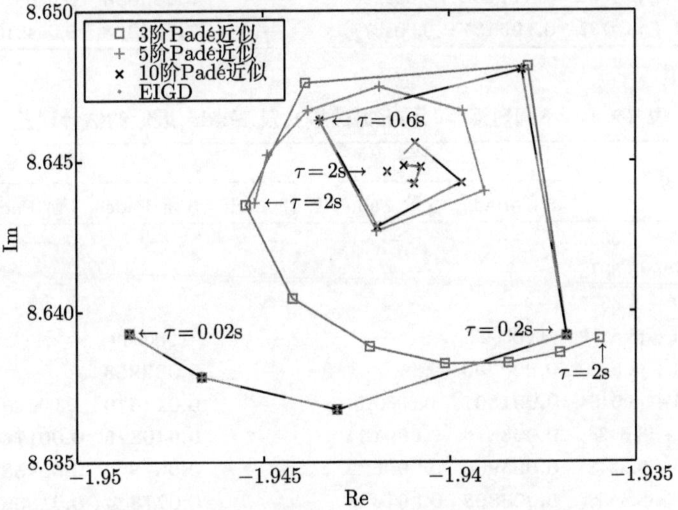

图 12.5 局部振荡模式及其估计值随时滞变化的轨迹

上述结果可以通过表 12.3 与表 12.4 所列区间振荡模式和局部振荡模式与 Padé 近似的估计误差相互印证。

因为局部振荡模式的频率高于区间振荡模式，由 12.2.1 节的分析可知，Padé 近似有理多项式对区间振荡模式相位逼近的准确性高于局部振荡模式。然而，对比表 12.3 和表 12.4 可知，在闭环情况下，由于时滞对区间振荡模式的影响大于局部振荡模式，基于 3 阶 Padé 近似的特征值计算方法对区间振荡模式的估计误差大于局部振荡模式。当阶数为 5 时，Padé 近似的特征值计算方法对区间振荡模式估计的绝对误差小于局部振荡模式，相对误差基本相当。

表 12.3 不同时滞下，区间振荡模式及 Padé 近似的估计误差

τ/s	λ	绝对误差			相对误差/%		
		3 阶 Padé	5 阶 Padé	10 阶 Padé	3 阶 Padé	5 阶 Padé	10 阶 Padé
0.02	$-0.7893+\mathrm{j}3.7064$	—	—	—	—	—	—
0.05	$-0.8013+\mathrm{j}3.7519$	—	—	—	—	—	—
0.1	$-0.8117+\mathrm{j}3.8302$	—	—	—	—	—	—
0.2	$-0.7972+\mathrm{j}3.9894$	0.000001	—	—	0.000022	—	—
0.4	$-0.6285+\mathrm{j}4.2971$	0.000200	—	—	0.004608	—	—
0.6	$-0.1325+\mathrm{j}4.4473$	0.005170	0.000003	—	0.116200	0.000067	—
0.8	$0.1883+\mathrm{j}4.0739$	0.012540	0.000017	—	0.307473	0.000412	—
1.0	$0.1990+\mathrm{j}3.7370$	**0.023431**	0.000057	—	**0.626127**	0.001533	—
1.2	$0.1032+\mathrm{j}3.4734$	**0.042254**	0.000169	—	**1.215963**	0.004874	—
1.4	$-0.0446+\mathrm{j}3.2420$	**0.074808**	0.000443	—	**2.307212**	0.013667	—
1.6	$-0.2120+\mathrm{j}2.9994$	**0.125785**	0.000923	—	**4.183230**	0.030681	—
1.8	$-0.3445+\mathrm{j}2.7301$	**0.177760**	0.001290	—	**6.459885**	0.046877	0.000002
2.0	$-0.4161+\mathrm{j}2.4733$	**0.195137**	0.001377	—	**7.780363**	0.054913	0.000001

表 12.4 不同时滞下，局部振荡模式及 Padé 近似的估计误差

τ/s	λ	绝对误差			相对误差/%		
		3 阶 Padé	5 阶 Padé	10 阶 Padé	3 阶 Padé	5 阶 Padé	10 阶 Padé
0.02	$-1.9486+\mathrm{j}8.6393$	—	—	—	—	—	—
0.05	$-1.9467+\mathrm{j}8.6378$	—	—	—	—	—	—
0.1	$-1.9430+\mathrm{j}8.6367$	—	—	—	—	—	—
0.2	$-1.9369+\mathrm{j}8.6392$	0.000003	—	—	0.000039	—	—
0.4	$-1.9380+\mathrm{j}8.6480$	**0.000200**	—	—	**0.002253**	—	—
0.6	$-1.9435+\mathrm{j}8.6464$	**0.001301**	0.000015	—	**0.014679**	0.000170	—
0.8	$1.9419+\mathrm{j}8.6428$	**0.003616**	**0.000154**	—	**0.040826**	**0.001743**	—
1.0	$1.9397+\mathrm{j}8.6443$	**0.005966**	**0.000672**	—	**0.067344**	**0.007589**	—
1.2	$1.9409+\mathrm{j}8.6456$	**0.006898**	**0.001647**	—	**0.077844**	**0.018585**	—
1.4	$-1.9417+\mathrm{j}8.6447$	**0.006580**	**0.002820**	0.000001	**0.074262**	**0.031834**	0.000013
1.6	$-1.9409+\mathrm{j}8.6442$	**0.006476**	**0.003757**	0.000007	**0.073095**	**0.042404**	0.000082
1.8	$-1.9407+\mathrm{j}8.6448$	**0.007186**	**0.004165**	0.000031	**0.081104**	**0.047004**	0.000352
2.0	$-1.9411+\mathrm{j}8.6449$	**0.007721**	**0.004288**	0.000096	**0.087148**	**0.048392**	0.001085

2. 山东电网

在山东电网上验证 100ms 和 500ms 量级时滞下基于 Padé 近似特征值计算方法的准确性。具体地，当广域 LQR 控制回路的时滞分别为① τ_1=90ms，τ_2=100ms；

② τ_1=500ms，τ_2=550ms 时，利用 3 阶 Padé 近似方法、5 阶 Padé 近似方法和 EIGD 方法分别计算位移点 s = j7 和 j13 附近的 r = 80 个特征值，结果如图 12.6 和图 12.7 所示。

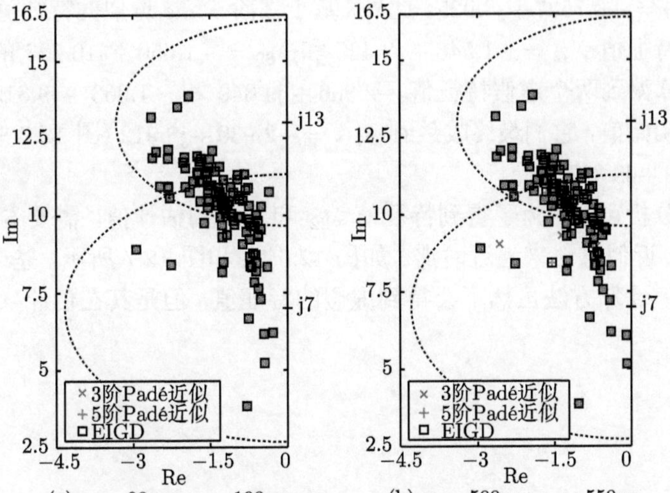

(a) τ_1 = 90ms, τ_2 = 100ms (b) τ_1 = 500ms, τ_2 = 550ms

图 12.6 Padé 近似方法和 EIGD 方法计算位移点 s=j7 和 j13 附近的 r=80 个特征值

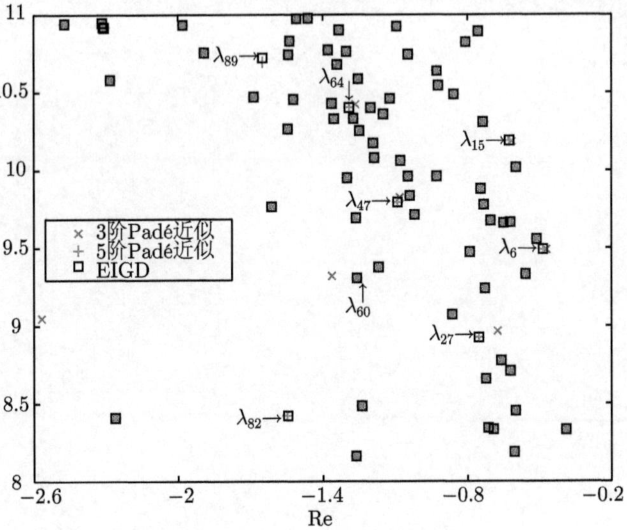

图 12.7 图 12.6 (b) 的局部放大

由图 12.6(a) 可知，当控制回路时滞为 τ_1=90ms，τ_2=100ms 时，基于 Padé 近似的特征值计算方法得到的计算结果与 EIGD 方法完全吻合，其能够准确地计算得到系统的关键机电振荡模式。

由图 12.6(b) 和图 12.7 可知，当控制回路时滞增加到 τ_1=500ms，τ_2=550ms 时，基于 3 阶 Padé 近似的特征值计算方法在计算 λ_6、λ_{15}、λ_{47}、λ_{64} 时存在较小的误差。近似特征值 $\hat{\lambda}_{27} = -0.6763 + \mathrm{j}8.966$ 的误差较大，在牛顿校正后，其收敛到准确特征值 $\lambda_{27} = -0.7537 + \mathrm{j}8.925$。此外，基于 3 阶 Padé 近似的特征值计算方法未能得到精确特征值 $\lambda_{82} = -1.546 + \mathrm{j}8.420$ 和 $\lambda_{89} = -1.650 + \mathrm{j}10.723$ 的估计值。相反地，其计算得到两个虚假特征值 $-2.566 + \mathrm{j}9.049$ 和 $-1.363 + \mathrm{j}9.319$。以它们为牛顿迭代的初始值，它们最终收敛到 $\lambda_{118} = -2.939 + \mathrm{j}8.912$ (图 12.7 中未给出) 和 $\lambda_{60} = -1.259 + \mathrm{j}9.305$。

由上述分析可知，为了得到特征值 λ_{82} 和 λ_{89} 的估计值，需要 5 阶甚至更高阶数的 Padé 近似方法来逼近时滞。如图 12.6(b) 和图 12.7 所示，基于 5 阶 Padé 近似的特征值计算方法虽然不会得到虚假的特征值，但是其在估计 λ_{89} 时也存在明显的误差。

参 考 文 献

[1] Phadke A G, Thorp J S. Synchronized Phasor Measurements and Their Applications [M]. New York: Springer, 2008.

[2] Lu C, Shi B, Wu X, et al. Advancing China's smart grid: Phasor measurement units in a wide-area management system [J]. IEEE Power and Energy Magazine, 2015, 13(5): 60-71.

[3] U. S. Department of Energy. Synchrophasor technologies and their deployment in the recovery act smart grid programs [R]. 2013.

[4] 陆超, 张俊勃, 韩英铎. 电力系统广域动态稳定辨识与控制[M]. 北京：科学出版社, 2015.

[5] Karlsson D, Hemmingsson M, Lindahl S. Wide area system monitoring and control - terminology, phenomena, and solution implementation strategies [J]. IEEE Power and Energy Magazine, 2004, 2(5): 68-76.

[6] 江全元, 邹振宇, 曹一家, 等. 考虑时滞影响的电力系统稳定分析和广域控制研究进展[J]. 电力系统自动化, 2005, 29(3): 1-7.

[7] Terzija V, Valverde G, Cai D, et al. Wide area monitoring, protection and control of future electric power networks [J]. Proceedings of the IEEE, 2011, 99(1): 80-93.

[8] 刘志雄, 孙元章, 黎雄, 等. 广域电力系统稳定器阻尼控制系统综述及工程应用展望[J]. 电力系统自动化, 2014, 38(9): 152-159, 183.

[9] Aboul-Ela M E, Sallam A A, McCalley J D, et al. Damping controller design for power system oscillations using global signals [J]. IEEE Transactions on Power Systems, 1996, 11(2): 767-773.

[10] Chow J H, Sanchez-Gasca J J, Ren H X, et al. Power system damping controller design-using multiple input signals [J]. IEEE Control Systems Magazine, 2000, 20(4): 82-90.

[11] Kamwa I, Grondin R, Hebert Y. Wide-area measurement based stabilizing control of large power systems - a decentralized/hierarchical approach [J]. IEEE Transactions on Power Systems, 2001, 16(1): 136-153.

[12] 谢小荣, 肖晋宇, 童陆园, 等. 采用广域测量信号的互联电网区间阻尼控制[J]. 电力系统自动化, 2004, 28(2): 37-40.

[13] 袁野, 程林, 孙元章. 采用广域测量信号的 2 级 PSS 控制策略[J]. 电力系统自动化, 2006, 30(24): 11-16, 48.

[14] Dotta D, Silva A S E, Decker I C. Wide-area measurements-based two-level control design considering signal transmission delay [J]. IEEE Transactions on Power Systems, 2009, 24(1): 208-216.

[15] Li Y, Rehtanz C, Yang D, et al. Robust high-voltage direct current stabilising control using wide-area measurement and taking transmission time delay into consideration[J]. IET Generation, Transmission and Distribution, 2011, 5(3): 289-297.

[16] Weng H, Xu Z. WAMS based robust HVDC control considering model imprecision for AC/DC power systems using sliding mode control [J]. Electric Power Systems Research, 2013, 95 : 38-46.

[17] Preece R, Milanovic J V, Almutairi A M, et al. Damping of inter-area oscillations in mixed AC/DC networks using WAMS based supplementary controller [J]. IEEE Transactions on Power Systems, 2013, 28(2) : 1160-1169.

[18] He J, Lu C, Wu X, et al. Design and experiment of wide area HVDC supplementary damping controller considering time delay in China southern power grid [J]. IET Generation, Transmission and Distribution, 2009, 3(1): 17-25.

[19] Zhang F, Sun Y, Cheng L, et al. Measurement and modeling of delays in wide-area closed-loop control systems [J]. IEEE Transactions on Power Systems, 2015, 30(5) : 2426-2433.

[20] Stahlhut J W, Browne T J, Heydt G T, et al. Latency viewed as a stochastic process and its impact on wide area power system control signals [J]. IEEE Transactions on Power Systems, 2008, 23(1) : 84-91.

[21] Naduvathuparambil B, Valenti M C, Feliachi A. Communication delays in wide area measurement systems [C]. Proceedings of the 34th Southeastern Symposium on System Theory, Huntsville, 2002 : 118-122.

[22] Myrd P, Sternfeld S. Smart grid information sharing webcast: Synchrophasor communications infrastructure [EB/OL]. [2007-10-30]. https://smartgrid.epri.com/doc/Synchrophasor-Communications-Infrastructure.pdf.

[23] Sipahi R, Niculescu S I, Abdallah C T, et al. Stability and stabilization of systems with time delay [J]. IEEE Control Systems Magazine, 2011, 31(1) : 38-65.

[24] 赵俊华, 文福拴, 薛禹胜, 等. 电力信息物理融合系统的建模分析与控制研究框架[J]. 电力系统自动化, 2011, 35(16) : 1-8.

[25] Walton K, Marshall J E. Direct method for TDS stability analysis [J]. IEE Proceedings D - Control Theory and Applications, 1987, 134(2) : 101-107.

[26] Olgac N, Sipahi R. An exact method for the stability analysis of time-delayed linear time-invariant (LTI) systems [J]. IEEE Transactions on Automatic Control, 2002, 47(5) : 793-797.

[27] Sipahi R, Olgac N. A novel stability study on multiple time-delay systems (MTDS) using the root clustering paradigm [C]. Proceedings of the American Control Conference, 2004, 6 : 5422-5427.

[28] Olgac N, Sipahi R. The cluster treatment of characteristic roots and the neutral type time-delayed systems [J]. Journal of Dynamic Systems, Measurement and Control, 2005, 127(1) : 88-97.

[29] Ebenbauer C, Allgower F. Stability analysis for time-delay systems using Rekasius's substitution and sum of squares [C]. Proceedings of 45th IEEE Conference on Decision

and Control, San Diego, 2006 : 5376-5381.

[30] Liu Z, Zhu C, Jiang Q. Stability analysis of time delayed power system based on cluster treatment of characteristic roots method [C]. Proceedings of IEEE Power and Energy Society General Meeting, 2008, 1 : 1-6.

[31] 贾宏杰, 尚蕊, 张宝贵. 电力系统时滞稳定裕度求解方法[J]. 电力系统自动化, 2007, 31(2) : 5-11.

[32] 刘兆燕, 江全元, 徐立中, 等. 基于特征根聚类的电力系统时滞稳定域研究[J]. 浙江大学学报 (工学版), 2009, 43(8) : 1473-1479.

[33] Sonmez S, Ayasun S, Nwankpa C O. An exact method for computing delay margin for stability of load frequency control systems with constant communication delays [J]. IEEE Transactions on Power Systems, 2016, 31(1) : 370-377.

[34] Cheng Y C, Hwang C. Use of the Lambert W function for time-domain analysis of feedback fractional delay systems [J]. IEE Proceedings - Control Theory and Applications, 2006, 153(2) : 167-174.

[35] Jarlebring E, Damm T. The Lambert W function and the spectrum of some multidimensional time-delay systems [J]. Automatica, 2007, 43(12) : 2124-2128.

[36] Yi S, Nelson P W, Ulsoy A G. Time-Delay Systems: Analysis and Control Using the Lambert W Function [M]. Singapore : World Scientific Publishing Company, 2010.

[37] 余晓丹, 董晓红, 贾宏杰, 等. 基于朗伯函数的时滞电力系统 ODB 与 OEB 判别方法[J]. 电力系统自动化, 2014, 38(6) : 33-37, 111.

[38] Wu H X, Ni H, Heydt G T. The impact of time delay on control design in power systems [C]. Proceedings of IEEE Power and Energy Society Winter Meeting, 2002, 2 : 1511-1516.

[39] Partington J R. Some frequency-domain approaches to the model reduction of delay systems [J]. Annual Reviews in Control, 2004, 28(1) : 65-73.

[40] Yuan Y, Li G J, Cheng L, et al. A phase compensator for SVC supplementary control to eliminate time delay by wide area signal input [J]. International Journal of Electrical Power and Energy Systems, 2010, 32(3) : 163-169.

[41] Golub G H, Loan C F V. Johns Hopkins Studies in the Mathematical Sciences : Matrix Computations [M]. 4th ed. Baltimore : The Johns Hopkins University Press, 2012.

[42] 叶华, 霍健, 刘玉田. 基于 Padé 近似的时滞电力系统特征值计算方法[J]. 电力系统自动化, 2013, 37(7) : 25-30.

[43] Ke D P, Chung C Y, Xue Y. An eigenstructure-based performance index and its application to control design for damping inter-area oscillations in power systems [J]. IEEE Transactions on Power Systems, 2011, 26(4) : 2371-2380.

[44] 戚军, 江全元, 曹一家. 基于系统辨识的广域时滞鲁棒阻尼控制[J]. 电力系统自动化, 2008, 32(6) : 35-40.

[45] 石颉, 王成山. 考虑广域信息时延影响的 H_∞ 阻尼控制器[J]. 中国电机工程学报, 2008,

28(1): 30-34.
[46] 胡志坚, 赵义术. 计及广域测量系统时滞的互联电力系统鲁棒稳定控制[J]. 中国电机工程学报, 2010, 30(19): 37-43.
[47] Zhang S, Vittal V. Design of wide-area power system damping controllers resilient to communication failures [J]. IEEE Transactions on Power Systems, 2013, 28(4): 4292-4300.
[48] 袁野, 程林, 孙元章. 考虑时延影响的互联电网区间阻尼控制[J]. 电力系统自动化, 2007, 31(8): 12-16.
[49] 江全元, 张鹏翔, 曹一家. 计及反馈信号时滞影响的广域 FACTS 阻尼控制[J]. 中国电机工程学报, 2006, 26(7): 82-88.
[50] Yao W, Jiang L, Wu Q H, et al. Delay-dependent stability analysis of the power system with a wide-area damping controller embedded [J]. IEEE Transactions on Power Systems, 2011, 26(1): 233-240.
[51] Yao W, Jiang L, Wen J, et al. Wide-area damping controller of FACTS devices for inter-area oscillations considering communication time delays [J]. IEEE Transactions on Power Systems, 2014, 29(1): 318-329.
[52] 吴敏, 何勇. 时滞系统鲁棒控制 —— 自由权矩阵方法[M]. 北京: 科学出版社, 2008.
[53] 董朝宇, 贾宏杰, 姜懿郎. 含积分二次型的电力系统改进时滞稳定判据[J]. 电力系统自动化, 2015, 39(24): 35-40.
[54] 孙国强, 屠越, 孙永辉, 等. 时变时滞电力系统鲁棒稳定性的改进型判据[J]. 电力系统自动化, 2015, 39(3): 59-62.
[55] Xu S, Lam J. Improved delay-dependent stability criteria for time-delay systems [J]. IEEE Transactions on Automatic Control, 2005, 50(3): 384-387.
[56] 贾宏杰, 安海云, 余晓丹. 电力系统改进时滞依赖性稳定判据[J]. 电力系统自动化, 2008, 32(19): 15-19, 24.
[57] 贾宏杰, 安海云, 余晓丹. 电力系统时滞依赖型鲁棒稳定判据及其应用[J]. 电力系统自动化, 2010, 34(3): 6-11.
[58] 安海云. 基于自由权矩阵理论的电力系统时滞稳定性研究[D]. 天津: 天津大学, 2011.
[59] Wang S, Meng X, Chen T. Wide-area control of power systems through delayed network communication [J]. IEEE Transactions on Control Systems Technology, 2012, 20(2): 495-503.
[60] Jiang L, Yao W, Wu Q H, et al. Delay-dependent stability for load frequency control with constant and time-varying delays [J]. IEEE Transactions on Power Systems, 2012, 27(2): 932-941.
[61] Zhang C K, Jiang L, Wu Q H, et al. Further results on delay-dependent stability of multi-area load frequency control [J]. IEEE Transactions on Power Systems, 2013, 28(4): 4465-4474.
[62] Li J, Chen Z, Cai D, et al. Delay-dependent stability control for power system with

multiple time-delays [J]. IEEE Transactions on Power Systems, 2016, 31(3): 2316-2326.

[63] Yu X, Tomsovic K. Application of linear matrix inequalities for load frequency control with communication delays [J]. IEEE Transactions on Power Systems, 2004, 19(3): 1508-1515.

[64] Zhang C K, Jiang L, Wu Q H, et al. Delay-dependent robust load frequency control for time delay power systems [J]. IEEE Transactions on Power Systems, 2013, 28(3): 2192-2201.

[65] Wu M, He Y, She J H, et al. Delay-dependent criteria for robust stability of time-varying delay systems [J]. Automatica, 2004, 40(8): 1435-1439.

[66] He Y, Wu M, She J H. Delay-dependent stability criteria for linear system with multiple time delays [J]. IEE Proceedings - Control Theory and Applications, 2006, 153(4): 447-452.

[67] Zhong Q C, Weiss G. A unified Smith predictor based on the spectral decomposition of the plant [J]. International Journal of Control, 2004, 77(15): 1362-1371.

[68] Chaudhuri B, Majumder R, Pal B C. Wide-area measurement-based stabilizing control of power system considering signal transmission delay [J]. IEEE Transactions on Power Systems, 2004, 19(4): 1971-1979.

[69] 王伟岸, 王俊, 蔡兴国. 基于史密斯预估器的互联电网区间阻尼控制[J]. 电力系统自动化, 2008, 32(20): 37-41.

[70] Chaudhuri B, Majumder R, Pal B C. Application of multiple-model adaptive control strategy for robust damping of interarea oscillations in power system [J]. IEEE Transactions on Control Systems Technology, 2004, 12(5): 727-736.

[71] Majumder R, Chaudhuri B, Pal B C. A probabilistic approach to model-based adaptive control for damping of interarea oscillations [J]. IEEE Transactions on Power Systems, 2005, 20(1): 367-374.

[72] Yao W, Jiang L, Wen J, et al. Wide-area damping controller for power system interarea oscillations: A networked predictive control approach [J]. IEEE Transactions on Control Systems Technology, 2015, 23(1): 27-36.

[73] 胡志祥, 谢小荣, 童陆园. 广域阻尼控制延迟特性分析及其多项式拟合补偿[J]. 电力系统自动化, 2005, 29(20): 29-34.

[74] 袁野, 程林, 孙元章, 等. 广域阻尼控制的时滞影响分析及其时滞补偿设计[J]. 电力系统自动化, 2006, 30(14): 6-9.

[75] Chaudhuri N R, Ray S, Majumder R, et al. A new approach to continuous latency compensation with adaptive phasor power oscillation damping controller (POD) [J]. IEEE Transactions on Power Systems, 2010, 25(2): 939-946.

[76] Wang S, Gao W, Wang J, et al. Synchronized sampling technology-based compensation for network effects in WAMS communication [J]. IEEE Transactions on Smart Grid,

2012, 3(2): 837-845.

[77] Cheng L, Chen G, Gao W, et al. Adaptive time delay compensator (ATDC) design for wide-area power system stabilizer [J]. IEEE Transactions on Smart Grid, 2014, 5(6): 2957-2966.

[78] 董存, 余晓丹, 贾宏杰. 一种电力系统时滞稳定裕度的简便求解方法[J]. 电力系统自动化, 2008, 32(1): 6-10.

[79] 贾宏杰, 余晓丹. 2 种实际约束下的电力系统时滞稳定裕度[J]. 电力系统自动化, 2008, 32(9): 7-10, 19.

[80] 余晓丹, 贾宏杰, 王成山. 时滞电力系统全特征谱追踪算法及其应用[J]. 电力系统自动化, 2012, 36(24): 10-14, 38.

[81] 贾宏杰. 电力系统时滞稳定性[M]. 北京: 科学出版社, 2016.

[82] Milano F, Anghel M. Impact of time delays on power system stability [J]. IEEE Transactions on Circuit and Systems-I: Regular Papers, 2012, 59(4): 889-900.

[83] Liang H, Choi B J, Zhuang W, et al. Stability enhancement of decentralized inverter control through wireless communications in microgrids [J]. IEEE Transactions on Smart Grid, 2013, 4(1): 321-331.

[84] Kahrobaeian A, Mohamed Y A R I. Networked-based hybrid distributed power sharing and control for islanded microgrid systems [J]. IEEE Transactions on Power Electronics, 2015, 30(2): 603-617.

[85] Coelho E A A, Wu D, Guerrero J M, et al. Small-signal analysis of the microgrid secondary control considering a communication time delay [J]. IEEE Transactions on Industrial Electronics, 2016, 63(10): 6257-6269.

[86] Kundur P. Power System Stability and Control [M]. New York: McGraw-Hill, 1994.

[87] 夏道止. 电力系统分析 (下册) [M]. 北京: 中国电力出版社, 1995.

[88] 倪以信, 陈寿孙, 张宝霖. 动态电力系统的理论和分析[M]. 北京: 清华大学出版社, 2002.

[89] 王锡凡, 方万良, 杜正春. 现代电力系统分析[M]. 北京: 科学出版社, 2003.

[90] Martins N. Efficient eigenvalue and frequency response methods applied to power system small-signal stability studies [J]. IEEE Transactions on Power Systems, 1986, 1(1): 217-224.

[91] Hairer E, Wanner G. Solving Ordinary Differential Equations Ⅱ. Stiff and Differential-Algebraic Problems [M]. 2nd ed. Heidelberg: Springer-Verlag, 1996.

[92] Meyer C D. Matrix Analysis and Applied Linear Algebra [M]. Philadelphia: SIAM, 2000.

[93] Jia H, Yu X, Yu Y, et al. Power system small signal stability region with time delay [J]. International Journal of Electrical Power and Energy Systems, 2008, 30(1): 16-22.

[94] Yu X, Jia H, Wang C. CTDAE & CTODE models and their applications to power system stability analysis with time delays [J]. Science China Technological Sciences, 2013, 56(5): 1213-1223.

[95] Ye H, Liu Y, Zhang P. Efficient eigen-analysis for large delayed cyber-physical power system using explicit infinitesimal generator discretization [J]. IEEE Transactions on Power Systems, 2016, 31(3): 2361-2370.

[96] Ye H, Mou Q, Liu Y. Enabling highly efficient spectral discretization-based eigen-analysis methods by Kronecker product [J]. IEEE Transactions on Power Systems, 2017, 32(5): 4148-4150.

[97] Ye H, Gao W, Mou Q, et al. Iterative infinitesimal generator discretization-based method for eigen-analysis of large delayed cyber-physical power system [J]. Electric Power Systems Research, 2017, 143(1): 389-399.

[98] Ye H, Mou Q, Liu Y. Calculation of critical oscillation modes for large delayed cyber-physical power system using pseudo-spectral discretization of solution operator [J]. IEEE Transactions on Power Systems, 2017, 32(6): 4464-4476.

[99] Ye H, Mou Q, Wang X, et al. Eigen-analysis of large delayed cyber-physical power system by time integration-based solution operator discretization methods [J]. IEEE Transactions on Power Systems, 2018, PP(99): 1-10.

[100] Milano F. Small-signal stability analysis of large power systems with inclusion of multiple delays [J]. IEEE Transactions on Power Systems, 2016, 31(4): 3257-3266.

[101] Ascher U M, Petzold L R. The numerical solution of delay-differential-algebraic equations of retarded and neutral type [J]. SIAM Journal on Numerical Analysis, 1995, 32(5): 1635-1657.

[102] Zhu W, Petzold L R. Asymptotic stability of Hessenberg delay differential-algebraic equations of retarded or neutral type [J]. Applied Numerical Mathematics, 1998, 27(3): 309-325.

[103] Venkatasubramanian V, Schattler H, Zaborszky J. A time-delay differential-algebraic phasor formulation of the large power system dynamics [C]. Proceedings of IEEE International Symposium on Circuits and Systems, 1994, 6: 49-52.

[104] Milano F, Dassios I. Small-signal stability analysis for non-index 1 Hessenberg form systems of delay differential-algebraic equations [J]. IEEE Transactions on Circuits and Systems-I: Regular Papers, 2016, 63(9): 1521-1530.

[105] Hale J K, Lunel S M V. Introduction to Functional Differential Equations [M]. New York: Springer-Verlag, 1991.

[106] Breda D. Numerical computation of characteristic roots for delay differential equations [D]. Veneto: Universitá degli Studi di Padova, 2004.

[107] Michiels W, Niculescu S I. Stability and Stabilization of Time-Delay Systems: An Eigenvalue-Based Approach [M]. 2nd ed. Philadelphia: SIAM, 2014.

[108] Wilkinson J H. The Algebric Eigenvalue Problem [M]. Oxford: Oxford University Press, 1965.

[109] 威尔金森. 代数特征值问题[M]. 石钟慈, 邓健新, 译. 北京: 科学出版社, 2001.

[110] Trefethen L N. Spectral Methods in MATLAB [M]. Philadelphia: SIAM, 2000.

[111] Butcher J C. Numerical Methods for Ordinary Differential Equations [M]. New York: John Wiley & Sons, 2003.

[112] Hairer E, Nørsett S P, Wanner G. Solving Ordinary Differential Equations Ⅰ: Nonstiff Problems [M]. 2nd ed. Heidelberg: Springer-Verlag, 1996.

[113] 蔺小林, 蒋耀林. 现代数值分析[M]. 北京：国防工业出版社, 2004.

[114] Ahmed N U. Semigroup Theory with Applications to Systems and Control [M]. Essex: Longman Scientific & Technical, 1991.

[115] Rynne B P, Youngson M A. Linear Functional Analysis [M]. 北京：清华大学出版社, 2005.

[116] 韩崇昭. 应用泛函分析 —— 自动控制的数学基础[M]. 北京：清华大学出版社, 2008.

[117] Diekmann O, van Gils S A, Lunel S M V, et al. American Mathematical Society 110: Delay Equations: Functional, Complex, and Nonlinear Analysis [M]. New York: Springer-Verlag, 1995.

[118] Michiels W, Jarlebring E, Meerbergen K. Krylov-based model order reduction of time-delay systems [J]. SIAM Journal on Matrix Analysis and Applications, 2011, 32(4): 1399-1421.

[119] Breda D, Maset S, Vermiglio R. Stability of Linear Delay Differential Equations: A Numerical Approach with MATLAB [M]. New York: Springer, 2015.

[120] Jarlebring E. The spectrum of delay-differential equations: Numerical methods, stability and perturbation [D]. Braunschweig: TU Braunschweig, 2008.

[121] Bellen A, Maset S. Numerical solution of constant coefficient linear delay differential equations as abstract Cauchy problems [J]. Numerische Mathematik, 2000, 84(3): 351-374.

[122] Maset S. Numerical solution of retarded functional differential equations as abstract Cauchy problems [J]. Journal of Computational and Applied Mathematics, 2003, 161(2): 259-282.

[123] 郑权. 强连续线性算子半群[M]. 武汉：华中理工大学出版社, 1994.

[124] Angelidis G, Semlyen A. Improved methodologies for the calculation of critical eigenvalues in small signal stability analysis [J]. IEEE Transactions on Power Systems, 1996, 11(3): 1209-1217.

[125] Uchida N, Nagao T. A new eigen-analysis method of steady-state stability studies for large power systems: S matrix method [J]. IEEE Transactions on Power Systems, 1988, 3(2): 706-714.

[126] Engelborghs K, Roose D. Numerical computation of stability and detection of Hopf bifurcations of steady state solutions of delay differential equations [J]. Advances in Computational Mathematics, 1999, 10(3-4): 271-289.

[127] Breda D. The infinitesimal generator approach for the computation of character-

istic roots for delay differential equations using BDF methods, Research Report UDMI17/2002/RR [R]. Udine: Universitá degli Studi di Udine, 2002.

[128] Breda D, Maset S, Vermiglio R. Computing the characteristic roots for delay differential equations [J]. IMA Journal of Numerical Analysis, 2004, 24(1): 1-19.

[129] Breda D, Maset S, Vermiglio R. Pseudospectral differencing methods for characteristic roots of delay differential equations [J]. SIAM Journal on Scientific Computing, 2005, 27(2): 482-495.

[130] Breda D, Maset S, Vermiglio R. Pseudospectral approximation of eigenvalues of derivative operators with non-local boundary conditions [J]. Applied Numerical Mathematics, 2006, 56(3-4): 318-331.

[131] Breda D, Maset S, Vermiglio R. TRACE-DDE: a tool for robust analysis and characteristic equations for delay differential equations [M] // Lecture Notes in Control Information Science, Series 388, in topics in Time-delay Systems. Heidelberg: Springer, 2009: 145-155.

[132] Breda D, Diekmann O, Gyllenberg M, et al. Pseudospectral discretization of nonlinear delay equations: New prospects for numerical bifurcation analysis [J]. SIAM Journal on Applied Dynamical Systems, 2016, 15(1): 1-23.

[133] Jarlebring E, Meerbergen K, Michiels W. A Krylov method for the delay eigenvalue problem [J]. SIAM Journal on Scientific Computing, 2010, 32(6): 3278-3300.

[134] Wu Z, Michiels W. Reliably computing all characteristic roots of delay differential equations in a given right half plane using a spectral method [J]. Journal of Computational and Applied Mathematics, 2012, 236(9): 2499-2514.

[135] Engelborghs K, Luzyanina T, Samaey G. DDE-BIFTOOL v.2.00: A MATLAB package for bifurcation analysis of delay differential equations [R]. Belgium: Katholieke Universiteit Leuven, 2001.

[136] Engelborghs K, Luzyanina T, Roose D. Numerical bifurcation analysis of delay differential equations using DDE-BIFTOOL [J]. ACM Transactions on Mathematical Software, 2002, 28(1): 1-21.

[137] Engelborghs K, Roose D. On stability of LMS methods and characteristic roots of delay differential equations [J]. SIAM Journal on Numerical Analysis, 2003, 40(2): 629-650.

[138] Verheyden K, Luzyanina T, Roose D. Efficient computation of characteristic roots of delay differential equations using LMS methods [J]. Journal of Computational and Applied Mathematics, 2008, 214(1): 209-226.

[139] Breda D. Solution operator approximations for characteristic roots of delay differential equations [J]. Applied Numerical Mathematics, 2006, 56(3-4): 305-317.

[140] Breda D, Maset S, Vermiglio R. Approximation of eigenvalues of evolution operators for linear retarded functional differential equations [J]. SIAM Journal on Numerical

Analysis, 2012, 50(3) : 1456-1483.

[141] Gao W, Ye H, Liu Y, et al. Iterative infinitesimal generator discretization-based eigen-analysis of large power system considering wide-area communication delays [C]. IEEE PES Asia-Pacific Power and Energy Engineering Conference (APPEEC), Xi'an, 2016 : 2438-2442.

[142] Ye H, Mou Q, Liu Y. MATLAB code for the SOD-PS algorithm [EB/OL]. [2017-10-30]. https://www.researchgate.net/publication/313399629_Matlab_code_for_the_SOD-PS_algorithm.

[143] Barrett R, Berry M, Chan T F, et al. Templates for the Solution of Linear Systems: Building Blocks for Iterative Methods [M]. 2nd ed. Philadelphia : SIAM, 1994.

[144] Ye H, Liu Y, Niu X. Low frequency oscillation analysis and damping based on Prony method and sparse eigenvalue technique [C]. Proceedings of IEEE International Conference on Networking, Sensing and Control, Ft. Lauderdale, 2006 : 1006-1010.

[145] Yang D, Ajjarapu V. Critical eigenvalues tracing for power system analysis via continuation of invariant subspaces and projected Arnoldi method [J]. IEEE Transactions on Power Systems, 2007, 22(1) : 324-332.

[146] 倪相生, 王克文, 王子琦, 等. 改进的精化 Cayley-Arnoldi 算法计算电力系统关键特征值 [J]. 电力系统自动化, 2009, 33(15) : 13-17, 83.

[147] Horn R A, Johnson C R. Topics in Matrix Analysis [M]. Cambridge : Cambridge University Press, 1991.

[148] 张贤达. 矩阵分析与应用[M]. 2 版. 北京 : 清华大学出版社, 2013.

[149] Wang L, Semlyen A. Application of sparse eigenvalue techniques to the small signal stability analysis of large power systems [J]. IEEE Transactions on Power Systems, 1990, 5(2) : 635-642.

[150] 谷寒雨. 大型电力系统小信号稳定特征值分析方法研究[D]. 上海 : 上海交通大学, 1999.

[151] 谷寒雨, 陈陈. 一种新的大型电力系统低频机电模式计算方法[J]. 中国电机工程学报, 2000, 20(9) : 50-54.

[152] Bai Z, Demmel J, Dongarra J, et al. Templates for the Solution of Algebraic Eigenvalue Problems: A Practical Guide [M]. Philadelphia : SIAM, 2000.

[153] 杜正春, 刘伟, 方万良, 等. 大规模电力系统关键特征值计算的 Arnoldi-Chebyshev 方法 [J]. 西安交通大学学报, 2004, 38(10) : 995-999.

[154] Chabane Y, Hellal A. An adaptive dynamic implicitly Restarted Arnoldi method for the small signal stability eigen analysis of large power systems [J]. International Journal of Electrical Power and Energy Systems, 2014, 63(0) : 331-335.

[155] Du Z, Liu W, Fang W. Calculation of electromechanical oscillation modes in large power systems using Jacobi-Davidson method [J]. IEE Proceedings-Generation Transmission and Distribution, 2005, 152(6) : 913-918.

[156] Du Z, Liu W, Fang W. Calculation of rightmost eigenvalues in power systems using

the Jacobi-Davidson method [J]. IEEE Transactions on Power Systems, 2006, 21(1): 234-239.

[157] Du Z, Li C, Cui Y. Computing critical eigenvalues of power systems using inexact two-sided Jacobi-Davidson [J]. IEEE Transactions on Power Systems, 2011, 26(4): 2015-2022.

[158] Semlyen A, Wang L. Sequential computation of the complete eigensystem for the study zone in small signal stability analysis of large power systems [J]. IEEE Transactions on Power Systems, 1988, 3(2): 715-725.

[159] Sonneveld P, van Gijzen M B. IDR(s): A family of simple and fast algorithms for solving large nonsymmetric systems of linear equations [J]. SIAM Journal on Scientific Computing, 2008, 31(2): 1035-1062.

[160] Boyd J P. Chebyshev and Fourier Spectral Methods [M]. 2nd ed. New York: DOVER Publications, Inc, 2000.

[161] Mason J C, Handscomb D. Chebyshev Polynomials [M]. Boca Raton: CRC Press LLC, 2003.

[162] Berrut J P, Trefethen L N. Barycentric Lagrange Interpolation [J]. SIAM Review, 2004, 46(3): 501-517.

[163] Canuto C, Simoncini V, Verani M. On the decay of the inverse of matrices that are sum of Kronecker products [J]. Linear Algebra and its Applications, 2014, 452(1): 21-39.

[164] Kansal P, Bose A. Bandwidth and latency requirements for smart transmission grid applications [J]. IEEE Transactions on Smart Grid, 2012, 3(3): 1344-1352.

[165] Rogers G. Power System Oscillations [M]. New York: Kluwer Academic Publishers, 2000.

[166] 西安交通大学，等. 电子数字计算机的应用 —— 电力系统计算[M]. 北京：水利电力出版社, 1978.

[167] Gao W, Ye H, Liu Y, et al. Comparison of three stability analysis methods for delayed cyber-physical power system [C]. 2016 China International Conference on Electricity Distribution (CICED), Xi'an, 2016: 1-5.

[168] Varga R S. Matrix Iterative Analysis [M]. 2nd ed. Heidelberg: Springer-Verlag, 2000.

[169] 刘豹. 现代控制理论[M]. 2 版. 北京：机械工业出版社, 2000.